에듀윌과 함께 시작하면,
당신도 합격할 수 있습니다!

대학 졸업 후 취업을 위해 바쁜 시간을 쪼개며
전기기능사 자격시험을 준비하는 취준생

비전공자이지만 더 많은 기회를 만들기 위해
전기기능사에 도전하는 수험생

전기직 업무를 수행하면서 승진을 위해
전기기능사에 도전하는 주경야독 직장인

누구나 합격할 수 있습니다.
시작하겠다는 '다짐' 하나면 충분합니다.

마지막 페이지를 덮으면,

에듀윌과 함께
전기기능사 합격이 시작됩니다.

전기기능사 1위

꿈을 실현하는 에듀윌
Real 합격 스토리

김○덕 합격생

에듀윌이라 가능했던 10년차 사무직의 동차 합격

퇴사 후 기술을 배워야겠다는 생각으로 전기기능사에 도전하였습니다. 사무직이었던 저는 숫자와 공식만 보면 지레 겁을 먹곤 했습니다. 그러한 두려움이 없어진 것은 에듀윌 강의를 수강하면서부터였습니다. 에듀윌의 이해하기 쉬운 강의를 들으며 자신감이 생기기 시작했고 반복 회독을 통해 핵심내용을 다질 수 있었습니다. 덕분에 필기 75점, 실기 84점으로 단기간에 합격할 수 있었습니다.

한○준 합격생

틈틈이 인강학습으로 합격

직장을 다니면서 시험 준비를 병행하느라 시간이 부족한 상황이었습니다. 주변 친구들의 권유로 에듀윌에서 전기기능사를 신청하여 강의를 들으면서 틈나는 대로 열심히 공부했습니다. 처음에는 너무 막막해 포기를 생각하기도 했지만, 에듀윌 교수님의 명쾌한 강의를 따라가며 학습을 진행하다 보니 어느 순간 이해가 잘 되고 문제도 잘 풀 수 있게 됐습니다. 꾸준히 노력해서 좋은 결실을 볼 수 있었던 만큼 에듀윌과 함께 기사 시험까지 도전할 생각입니다.

이○훈 합격생

체계적인 학습과정으로 동차 합격

취업을 준비하는 데 전기기능사 자격증이 필요하여 공부를 시작하게 되었습니다. 계획한 바가 있었기 때문에 필기와 실기 모두 한 번에 붙어야 하는 압박감이 있었지만, 에듀윌과 함께 공부하면서 이러한 걱정은 모두 사라지게 되었습니다. 에듀윌의 체계적인 학습과정을 따르며 교수님을 믿고 학습한 결과 당당히 동차 합격할 수 있었습니다. 짧은 기간에 합격할 수 있도록 도와주신 에듀윌 교수님들께 감사드립니다.

다음 합격의 주인공은 당신입니다!

더 많은 합격스토리

* 2023 대한민국 브랜드만족도 전기기능사 교육 1위(한경비즈니스)

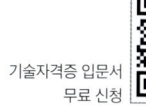

전기기능사 1위

이제 국비무료 교육도 에듀윌

수강생을 반겨주는 에듀윌의 환한 복도 (구로)

언제나 전문 학습 매니저와 상담이 가능한 안내데스크 (부평)

고품질 영상 및 음향 장비를 갖춘 최고의 강의실 (구로)

재충전을 위한 카페 분위기의 아늑한 휴게실 (부평)

다용도로 활용이 가능한 휴게실 (성남)

전기/소방/건축/쇼핑몰/회계/컴활 자격증 취득
국민내일배움카드제

에듀윌 국비교육원 대표전화

| 서울 구로 | 02)6482-0600 | 구로디지털단지역 2번 출구 | 인천 부평 | 032)262-0600 | 부평역 5번 출구 |
| 경기 성남 | 031)604-0600 | 모란역 5번 출구 | 인천 부평2관 | 032)263-2900 | 부평역 5번 출구 |

국비교육원 바로가기

* 2023 대한민국 브랜드만족도 전기기능사 교육 1위(한경비즈니스)

에듀윌이
너를
지지할게
ENERGY

처음에는 당신이 원하는 곳으로
갈 수는 없겠지만,
당신이 지금 있는 곳에서
출발할 수는 있을 것이다.

– 작자 미상

전기기능사 실기 해설집 + 도면집이란?

불필요한 학습은 No!
해설집 + 도면집으로 쉽고 빠르게 합격!

전기기능사 실기 시험은 작업형 평가로 진행됩니다. 주어진 자재를 활용해 공개문제가 요구하는 과제를 정확히 수행해야 하며, 이때 가장 중요한 역량은 배선 설계 능력입니다.

공개문제의 풀이 방법은 다양하지만, 모든 방법을 학습하려면 많은 시간이 소요되어 오히려 비효율적일 수 있습니다. 에듀윌 전기기능사는 이러한 문제점을 해결하기 위해, 최적의 해답을 담은 해설집과 도면집을 제공함으로써 빠르게 핵심을 파악하고 효율적으로 암기할 수 있도록 구성하였습니다.

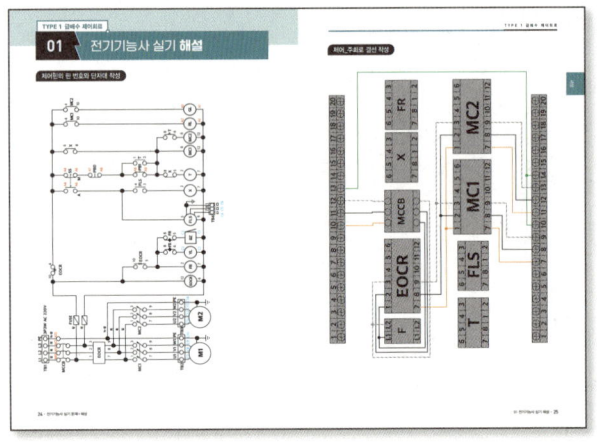
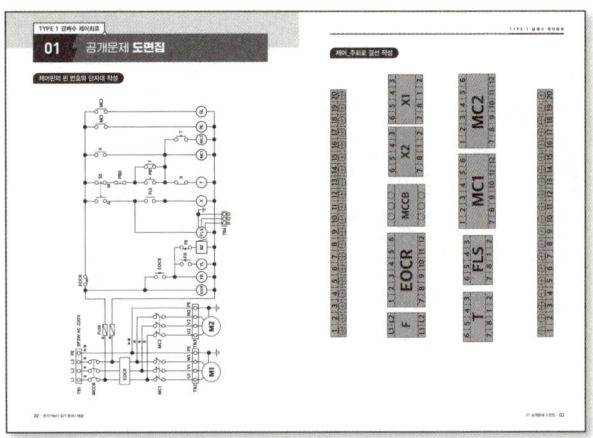

무료강의로 학습효율 극대화!
에듀윌이 제공하는 단기 합격 솔루션!

해설집과 도면집만으로 배선능력을 향상시킬 수 있습니다. 더욱이 해설집에 수록된 동작 결과를 무료 강의를 통해 직접 확인하고, 배선·배관 등 실기 시험에서 놓치기 쉬운 부분까지 꼼꼼하게 점검할 수 있습니다.

에듀윌이 제공하는 18개의 무료 강의와 함께 18개 공개문제를 학습하세요. 단기 합격의 가장 빠른 지름길입니다.

에듀윌 전기기능사

실기 해설집+도면집

교재 선택의 이유

01 18 공개문제 완벽 반영!

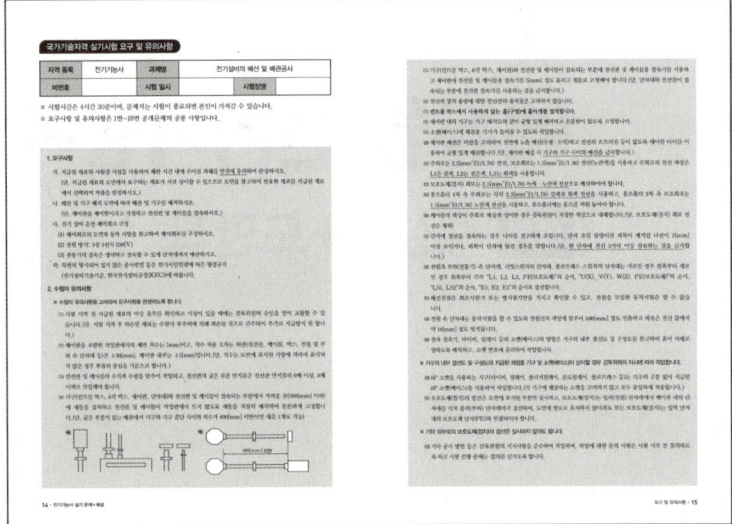

2021년 제2회부터 출제된 총 18개 공개문제를 최신 KEC 기준에 맞춰 체계적으로 정리·수록하였습니다. 실제 시험과 동일한 도면을 제공하여 실전 감각을 높이고, 100% 실전 대비가 가능합니다.

02 상세한 해설 제공!

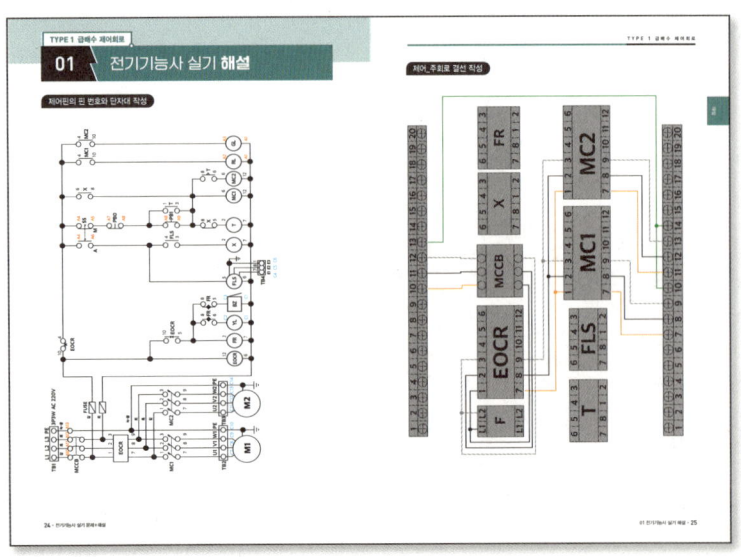

시퀀스 회로부터 단자대까지 각 구간을 확대하여 한눈에 확인할 수 있도록 구성하였습니다.
복잡한 배선은 다양한 색상으로 구분하여 학습의 편의성과 이해도를 높였습니다.

03 언제, 어디서든 편리한 학습!

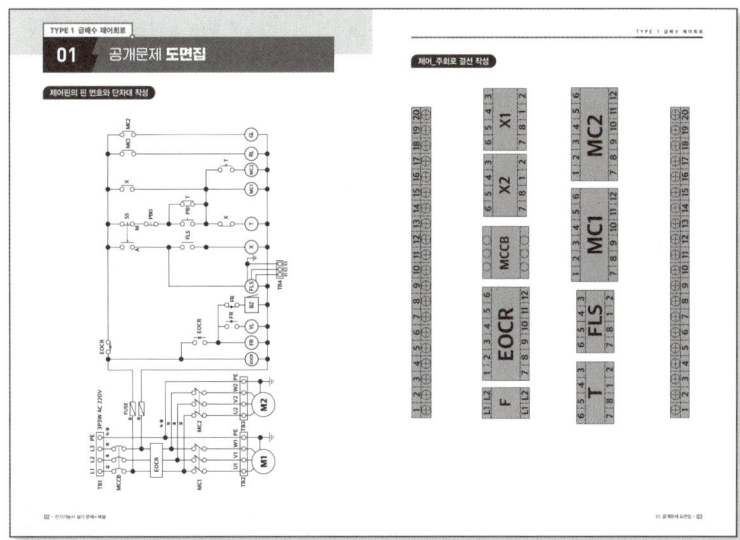

교재 내 도면 연습지 1회분 제공과 더불어 태블릿과 패드로 학습이 가능한 패드 학습용 파일을 함께 제공함으로써 언제 어디서든 반복 학습이 가능한 실속 있는 구성입니다.

 패드 학습용

04 무료 강의를 통한 완벽한 실전 대비!

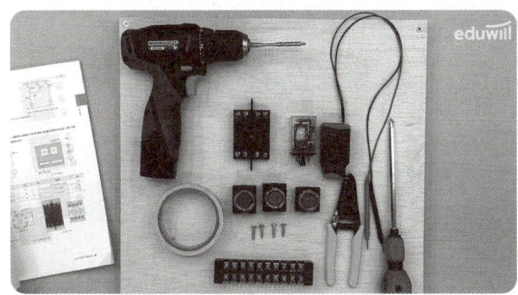

기본회로 실습 (5강)

실제 회로를 구성하기 위한 가장 기본적인 회로를 학습하고 동작 조건에 맞는 회로와 결선, 배선 등을 학습할 수 있습니다.

18 공개문제 해설

18 공개문제의 모든 작업과정을 보여주는 실습 영상으로 실전대비를 강화하며 효율적인 학습이 가능합니다.

전기기능사 시험 정보

01 전기기능사 시험 일정

구분	필기시험	필기합격(예정자) 발표	실기시험	최종합격자 발표일
1회	01.21~01.25	02.06	03.15~04.02	04.11
2회	04.05~04.10	04.16	05.31~06.15	06.27
3회	06.28~07.03	07.16	08.30~09.17	09.26
4회	09.20~09.25	10.15	11.22~12.10	12.19

※ 정확한 시험일정은 큐넷(www.q-net.or.kr) 사이트 참조 요망
※ 원서접수 시간은 원서접수 첫 날 10:00부터 마지막 날 18:00까지

02 전기기능사를 취득하면?

전기기능사는 전기에 필요한 장비 및 공구를 사용하여 회전기, 정지기, 제어장치 또는 빌딩, 공장, 주택, 전력시설물의 전선, 케이블, 전기기계 및 기구를 설치, 보수, 검사, 시험 및 관리하는 일을 합니다.

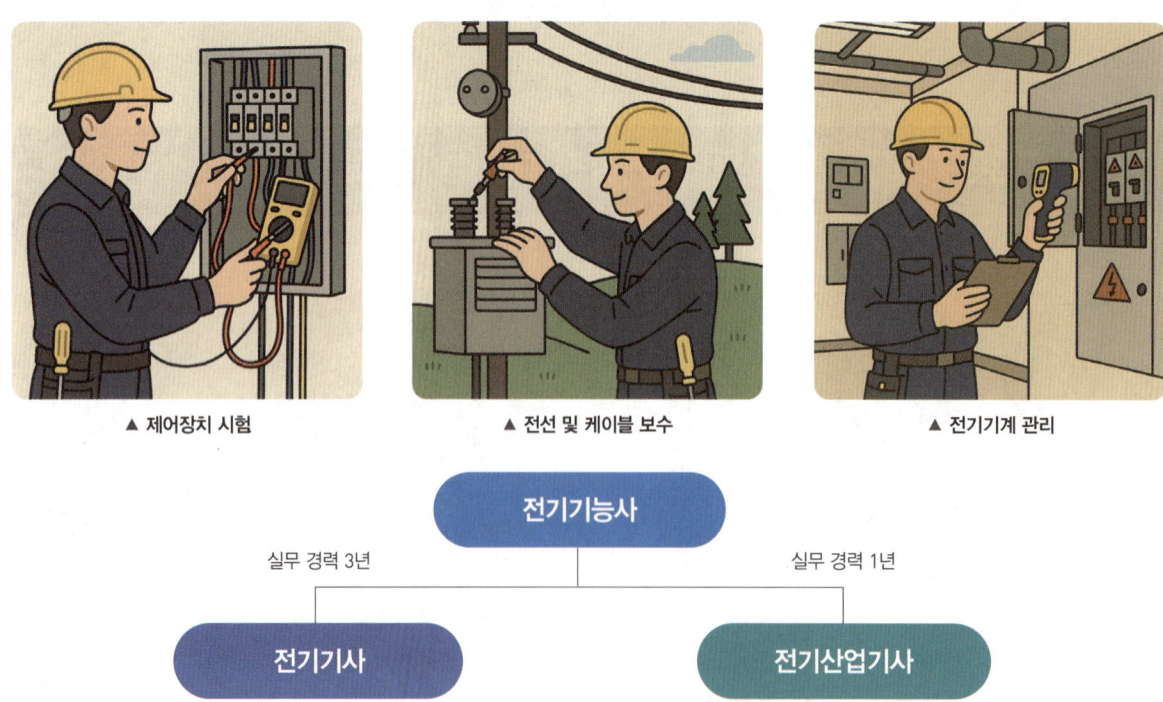

▲ 제어장치 시험　　▲ 전선 및 케이블 보수　　▲ 전기기계 관리

전기기능사
― 실무 경력 3년 → 전기기사
― 실무 경력 1년 → 전기산업기사

" **전기기능사 취득 시 실무 경력 1년 인정** "

03 전기기능사 시험 응시자격

구분		응시자격 조건
전기기능사	자격제한 없음	
전기산업기사	자격증 + 실무 경력	**기능사 + 실무 경력 1년**
		실무 경력 2년
	관련학과 졸업	관련학과 4년제 대졸 또는 졸업 예정
		관련학과 2, 3년제 전문대졸 또는 졸업 예정
전기기사	자격증 + 실무 경력	**기능사 + 실무 경력 3년**
		산업기사 + 실무 경력 1년
		실무 경력 4년
	관련학과 졸업	관련학과 4년제 대학졸업 또는 졸업 예정
		관련학과 3년제 대학졸업 + 실무 경력 1년
		관련학과 2년제 대학졸업 + 실무 경력 2년

04 전기기능사 합격률

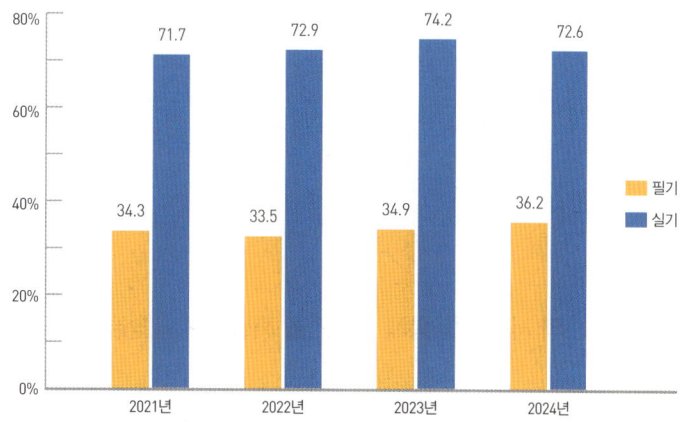

" **에듀윌 전기기능사 해설집+도면집과 함께
학습하면 실기 합격은 문제 없습니다!** "

에듀윌만의 학습 가이드

정석 학습법으로 한 번에 합격!

STEP 1
에듀윌 국비교육원을 통해
기초 이론과 배선 연결 이론 학습

국비교육원을 통해 기초 이론과 공구에 대해 정확하게 학습합니다.

STEP 2
반복적인 공구 사용 실습으로
도면 연결 능력 향상!

반복적인 공구 실습을 통해 적응력을 높입니다.

STEP 3
해설집과 도면집을 통한
3회독 반복 학습
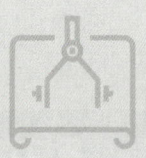

국비교육원을 통해 기초 이론과 공구에 대해 정확하게 학습합니다.

에듀윌 1:1문의 or 무료강의를 통한
추가 서비스 학습

에듀윌 1:1 문의 서비스를 통해 궁금증을 해결하며 학습을 마무리합니다.

STEP 4
시험 합격!
오늘부터 나도 전기기능사!

스피드 학습법으로 빠르게 합격!

STEP 1 해설집과 도면집을 통한
공개문제 암기+3회독 반복 학습

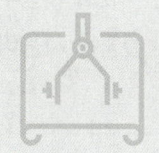

해설집과 무료특강을 통해 18공개문제의 구성을 파악하고 해설을 암기합니다.
이후, 도면집을 활용하여 암기한 내용을 확인하고, 배선의 구도를 이해합니다.

에듀윌 1:1문의 or 무료강의를 통한
추가 서비스 학습

에듀윌 1:1 문의 서비스를 통해 궁금증을 해결하며 학습을 마무리합니다.

STEP 2 시험 전날 에듀윌 실습 특강을 통한
공구 실습 연습!

에듀윌 실습특강을 활용하여, 공구 실습 연습을 진행하며 학습을 마무리합니다.

STEP 3 **시험 합격!**
오늘부터 나도 전기기능사!

" **두 가지 중 자신에게 맞는 학습법을 선택하여
전기기능사 실기 시험을 준비하세요!** "

Don't Miss This!

수험자 지참 준비물 변경

2024년 제2회 시험부터 수험자 지참 준비물이 일부 변경됩니다. 또한, 개인이 제작한 것이나 상용품을 개조 및 변경한 물품은 사용이 불가능해지며 반드시 시중에 유통되는 원형으로 지참해야 합니다.

[수험자 지참준비물 유의사항]
- 시험시작 전 일정시간 동안 시험 감독위원이 수험자지참 준비물의 적정성 여부
- 시험 중 시설·장비의 조작 또는 재료의 취급이 미숙하여 위
- 안전을 위한 **운동화, 면장갑** 등은 실기시험 시 반드시 지참
- 수공구 및 PE전선관, 플렉시블 전선관 가공에 필요한 공구
- 지참 준비물은 **시중에 유통되는 원형(原型)**으로 지참하고,

※ 사용불가 예시

[공구류 예시]
① 수동 드라이버 끝단에 회전형 철물을 부착하여 사용하는
② 눈금이 있는 수평계 또는 자에 수평계를 부착하여 사용하
③ 상용품이 아닌 개인이 제작한자(특정길이 표시나 도형

[마스킹 테이프 등 준비물 예시]
① 단자대 및 소켓 번호 등이 인쇄된 스티커를 사용하는 경우
② 공구벨트, 자석밴드, 지그, 치공구, 자석(단자대, 소켓 등에

〈전기기능사 수험자 지참준비물 변경사항〉
• 2024년 제2회 전기기능사 실기 시험부터 적용

재료명	변경 전			
	규격	단위	수량	비고
강철선(피시 테이프)	1.0[mm]	[m]	1	2[m] 이상 (안내선)
기타 필요공구	검정용	세트	1	수공구세트 및 PE관, CD관 배선 작업에 필요한 공구
니퍼	범용	개	1	
롱노즈 플라이어	범용	개	1	
운동화		족	1	또는 안전화
펜치	범용	개	1	
필기구	볼펜, 분필 등	세트	1	
공구함	전공용	개	1	
면장갑	일반	개	1	
쇠톱	전선관 절단용	개	1	또는 파이프 커터
스프링벤더	16[mm] 전선관 굽힘용	개	1	
와이어스트리퍼	1.5~2.5[mm²] 용	개	1	
드라이버	+,-	세트	1	충전드릴가능
회로시험기				

변경된 준비물을 정리하여 무엇이 변하였는지 한눈에 알아볼 수 있게 했습니다. 좌측의 QR코드를 스캔하여 PDF를 확인할 수 있으며 컴퓨터 등을 이용할 경우 아래 경로에서 다운받을 수 있습니다.

※ 에듀윌 도서몰 방문(book.eduwill.net) > 도서자료실 > 부가학습자료 > [2026 전기기능사 실기 해설집+도면집] 검색 > 부가자료 다운로드

CONTENTS

TYPE 1 — 급배수 제어회로

01 전기기능사 실기 공개문제　17
02 전기기능사 실기 공개문제　29
03 전기기능사 실기 공개문제　41
04 전기기능사 실기 공개문제　53
05 전기기능사 실기 공개문제　65
06 전기기능사 실기 공개문제　77
07 전기기능사 실기 공개문제　89
08 전기기능사 실기 공개문제　101
09 전기기능사 실기 공개문제　113

TYPE 2 — 전동기 제어회로

10 전기기능사 실기 공개문제　125
11 전기기능사 실기 공개문제　139
12 전기기능사 실기 공개문제　151
13 전기기능사 실기 공개문제　163
14 전기기능사 실기 공개문제　175
15 전기기능사 실기 공개문제　187
16 전기기능사 실기 공개문제　199
17 전기기능사 실기 공개문제　211
18 전기기능사 실기 공개문제　223

해설

01 전기기능사 실기 공개문제 해설　24
02 전기기능사 실기 공개문제 해설　36
03 전기기능사 실기 공개문제 해설　48
04 전기기능사 실기 공개문제 해설　60
05 전기기능사 실기 공개문제 해설　72
06 전기기능사 실기 공개문제 해설　84
07 전기기능사 실기 공개문제 해설　96
08 전기기능사 실기 공개문제 해설　108
09 전기기능사 실기 공개문제 해설　120
10 전기기능사 실기 공개문제 해설　134
11 전기기능사 실기 공개문제 해설　146
12 전기기능사 실기 공개문제 해설　158
13 전기기능사 실기 공개문제 해설　170
14 전기기능사 실기 공개문제 해설　182
15 전기기능사 실기 공개문제 해설　194
16 전기기능사 실기 공개문제 해설　206
17 전기기능사 실기 공개문제 해설　218
18 전기기능사 실기 공개문제 해설　230

전기기능사 실기

문제+해설

18개의 공개문제를 한 권에
전기기능사 실기 한 번에 합격!

| TYPE 1 | 급배수 제어회로 |

01 전기기능사 실기 공개문제	17
02 전기기능사 실기 공개문제	29
03 전기기능사 실기 공개문제	41
04 전기기능사 실기 공개문제	53
05 전기기능사 실기 공개문제	65
06 전기기능사 실기 공개문제	77
07 전기기능사 실기 공개문제	89
08 전기기능사 실기 공개문제	101
09 전기기능사 실기 공개문제	113

| TYPE 2 | 전동기 제어회로 |

10 전기기능사 실기 공개문제	125
11 전기기능사 실기 공개문제	139
12 전기기능사 실기 공개문제	151
13 전기기능사 실기 공개문제	163
14 전기기능사 실기 공개문제	175
15 전기기능사 실기 공개문제	187
16 전기기능사 실기 공개문제	199
17 전기기능사 실기 공개문제	211
18 전기기능사 실기 공개문제	223

국가기술자격 실기시험 요구 및 유의사항

자격 종목	전기기능사	과제명	전기설비의 배선 및 배관공사		
비번호		시험 일시		시험장명	

※ 시험시간은 4시간 30분이며, 문제지는 시험이 종료되면 본인이 가져갈 수 있습니다.
※ 요구사항 및 유의사항은 1번~18번 공개문제의 공통 사항입니다.

1. 요구사항

가. 지급된 재료와 시험장 시설을 사용하여 제한 시간 내에 주어진 과제를 안전에 유의하여 완성하시오.
   (단, 지급된 재료와 도면에서 요구하는 재료가 서로 상이할 수 있으므로 도면을 참고하여 필요한 재료를 지급된 재료에서 선택하여 작품을 완성하시오.)
나. 배관 및 기구 배치 도면에 따라 배관 및 기구를 배치하시오.
   (단, 제어판을 제어함이라고 가정하고 전선관 및 케이블을 접속하시오.)
다. 전기 설비 운전 제어회로 구성
   (1) 제어회로의 도면과 동작 사항을 참고하여 제어회로를 구성하시오.
   (2) 전원 방식: 3상 3선식 220[V]
   (3) 전동기의 접속은 생략하고 접속할 수 있게 단자대까지 배선하시오.
라. 특별히 명시되어 있지 않은 공사방법 등은 전기사업법령에 따른 행정규칙
   (전기설비기술기준, 한국전기설비규정(KEC))에 따릅니다.

2. 수험자 유의사항

※ 수험자 유의사항을 고려하여 요구사항을 완성하도록 합니다.

(1) 시험 시작 전 지급된 재료의 이상 유무를 확인하고 이상이 있을 때에는 감독위원의 승인을 얻어 교환할 수 있습니다.(단, 시험 시작 후 파손된 재료는 수험자 부주의에 의해 파손된 것으로 간주되어 추가로 지급받지 못 합니다.)
(2) 제어판을 포함한 작업판에서의 제반 치수는 [mm]이고, 치수 허용 오차는 외관(전선관, 케이블, 박스, 전원 및 부하 측 단자대 등)은 ±30[mm], 제어판 내부는 ±5[mm]입니다.(단, 치수는 도면에 표시된 사항에 의하여 표시되지 않은 경우 부품의 중심을 기준으로 합니다.)
(3) 전선관 및 케이블의 수직과 수평을 맞추어 작업하고, 전선관의 굽은 부분 반지름은 전선관 안지름의 6배 이상, 8배 이하로 작업해야 합니다.
(4) 기구(컨트롤 박스, 8각 박스, 제어판, 단자대)와 전선관 및 케이블이 접속되는 부분에서 가까운 곳(300[mm] 이하)에 새들을 설치하고 전선관 및 케이블이 작업판에서 뜨지 않도록 새들을 적절히 배치하여 튼튼하게 고정합니다.(단, 굽은 부분이 없는 배관에서 기구와 기구 끝단 사이의 치수가 400[mm] 미만이면 새들 1개도 가능)

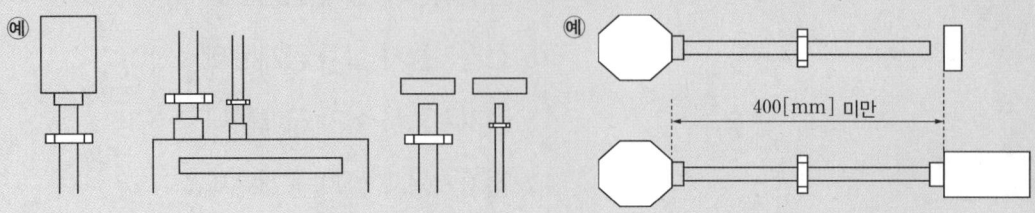

⑸ 기구(컨트롤 박스, 8각 박스, 제어판)와 전선관 및 케이블이 접속되는 부분에 전선관 및 케이블용 접속기를 사용하고 제어판에 전선관 및 케이블용 접속기를 5[mm] 정도 올리고 새들로 고정해야 합니다.(단, 단자대와 전선관이 접속되는 부분에 전선관 접속기를 사용하는 것을 금지합니다.)

⑹ 전선의 열적 용량에 대한 전선관의 용적률은 고려하지 않습니다.

⑺ **컨트롤 박스에서 사용하지 않는 홀(구멍)에 홀마개를 설치합니다.**

⑻ 제어판 내의 기구는 기구 배치도와 같이 균형 있게 배치하고 흔들림이 없도록 고정합니다.

⑼ 소켓(베이스)에 채점용 기기가 들어갈 수 있도록 작업합니다.

⑽ 제어판 배선은 미관을 고려하여 전면에 노출 배선(수평·수직)하고 전선의 흐트러짐 등이 없도록 케이블 타이를 이용하여 균형 있게 배선합니다.(단, 제어판 배선 시 기구와 기구 사이의 배선을 금지합니다.)

⑾ 주회로는 $2.5[mm^2]$(1/1.78) 전선, 보조회로는 $1.5[mm^2]$(1/1.38) 전선(노란색)을 사용하고 주회로의 전선 색상은 L1은 갈색, L2는 검은색, L3는 회색을 사용합니다.

⑿ 보호도체(접지) 회로는 $2.5[mm^2]$(1/1.78) 녹색-노란색 전선으로 배선하여야 합니다.

⒀ 퓨즈홀더 1차 측 주회로는 각각 $2.5[mm^2]$(1/1.78) 갈색과 회색 전선을 사용하고, 퓨즈홀더 2차 측 보조회로는 $1.5[mm^2]$(1/1.38) 노란색 전선을 사용하고, 퓨즈홀더에는 퓨즈를 끼워 놓아야 합니다.

⒁ 케이블의 색상이 주회로 색상과 상이한 경우 감독위원이 지정한 색상으로 대체합니다.(단, 보호도체(접지) 회로 전선은 제외)

⒂ 단자에 전선을 접속하는 경우 나사를 견고하게 조입니다. 단자 조임 불량이란 피복이 제거된 나선이 2[mm] 이상 보이거나, 피복이 단자에 물린 경우를 말합니다.(단, 한 단자에 전선 3가닥 이상 접속하는 것을 금지합니다.)

⒃ 전원과 부하(전동기) 측 단자대, 리밋스위치의 단자대, 플로트레스 스위치의 단자대는 가로인 경우 왼쪽부터 세로인 경우 위쪽부터 각각 "L1, L2, L3, PE(보호도체)"의 순서, "U(X), V(Y), W(Z), PE(보호도체)"의 순서, "LS1, LS2"의 순서, "E1, E2, E3"의 순서로 결선합니다.

⒄ 배선점검은 회로시험기 또는 벨시험기만을 가지고 확인할 수 있고, 전원을 투입한 동작시험은 할 수 없습니다.

⒅ 전원 측 단자대는 동작시험을 할 수 있도록 전원선의 색상에 맞추어 100[mm] 정도 인출하고 피복은 전선 끝에서 약 10[mm] 정도 벗겨둡니다.

⒆ 전자 접촉기, 타이머, 릴레이 등의 소켓(베이스)의 방향은 기구의 내부 결선도 및 구성도를 참고하여 홈이 아래로 향하도록 배치하고, 소켓 번호에 유의하여 작업합니다.

※ 기구의 내부 결선도 및 구성도와 지급된 채점용 기구 및 소켓(베이스)이 상이할 경우 감독위원의 지시에 따라 작업합니다.

⒇ 8P 소켓을 사용하는 기구(타이머, 릴레이, 플리커릴레이, 온도릴레이, 플로트레스 등)는 기구의 구분 없이 지급된 8P 소켓(베이스)을 적용하여 작업합니다.(각 기구에 해당하는 소켓을 고려하지 않고 모두 동일하게 적용합니다.)

㉑ 보호도체(접지)의 결선은 도면에 표시된 부분만 실시하고, 보호도체(접지)는 입력(전원) 단자대에서 제어판 내의 단자대를 거쳐 출력(부하) 단자대까지 결선하며, 도면에 별도로 표시하지 않더라도 모든 보호도체(접지)는 입력 단자대의 보호도체 단자(PE)와 연결되어야 합니다.

※ 기타 외부로의 보호도체(접지)의 결선은 실시하지 않아도 됩니다.

㉒ 기타 공사 방법 등은 감독위원의 지시사항을 준수하여 작업하며, 작업에 대한 문의 사항은 시험 시작 전 질의하도록 하고 시험 진행 중에는 질의를 삼가도록 합니다.

㉓ 특별히 지정한 것 이외에는 전기사업법령에 따른 행정규칙(전기설비기술기준, 한국전기설비규정(KEC))에 의하되 외관이 보기 좋아야 하며 안전성이 있어야 합니다.

㉔ 시험 중 수험자는 반드시 안전 수칙을 준수해야 하며, 작업 복장 상태와 안전 사항 등이 채점대상이 됩니다.

㉕ 다음 사항은 실격에 해당하여 채점 대상에서 제외됩니다.

○ 실격
- 과제 진행 중 수험자 스스로 작업에 대한 포기 의사를 표현한 경우
- 지급재료 이외의 재료를 사용한 작품
- 시험 중 시설·장비의 조작 또는 재료의 취급이 미숙하여 위해를 일으킬 것으로 감독위원 전원이 합의하여 판단한 경우
- 기능이 해당 등급 수준에 전혀 도달하지 못한 것으로 감독위원 전원이 합의하여 판단한 경우
- 시험 관련 부정에 해당하는 장비(기기)·재료 등을 사용하는 것으로 감독위원 전원이 합의하여 판단한 경우(시험 전 사전 준비작업 및 범용 공구가 아닌 시험에 최적화된 공구는 사용할 수 없음)
- 시험 시간 내에 제출된 작품이라도 다음과 같은 경우

1) 제출된 과제가 도면 및 배치도, 시퀀스 회로도의 동작사항, 부품의 방향, 결선 상태 등이 상이한 경우(전자 접촉기, 타이머, 릴레이, 푸시버튼 스위치 및 램프 색상 등)
2) 주회로(갈색, 검은색, 회색) 및 보조회로(노란색) 배선의 전선 굵기 및 색상이 도면 및 유의사항과 상이한 경우
3) 제어판 밖으로 인출되는 배선이 제어판 내의 단자대를 거치지 않고 직접 접속된 경우
4) 제어판 내의 배선상태나 전선관 및 케이블 가공 상태가 불량하여 전기 공급이 불가한 경우
5) 제어판 내의 배선상태나 기구의 접속 불가 등으로 동작 상태의 확인이 불가한 경우
6) 보호도체(접지)의 결선을 하지 않은 경우와 보호도체(접지) 회로(녹색-노란색) 배선의 전선 굵기 및 색상이 도면 및 유의사항과 다른 경우(단, 전동기로 출력되는 부분은 생략)
7) 컨트롤박스 커버 등이 조립되지 않아 내부가 보이는 경우
8) 배관 및 기구 배치도에서 허용오차 ±50[mm]를 넘는 곳이 3개소 이상, ±100[mm]를 넘는 곳이 1개소 이상인 경우(단, 박스, 단자대, 전선관 등이 도면 치수를 벗어나는 경우 개별 개소로 판정)
9) 기구(컨트롤 박스, 8각 박스, 제어판)와 전선관 및 케이블이 접속되는 부분에 전선관 및 케이블용 접속기를 정상 접속하지 않은 경우(미접속 및 불필요한 접속 포함)
10) 기구(컨트롤 박스, 8각 박스, 제어판, 단자대)와 전선관 및 케이블이 접속되는 부분에서 가까운 곳(300[mm] 이하)에 새들을 설치하지 않는 경우(단, 굽은 부분이 없는 배관에서 기구와 기구 끝단 사이의 치수가 400[mm] 미만이면 새들 1개도 가능)
11) 전원과 부하(전동기) 측 단자대에서 L1, L2, L3, PE(보호도체)의 배치 순서와 U(X), V(Y), W(Z), PE(보호도체)의 배치 순서가 유의사항과 상이한 경우, 리밋스위치 단자대에서 LS1, LS2의 배치 순서가 유의사항과 상이한 경우, 플로트레스 스위치 단자대에서 E1, E2, E3의 배치 순서가 유의사항과 상이한 경우
12) 한 단자에 전선 3가닥 이상 접속된 경우
13) 제어판 내의 배선 시 기구와 기구 사이로 수직 배선한 경우
14) 전기설비기술기준, 한국전기설비규정으로 공사를 진행하지 않은 경우

※ 시험 종료 후 완성작품에 한해서만 작동 여부를 감독위원으로부터 확인받을 수 있습니다.

TYPE 1 급배수 제어회로

01 전기기능사 실기 **공개문제**

제어회로의 동작 사항

가) MCCB를 통해 전원을 투입하면, 전자식과전류계전기 EOCR에 전원이 공급된다.

나) 자동 운전 동작 사항

 (1) 셀렉터 스위치 SS를 A(자동) 위치에 놓으면 플로트레스 스위치 FLS에 전원이 공급되고, 플로트레스 스위치 FLS의 수위 감지가 동작되면, 릴레이 X, 전자접촉기 MC1이 여자되어, 전동기 M1이 회전하고 램프 RL이 점등된다.

 (2) 전동기가 운전하는 중 플로트레스 스위치 FLS의 수위 감지가 해제되거나 셀렉터 스위치 SS를 M(수동) 위치에 놓으면, 제어회로 및 전동기의 동작은 모두 정지된다.

다) 수동 운전 동작 사항

 (1) 셀렉터 스위치 SS를 M(수동) 위치에 놓은 상태에서, 푸시버튼 스위치 PB1을 누르면, 타이머 T, 전자접촉기 MC1이 여자되어, 전동기 M1이 회전하고 램프 RL이 점등된다.

 (2) 타이머 T의 설정시간 t초 후, 전자접촉기 MC2가 여자되어, 전동기 M2가 회전하고 램프 GL이 점등된다.

 (3) 전동기가 운전하는 중 푸시버튼 스위치 PB0를 누르거나 셀렉터 스위치 SS를 A(자동) 위치에 놓으면, 제어회로 및 전동기 동작은 모두 정지된다.

라) EOCR 동작 사항

 (1) 전동기가 운전하는 중 전동기의 과부하로 과전류가 흐르면, 전자식과전류계전기 EOCR이 동작되어 전동기는 정지하고, 플리커릴레이 FR이 여자되고, 부저 BZ가 동작된다.

 (2) 플리커릴레이 FR의 설정시간 간격으로 부저 BZ와 램프 YL이 교대로 동작된다.

 (3) 전자식과전류계전기 EOCR을 리셋(RESET)하면 제어회로는 초기 상태로 복귀된다.

※ 동작 내용은 단순 참고 사항이며, 모든 동작은 시퀀스 회로를 기준으로 합니다.

도면

| 자격 종목 | 전기기능사 | 과제명 | 전기설비의 배선 및 배관공사 |

1. 배관 및 기구 배치도

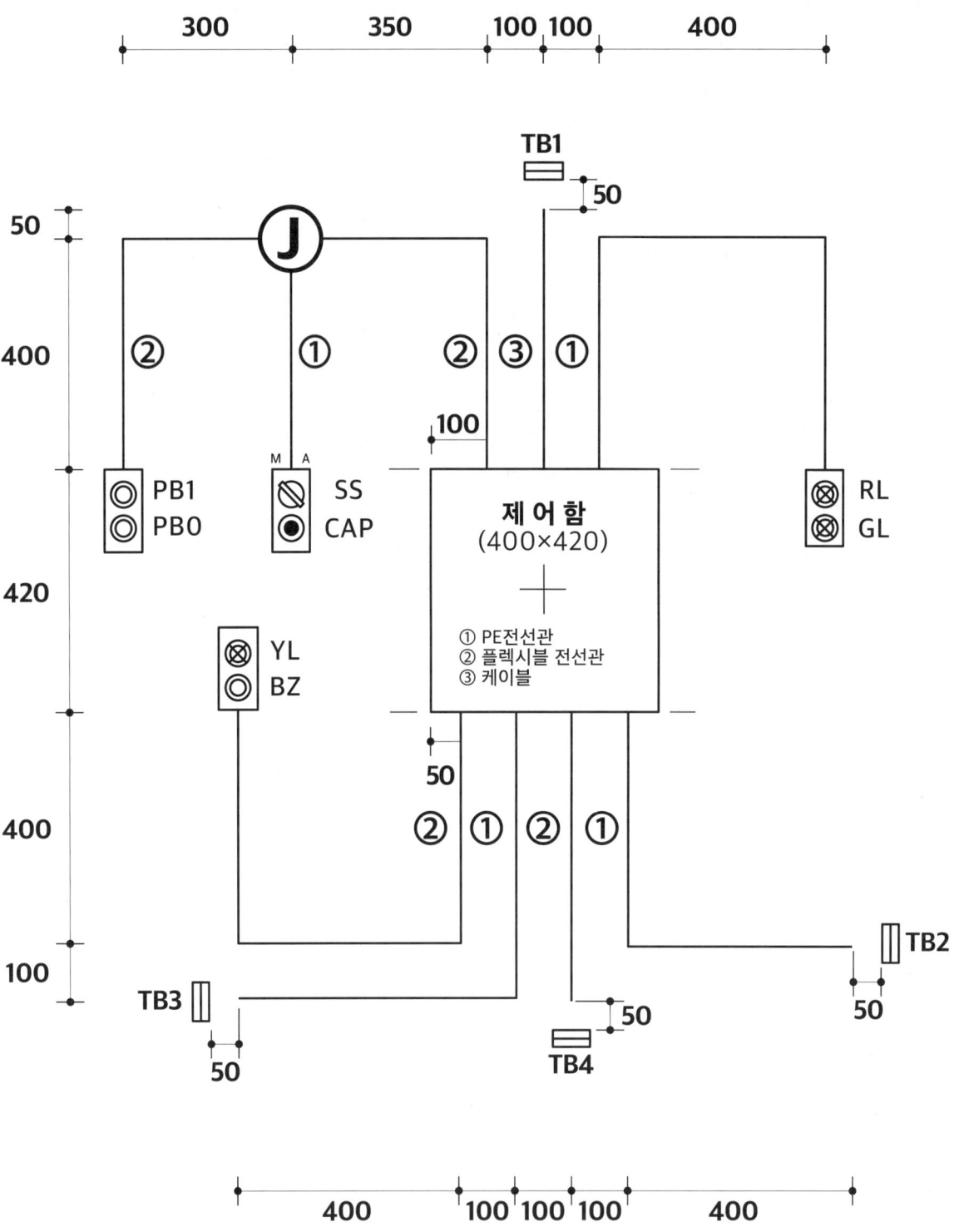

※ NOTE: 치수 기준점은 제어함의 중심으로 한다.

2. 제어판 내부 기구 배치도

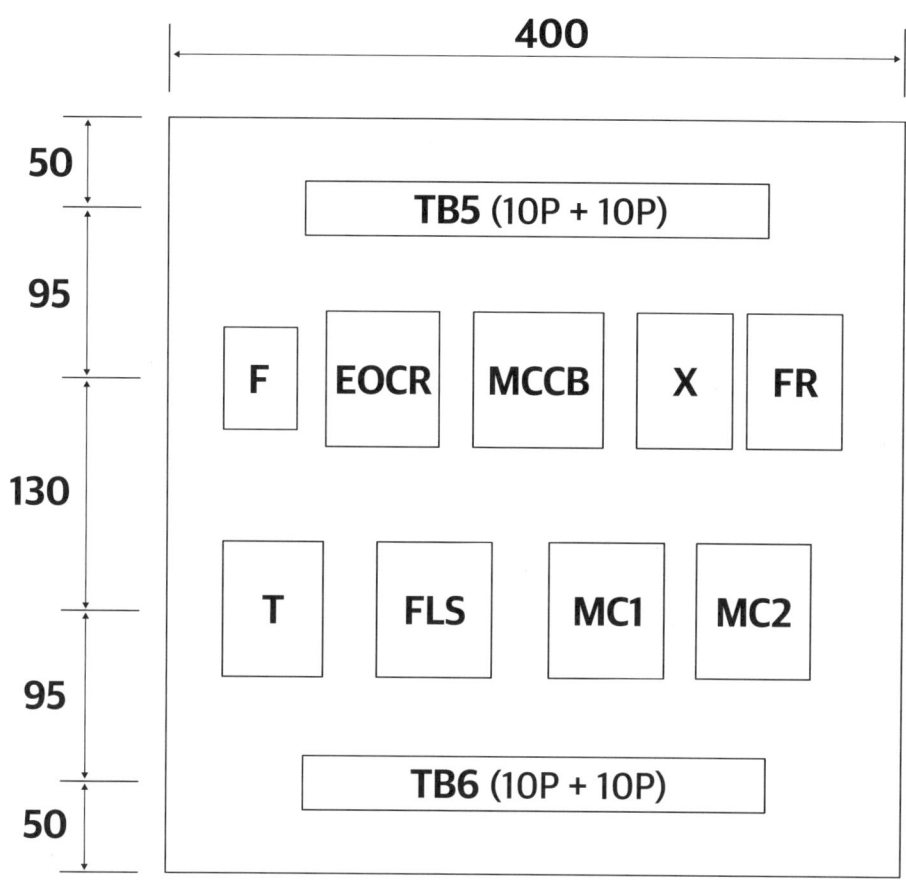

기호	명칭	기호	명칭
TB1	전원 (단자대 4P)	PB0	푸시버튼 스위치 (적색)
TB2, TB3	전동기 (단자대 4P)	PB1	푸시버튼 스위치 (녹색)
TB4	플로트레스 (단자대 4P)	SS	셀렉터 스위치
TB5, TB6	단자대 (10P+10P)	YL	램프 (황색)
MC1, MC2	전자접촉기 (12P)	GL	램프 (녹색)
EOCR	EOCR (12P)	RL	램프 (적색)
X	릴레이 (8P)	BZ	부저
T	타이머 (8P)	CAP	홀마개
FR	플리커릴레이 (8P)	Ⓙ	8각 박스
FLS	플로트레스 스위치 (8P)	F	퓨즈 및 퓨즈홀더
MCCB	배선용차단기		

3. 제어회로의 시퀀스 회로도(※ 본 도면은 시험을 위해서 임의로 구성한 것으로 상용도면과 상이할 수 있습니다.)

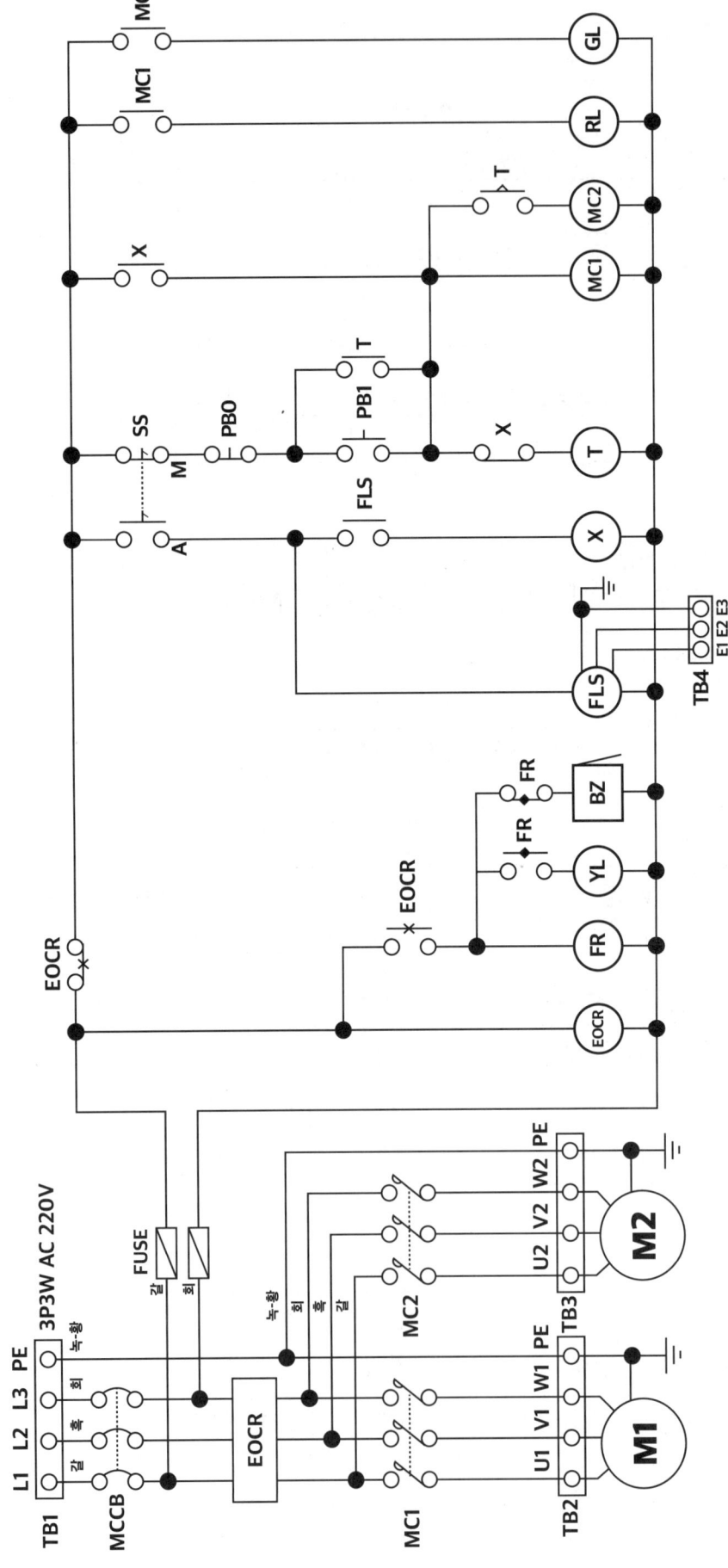

※ NOTE
- 플로트레스 스위치 FLS에서 TB4로 배선되는 E1, E2, E3는 보조회로 전선을 사용합니다.
- 플로트레스 스위치 FLS의 보호도체(접지) 결선은 제어판(TB6 또는 FLS 소켓)에서 보호도체 회로 전선으로 실시합니다.

4. 기구의 내부 결선도 및 구성도

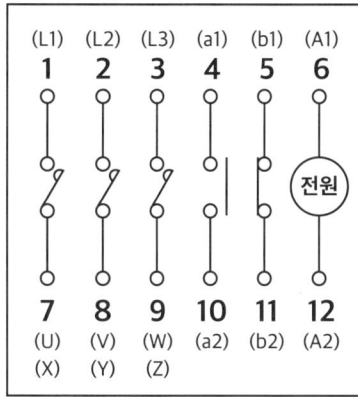
[전자접촉기]

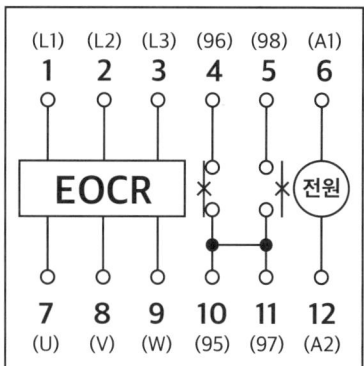
[EOCR]

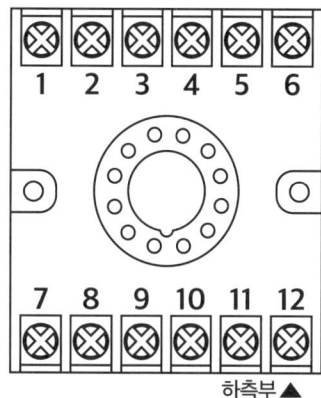
[12P 소켓(베이스) 구성도]

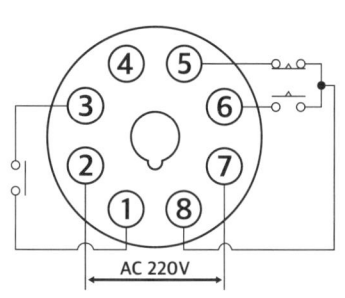
[타이머]

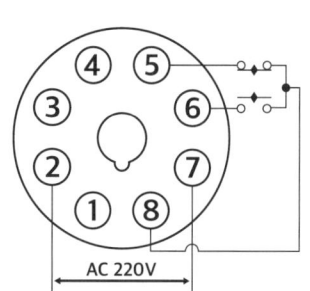
[플리커릴레이]

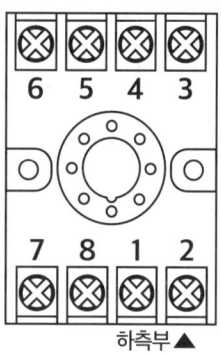
[8P 소켓(베이스) 구성도]

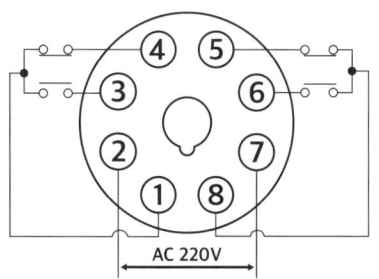
[8P 릴레이]

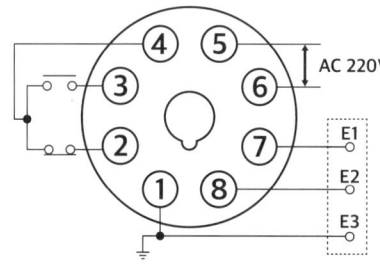
[플로트레스 스위치]

[셀렉터 스위치]

지급재료 목록

일련번호	재료명	규격	단위	수량	비고
1	합판	400 × 420 × 12mm	장	1	
2	케이블타이	100mm	개	25	
3	나사못	3.5 × 25	개	4	납작머리
4	나사못	4 × 12	개	96	납작머리
5	나사못	4 × 16	개	16	둥근머리
6	나사못	4 × 20	개	18	둥근머리
7	케이블	4C 2.5mm^2	m	1	
8	케이블 새들	4C 케이블용	개	2	
9	케이블 커넥터	4C 케이블용	개	1	
10	유리관 퓨즈 및 홀더	250V 30A	개	1	퓨즈 10A 2개 포함
11	새들	16mm 전선관용	개	40	
12	8각 박스	철제	개	1	
13	PE 전선관	16mm	m	6	
14	플렉시블 전선관	16mm	m	6	
15	커넥터	16mm	개	7	PE 전선관용
16	커넥터	16mm	개	7	플렉시블 전선관용
17	비닐절연전선	1.5mm^2(1/1.38), 황색	m	50	
18	비닐절연전선	2.5mm^2(1/1.78), 갈색	m	5	
19	비닐절연전선	2.5mm^2(1/1.78), 흑색	m	5	
20	비닐절연전선	2.5mm^2(1/1.78), 회색	m	5	
21	비닐절연전선	2.5mm^2(1/1.78), 녹색-황색	m	5	

일련번호	재료명	규격	단위	수량	비고
22	단자대	10P 20A 220V	개	4	
23	단자대	4P 20A 220V	개	4	
24	배선용차단기	3P, AC250V, 30A	개	1	
25	12P 소켓	12P	개	3	12P 기구 겸용
26	8P 소켓	8P	개	4	8P 기구 겸용
27	램프	25Ø, 220V	개	3	적 1, 녹 1, 황 1
28	푸시버튼 스위치	25Ø, 1a1b	개	2	적 1, 녹 1
29	셀렉터 스위치	25Ø, 1a1b	개	1	
30	부저	25Ø, 220V	개	1	
31	컨트롤 박스	25Ø, 2구	개	4	
32	홀마개	25Ø	개	1	재사용
33	전자접촉기	AC220V, 12P	개	2	채점용
34	EOCR	AC220V, 12P	개	1	채점용
35	타이머	AC220V, 8P	개	1	채점용
36	릴레이	AC220V, 8P	개	1	채점용
37	플리커릴레이	AC220V, 8P	개	1	채점용
38	플로트레스 스위치	AC220V, 8P	개	1	채점용

※ 국가기술자격 실기시험 지급재료는 시험종료 후(기권, 결시자 포함) 수험자에게 지급하지 않습니다.

TYPE 1 급배수 제어회로

01 전기기능사 실기 해설

제어핀의 핀 번호와 단자대 작성

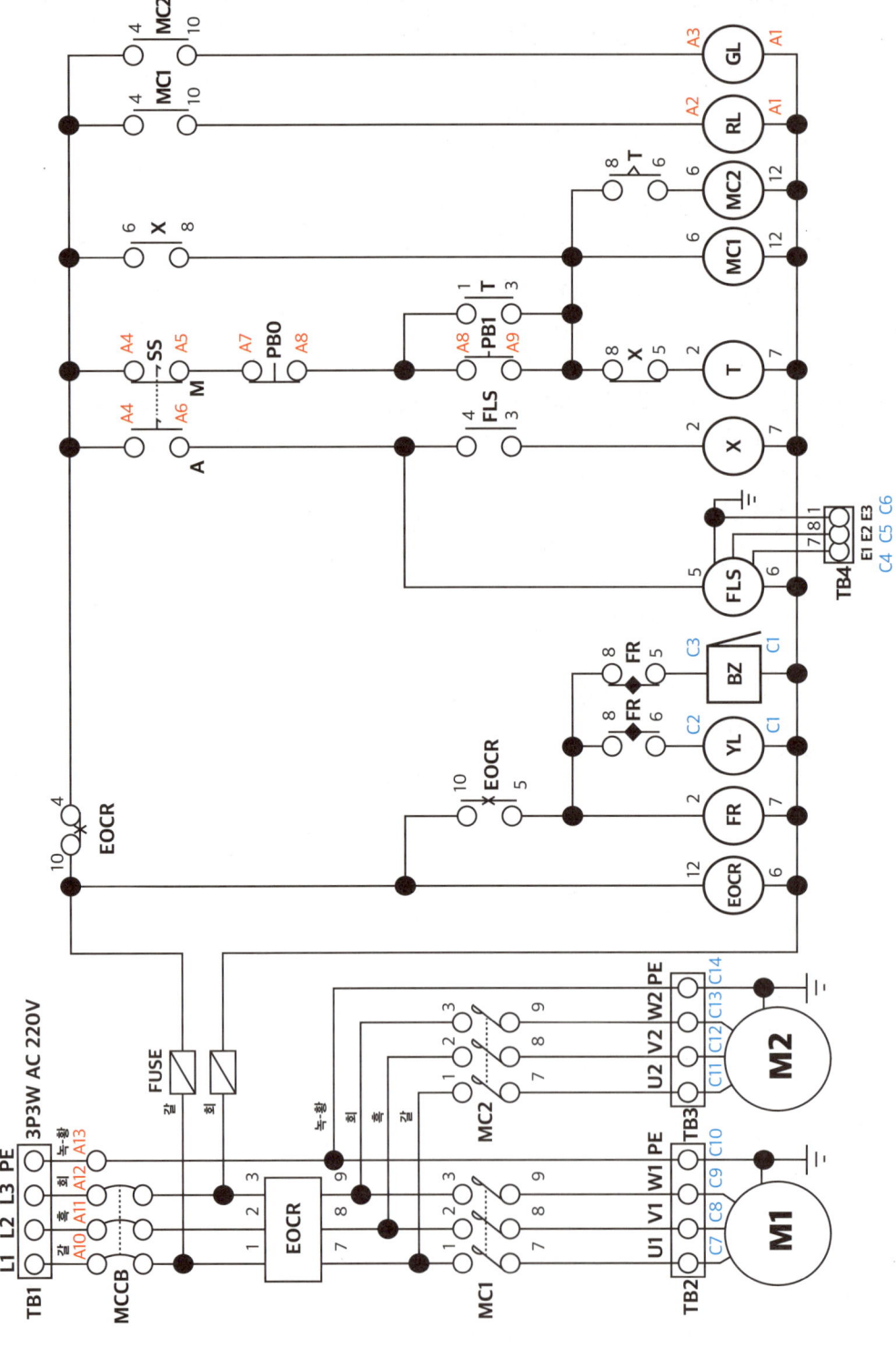

TYPE 1 급배수 제어회로

제어_주회로 결선 작성

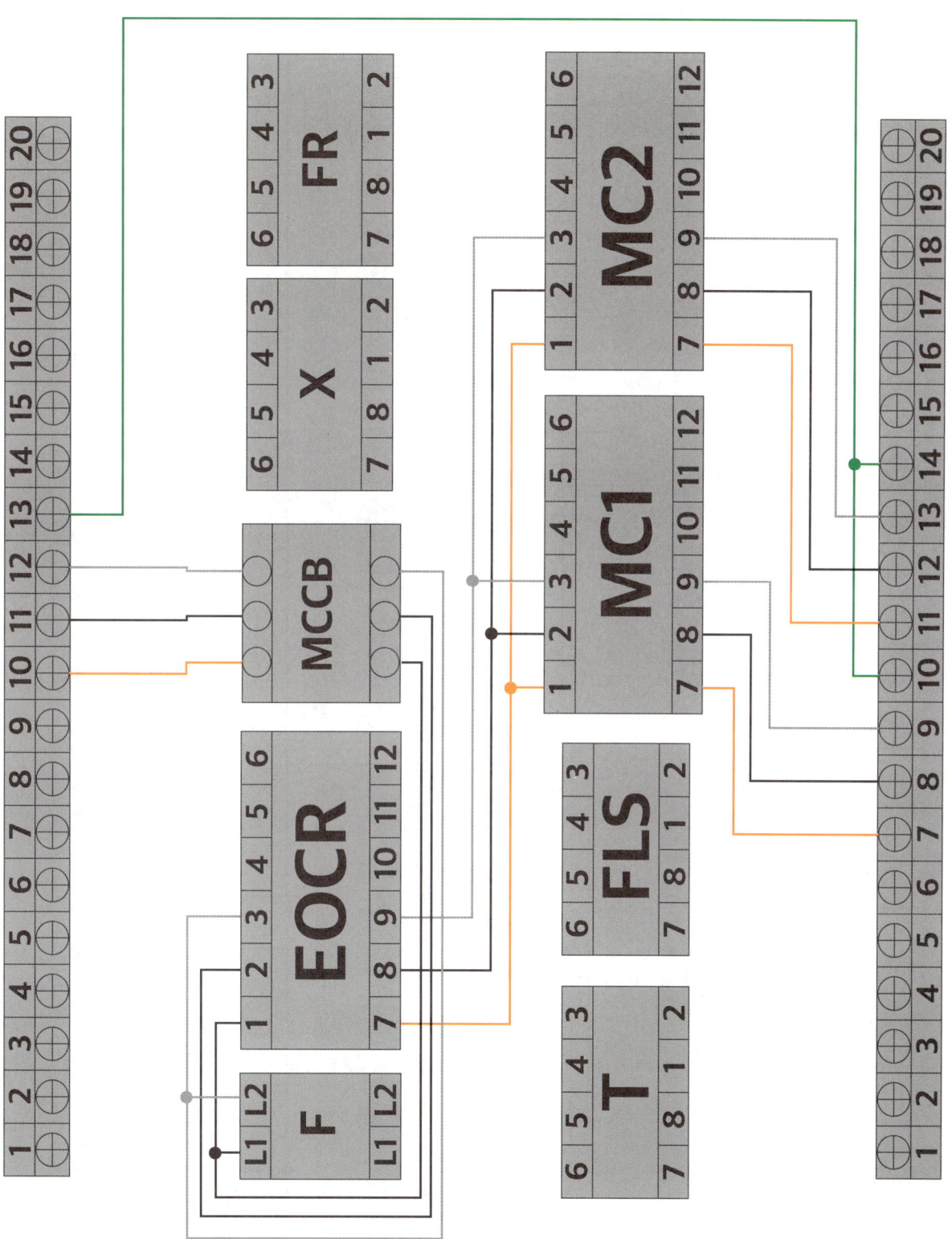

제어_보조회로 결선 작성

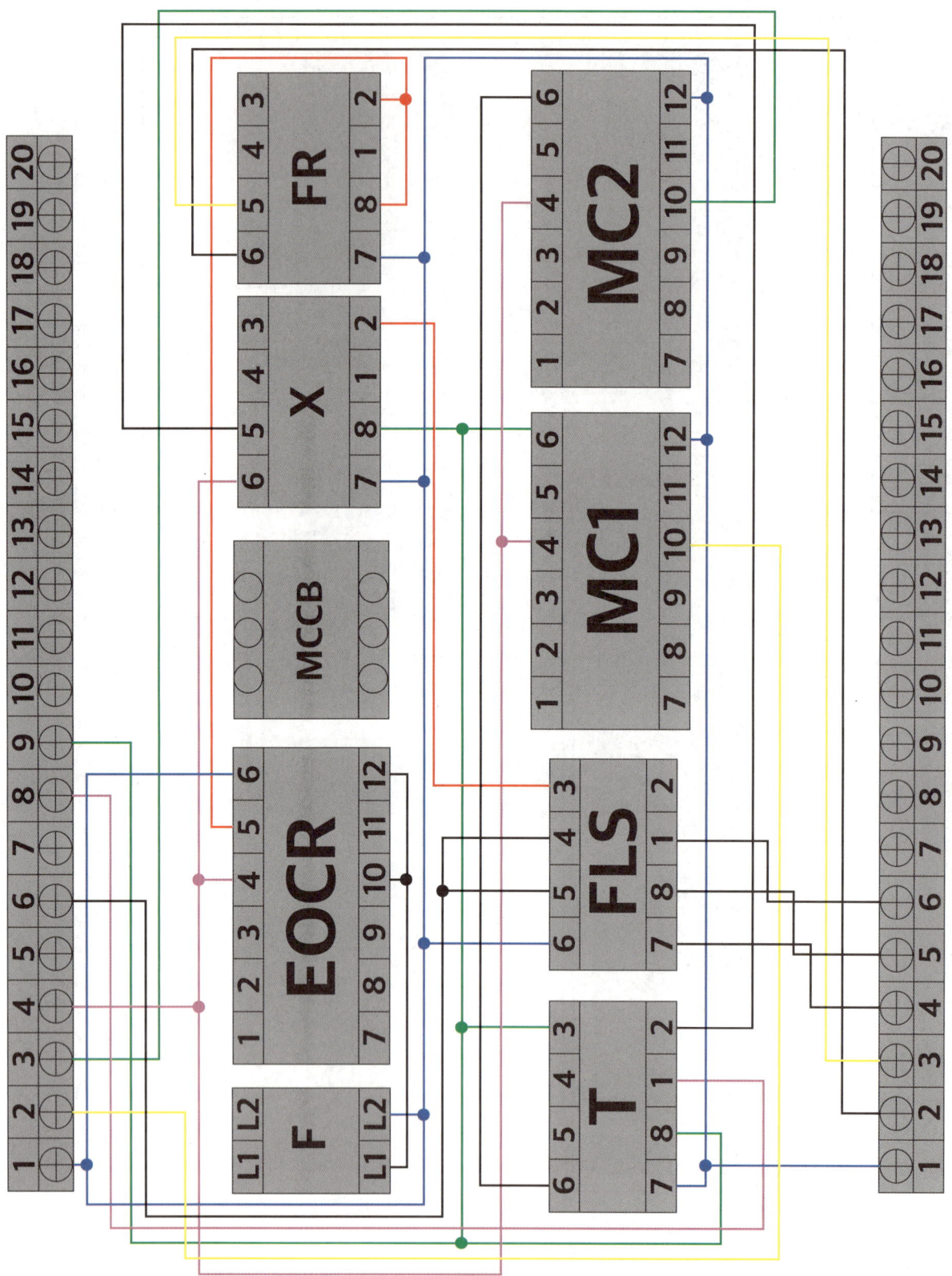

TYPE 1 급배수 제어회로

단자대_위쪽

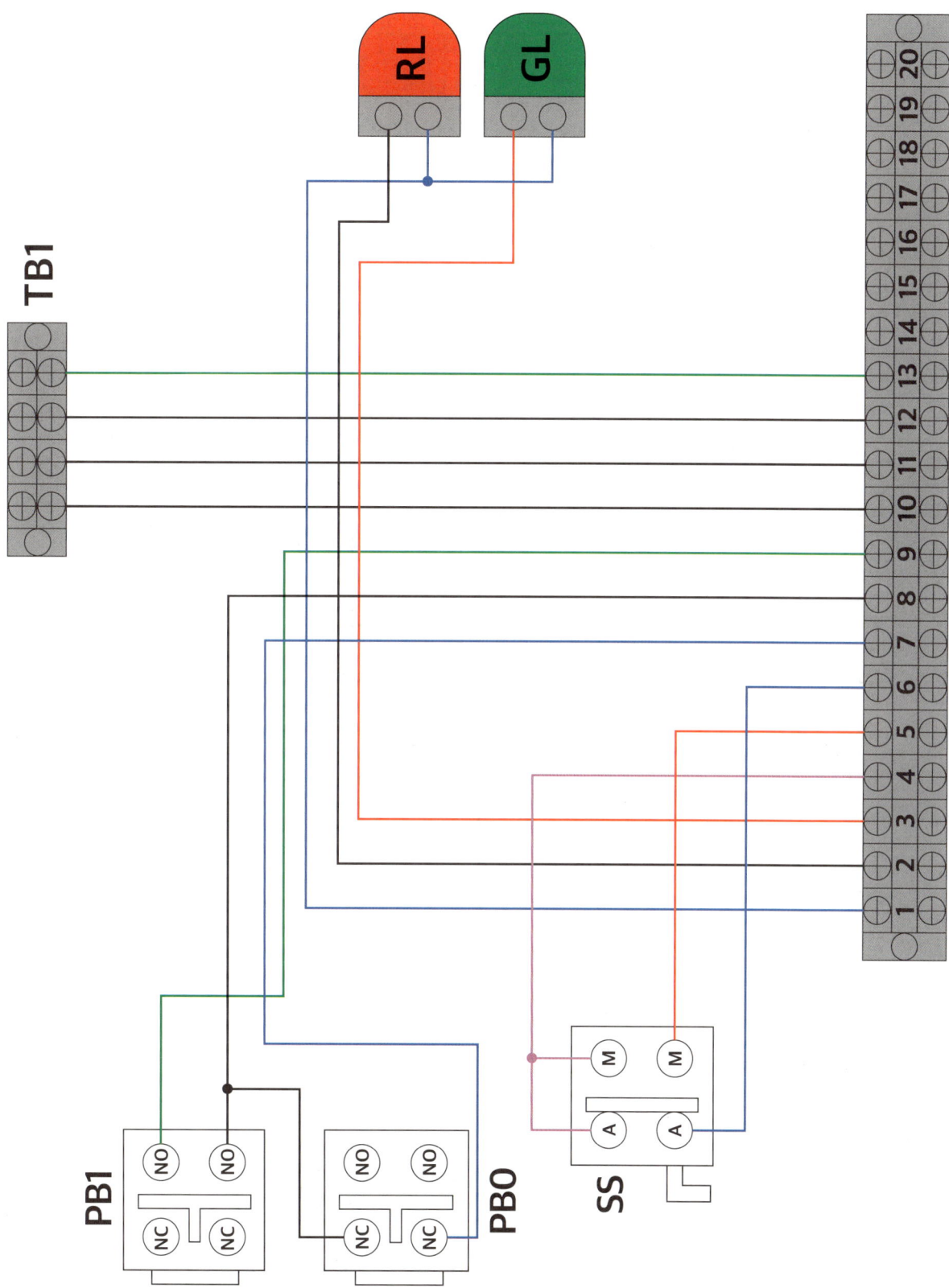

단자대_아래쪽

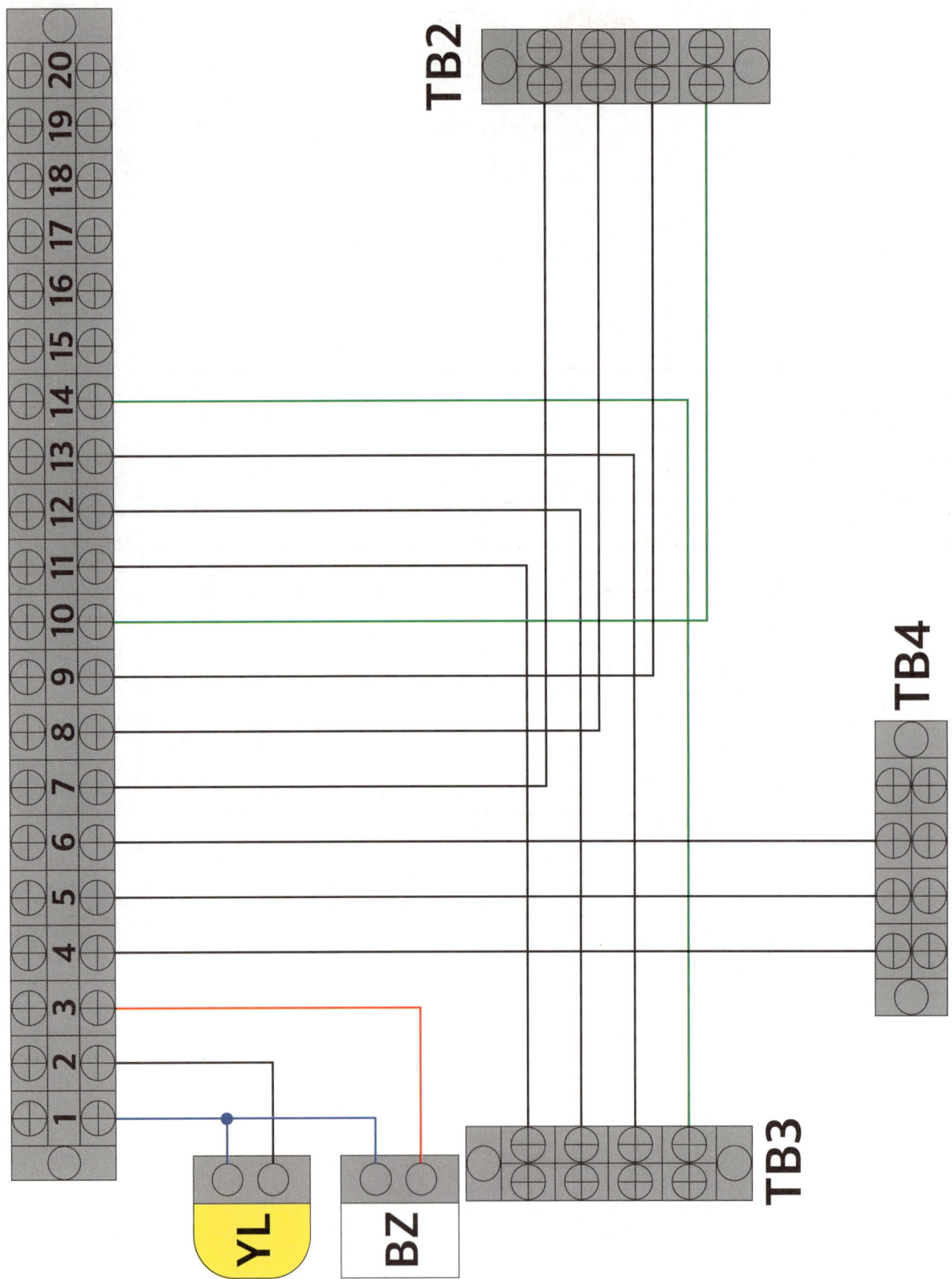

TYPE 1 급배수 제어회로

02 전기기능사 실기 **공개문제**

제어회로의 동작 사항

가) MCCB를 통해 전원을 투입하면, 전자식과전류계전기 EOCR에 전원이 공급된다.

나) 자동 운전 동작 사항
  (1) 셀렉터 스위치 SS를 A(자동) 위치에 놓으면 플로트레스 스위치 FLS에 전원이 공급되고, 플로트레스 스위치 FLS의 수위 감지가 동작되면, 릴레이 X, 타이머 T가 여자된다.
  (2) 타이머 T의 설정시간 t초 후에, 플리커릴레이 FR, 전자접촉기 MC1이 여자되어, 전동기 M1이 회전하고 램프 RL이 점등된다.
  (3) 플리커릴레이 FR의 설정시간 간격으로 전자접촉기 MC1과 MC2가 교대로 여자되어, 전동기 M1과 M2가 교대로 회전하고 램프 RL과 GL이 교대로 점등된다.
  (4) 전동기가 운전하는 중 플로트레스 스위치 FLS의 수위 감지가 해제되거나 셀렉터 스위치 SS를 M(수동) 위치에 놓으면, 제어회로 및 전동기의 동작은 모두 정지된다.

다) 수동 운전 동작 사항
  (1) 셀렉터 스위치 SS를 M(수동) 위치에 놓은 상태에서, 푸시버튼 스위치 PB1을 누르면, 릴레이 X, 타이머 T가 여자된다.
  (2) 타이머 T의 설정시간 t초 후, 플리커릴레이 FR, 전자접촉기 MC1이 여자되어, 전동기 M1이 회전하고 램프 RL이 점등된다.
  (3) 플리커릴레이 FR의 설정시간 간격으로 전자접촉기 MC1과 MC2가 교대로 여자되어, 전동기 M1과 M2가 교대로 회전하고 램프 RL과 GL이 교대로 점등된다.
  (4) 전동기가 운전하는 중 푸시버튼 스위치 PB0를 누르거나 셀렉터 스위치 SS를 A(자동) 위치에 놓으면, 제어회로 및 전동기의 동작은 모두 정지된다.

라) EOCR 동작 사항
  (1) 전동기가 운전하는 중 전동기의 과부하로 과전류가 흐르면, 전자식과전류계전기 EOCR이 동작되어 전동기는 정지하고, 부저 BZ가 동작되고, 램프 YL이 점등된다.
  (2) 전자식과전류계전기 EOCR을 리셋(RESET)하면 제어회로는 초기 상태로 복귀된다.

※ 동작 내용은 단순 참고 사항이며, 모든 동작은 시퀀스 회로를 기준으로 합니다.

| 자격 종목 | 전기기능사 | 과제명 | 전기설비의 배선 및 배관공사 |

1. 배관 및 기구 배치도

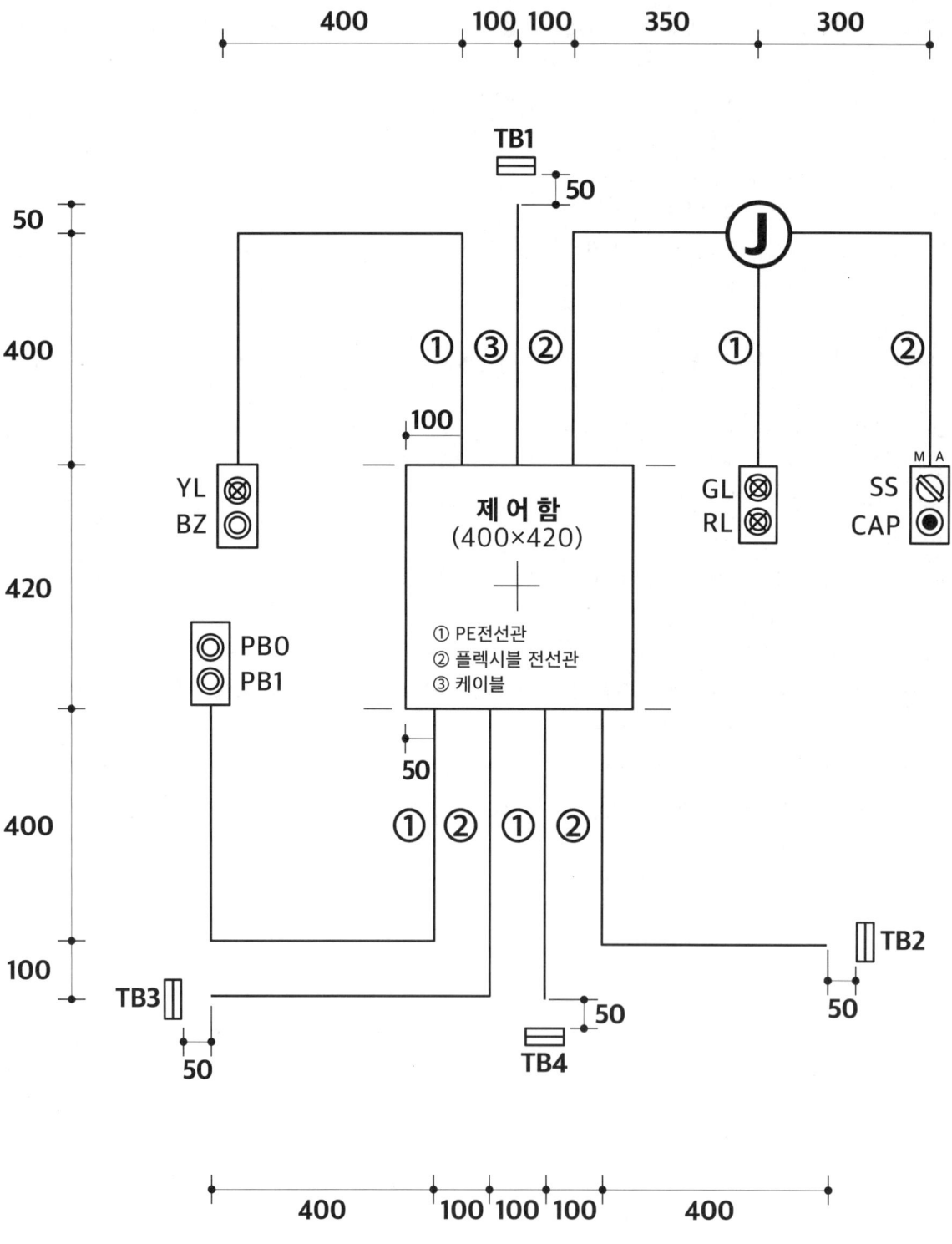

※ NOTE: 치수 기준점은 제어함의 중심으로 한다.

2. 제어판 내부 기구 배치도

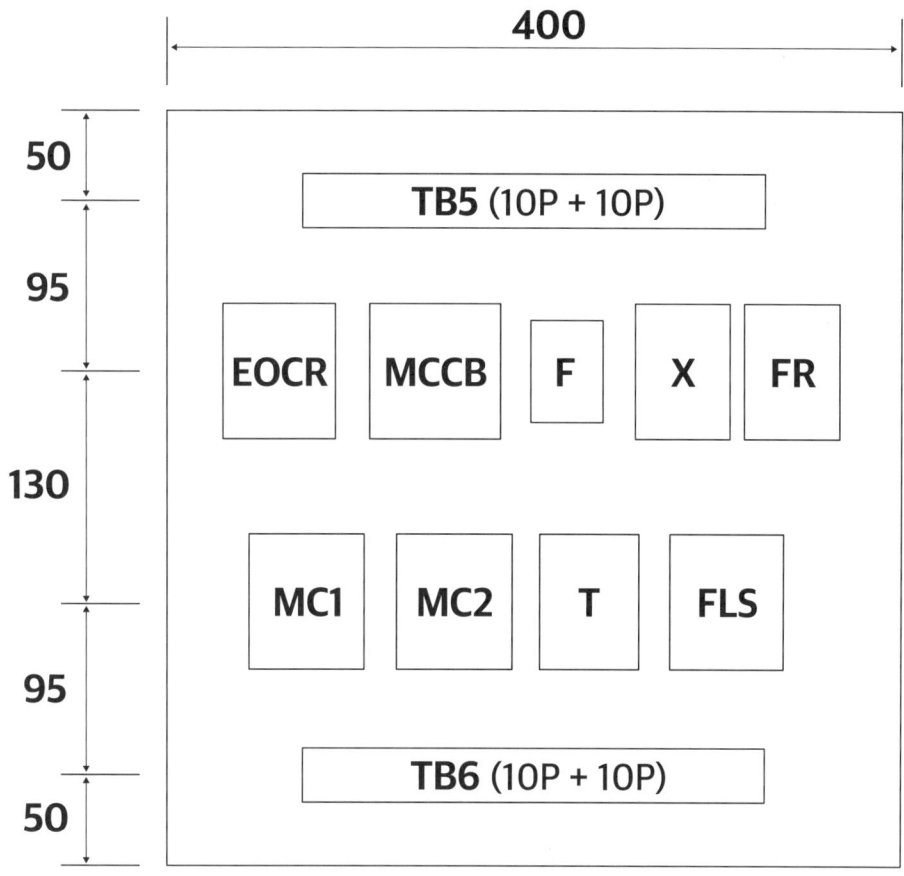

기호	명칭	기호	명칭
TB1	전원 (단자대 4P)	PB0	푸시버튼 스위치 (적색)
TB2, TB3	전동기 (단자대 4P)	PB1	푸시버튼 스위치 (녹색)
TB4	플로트레스 (단자대 4P)	SS	셀렉터 스위치
TB5, TB6	단자대 (10P+10P)	YL	램프 (황색)
MC1, MC2	전자접촉기 (12P)	GL	램프 (녹색)
EOCR	EOCR (12P)	RL	램프 (적색)
X	릴레이 (8P)	BZ	부저
T	타이머 (8P)	CAP	홀마개
FR	플리커릴레이 (8P)	Ⓙ	8각 박스
FLS	플로트레스 스위치 (8P)	F	퓨즈 및 퓨즈홀더
MCCB	배선용차단기		

3. 제어회로의 시퀀스 회로도 (※ 본 도면은 시험을 위해서 임의로 구성한 것으로 상용도면과 상이할 수 있습니다.)

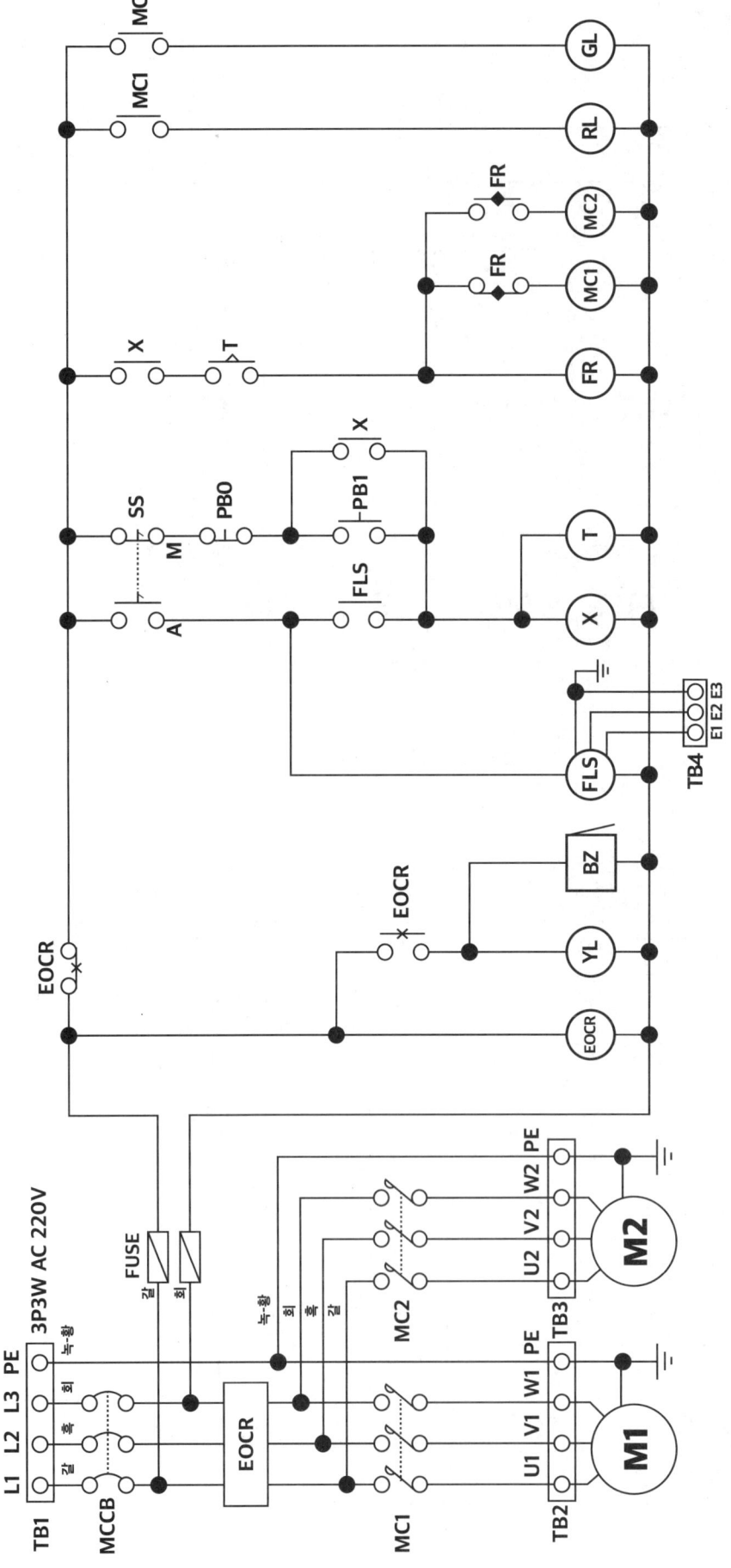

※ NOTE
- 플로트레스 스위치 FLS에서 TB4로 배선되는 E1, E2, E3는 보조회로 전선을 사용합니다.
- 플로트레스 스위치 FLS의 보호도체(접지) 결선은 제어판(TB6 또는 FLS 소켓)에서 보호도체 회로 전선으로 실시합니다.

4. 기구의 내부 결선도 및 구성도

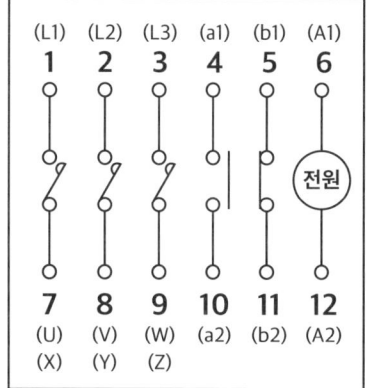
[전자접촉기]

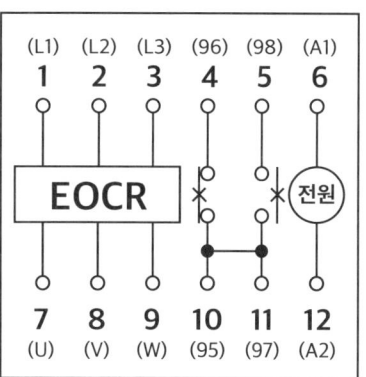
[EOCR]

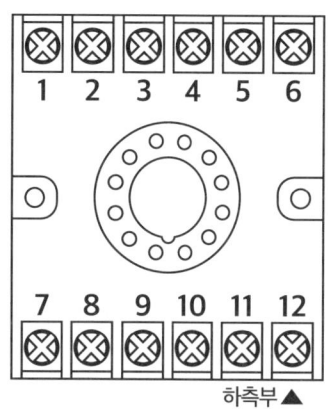
[12P 소켓(베이스) 구성도]

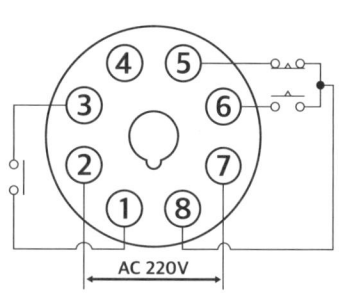
[타이머]

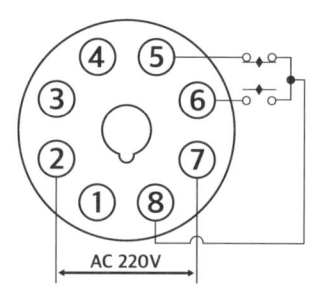
[플리커릴레이]

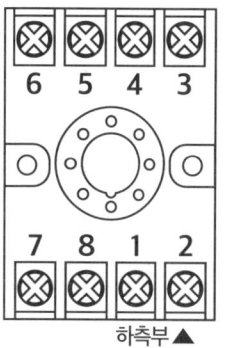
[8P 소켓(베이스) 구성도]

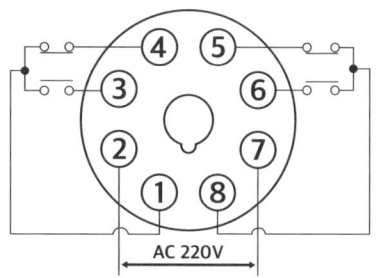
[8P 릴레이]

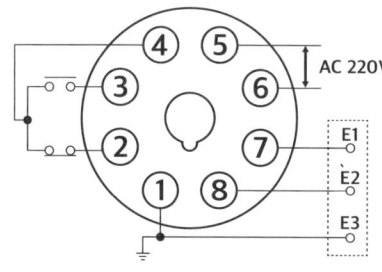
[플로트레스 스위치]

[셀렉터 스위치]

지급재료 목록

일련번호	재료명	규격	단위	수량	비고
1	합판	400 × 420 × 12mm	장	1	
2	케이블타이	100mm	개	25	
3	나사못	3.5 × 25	개	4	납작머리
4	나사못	4 × 12	개	96	납작머리
5	나사못	4 × 16	개	16	둥근머리
6	나사못	4 × 20	개	18	둥근머리
7	케이블	4C 2.5mm²	m	1	
8	케이블 새들	4C 케이블용	개	2	
9	케이블 커넥터	4C 케이블용	개	1	
10	유리관 퓨즈 및 홀더	250V 30A	개	1	퓨즈 10A 2개 포함
11	새들	16mm 전선관용	개	40	
12	8각 박스	철제	개	1	
13	PE 전선관	16mm	m	6	
14	플렉시블 전선관	16mm	m	6	
15	커넥터	16mm	개	7	PE 전선관용
16	커넥터	16mm	개	7	플렉시블 전선관용
17	비닐절연전선	1.5mm²(1/1.38), 황색	m	50	
18	비닐절연전선	2.5mm²(1/1.78), 갈색	m	5	
19	비닐절연전선	2.5mm²(1/1.78), 흑색	m	5	
20	비닐절연전선	2.5mm²(1/1.78), 회색	m	5	
21	비닐절연전선	2.5mm²(1/1.78), 녹색-황색	m	5	

일련번호	재료명	규격	단위	수량	비고
22	단자대	10P 20A 220V	개	4	
23	단자대	4P 20A 220V	개	4	
24	배선용차단기	3P, AC250V, 30A	개	1	
25	12P 소켓	12P	개	3	12P 기구 겸용
26	8P 소켓	8P	개	4	8P 기구 겸용
27	램프	25Ø, 220V	개	3	적 1, 녹 1, 황 1
28	푸시버튼 스위치	25Ø, 1a1b	개	2	적 1, 녹 1
29	셀렉터 스위치	25Ø, 1a1b	개	1	
30	부저	25Ø, 220V	개	1	
31	컨트롤 박스	25Ø, 2구	개	4	
32	홀마개	25Ø	개	1	재사용
33	전자접촉기	AC220V, 12P	개	2	채점용
34	EOCR	AC220V, 12P	개	1	채점용
35	타이머	AC220V, 8P	개	1	채점용
36	릴레이	AC220V, 8P	개	1	채점용
37	플리커릴레이	AC220V, 8P	개	1	채점용
38	플로트레스 스위치	AC220V, 8P	개	1	채점용

※ 국가기술자격 실기시험 지급재료는 시험종료 후(기권, 결시자 포함) 수험자에게 지급하지 않습니다.

TYPE 1 급배수 제어회로

02 전기기능사 실기 **해설**

제어핀의 핀 번호와 단자대 작성

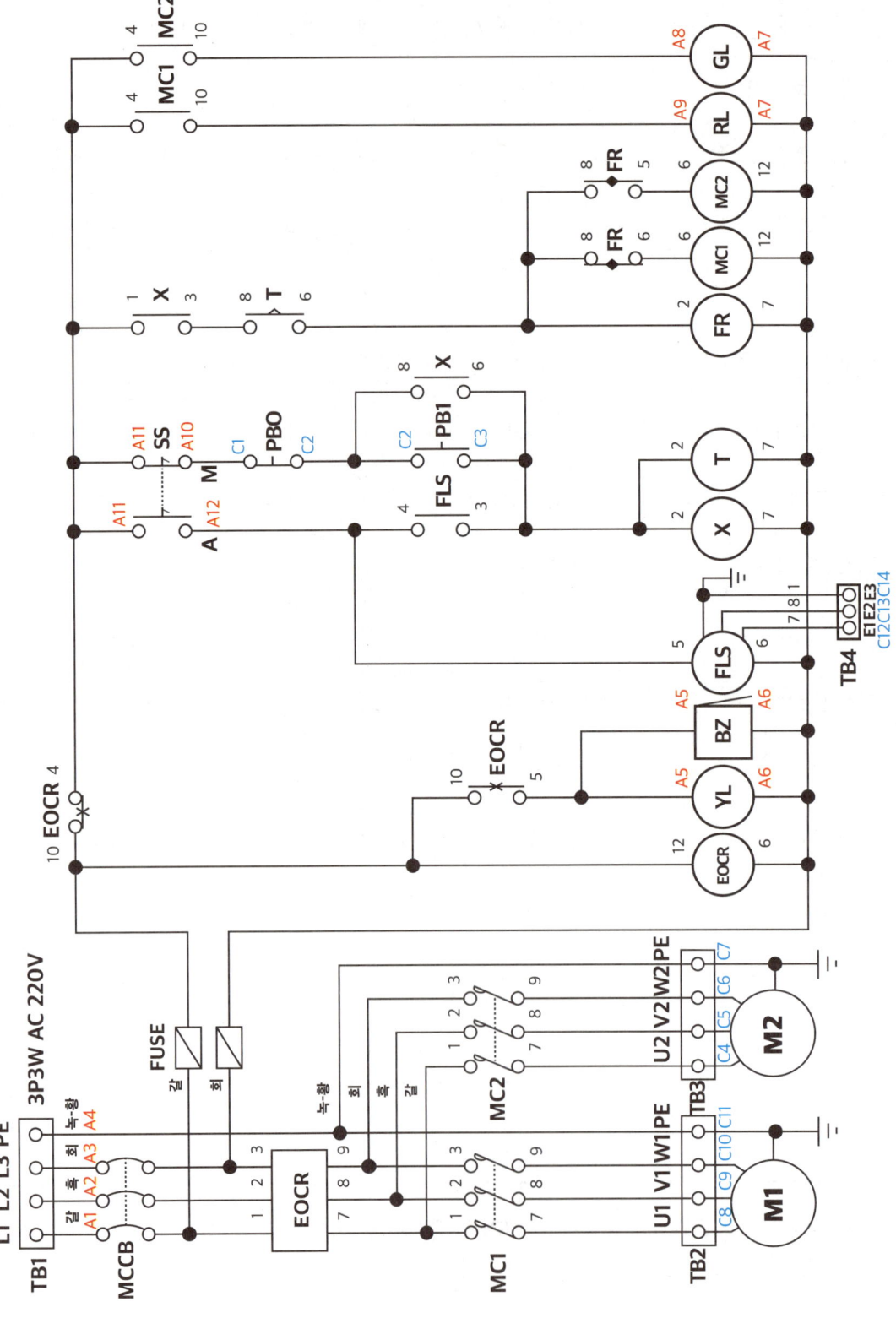

제어_주회로 결선 작성

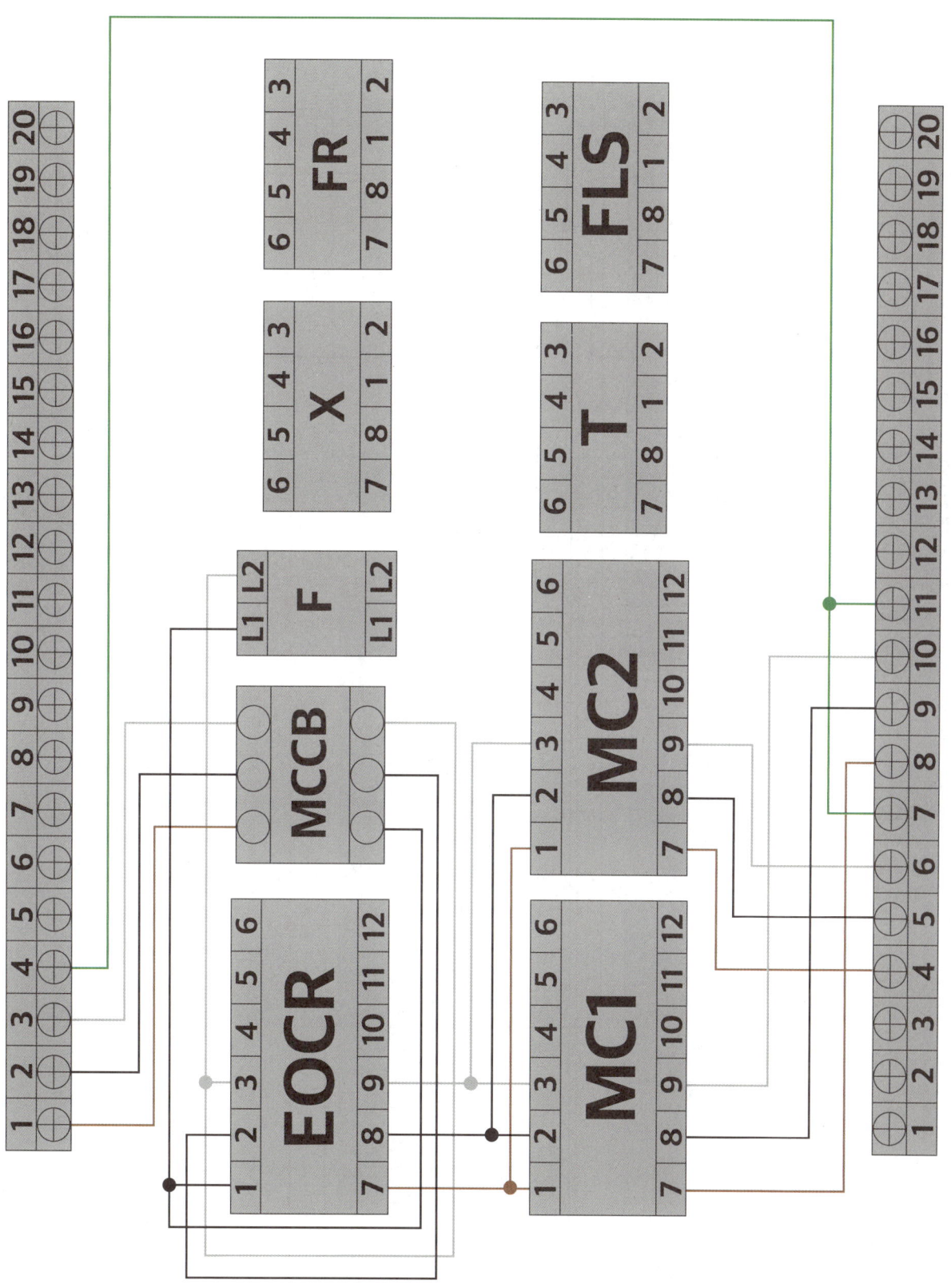

제어_보조회로 결선 작성

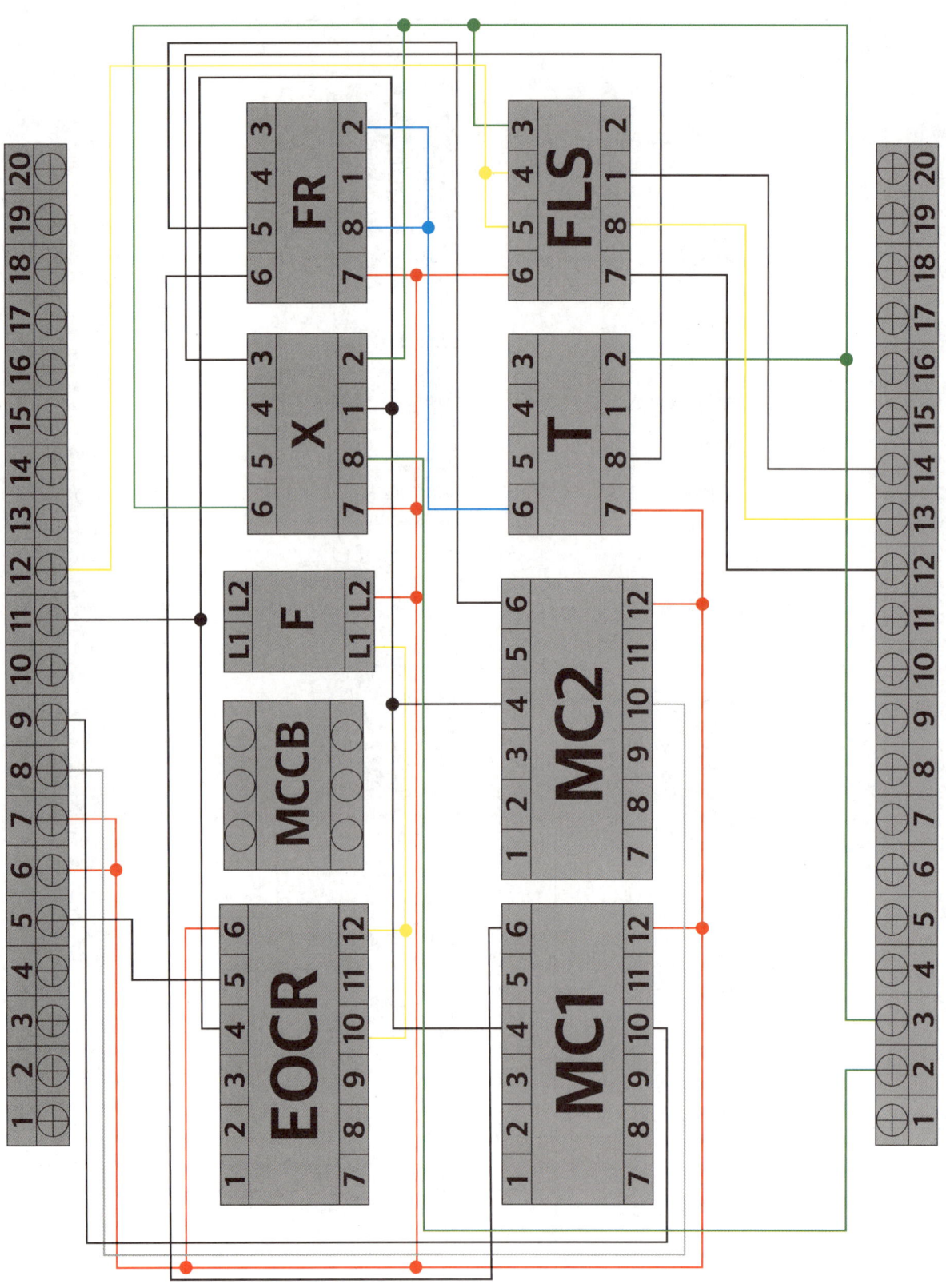

TYPE 1 급배수 제어회로

단자대_위쪽

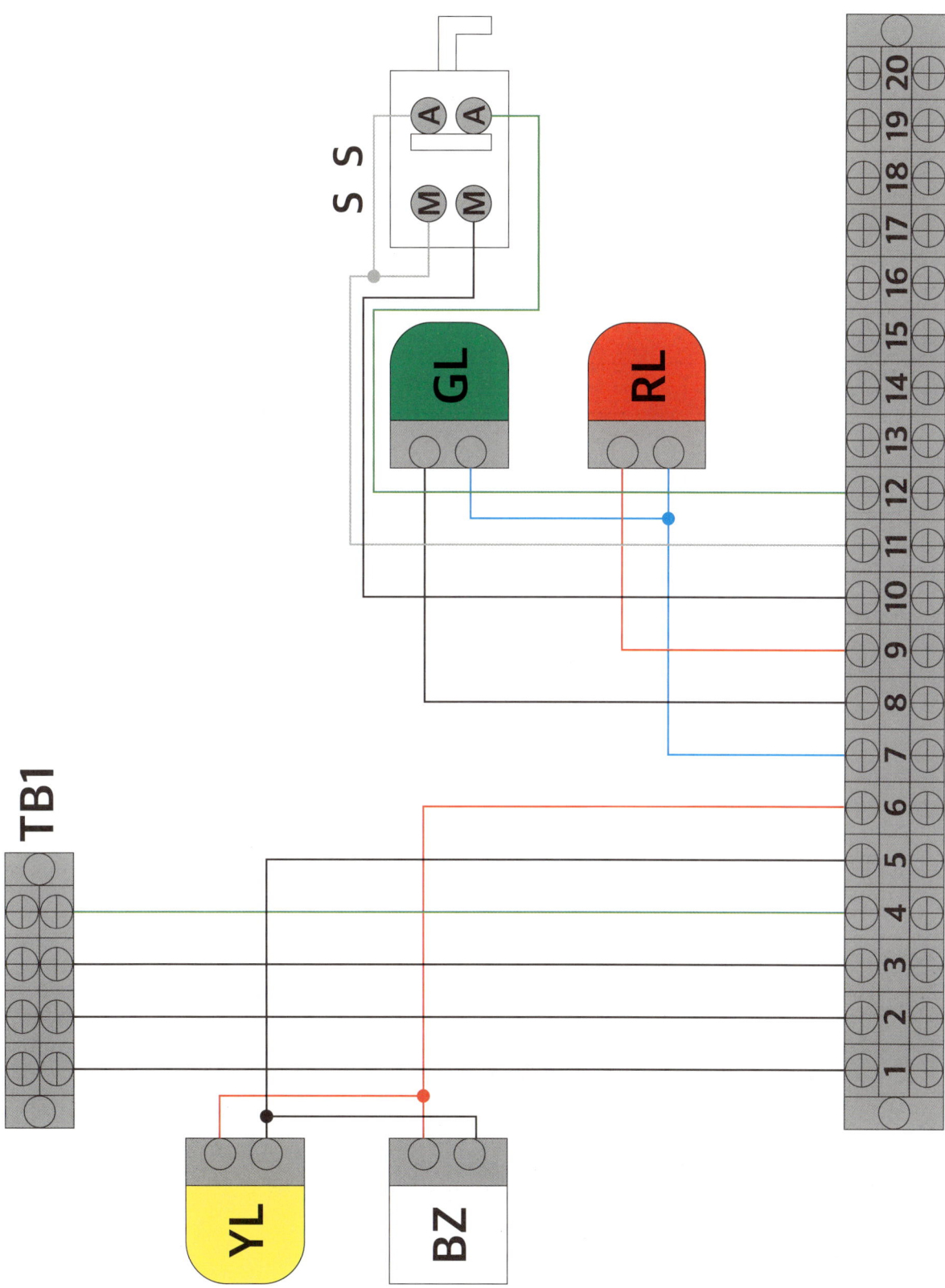

단자대_아래쪽

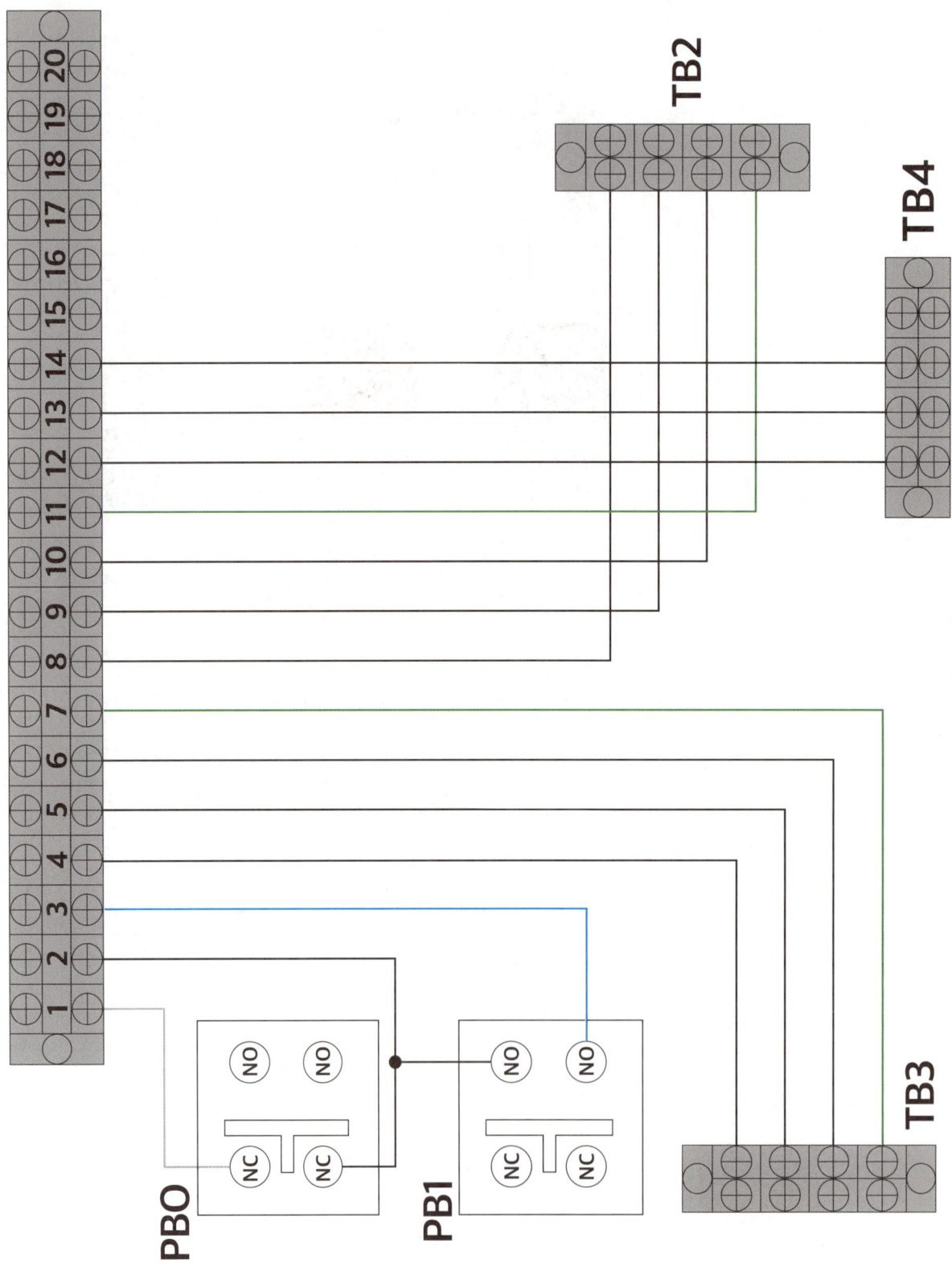

TYPE 1 급배수 제어회로

03 전기기능사 실기 공개문제

제어회로의 동작 사항

가) MCCB를 통해 전원을 투입하면, 전자식과전류계전기 EOCR에 전원이 공급된다.

나) 자동 운전 동작 사항
  (1) 셀렉터 스위치 SS를 A(자동) 위치에 놓으면 플로트레스 스위치 FLS에 전원이 공급되고, 플로트레스 스위치 FLS의 수위 감지가 동작되면, 플리커릴레이 FR, 전자접촉기 MC1이 여자되어, 전동기 M1이 회전하고 램프 RL이 점등된다.
  (2) 플리커릴레이 FR의 설정시간 간격으로 전자접촉기 MC1과 MC2가 교대로 여자되어, 전동기 M1과 M2가 교대로 회전하고 램프 RL과 GL이 교대로 점등된다.
  (3) 전동기가 운전하는 중 플로트레스 스위치 FLS의 수위 감지가 해제되거나 셀렉터 스위치 SS를 M(수동) 위치에 놓으면, 제어회로 및 전동기의 동작은 모두 정지된다.

다) 수동 운전 동작 사항
  (1) 셀렉터 스위치 SS를 M(수동) 위치에 놓은 상태에서, 푸시버튼 스위치 PB1을 누르면, 타이머 T가 여자된다.
  (2) 타이머 T의 설정시간 t초 후, 릴레이 X, 플리커릴레이 FR, 전자접촉기 MC1이 여자되어, 전동기 M1이 회전하고 램프 RL이 점등된다.
  (3) 플리커릴레이 FR의 설정시간 간격으로 전자접촉기 MC1과 MC2가 교대로 여자되어, 전동기 M1과 M2가 교대로 회전하고 램프 RL과 GL이 교대로 점등된다.
  (4) 전동기가 운전하는 중 푸시버튼 스위치 PB0를 누르거나 셀렉터 스위치 SS를 A(자동) 위치에 놓으면, 제어회로 및 전동기의 동작은 모두 정지된다.

라) EOCR 동작 사항
  (1) 전동기가 운전하는 중 전동기의 과부하로 과전류가 흐르면, 전자식과전류계전기 EOCR이 동작되어 전동기는 정지하고, 부저 BZ가 동작되고, 램프 YL이 점등된다.
  (2) 전자식과전류계전기 EOCR을 리셋(RESET)하면 제어회로는 초기 상태로 복귀된다.

※ 동작 내용은 단순 참고 사항이며, 모든 동작은 시퀀스 회로를 기준으로 합니다

도면

| 자격 종목 | 전기기능사 | 과제명 | 전기설비의 배선 및 배관공사 |

1. 배관 및 기구 배치도

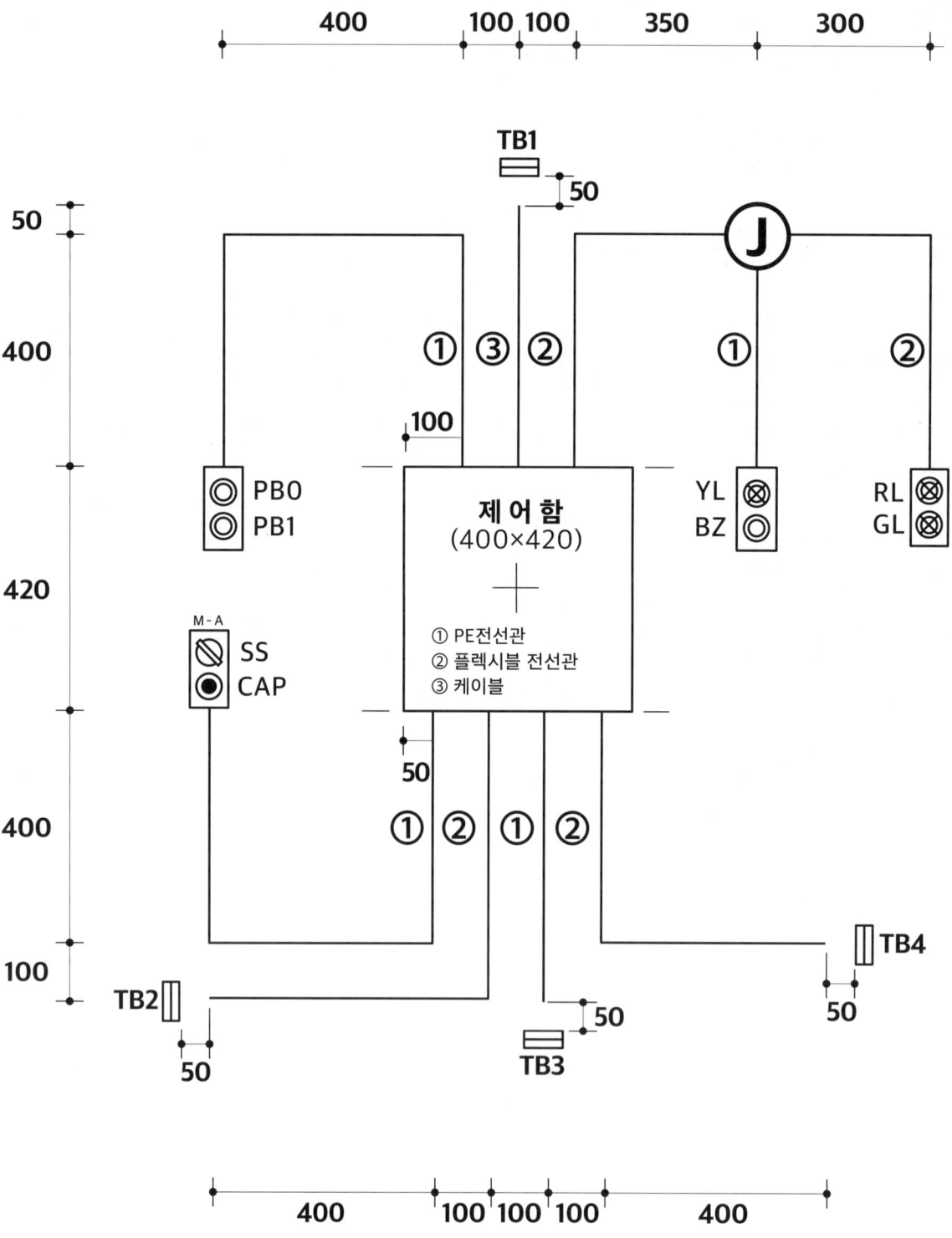

※ NOTE: 치수 기준점은 제어함의 중심으로 한다.

2. 제어판 내부 기구 배치도

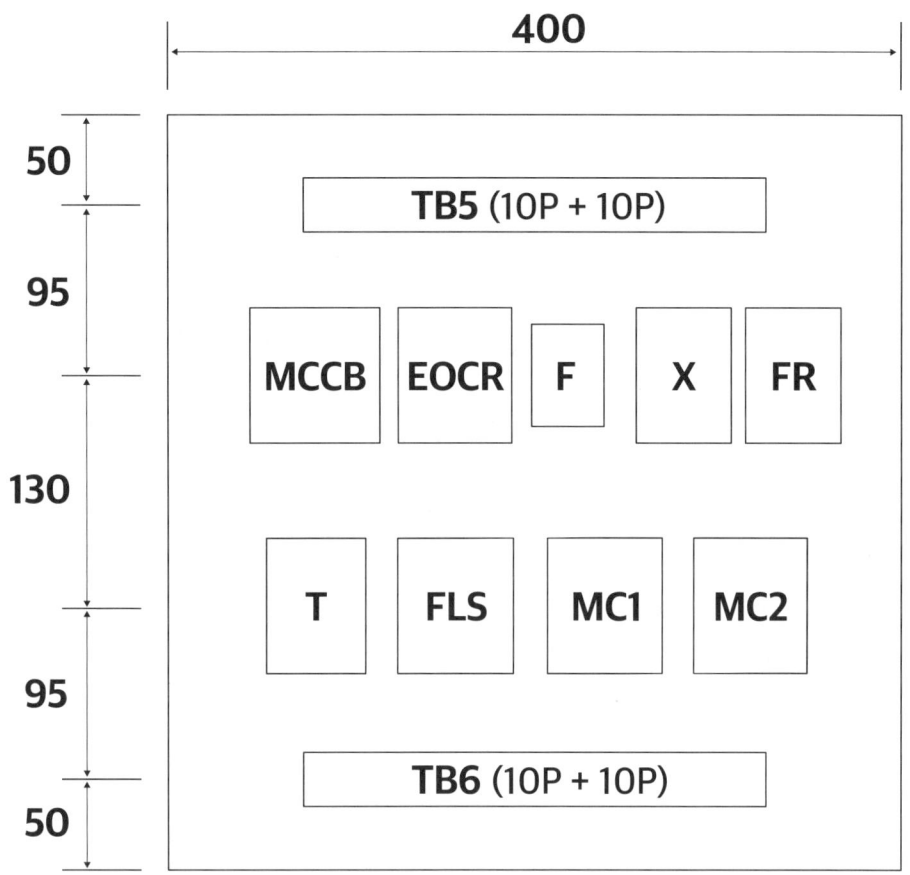

기호	명칭	기호	명칭
TB1	전원 (단자대 4P)	PB0	푸시버튼 스위치 (적색)
TB2, TB3	전동기 (단자대 4P)	PB1	푸시버튼 스위치 (녹색)
TB4	플로트레스 (단자대 4P)	SS	셀렉터 스위치
TB5, TB6	단자대 (10P+10P)	YL	램프 (황색)
MC1, MC2	전자접촉기 (12P)	GL	램프 (녹색)
EOCR	EOCR (12P)	RL	램프 (적색)
X	릴레이 (8P)	BZ	부저
T	타이머 (8P)	CAP	홀마개
FR	플리커릴레이 (8P)	Ⓙ	8각 박스
FLS	플로트레스 스위치 (8P)	F	퓨즈 및 퓨즈홀더
MCCB	배선용차단기		

3. 제어회로의 시퀀스 회로도 (※ 본 도면은 시험을 위해서 임의로 구성한 것으로 상용도면과 상이할 수 있습니다.)

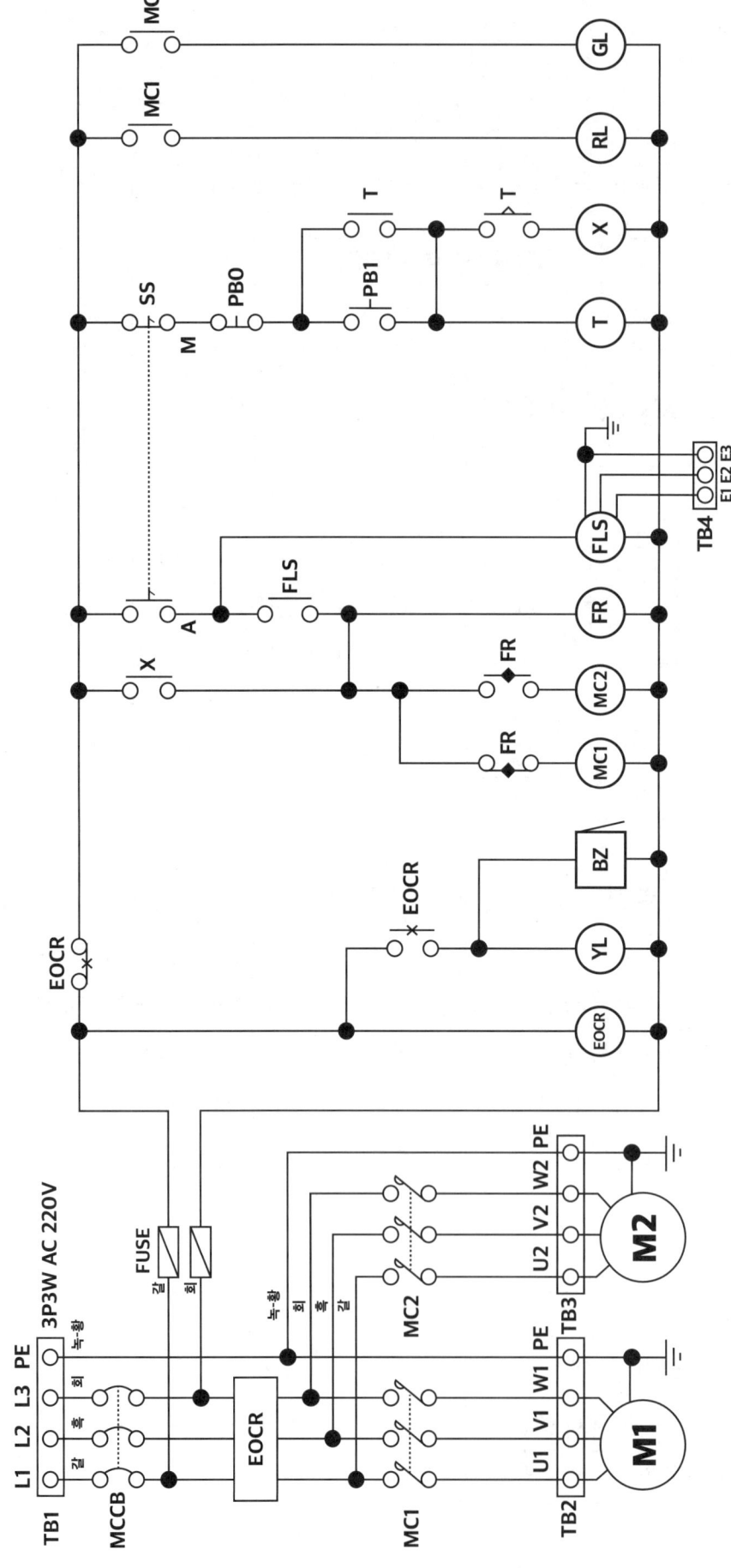

※ NOTE

- 플로트레스 스위치 FLS에서 TB4로 배선되는 E1, E2, E3는 보조회로 전선을 사용합니다.
- 플로트레스 스위치 FLS의 보호도체(접지) 결선은 제어판(TB6 또는 FLS 소켓)에서 보호도체 회로 전선으로 실시합니다.

4. 기구의 내부 결선도 및 구성도

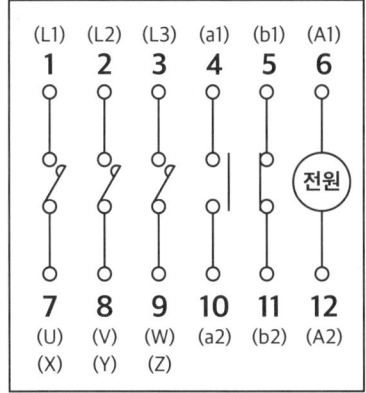
[전자접촉기]

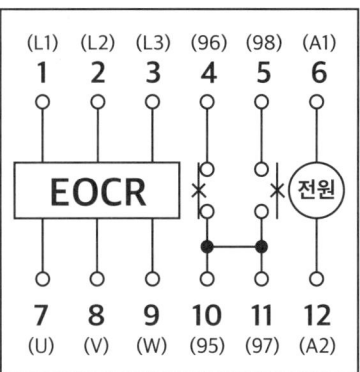
[EOCR]

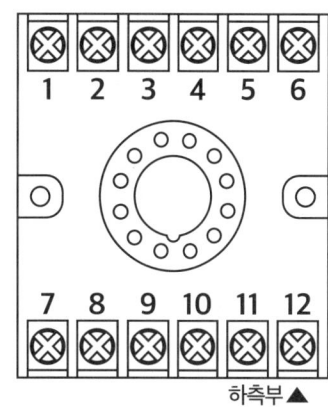
[12P 소켓(베이스) 구성도]

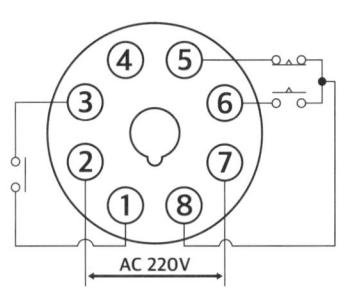
[타이머]

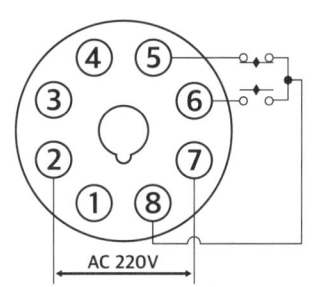
[플리커릴레이]

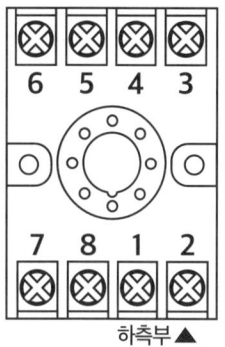
[8P 소켓(베이스) 구성도]

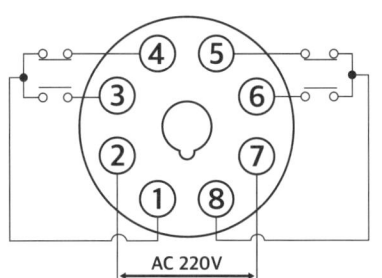
[8P 릴레이]

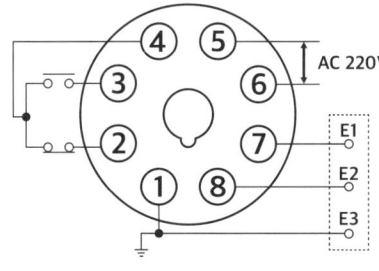
[플로트레스 스위치]

[셀렉터 스위치]

지급재료 목록

일련번호	재료명	규격	단위	수량	비고
1	합판	400 × 420 × 12mm	장	1	
2	케이블타이	100mm	개	25	
3	나사못	3.5 × 25	개	4	납작머리
4	나사못	4 × 12	개	96	납작머리
5	나사못	4 × 16	개	16	둥근머리
6	나사못	4 × 20	개	18	둥근머리
7	케이블	4C 2.5mm^2	m	1	
8	케이블 새들	4C 케이블용	개	2	
9	케이블 커넥터	4C 케이블용	개	1	
10	유리관 퓨즈 및 홀더	250V 30A	개	1	퓨즈 10A 2개 포함
11	새들	16mm 전선관용	개	40	
12	8각 박스	철제	개	1	
13	PE 전선관	16mm	m	6	
14	플렉시블 전선관	16mm	m	6	
15	커넥터	16mm	개	7	PE 전선관용
16	커넥터	16mm	개	7	플렉시블 전선관용
17	비닐절연전선	1.5mm^2(1/1.38), 황색	m	50	
18	비닐절연전선	2.5mm^2(1/1.78), 갈색	m	5	
19	비닐절연전선	2.5mm^2(1/1.78), 흑색	m	5	
20	비닐절연전선	2.5mm^2(1/1.78), 회색	m	5	
21	비닐절연전선	2.5mm^2(1/1.78), 녹색-황색	m	5	

일련번호	재료명	규격	단위	수량	비고
22	단자대	10P 20A 220V	개	4	
23	단자대	4P 20A 220V	개	4	
24	배선용차단기	3P, AC250V, 30A	개	1	
25	12P 소켓	12P	개	3	12P 기구 겸용
26	8P 소켓	8P	개	4	8P 기구 겸용
27	램프	25Ø, 220V	개	3	적 1, 녹 1, 황 1
28	푸시버튼 스위치	25Ø, 1a1b	개	2	적 1, 녹 1
29	셀렉터 스위치	25Ø, 1a1b	개	1	
30	부저	25Ø, 220V	개	1	
31	컨트롤 박스	25Ø, 2구	개	4	
32	홀마개	25Ø	개	1	재사용
33	전자접촉기	AC220V, 12P	개	2	채점용
34	EOCR	AC220V, 12P	개	1	채점용
35	타이머	AC220V, 8P	개	1	채점용
36	릴레이	AC220V, 8P	개	1	채점용
37	플리커릴레이	AC220V, 8P	개	1	채점용
38	플로트레스 스위치	AC220V, 8P	개	1	채점용

※ 국가기술자격 실기시험 지급재료는 시험종료 후(기권, 결시자 포함) 수험자에게 지급하지 않습니다.

TYPE 1 급배수 제어회로

03 전기기능사 실기 **해설**

제어핀의 핀 번호와 단자대 작성

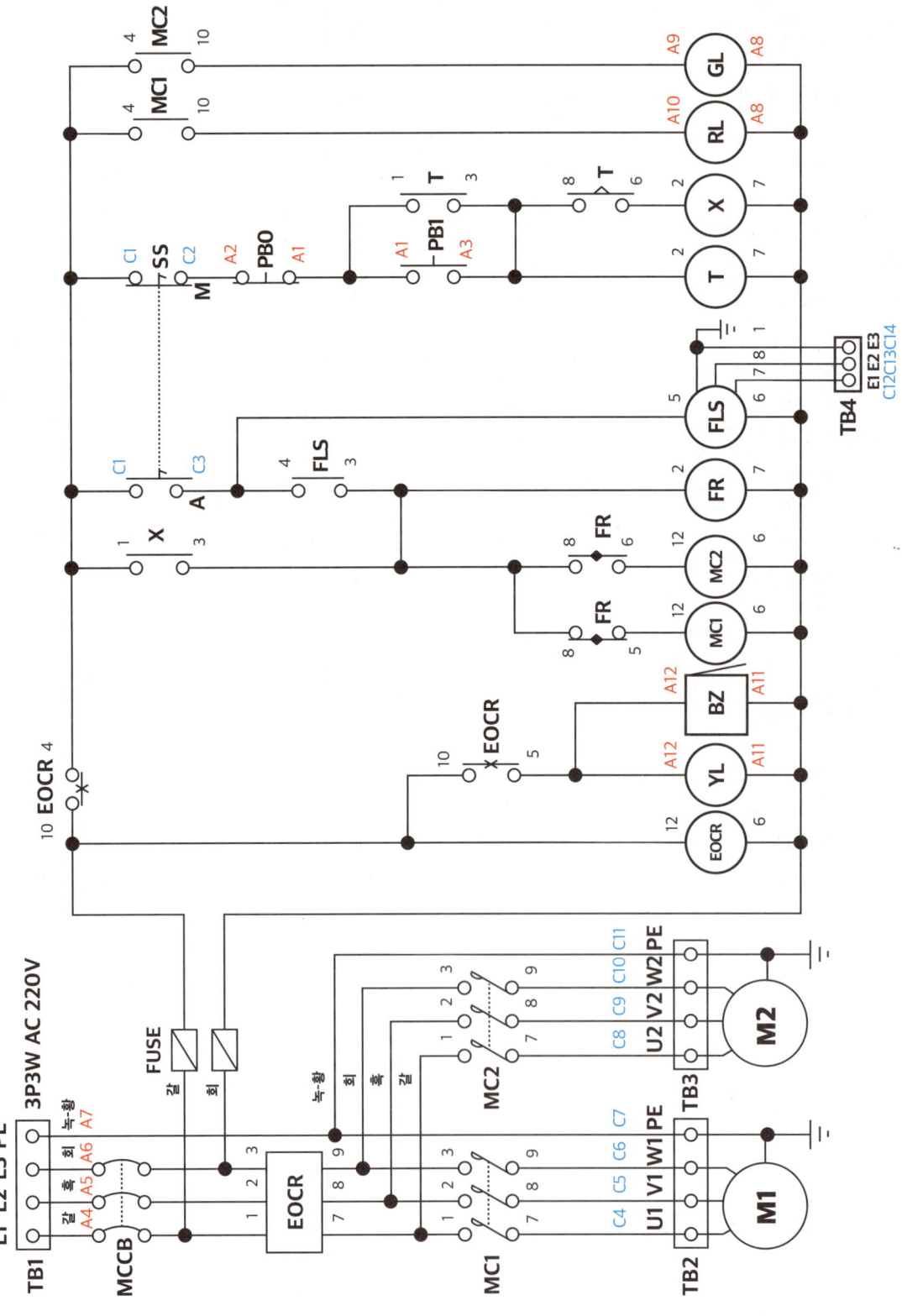

TYPE 1 급배수 제어회로

제어_주회로 결선 작성

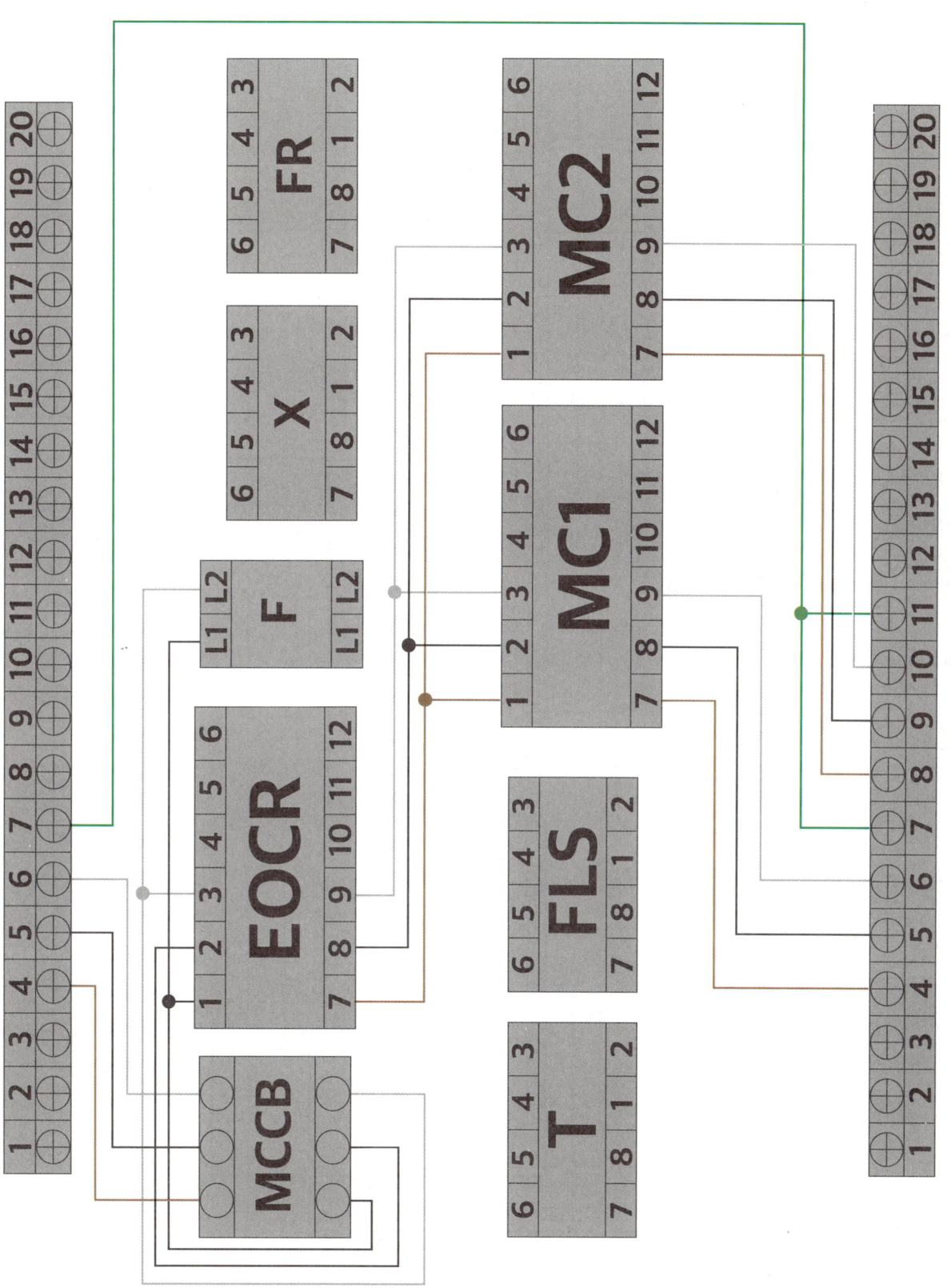

제어_보조회로 결선 작성

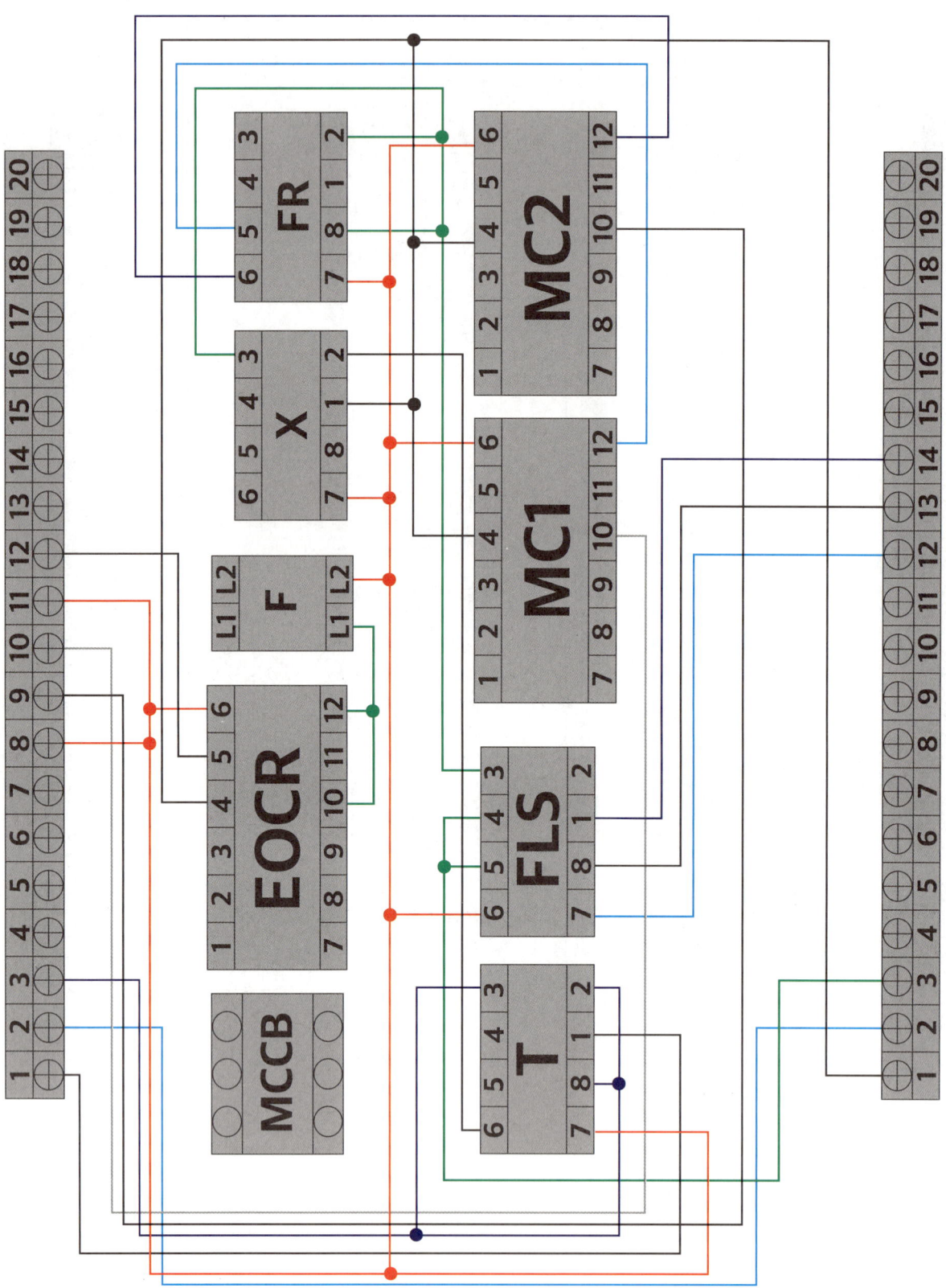

TYPE 1 급배수 제어회로

단자대_위쪽

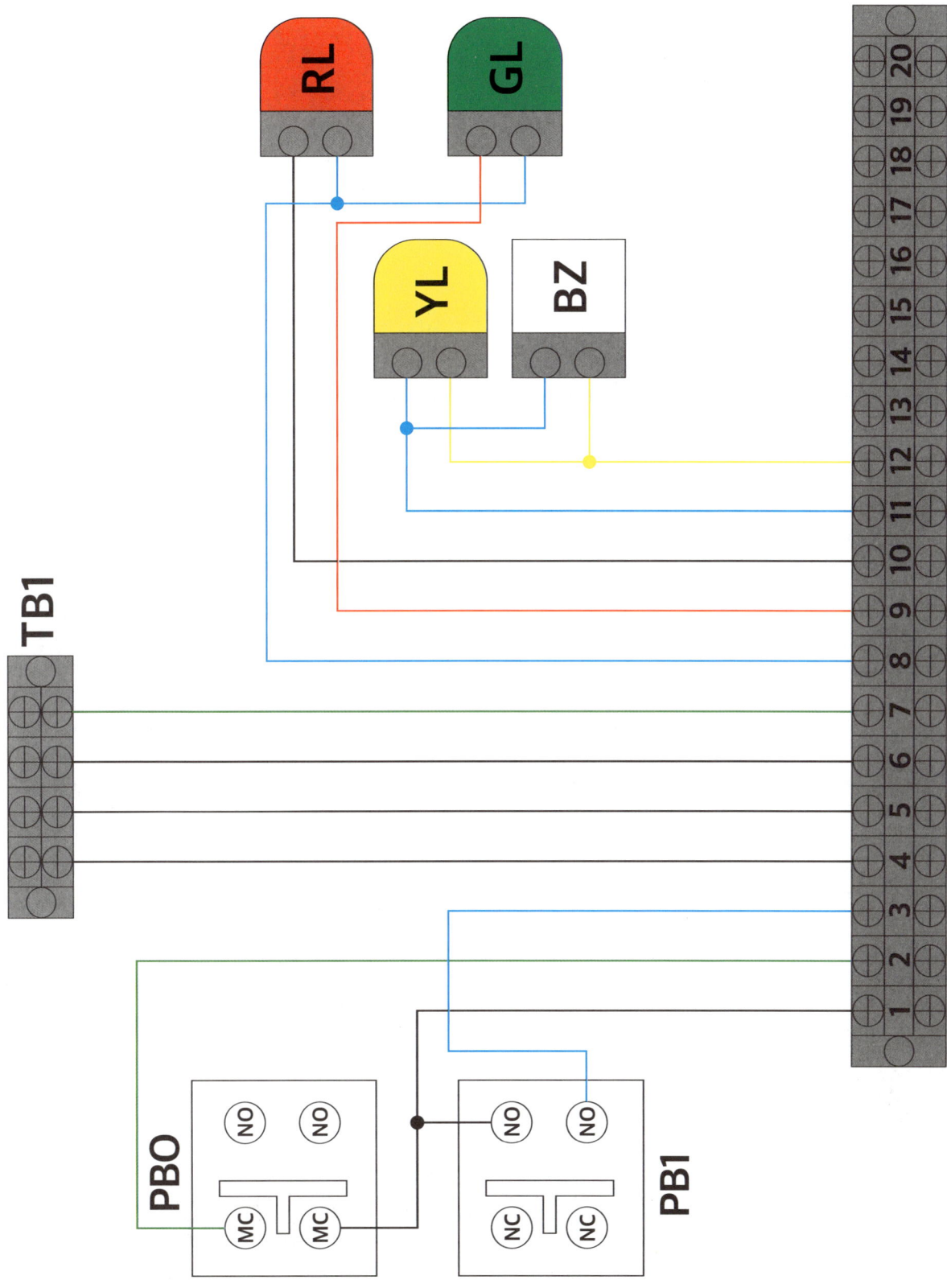

단자대_아래쪽

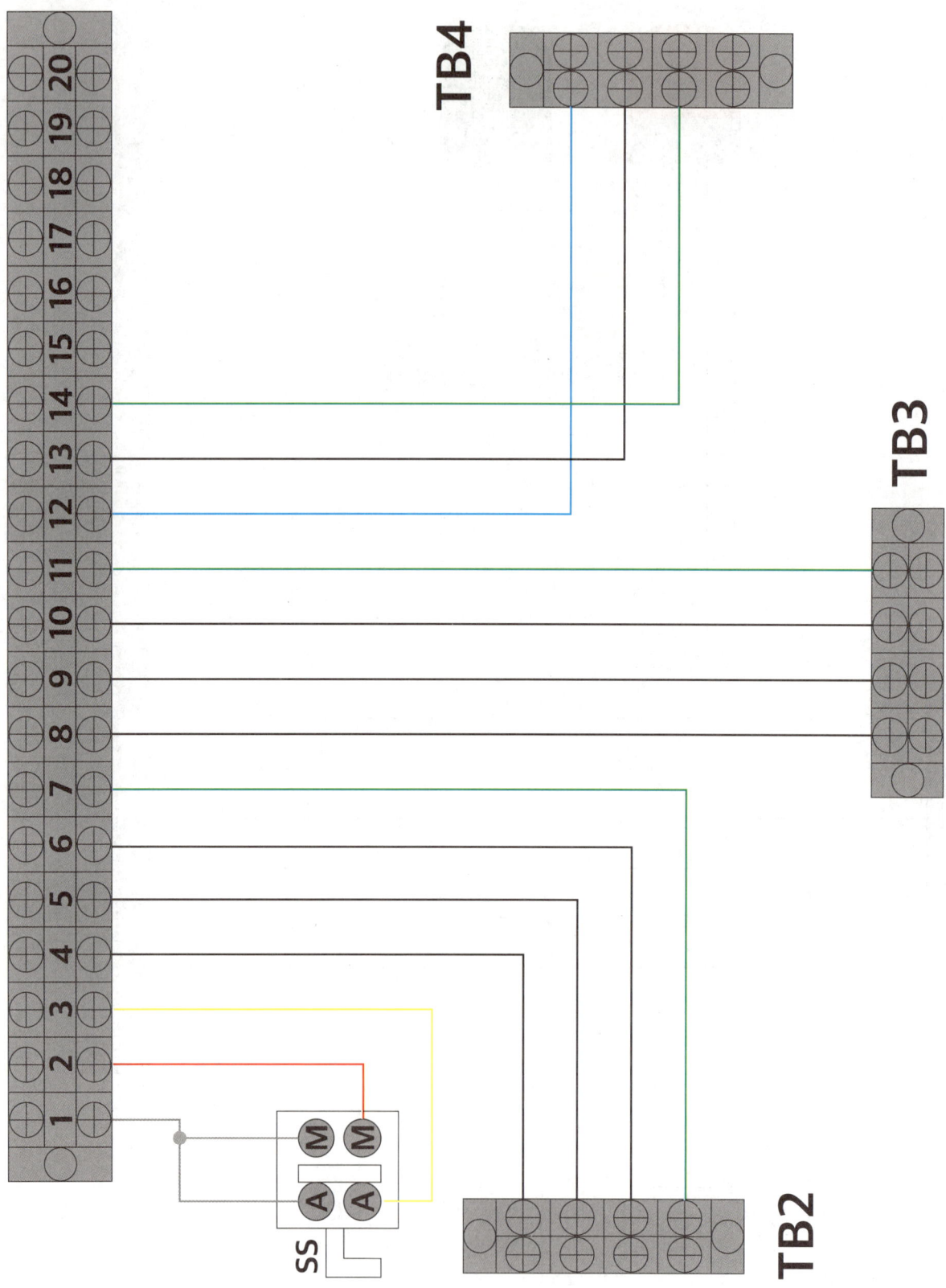

TYPE 1 급배수 제어회로

04 전기기능사 실기 공개문제

제어회로의 동작 사항

가) MCCB를 통해 전원을 투입하면, 전자식과전류계전기 EOCR에 전원이 공급된다.

나) 초기 운전 조건: 타이머 T의 설정시간은 플리커릴레이 FR의 설정시간 보다 작아야 한다.
   (즉, 타이머 설정시간 〈 플리커릴레이 설정시간)

다) 자동 운전 동작 사항
   (1) 셀렉터 스위치 SS를 A(자동) 위치에 놓으면 플로트레스 스위치 FLS에 전원이 공급되고, 플로트레스 스위치 FLS의 수위 감지가 동작되면, 릴레이 X, 플리커릴레이 FR이 여자된다.
   (2) 플리커릴레이 FR의 설정시간 간격으로 전자접촉기 MC1과 전자접촉기 MC2, 타이머 T가 교대로 여자되고, 타이머 T의 설정시간 t초 후, 전자접촉기 MC2가 소자된다. 아래의 ① → ② → ③의 순으로 계속 반복 동작한다.
      ① 전동기 M1이 회전, M2가 정지하고 램프 RL이 점등, GL이 소등
      ② 전동기 M1이 정지, M2가 회전하고 램프 RL이 소등, GL이 점등
      ③ 전동기 M1과 M2가 정지하고 램프 RL과 GL이 소등
   (3) 전동기가 운전하는 중 플로트레스 스위치 FLS의 수위 감지가 해제되거나 셀렉터 스위치 SS를 M(수동) 위치에 놓으면, 제어회로 및 전동기의 동작은 모두 정지된다.

라) 수동 운전 동작 사항
   (1) 셀렉터 스위치 SS를 M(수동) 위치에 놓은 상태에서, 푸시버튼 스위치 PB1을 누르면, 릴레이 X, 플리커릴레이 FR이 여자된다.
   (2) 자동 운전 동작 사항 다)의 (2)와 같다.
   (3) 전동기가 운전하는 중 푸시버튼 스위치 PB0를 누르거나 셀렉터 스위치 SS를 A(자동) 위치에 놓으면, 제어회로 및 전동기의 동작은 모두 정지된다.

마) EOCR 동작 사항
   (1) 전동기가 운전하는 중 전동기의 과부하로 과전류가 흐르면, 전자식과전류계전기 EOCR이 동작되어 전동기는 정지하고, 부저 BZ가 동작되고, 램프 YL이 점등된다.
   (2) 전자식과전류계전기 EOCR을 리셋(RESET)하면 제어회로는 초기 상태로 복귀된다.

※ 동작 내용은 단순 참고 사항이며, 모든 동작은 시퀀스 회로를 기준으로 합니다.

도면

| 자격 종목 | 전기기능사 | 과제명 | 전기설비의 배선 및 배관공사 |

1. 배관 및 기구 배치도

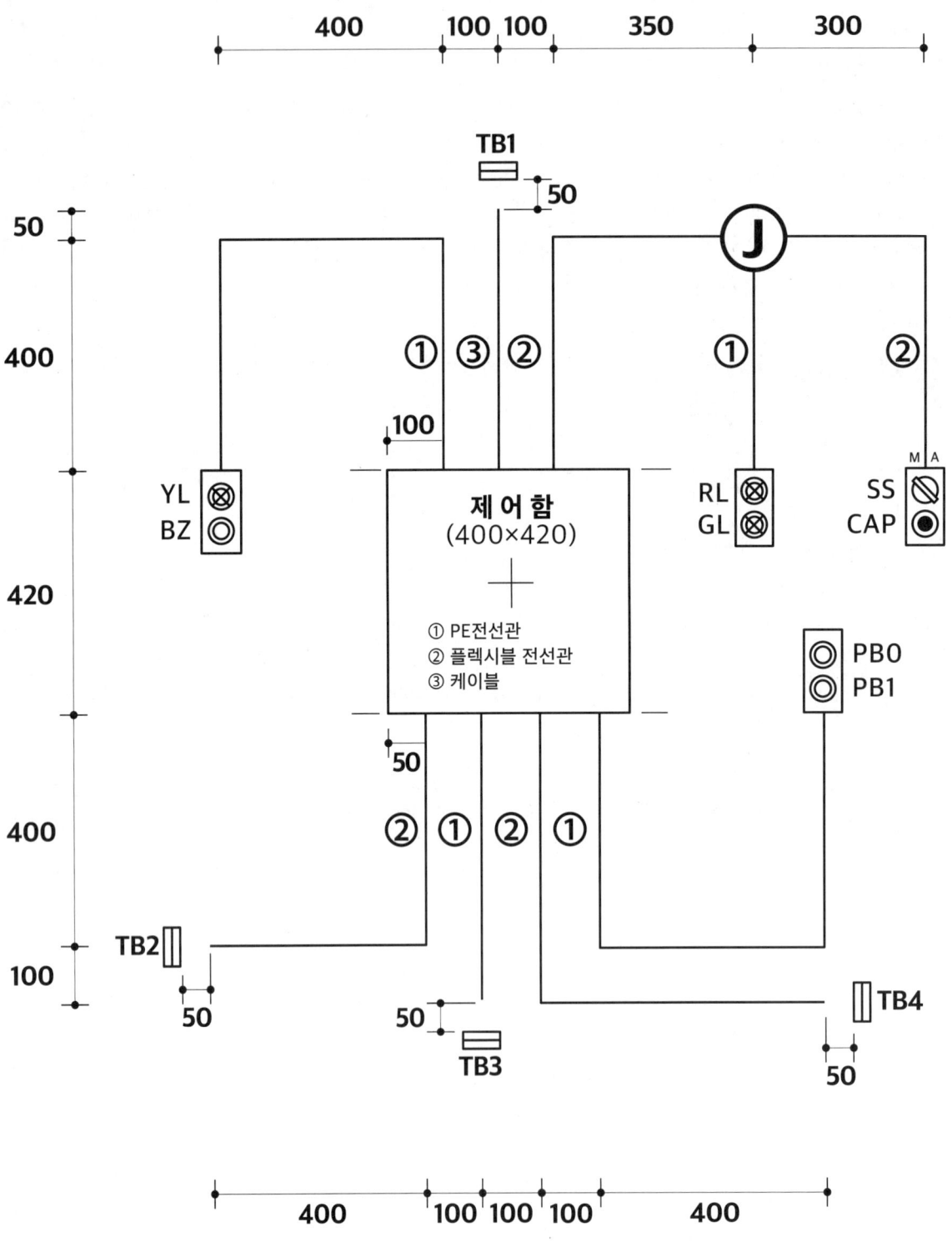

※ NOTE: 치수 기준점은 제어함의 중심으로 한다.

2. 제어판 내부 기구 배치도

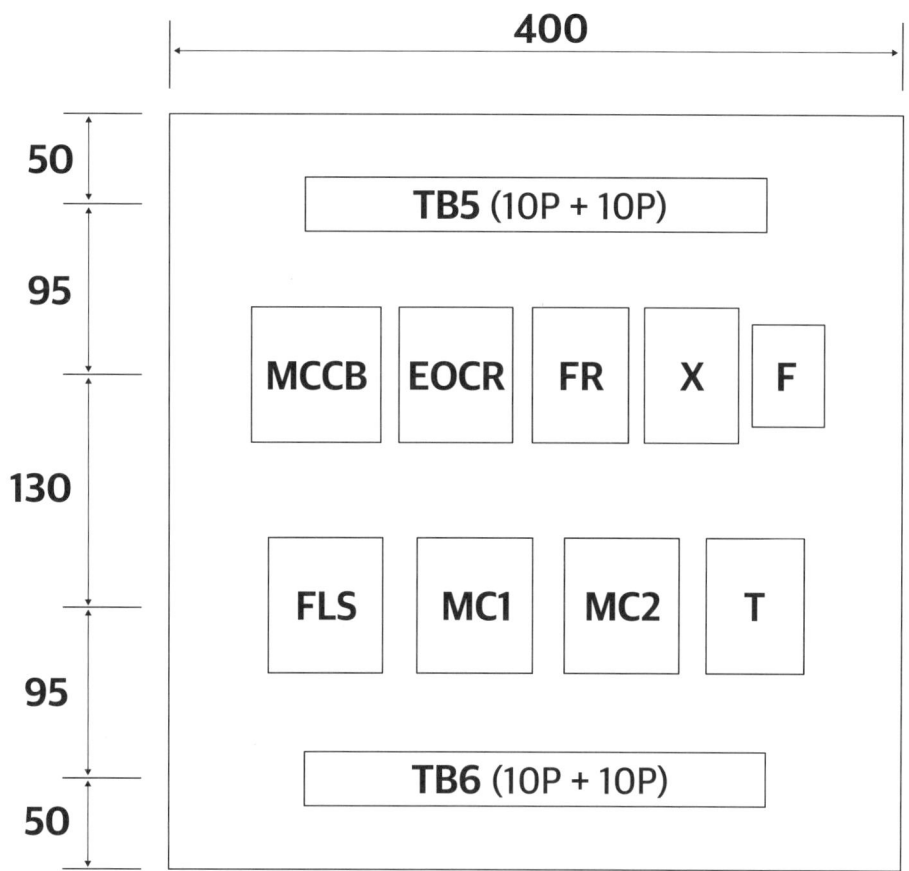

기호	명칭	기호	명칭
TB1	전원 (단자대 4P)	PB0	푸시버튼 스위치 (적색)
TB2, TB3	전동기 (단자대 4P)	PB1	푸시버튼 스위치 (녹색)
TB4	플로트레스 (단자대 4P)	SS	셀렉터 스위치
TB5, TB6	단자대 (10P+10P)	YL	램프 (황색)
MC1, MC2	전자접촉기 (12P)	GL	램프 (녹색)
EOCR	EOCR (12P)	RL	램프 (적색)
X	릴레이 (8P)	BZ	부저
T	타이머 (8P)	CAP	홀마개
FR	플리커릴레이 (8P)	Ⓙ	8각 박스
FLS	플로트레스 스위치 (8P)	F	퓨즈 및 퓨즈홀더
MCCB	배선용차단기		

3. 제어회로의 시퀀스 회로도(※ 본 도면은 시험을 위해서 임의로 구성한 것으로 상용도면과 상이할 수 있습니다.)

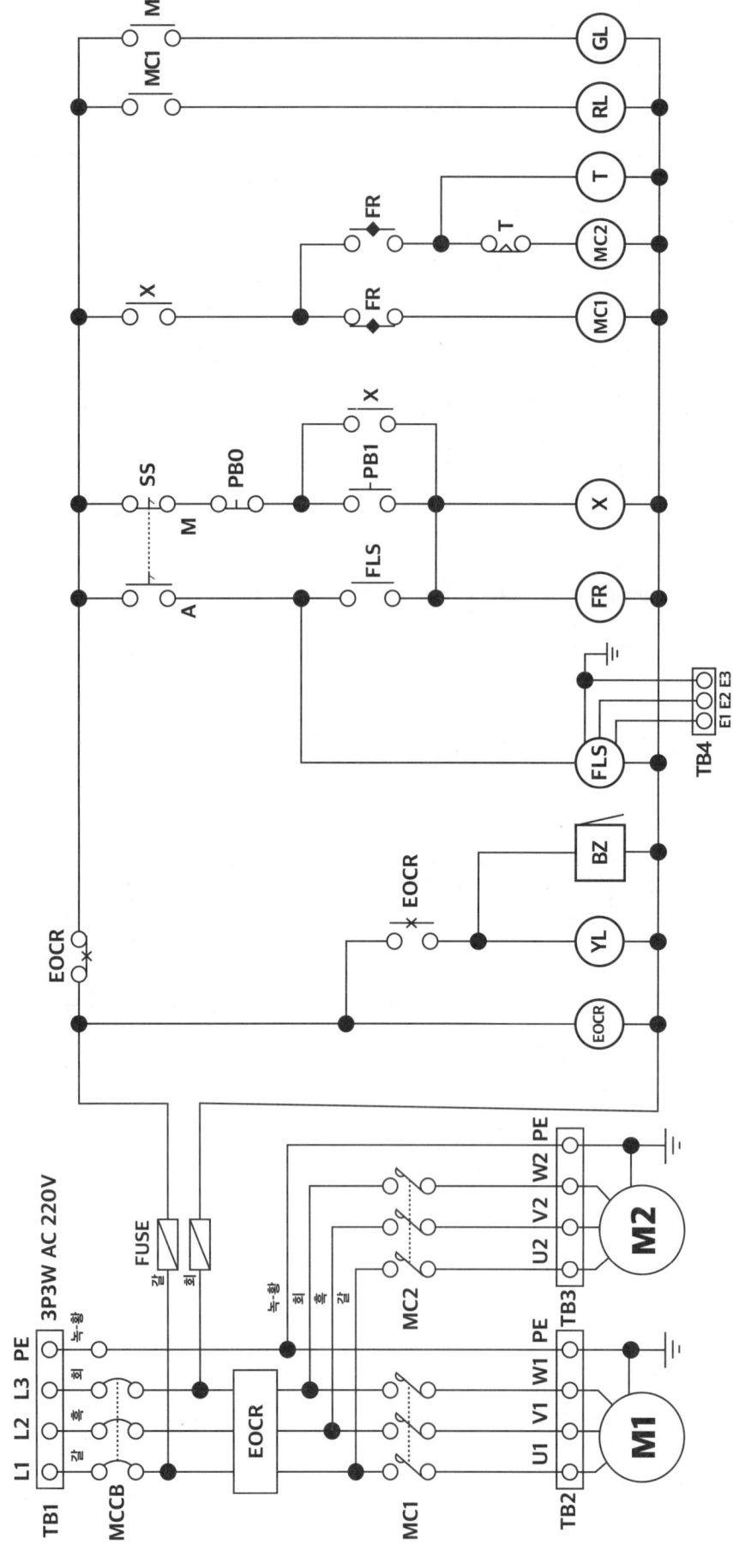

※ NOTE

- 플로트레스 스위치 FLS에서 TB4로 배선되는 E1, E2, E3는 보조회로 전선을 사용합니다.
- 플로트레스 스위치 FLS의 보호도체(접지) 결선은 제어판(**TB6** 또는 **FLS 소켓**)에서 보호도체 회로 전선으로 실시합니다.

4. 기구의 내부 결선도 및 구성도

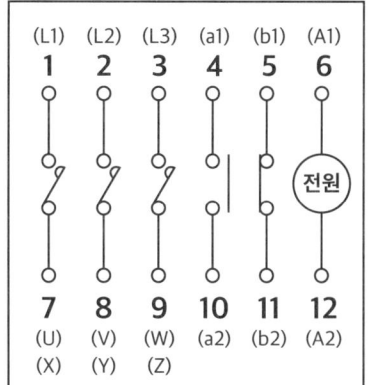
[전자접촉기]

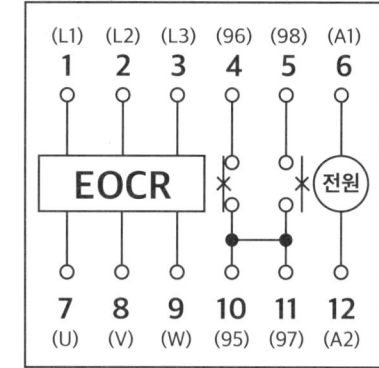
[EOCR]

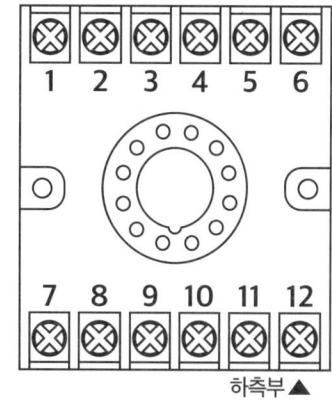
[12P 소켓(베이스) 구성도]

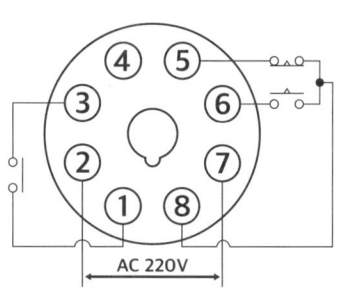
[타이머]

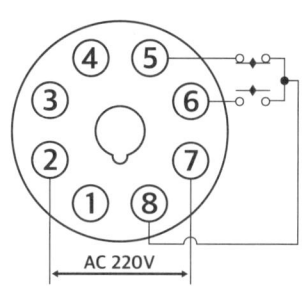
[플리커릴레이]

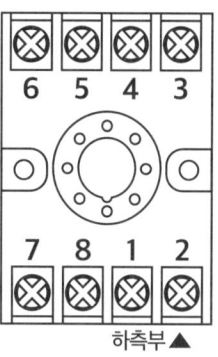
[8P 소켓(베이스) 구성도]

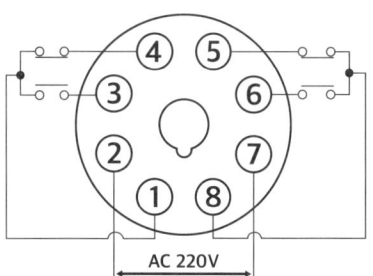
[8P 릴레이]

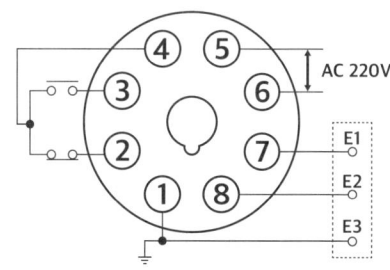
[플로트레스 스위치]

[셀렉터 스위치]

지급재료 목록

일련번호	재료명	규격	단위	수량	비고
1	합판	400 × 420 × 12mm	장	1	
2	케이블타이	100mm	개	25	
3	나사못	3.5 × 25	개	4	납작머리
4	나사못	4 × 12	개	96	납작머리
5	나사못	4 × 16	개	16	둥근머리
6	나사못	4 × 20	개	18	둥근머리
7	케이블	4C 2.5mm^2	m	1	
8	케이블 새들	4C 케이블용	개	2	
9	케이블 커넥터	4C 케이블용	개	1	
10	유리관 퓨즈 및 홀더	250V 30A	개	1	퓨즈 10A 2개 포함
11	새들	16mm 전선관용	개	40	
12	8각 박스	철제	개	1	
13	PE 전선관	16mm	m	6	
14	플렉시블 전선관	16mm	m	6	
15	커넥터	16mm	개	7	PE 전선관용
16	커넥터	16mm	개	7	플렉시블 전선관용
17	비닐절연전선	1.5mm^2(1/1.38), 황색	m	50	
18	비닐절연전선	2.5mm^2(1/1.78), 갈색	m	5	
19	비닐절연전선	2.5mm^2(1/1.78), 흑색	m	5	
20	비닐절연전선	2.5mm^2(1/1.78), 회색	m	5	
21	비닐절연전선	2.5mm^2(1/1.78), 녹색-황색	m	5	

일련번호	재료명	규격	단위	수량	비고
22	단자대	10P 20A 220V	개	4	
23	단자대	4P 20A 220V	개	4	
24	배선용차단기	3P, AC250V, 30A	개	1	
25	12P 소켓	12P	개	3	12P 기구 겸용
26	8P 소켓	8P	개	4	8P 기구 겸용
27	램프	25Ø, 220V	개	3	적 1, 녹 1, 황 1
28	푸시버튼 스위치	25Ø, 1a1b	개	2	적 1, 녹 1
29	셀렉터 스위치	25Ø, 1a1b	개	1	
30	부저	25Ø, 220V	개	1	
31	컨트롤 박스	25Ø, 2구	개	4	
32	홀마개	25Ø	개	1	재사용
33	전자접촉기	AC220V, 12P	개	2	채점용
34	EOCR	AC220V, 12P	개	1	채점용
35	타이머	AC220V, 8P	개	1	채점용
36	릴레이	AC220V, 8P	개	1	채점용
37	플리커릴레이	AC220V, 8P	개	1	채점용
38	플로트레스 스위치	AC220V, 8P	개	1	채점용

※ 국가기술자격 실기시험 지급재료는 시험종료 후(기권, 결시자 포함) 수험자에게 지급하지 않습니다.

TYPE 1 급배수 제어회로

04 전기기능사 실기 해설

제어판의 핀 번호와 단자대 작성

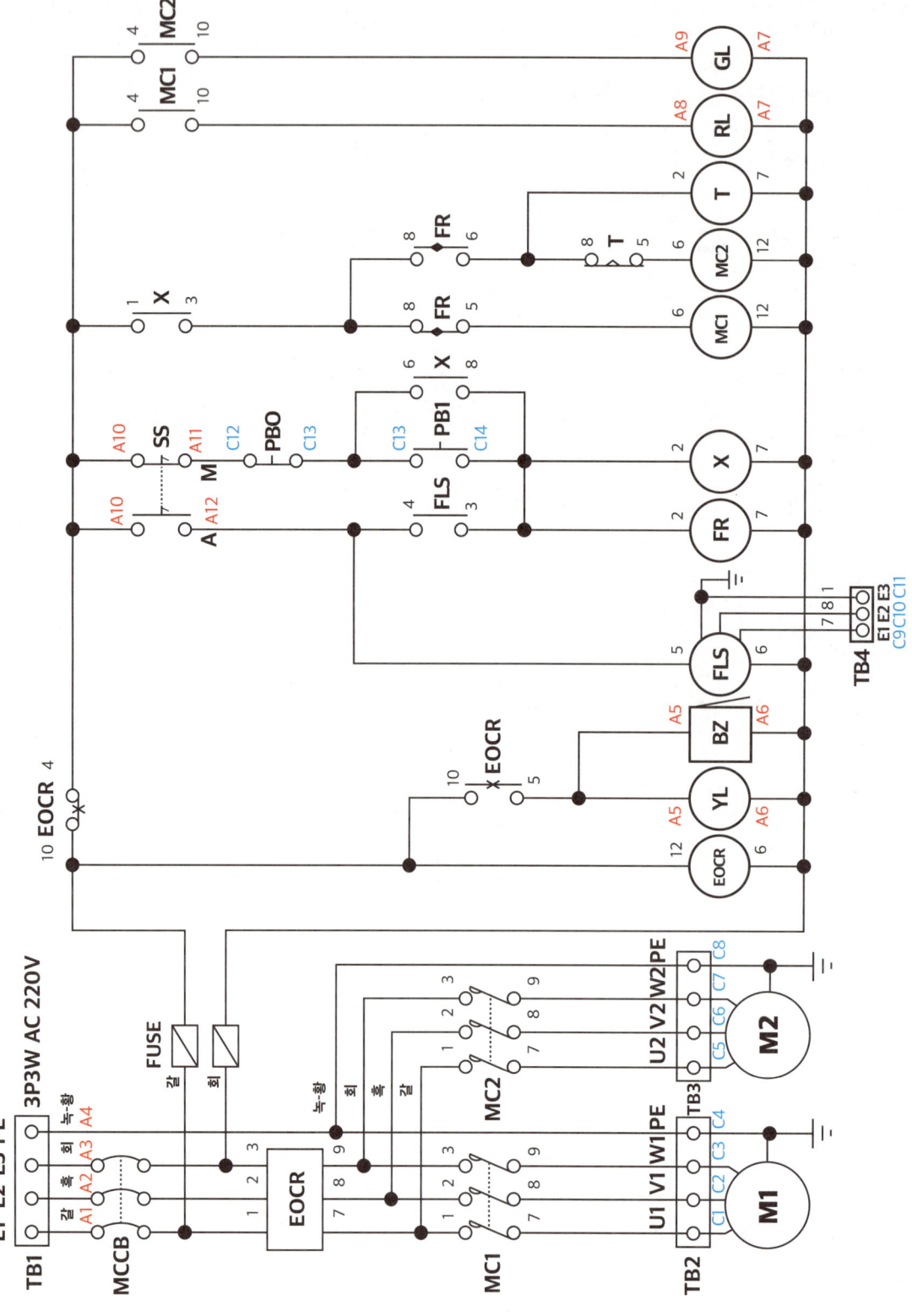

TYPE 1 급배수 제어회로

제어_주회로 결선 작성

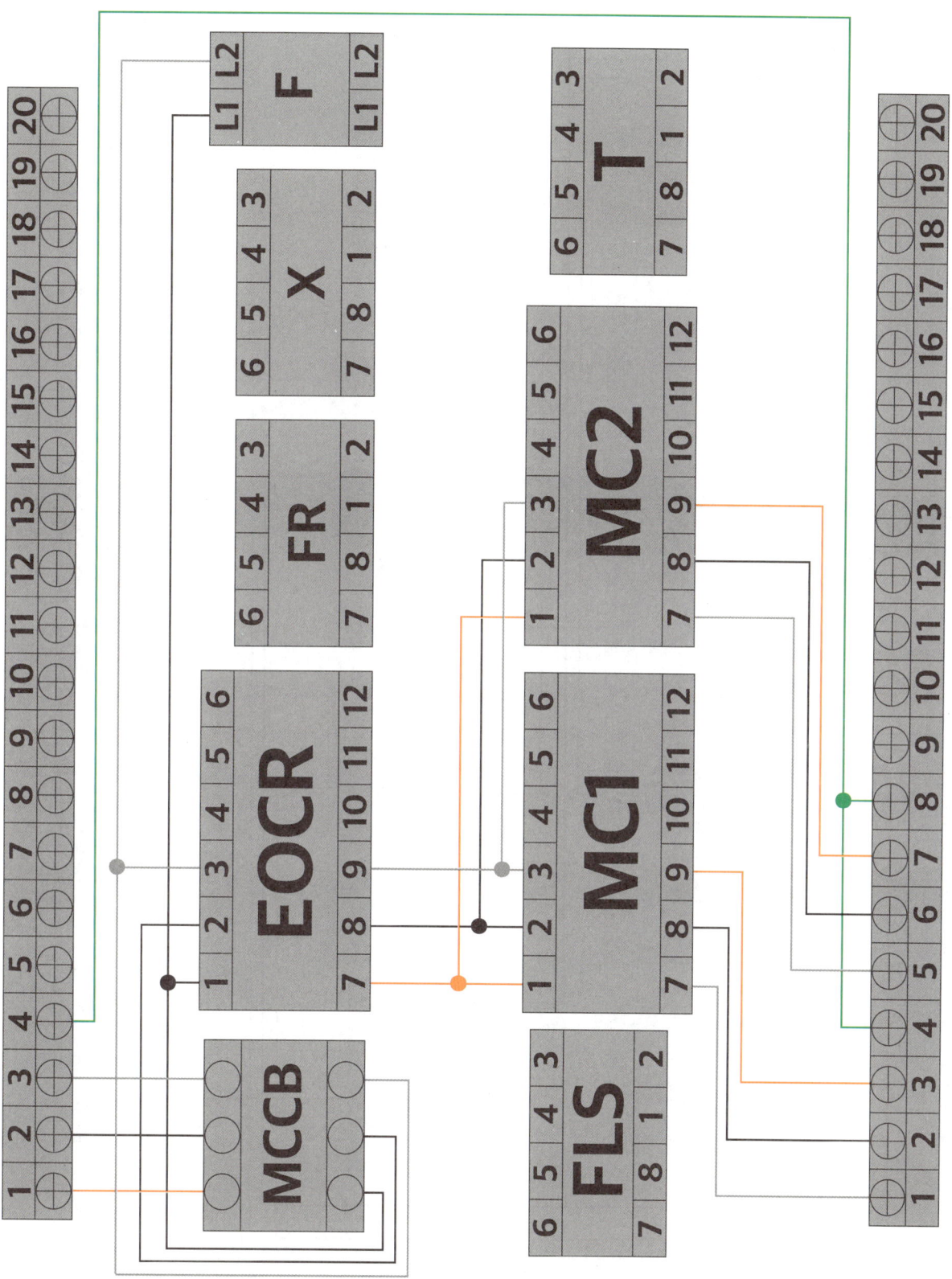

제어_보조회로 결선 작성

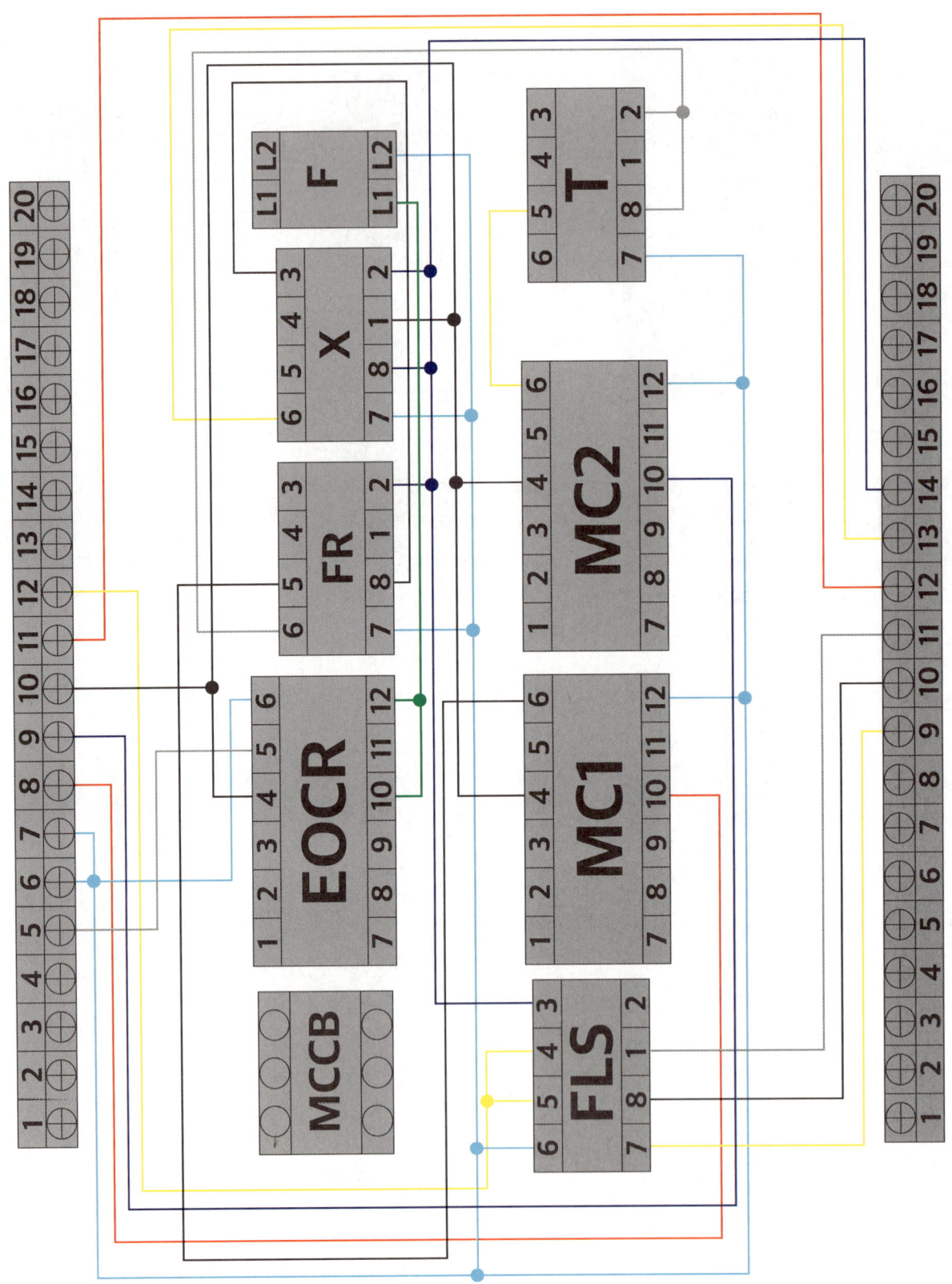

TYPE 1 급배수 제어회로

단자대_위쪽

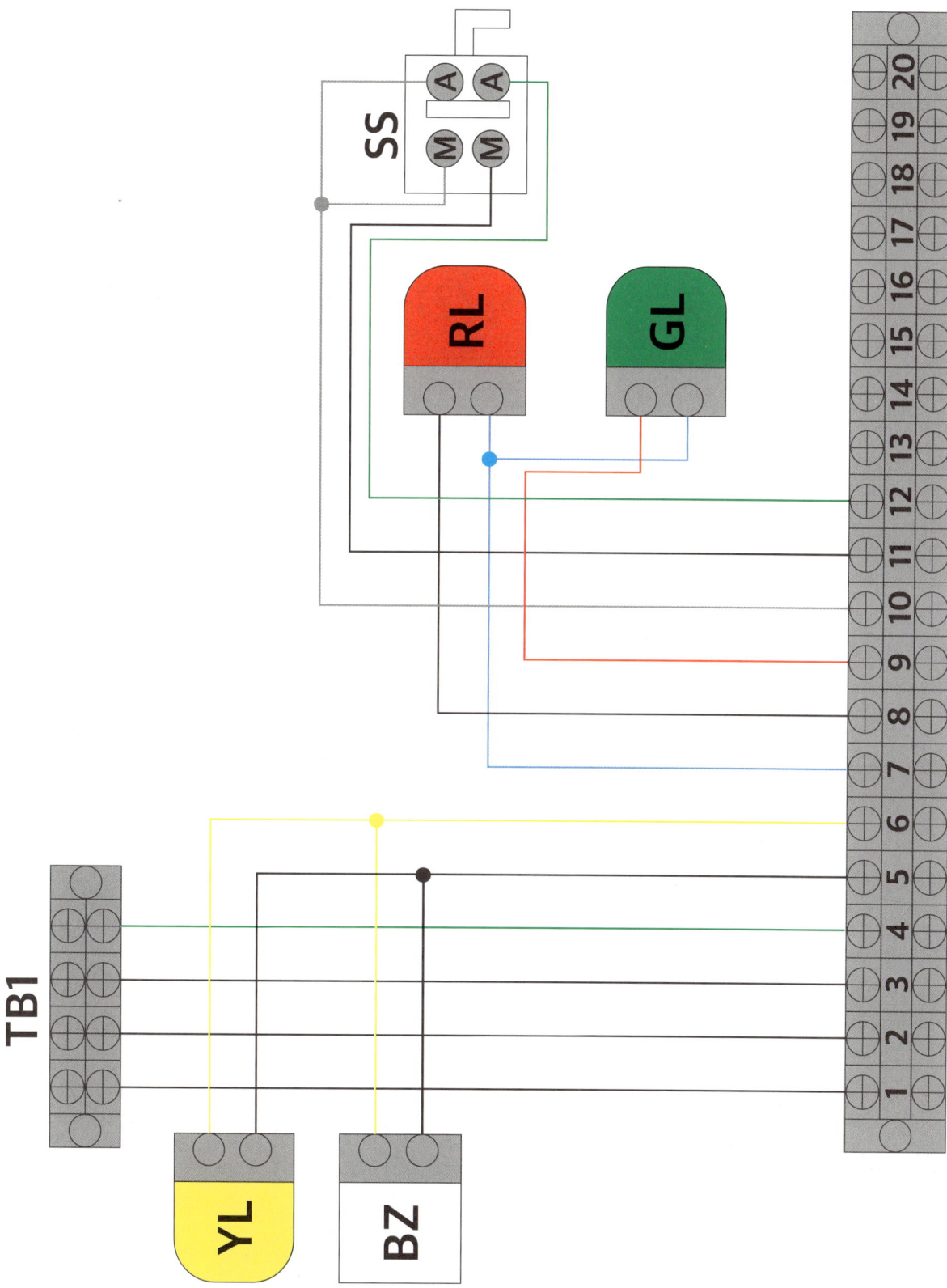

단자대_아래쪽

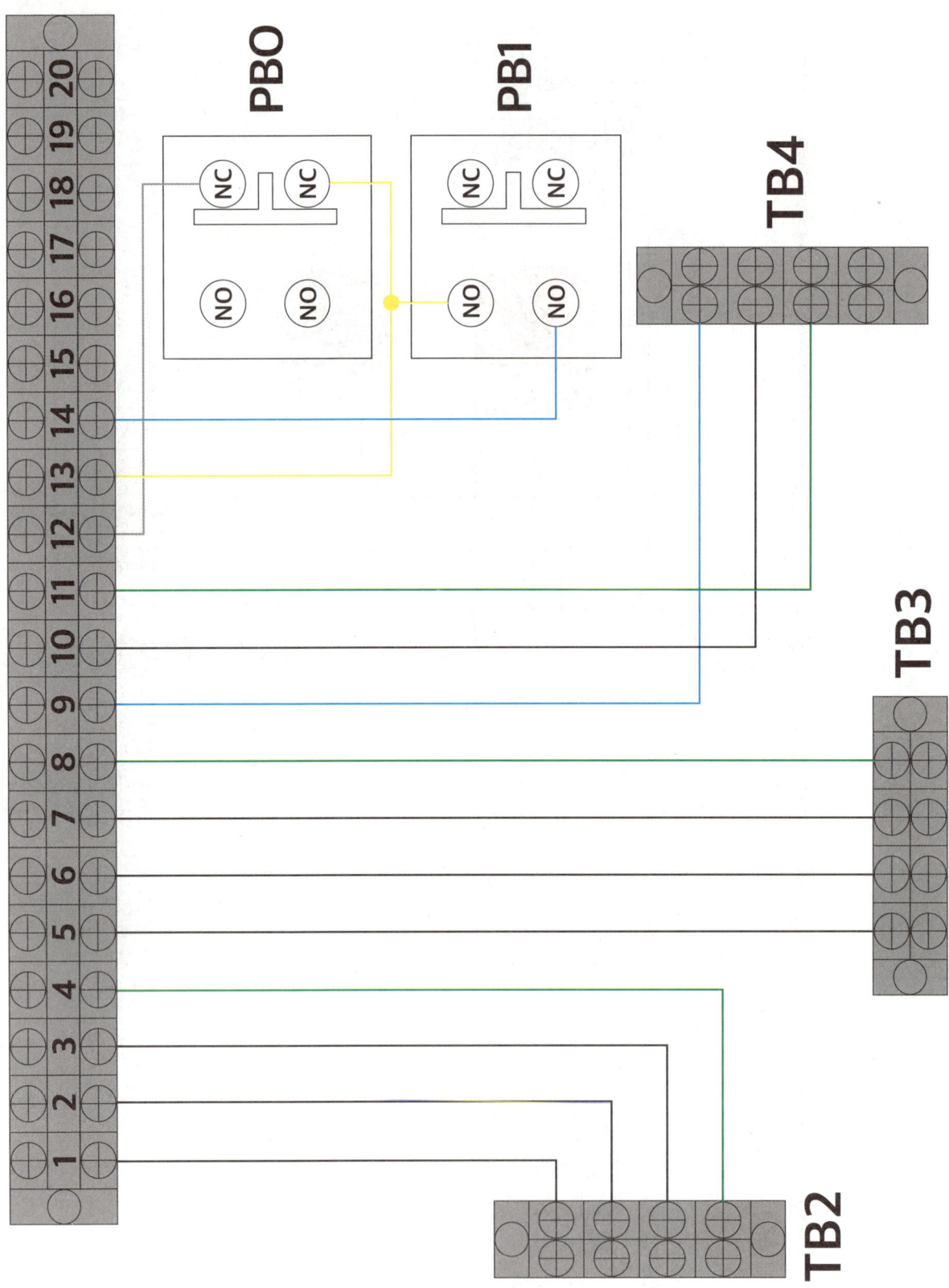

TYPE 1 급배수 제어회로

05 전기기능사 실기 **공개문제**

제어회로의 동작 사항

가) MCCB를 통해 전원을 투입하면, 전자식과전류계전기 EOCR에 전원이 공급된다.

나) 자동 운전 동작 사항

(1) 셀렉터 스위치 SS를 A(자동) 위치에 놓으면 플로트레스 스위치 FLS에 전원이 공급되고, 플로트레스 스위치 FLS의 수위 감지가 동작되면, 타이머 T, 릴레이 X, 플리커릴레이 FR이 여자되고, 플리커릴레이 FR의 설정시간 간격으로 전자접촉기 MC1과 MC2가 교대로 여자되어 전동기 M1, 램프 RL과 전동기 M2, 램프 GL이 교대로 동작한다.

(2) 타이머 T의 설정시간 t초 후, 플리커릴레이 FR이 소자되고, 전자접촉기 MC1, MC2가 여자되어, 전동기 M1, M2가 회전하고 램프 RL, GL이 점등된다.

(3) 전동기가 운전하는 중 플로트레스 스위치 FLS의 수위 감지가 해제되거나 셀렉터 스위치 SS를 M(수동) 위치에 놓으면, 제어회로 및 전동기의 동작은 모두 정지된다.

다) 수동 운전 동작 사항

(1) 셀렉터 스위치 SS를 M(수동) 위치에 놓은 상태에서, 푸시버튼 스위치 PB1을 누르면, 타이머 T, 릴레이 X, 플리커릴레이 FR이 여자되고, 플리커릴레이 FR의 설정시간 간격으로 전자접촉기 MC1과 MC2가 교대로 여자되어 전동기 M1, 램프 RL과 전동기 M2, 램프 GL이 교대로 동작한다.

(2) 자동 운전 동작 사항 나)의 (2)와 같다.

(3) 전동기가 운전하는 중 푸시버튼 스위치 PB0를 누르거나 셀렉터 스위치 SS를 A(자동) 위치에 놓으면, 제어회로 및 전동기의 동작은 모두 정지된다.

라) EOCR 동작 사항

(1) 전동기가 운전하는 중 전동기의 과부하로 과전류가 흐르면, 전자식과전류계전기 EOCR이 동작되어 전동기는 정지하고, 부저 BZ가 동작되고, 램프 YL이 점등된다.

(2) 전자식과전류계전기 EOCR을 리셋(RESET)하면 제어회로는 초기 상태로 복귀된다.

※ 동작 내용은 단순 참고 사항이며, 모든 동작은 시퀀스 회로를 기준으로 합니다.

도면

자격 종목	전기기능사	과제명	전기설비의 배선 및 배관공사

1. 배관 및 기구 배치도

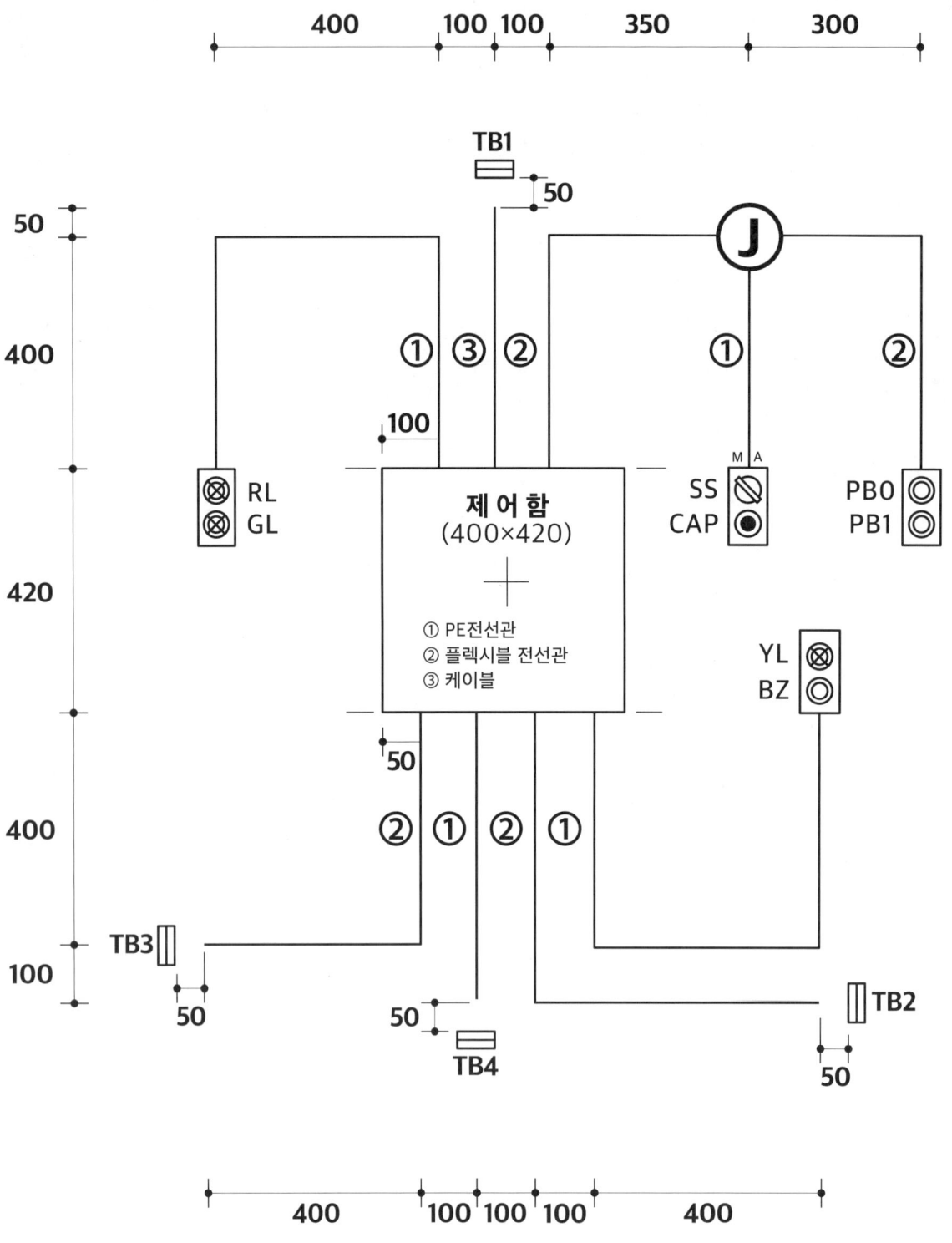

※ NOTE: 치수 기준점은 제어함의 중심으로 한다.

2. 제어판 내부 기구 배치도

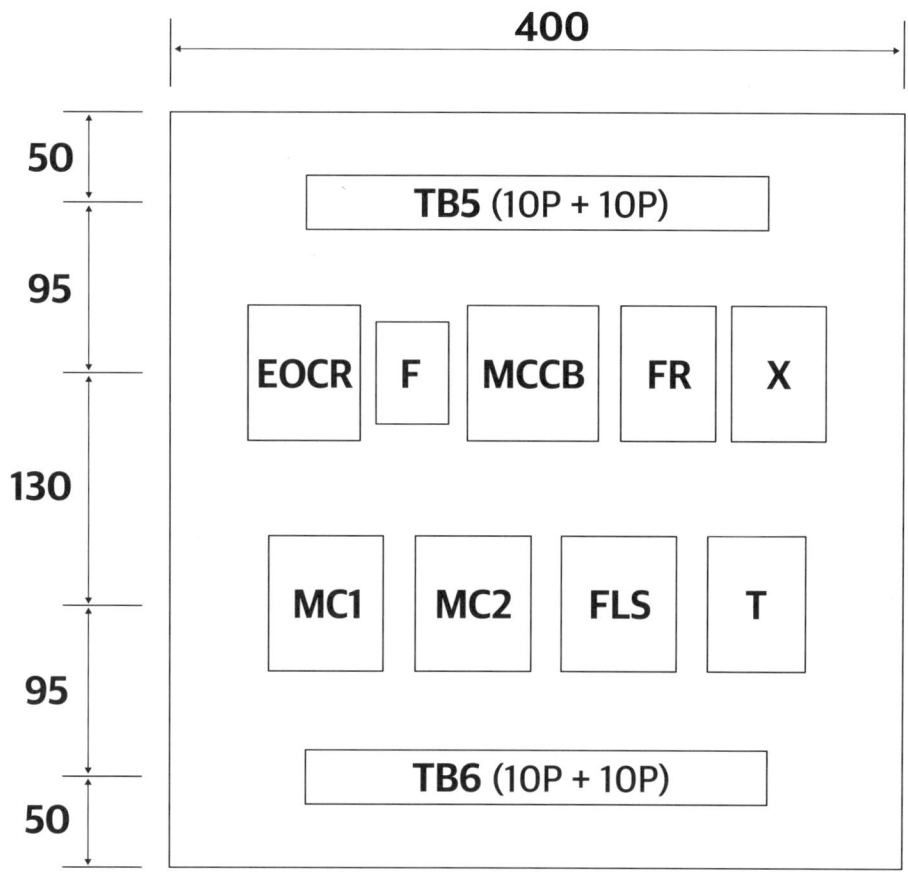

기호	명칭	기호	명칭
TB1	전원 (단자대 4P)	PB0	푸시버튼 스위치 (적색)
TB2, TB3	전동기 (단자대 4P)	PB1	푸시버튼 스위치 (녹색)
TB4	플로트레스 (단자대 4P)	SS	셀렉터 스위치
TB5, TB6	단자대 (10P+10P)	YL	램프 (황색)
MC1, MC2	전자접촉기 (12P)	GL	램프 (녹색)
EOCR	EOCR (12P)	RL	램프 (적색)
X	릴레이 (8P)	BZ	부저
T	타이머 (8P)	CAP	홀마개
FR	플리커릴레이 (8P)	Ⓙ	8각 박스
FLS	플로트레스 스위치 (8P)	F	퓨즈 및 퓨즈홀더
MCCB	배선용차단기		

3. 제어회로의 시퀀스 회로도(※ 본 도면은 시험을 위해서 임의로 구성한 것으로 상용도면과 상이할 수 있습니다.)

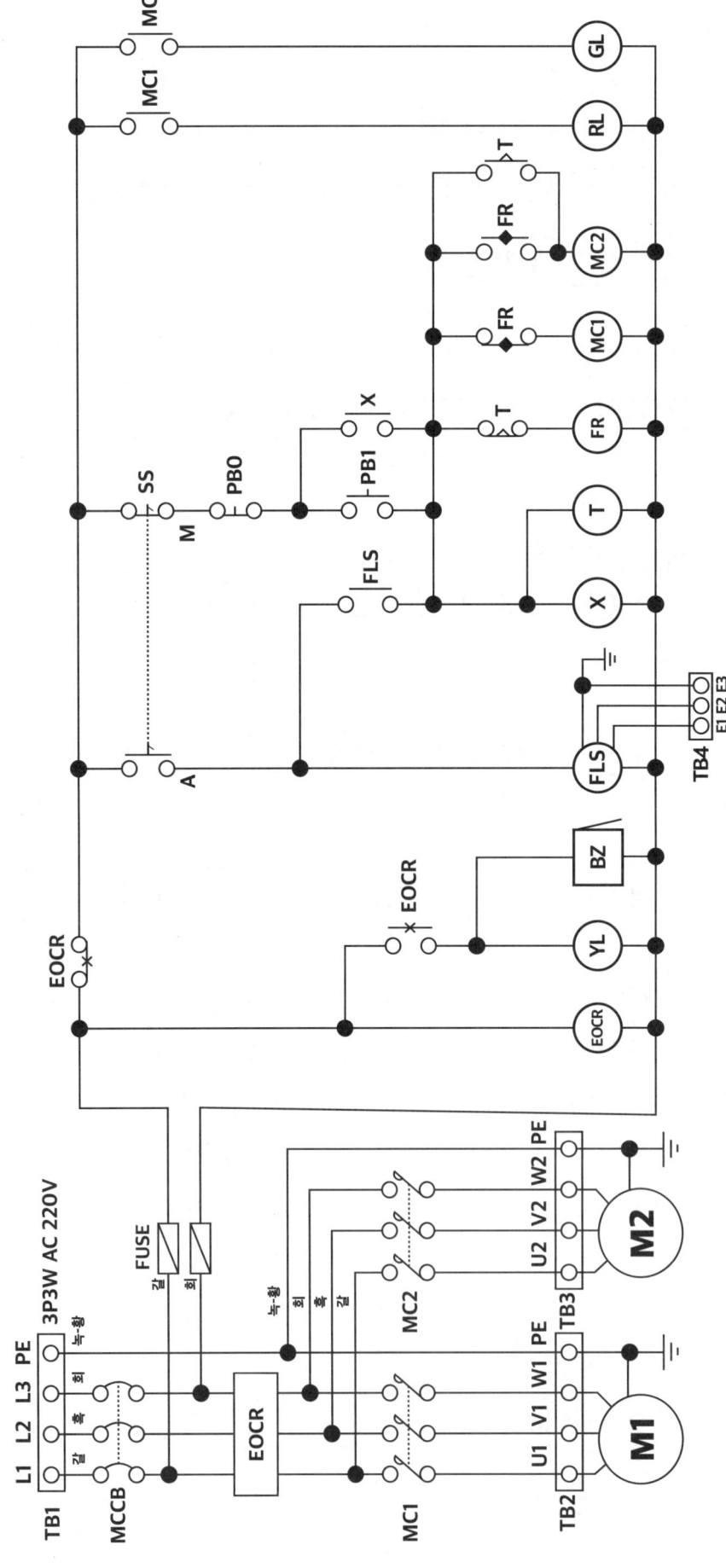

※ NOTE
- 풀로트레스 스위치 FLS에서 TB4로 배선되는 E1, E2, E3는 보조회로 전선을 사용합니다.
- 풀로트레스 스위치 FLS의 보호도체(접지) 결선은 제어판(TB6 또는 FLS 소켓)에서 보호도체 회로 전선으로 실시합니다.

4. 기구의 내부 결선도 및 구성도

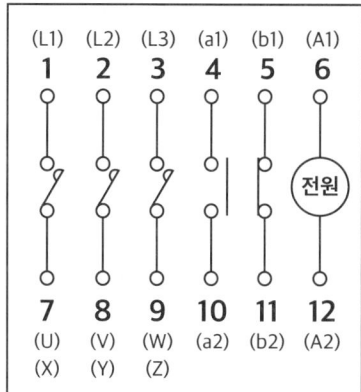
[전자접촉기]

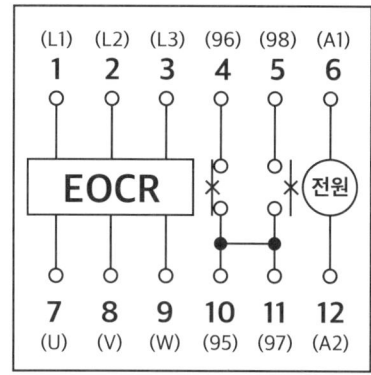
[EOCR]

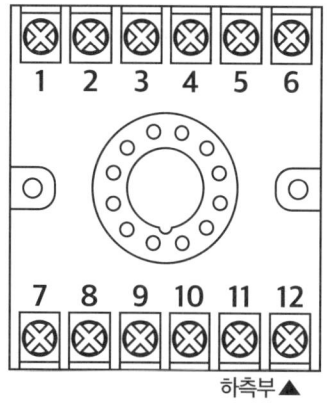
[12P 소켓(베이스) 구성도]

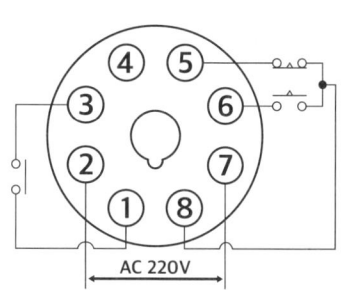
[타이머]

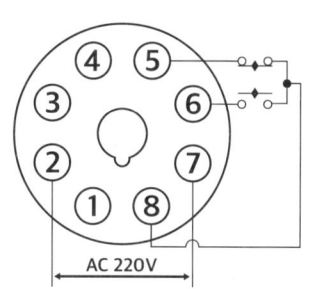
[플리커릴레이]

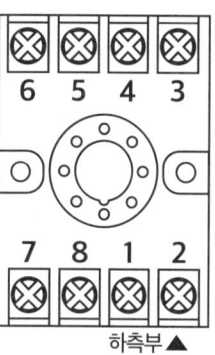
[8P 소켓(베이스) 구성도]

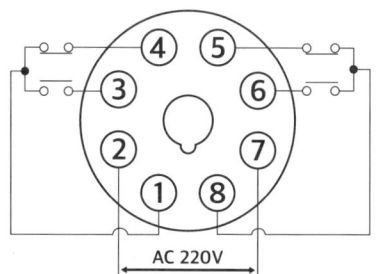
[8P 릴레이]

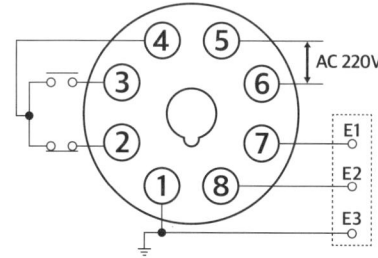
[플로트레스 스위치]

[셀렉터 스위치]

지급재료 목록

일련번호	재료명	규격	단위	수량	비고
1	합판	400 × 420 × 12mm	장	1	
2	케이블타이	100mm	개	25	
3	나사못	3.5 × 25	개	4	납작머리
4	나사못	4 × 12	개	96	납작머리
5	나사못	4 × 16	개	16	둥근머리
6	나사못	4 × 20	개	18	둥근머리
7	케이블	4C 2.5mm^2	m	1	
8	케이블 새들	4C 케이블용	개	2	
9	케이블 커넥터	4C 케이블용	개	1	
10	유리관 퓨즈 및 홀더	250V 30A	개	1	퓨즈 10A 2개 포함
11	새들	16mm 전선관용	개	40	
12	8각 박스	철제	개	1	
13	PE 전선관	16mm	m	6	
14	플렉시블 전선관	16mm	m	6	
15	커넥터	16mm	개	7	PE 전선관용
16	커넥터	16mm	개	7	플렉시블 전선관용
17	비닐절연전선	1.5mm^2(1/1.38), 황색	m	50	
18	비닐절연전선	2.5mm^2(1/1.78), 갈색	m	5	
19	비닐절연전선	2.5mm^2(1/1.78), 흑색	m	5	
20	비닐절연전선	2.5mm^2(1/1.78), 회색	m	5	
21	비닐절연전선	2.5mm^2(1/1.78), 녹색-황색	m	5	

일련 번호	재료명	규격	단위	수량	비고
22	단자대	10P 20A 220V	개	4	
23	단자대	4P 20A 220V	개	4	
24	배선용차단기	3P, AC250V, 30A	개	1	
25	12P 소켓	12P	개	3	12P 기구 겸용
26	8P 소켓	8P	개	4	8P 기구 겸용
27	램프	25Ø, 220V	개	3	적 1, 녹 1, 황 1
28	푸시버튼 스위치	25Ø, 1a1b	개	2	적 1, 녹 1
29	셀렉터 스위치	25Ø, 1a1b	개	1	
30	부저	25Ø, 220V	개	1	
31	컨트롤 박스	25Ø, 2구	개	4	
32	홀마개	25Ø	개	1	재사용
33	전자접촉기	AC220V, 12P	개	2	채점용
34	EOCR	AC220V, 12P	개	1	채점용
35	타이머	AC220V, 8P	개	1	채점용
36	릴레이	AC220V, 8P	개	1	채점용
37	플리커릴레이	AC220V, 8P	개	1	채점용
38	플로트레스 스위치	AC220V, 8P	개	1	채점용

※ 국가기술자격 실기시험 지급재료는 시험종료 후(기권, 결시자 포함) 수험자에게 지급하지 않습니다.

TYPE 1 급배수 제어회로

05 전기기능사 실기 해설

제어핀의 핀 번호와 단자대 작성

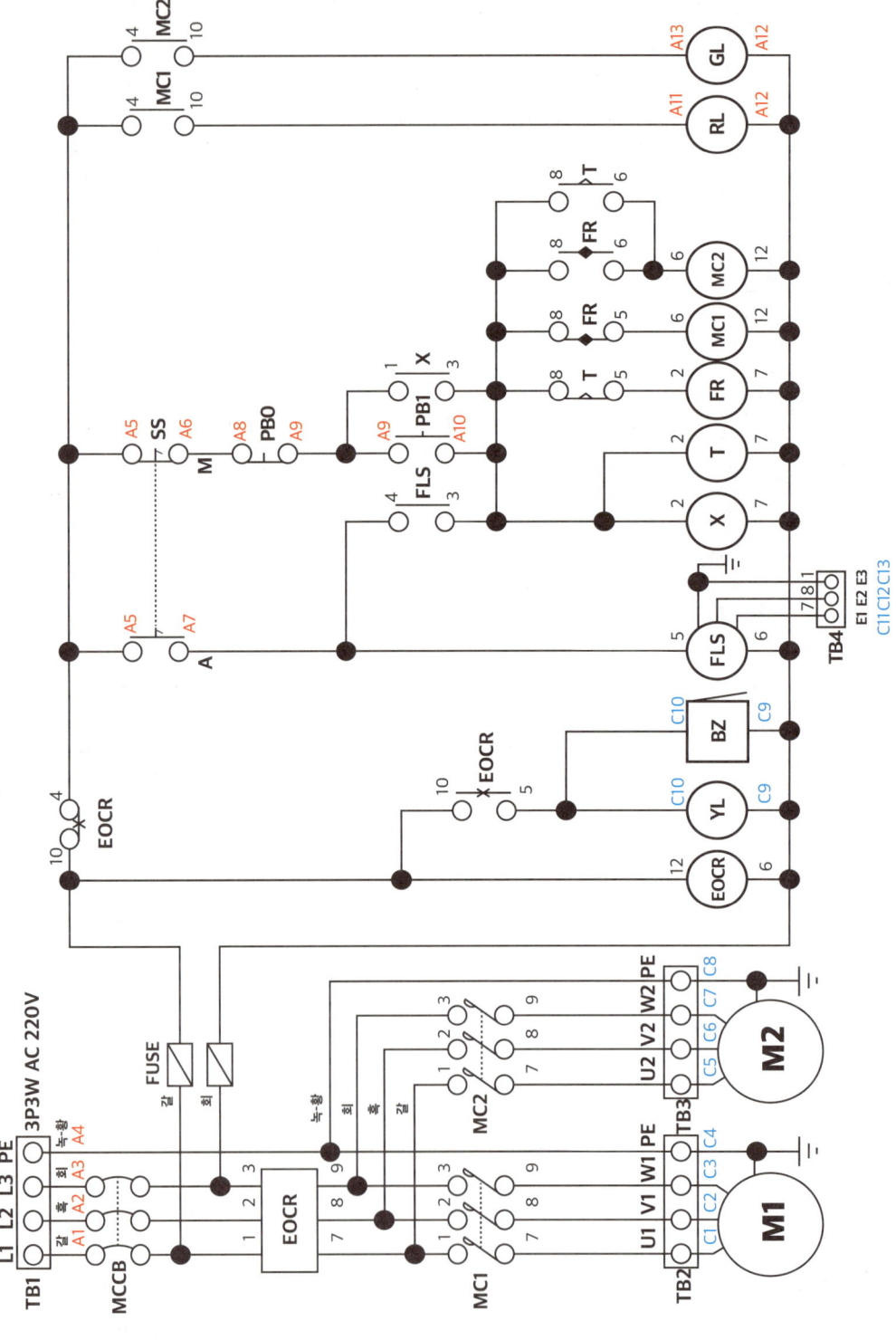

제어_주회로 결선 작성

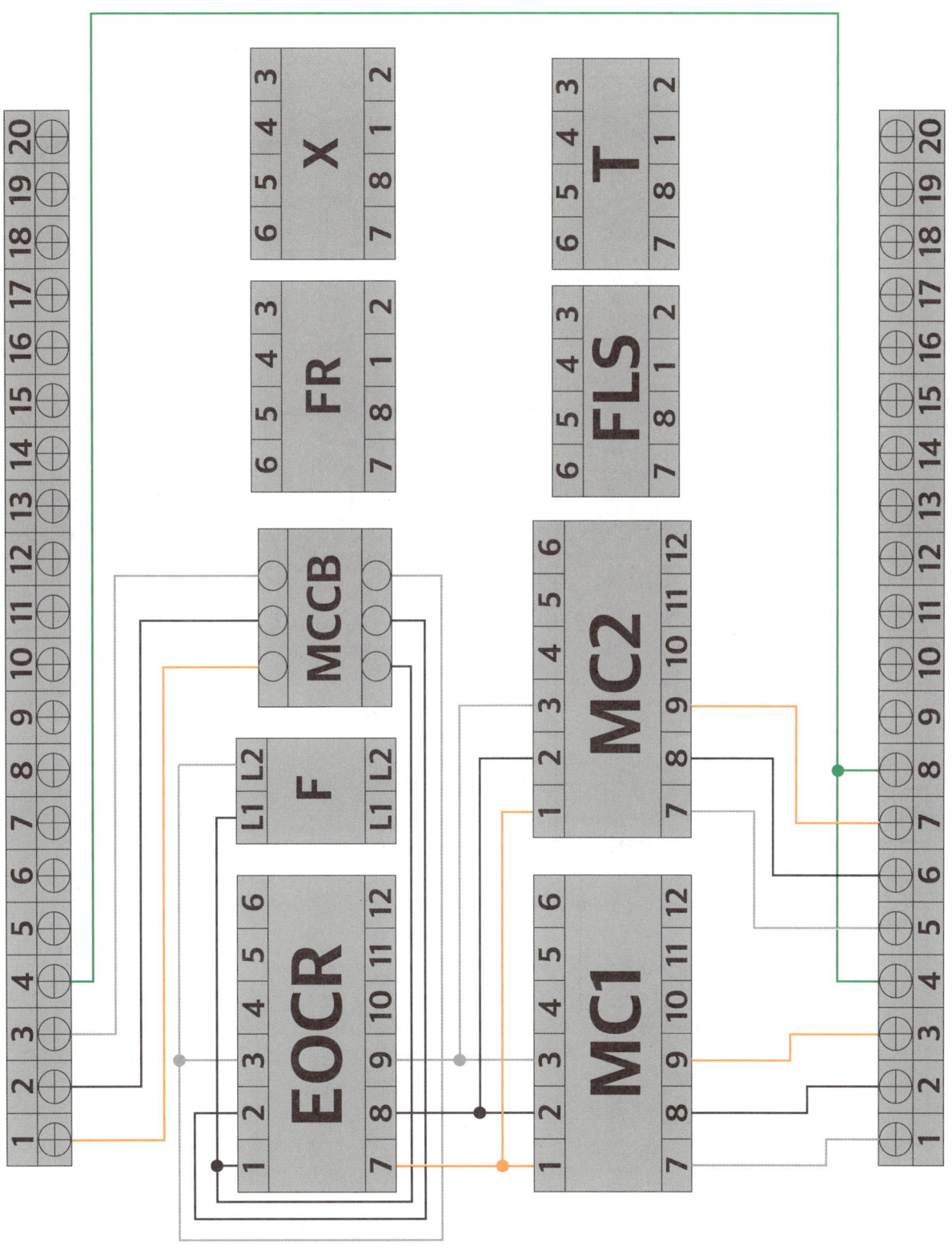

제어_보조회로 결선 작성

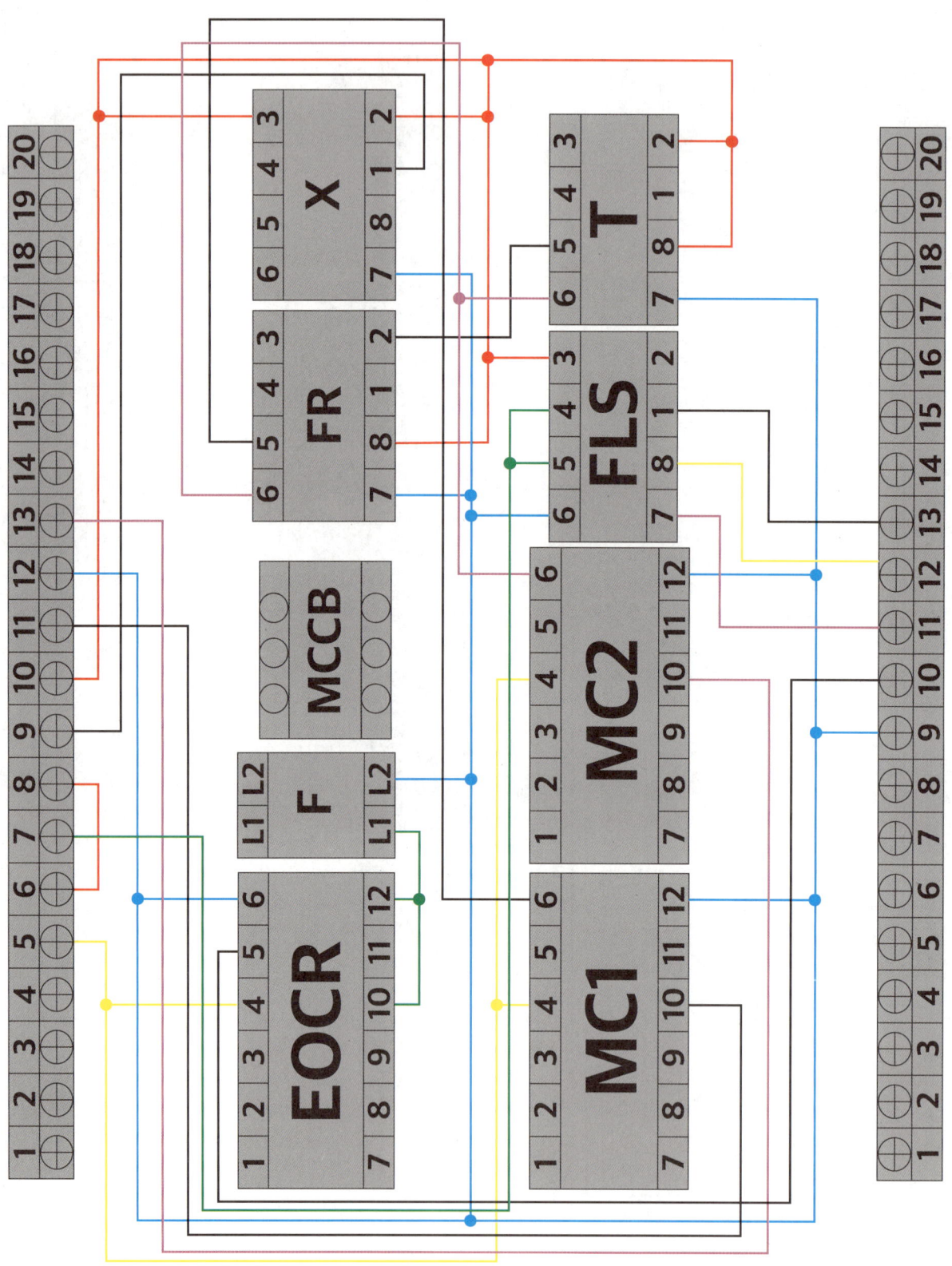

TYPE 1 급배수 제어회로

단자대_위쪽

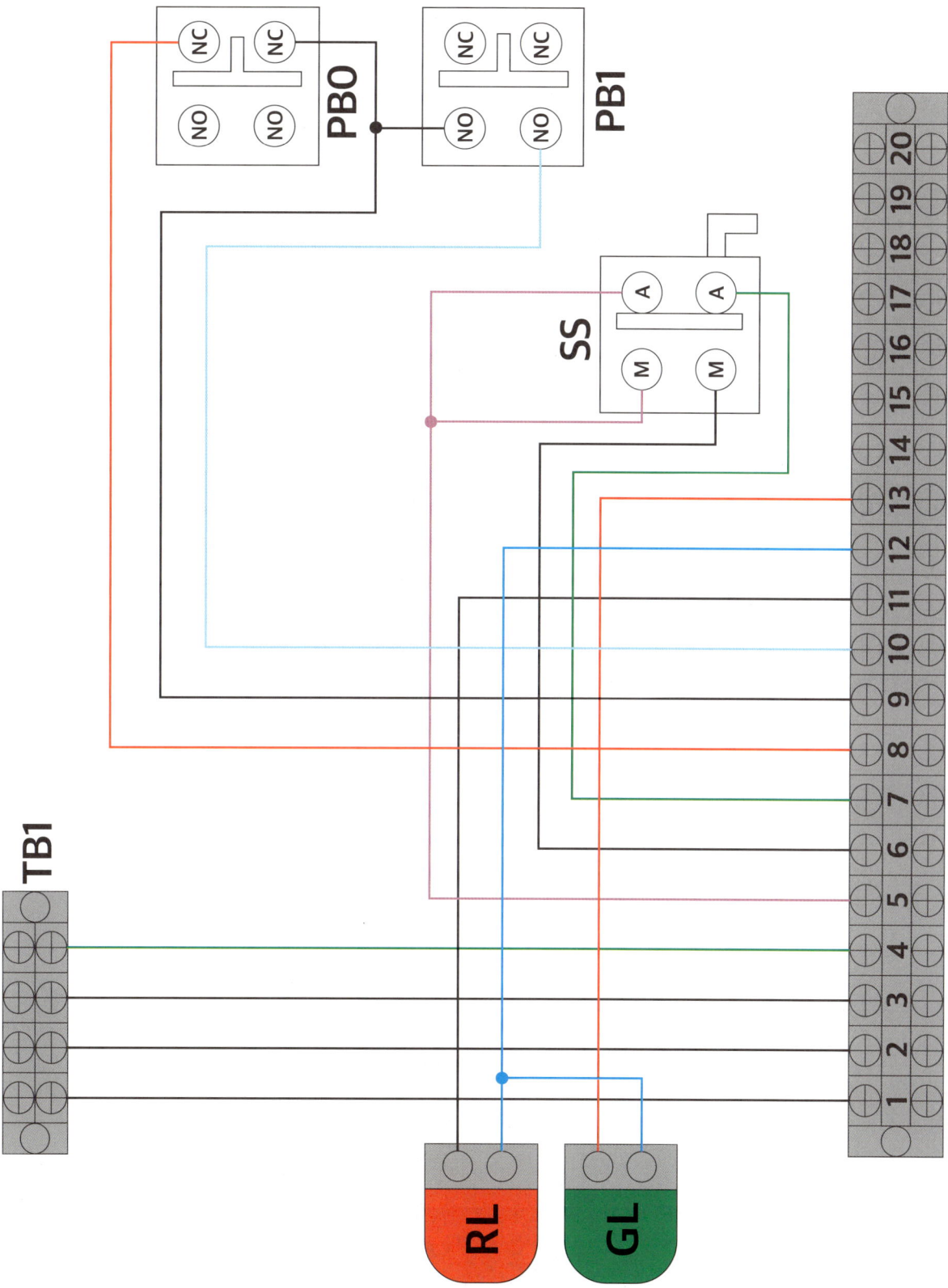

단자대_아래쪽

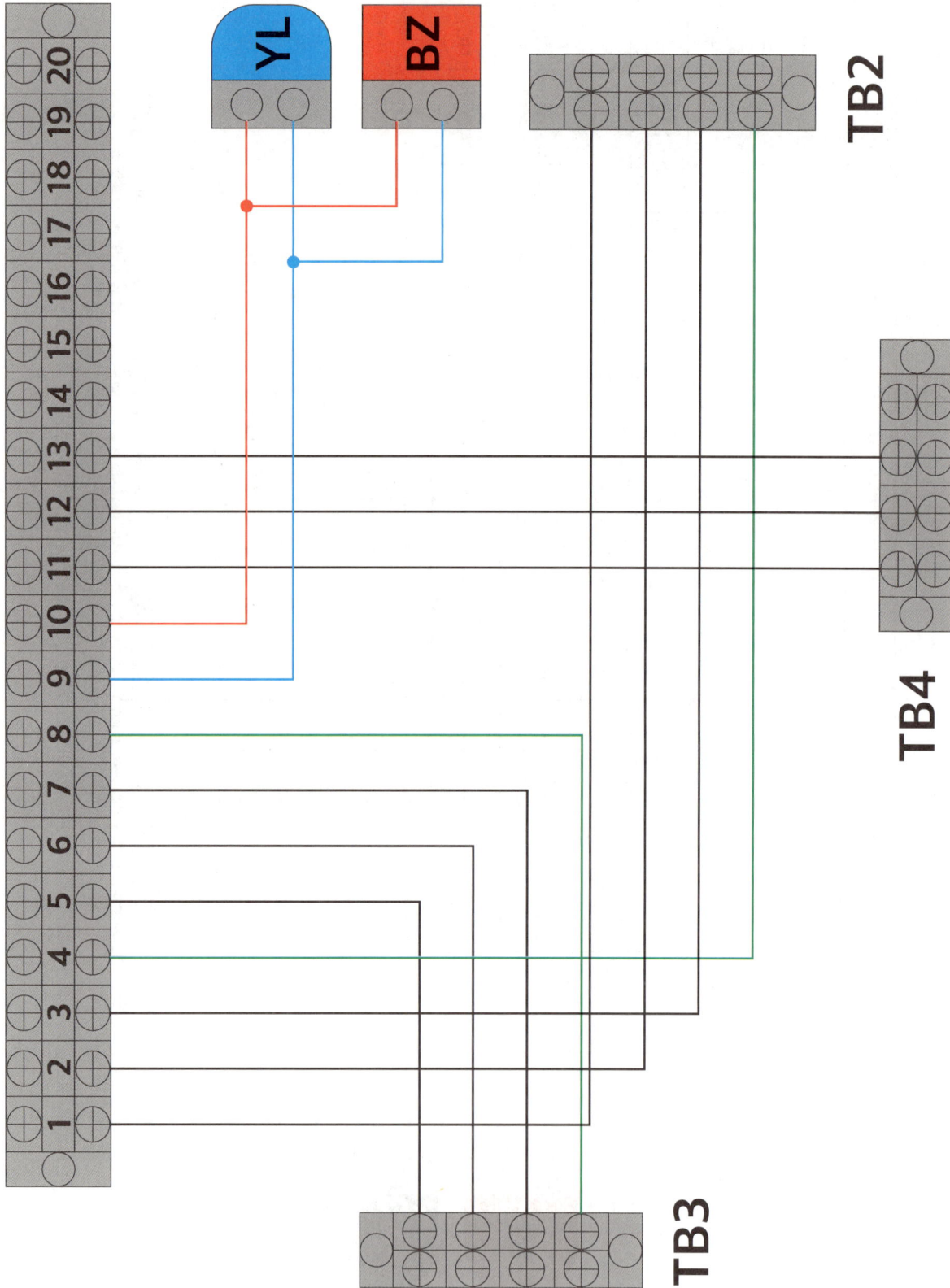

TYPE 1 급배수 제어회로

06 전기기능사 실기 공개문제

제어회로의 동작 사항

가) MCCB를 통해 전원을 투입하면, 전자식과전류계전기 EOCR에 전원이 공급된다.

나) 자동 운전 동작 사항

   (1) 셀렉터 스위치 SS를 A(자동) 위치에 놓으면 플로트레스 스위치 FLS에 전원이 공급되고, 플로트레스 스위치 FLS의 수위 감지가 동작되면, 릴레이 X, MC1, MC2가 여자되어, 전동기 M1, M2가 회전하고 램프 RL, GL이 점등된다.

   (2) 전동기가 운전하는 중 플로트레스 스위치 FLS의 수위 감지가 해제되거나 셀렉터 스위치 SS를 M(수동) 위치에 놓으면, 제어회로 및 전동기의 동작은 모두 정지된다.

다) 수동 운전 동작 사항

   (1) 셀렉터 스위치 SS를 M(수동) 위치에 놓은 상태에서, 푸시버튼 스위치 PB1을 누르면, 타이머 T, MC1, MC2가 여자되어, 전동기 M1, M2가 회전하고 램프 RL, GL이 점등된다.

   (2) 타이머 T의 설정시간 t초 후, 전자접촉기 MC2가 소자되어, 전동기 M2가 정지하고 램프 GL이 소등되며, 플리커릴레이 FR이 여자되고, 플리커릴레이 FR의 설정시간 간격으로 전자접촉기 MC1과 MC2가 교대로 여자되어 전동기 M1, 램프 RL과 전동기 M2, 램프 GL이 교대로 동작한다.

   (3) 전동기가 운전하는 중 푸시버튼 스위치 PB0를 누르거나 셀렉터 스위치 SS를 A(자동) 위치에 놓으면, 제어회로 및 전동기의 동작은 모두 정지된다.

라) EOCR 동작 사항

   (1) 전동기가 운전하는 중 전동기의 과부하로 과전류가 흐르면, 전자식과전류계전기 EOCR이 동작되어 전동기는 정지하고, 부저 BZ가 동작되고, 램프 YL이 점등된다.

   (2) 전자식과전류계전기 EOCR을 리셋(RESET)하면 제어회로는 초기 상태로 복귀된다.

※ 동작 내용은 단순 참고 사항이며, 모든 동작은 시퀀스 회로를 기준으로 합니다.

| 자격 종목 | 전기기능사 | 과제명 | 전기설비의 배선 및 배관공사 |

1. 배관 및 기구 배치도

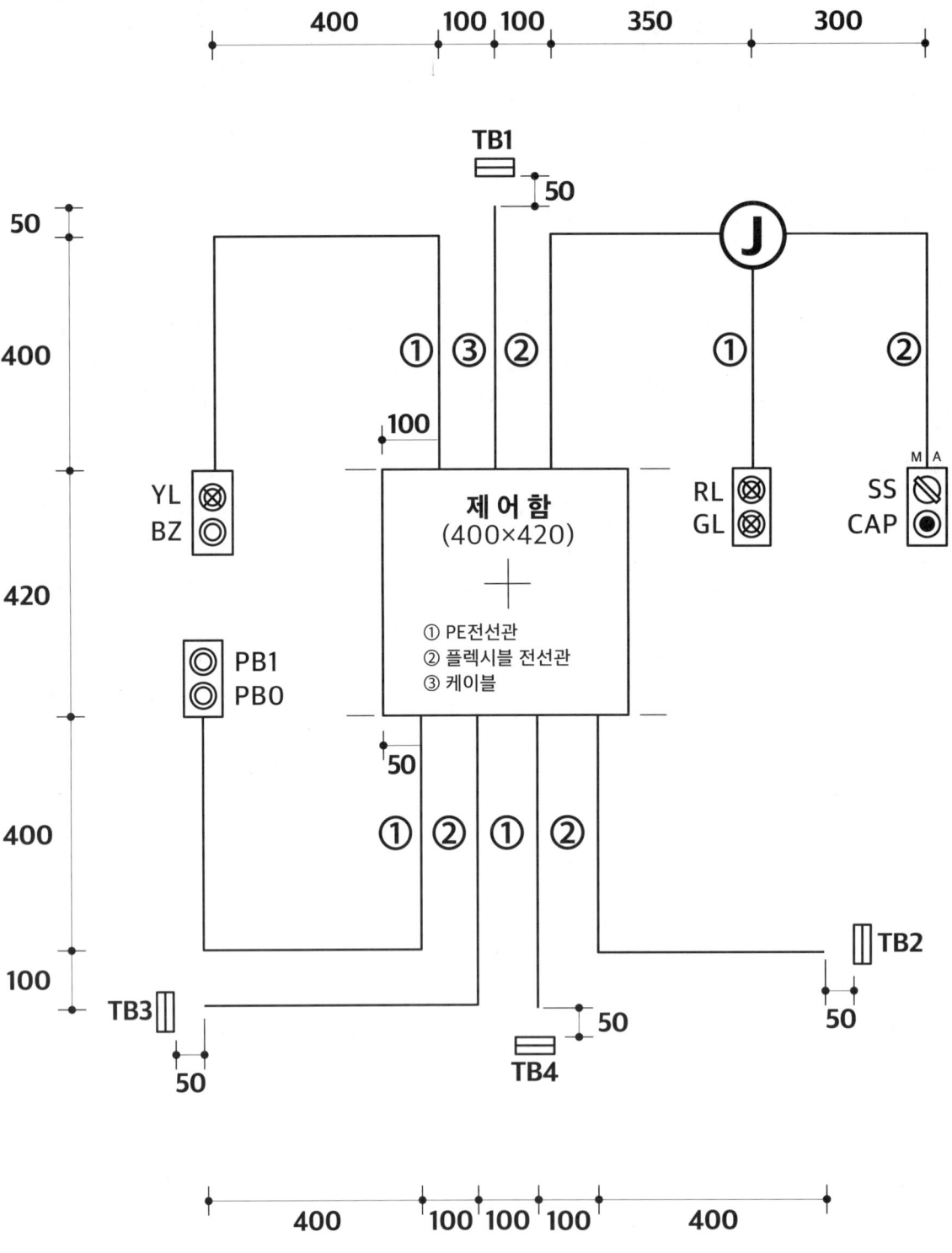

※ NOTE: 치수 기준점은 제어함의 중심으로 한다.

2. 제어판 내부 기구 배치도

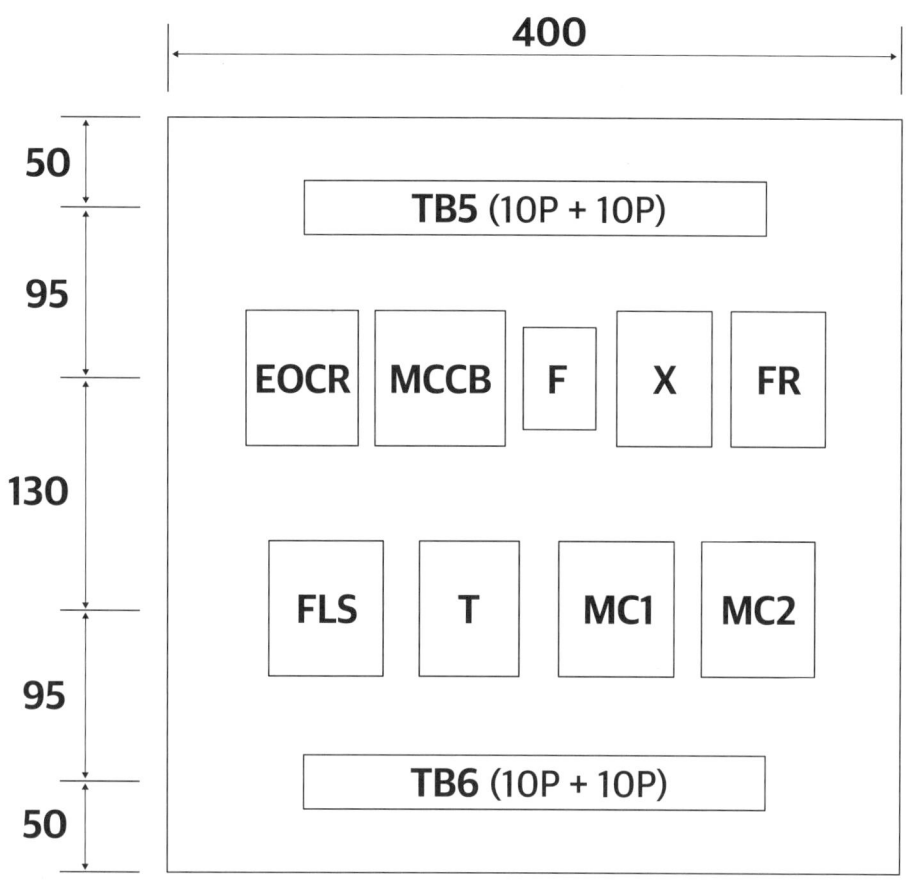

기호	명칭	기호	명칭
TB1	전원 (단자대 4P)	PB0	푸시버튼 스위치 (적색)
TB2, TB3	전동기 (단자대 4P)	PB1	푸시버튼 스위치 (녹색)
TB4	플로트레스 (단자대 4P)	SS	셀렉터 스위치
TB5, TB6	단자대 (10P+10P)	YL	램프 (황색)
MC1, MC2	전자접촉기 (12P)	GL	램프 (녹색)
EOCR	EOCR (12P)	RL	램프 (적색)
X	릴레이 (8P)	BZ	부저
T	타이머 (8P)	CAP	홀마개
FR	플리커릴레이 (8P)	Ⓙ	8각 박스
FLS	플로트레스 스위치 (8P)	F	퓨즈 및 퓨즈홀더
MCCB	배선용차단기		

3. 제어회로의 시퀀스 회로도 (※ 본 도면은 시험을 위해서 임의로 구성한 것으로 상용도면과 상이할 수 있습니다.)

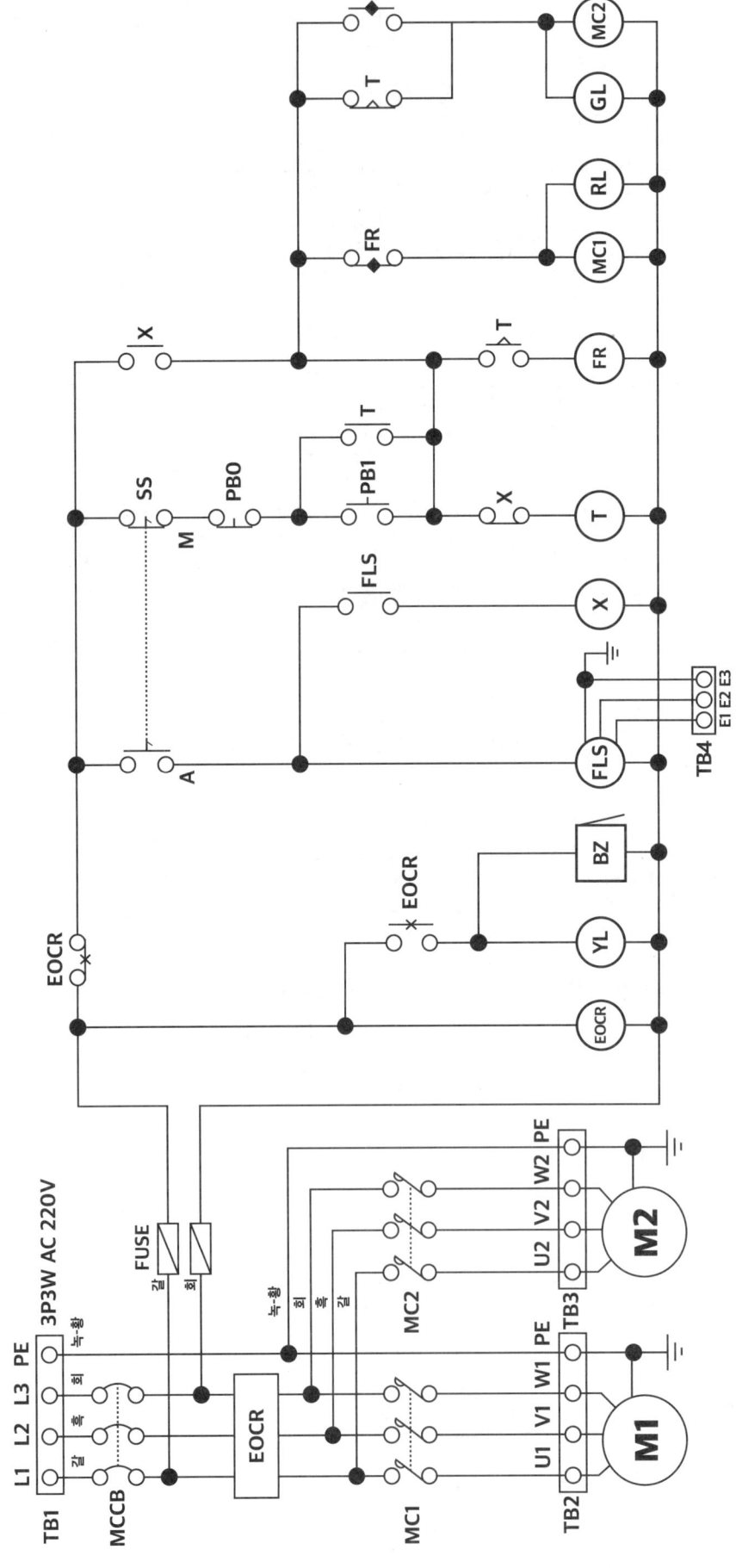

※ NOTE
- 플로트레스 스위치 FLS에서 TB4로 배선되는 E1, E2, E3는 보조회로 전선을 사용합니다.
- 플로트레스 스위치 FLS의 보호도체(접지) 결선은 제어판(TB6 또는 FLS 소켓)에서 보호도체 회로 전선으로 실시합니다.

4. 기구의 내부 결선도 및 구성도

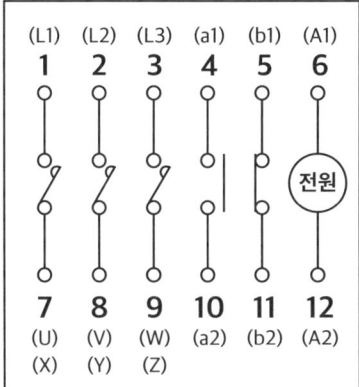
[전자접촉기]

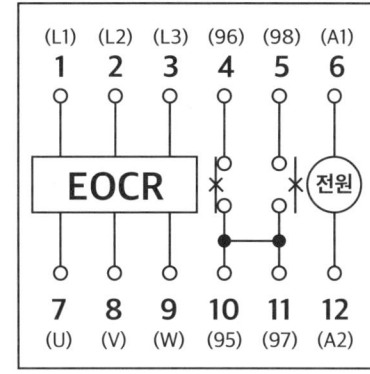
[EOCR]

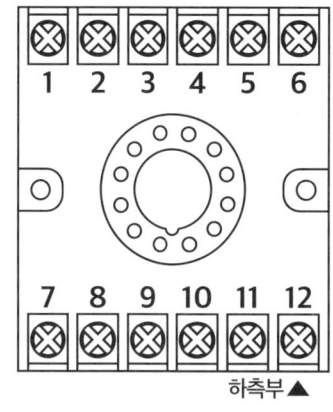
[12P 소켓(베이스) 구성도]

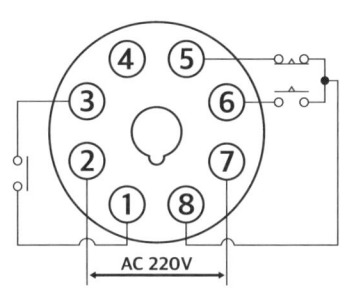
[타이머]

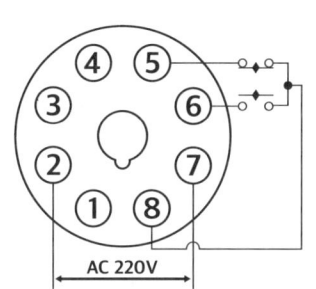
[플리커릴레이]

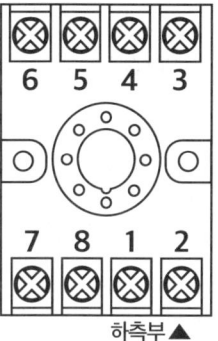
[8P 소켓(베이스) 구성도]

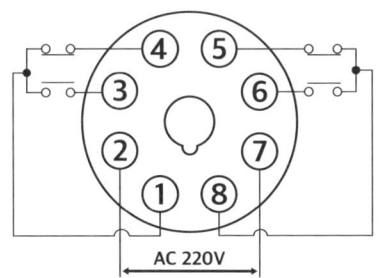
[8P 릴레이]

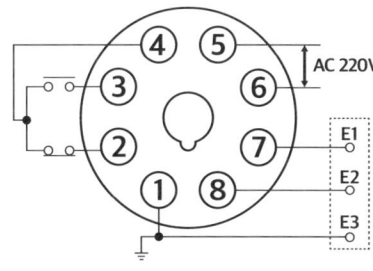
[플로트레스 스위치]

[셀렉터 스위치]

지급재료 목록

일련번호	재료명	규격	단위	수량	비고
1	합판	400 × 420 × 12mm	장	1	
2	케이블타이	100mm	개	25	
3	나사못	3.5 × 25	개	4	납작머리
4	나사못	4 × 12	개	96	납작머리
5	나사못	4 × 16	개	16	둥근머리
6	나사못	4 × 20	개	18	둥근머리
7	케이블	4C 2.5mm^2	m	1	
8	케이블 새들	4C 케이블용	개	2	
9	케이블 커넥터	4C 케이블용	개	1	
10	유리관 퓨즈 및 홀더	250V 30A	개	1	퓨즈 10A 2개 포함
11	새들	16mm 전선관용	개	40	
12	8각 박스	철제	개	1	
13	PE 전선관	16mm	m	6	
14	플렉시블 전선관	16mm	m	6	
15	커넥터	16mm	개	7	PE 전선관용
16	커넥터	16mm	개	7	플렉시블 전선관용
17	비닐절연전선	1.5mm^2(1/1.38), 황색	m	50	
18	비닐절연전선	2.5mm^2(1/1.78), 갈색	m	5	
19	비닐절연전선	2.5mm^2(1/1.78), 흑색	m	5	
20	비닐절연전선	2.5mm^2(1/1.78), 회색	m	5	
21	비닐절연전선	2.5mm^2(1/1.78), 녹색-황색	m	5	

일련번호	재료명	규격	단위	수량	비고
22	단자대	10P 20A 220V	개	4	
23	단자대	4P 20A 220V	개	4	
24	배선용차단기	3P, AC250V, 30A	개	1	
25	12P 소켓	12P	개	3	12P 기구 겸용
26	8P 소켓	8P	개	4	8P 기구 겸용
27	램프	25Ø, 220V	개	3	적 1, 녹 1, 황 1
28	푸시버튼 스위치	25Ø, 1a1b	개	2	적 1, 녹 1
29	셀렉터 스위치	25Ø, 1a1b	개	1	
30	부저	25Ø, 220V	개	1	
31	컨트롤 박스	25Ø, 2구	개	4	
32	홀마개	25Ø	개	1	재사용
33	전자접촉기	AC220V, 12P	개	2	채점용
34	EOCR	AC220V, 12P	개	1	채점용
35	타이머	AC220V, 8P	개	1	채점용
36	릴레이	AC220V, 8P	개	1	채점용
37	플리커릴레이	AC220V, 8P	개	1	채점용
38	플로트레스 스위치	AC220V, 8P	개	1	채점용

※ 국가기술자격 실기시험 지급재료는 시험종료 후(기권, 결시자 포함) 수험자에게 지급하지 않습니다.

TYPE 1 급배수 제어회로

06 전기기능사 실기 해설

제어핀의 핀 번호와 단자대 작성

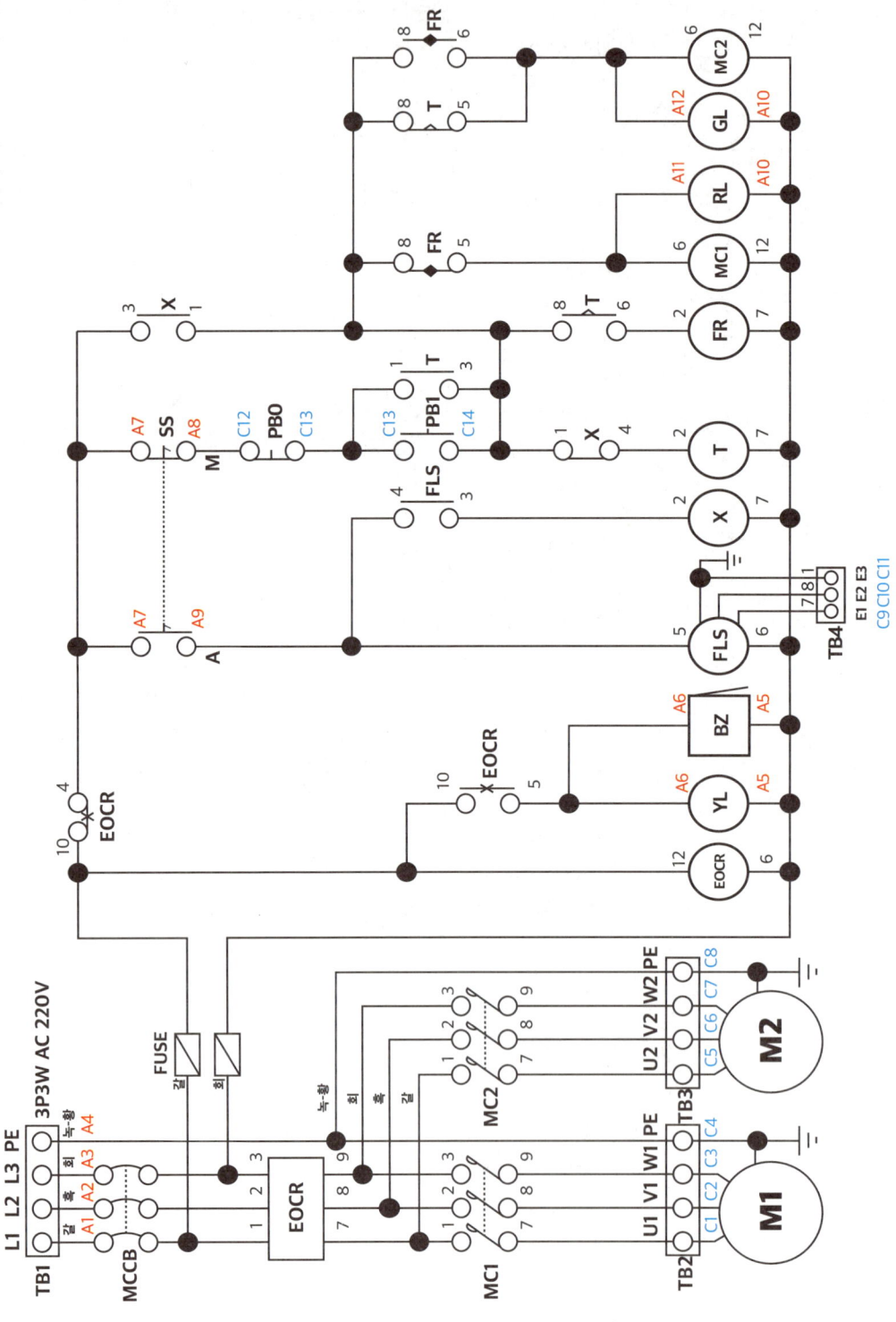

제어_주회로 결선 작성

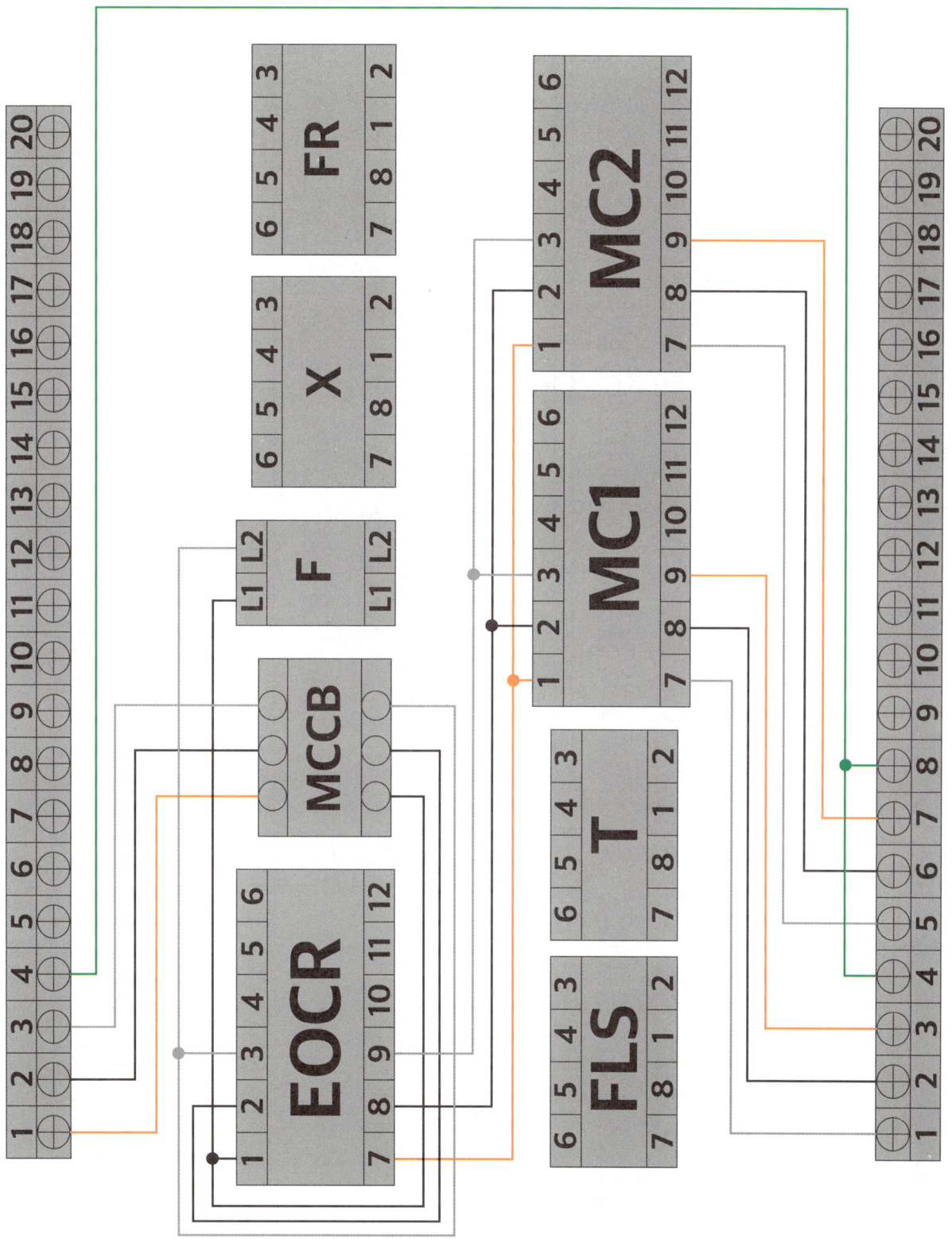

TYPE 1 급배수 제어회로

제어_보조회로 결선 작성

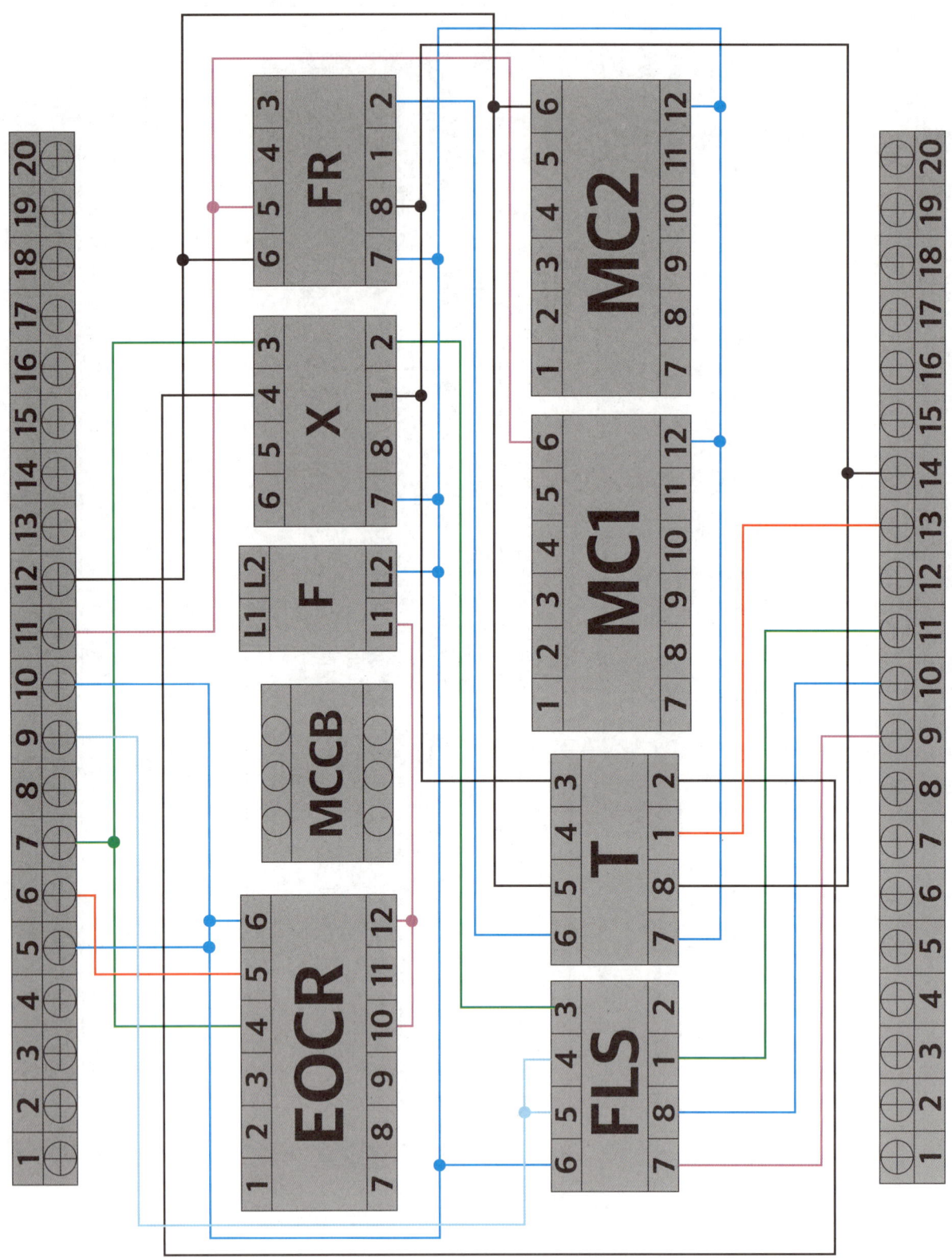

TYPE 1 급배수 제어회로

단자대_위쪽

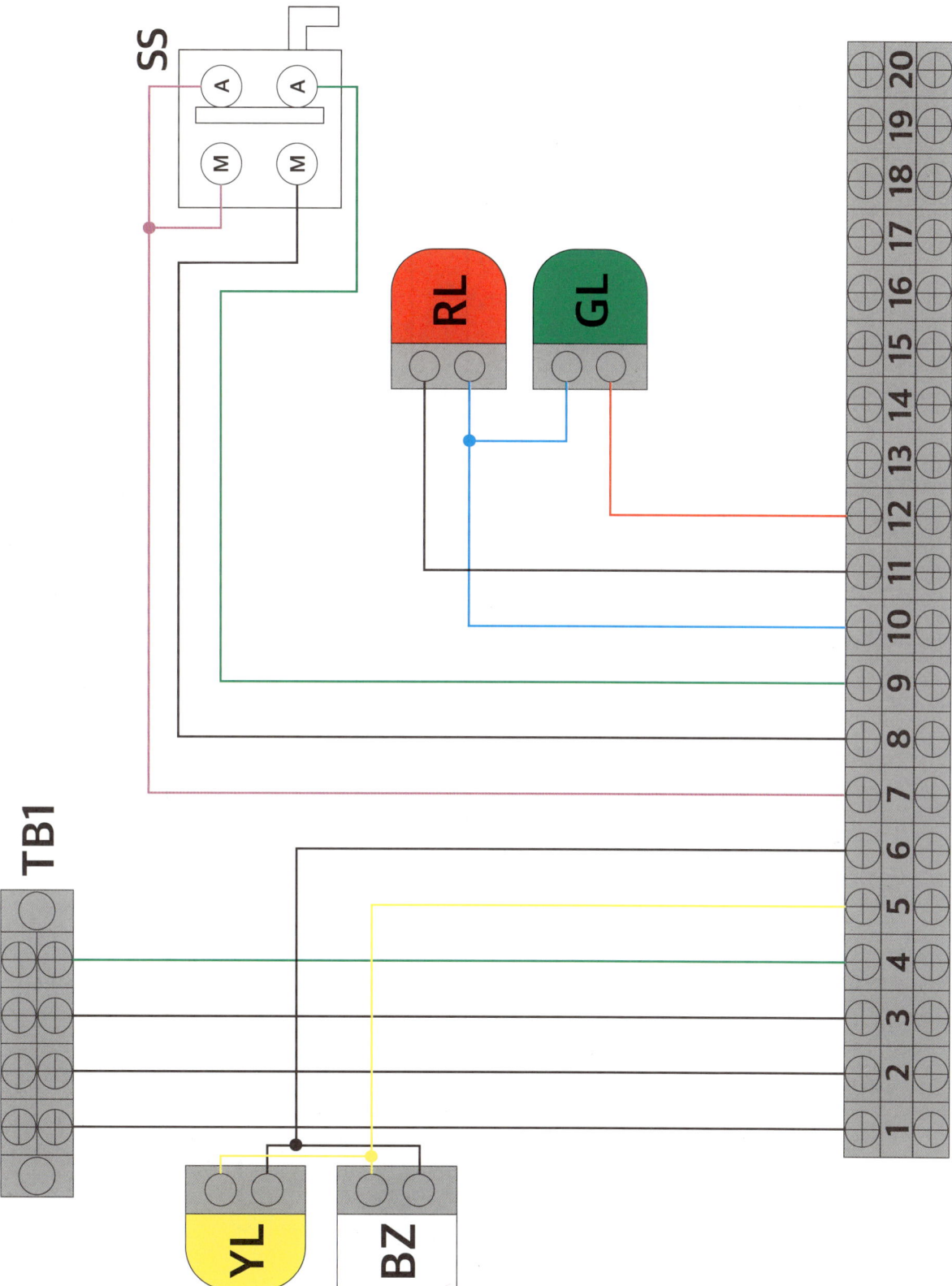

단자대_아래쪽

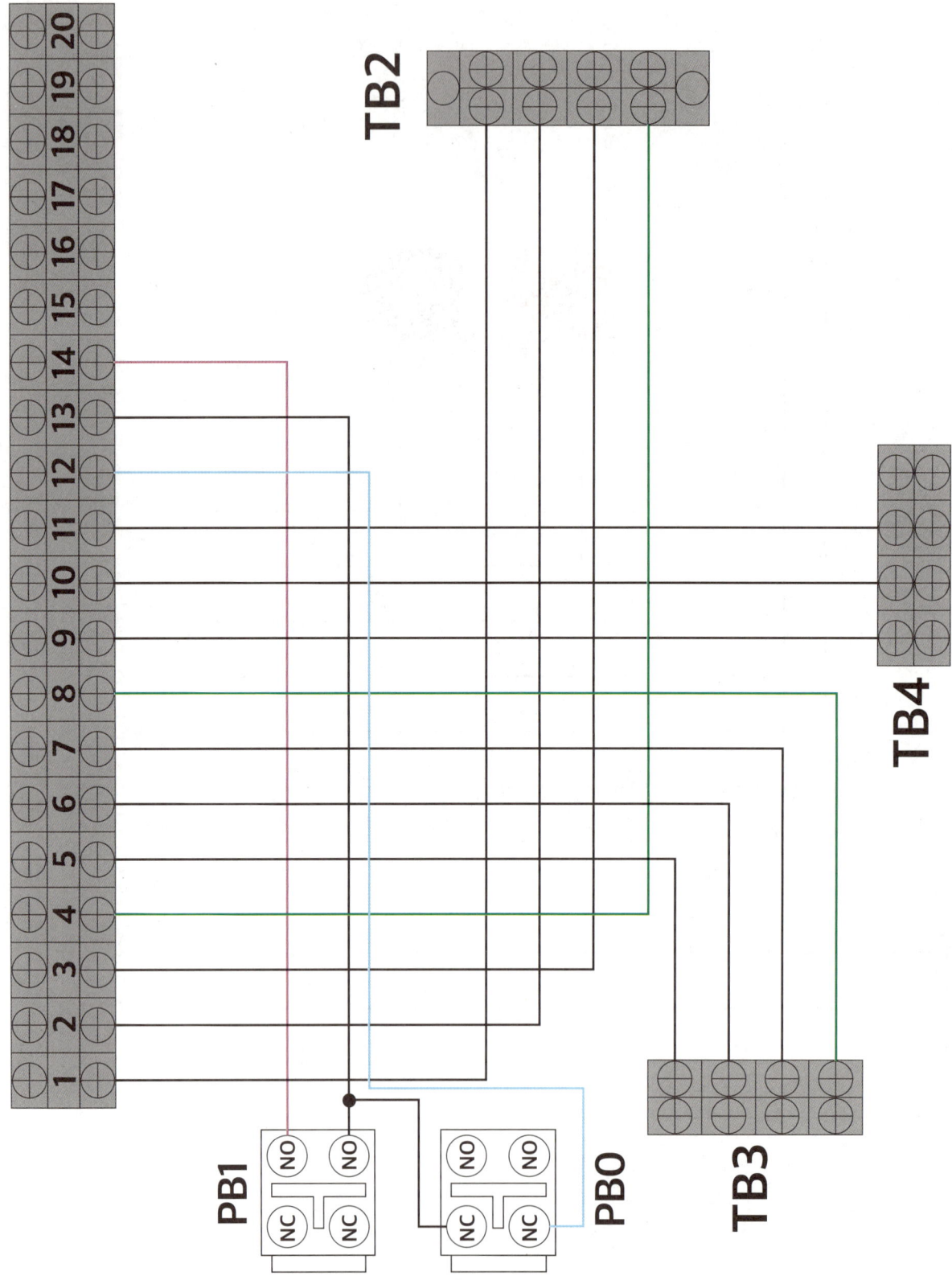

TYPE 1 급배수 제어회로

07 전기기능사 실기 공개문제

제어회로의 동작 사항

가) MCCB를 통해 전원을 투입하면, 전자식과전류계전기 EOCR에 전원이 공급된다.

나) 초기 운전 조건: 타이머 T의 설정시간은 플리커릴레이 FR의 설정시간 보다 작아야 한다.
   (즉, 타이머 설정시간 〈 플리커릴레이 설정시간)

다) 자동 운전 동작 사항
   (1) 셀렉터 스위치 SS를 A(자동) 위치에 놓으면 플로트레스 스위치 FLS에 전원이 공급되고, 플로트레스 스위치 FLS의 수위 감지가 동작되면, 릴레이 X, 플리커릴레이 FR, 타이머 T, 전자접촉기 MC1이 여자되어, 전동기 M1이 회전하고 램프 RL이 점등된다.
   (2) 플리커릴레이 FR의 설정시간 동안 타이머 T, 전자접촉기 MC1이 여자되고, 타이머 T의 설정시간 t초 후, 전자접촉기 MC1이 소자되고, 전자접촉기 MC2가 여자된다. 아래의 ① → ② → ③의 순으로 계속 반복 동작한다.
      ① 전동기 M1이 회전하고 램프 RL이 점등
      ② 전동기 M1이 정지, M2가 회전하고 램프 RL이 소등, GL이 점등
      ③ 전동기 M1과 M2가 정지하고 램프 RL과 GL이 소등
   (3) 전동기가 운전하는 중 플로트레스 스위치 FLS의 수위 감지가 해제되거나 셀렉터 스위치 SS를 M(수동) 위치에 놓으면, 제어회로 및 전동기의 동작은 모두 정지된다.

라) 수동 운전 동작 사항
   (1) 셀렉터 스위치 SS를 M(수동) 위치에 놓은 상태에서, 푸시버튼 스위치 PB1을 누르면, 릴레이 X, 플리커릴레이 FR, 타이머 T, 전자접촉기 MC1이 여자되어, 전동기 M1이 회전하고 램프 RL이 점등된다.
   (2) 자동 운전 동작 사항 다)의 (2)와 같다.
   (3) 전동기가 운전하는 중 푸시버튼 스위치 PB0를 누르거나 셀렉터 스위치 SS를 A(자동) 위치에 놓으면, 제어회로 및 전동기의 동작은 모두 정지된다.

마) EOCR 동작 사항
   (1) 전동기가 운전하는 중 전동기의 과부하로 과전류가 흐르면, 전자식과전류계전기 EOCR이 동작되어 전동기는 정지하고, 부저 BZ가 동작되고, 램프 YL이 점등된다.
   (2) 전자식과전류계전기 EOCR을 리셋(RESET)하면 제어회로는 초기 상태로 복귀된다.

※ 동작 내용은 단순 참고 사항이며, 모든 동작은 시퀀스 회로를 기준으로 합니다.

도면

| 자격 종목 | 전기기능사 | 과제명 | 전기설비의 배선 및 배관공사 |

1. 배관 및 기구 배치도

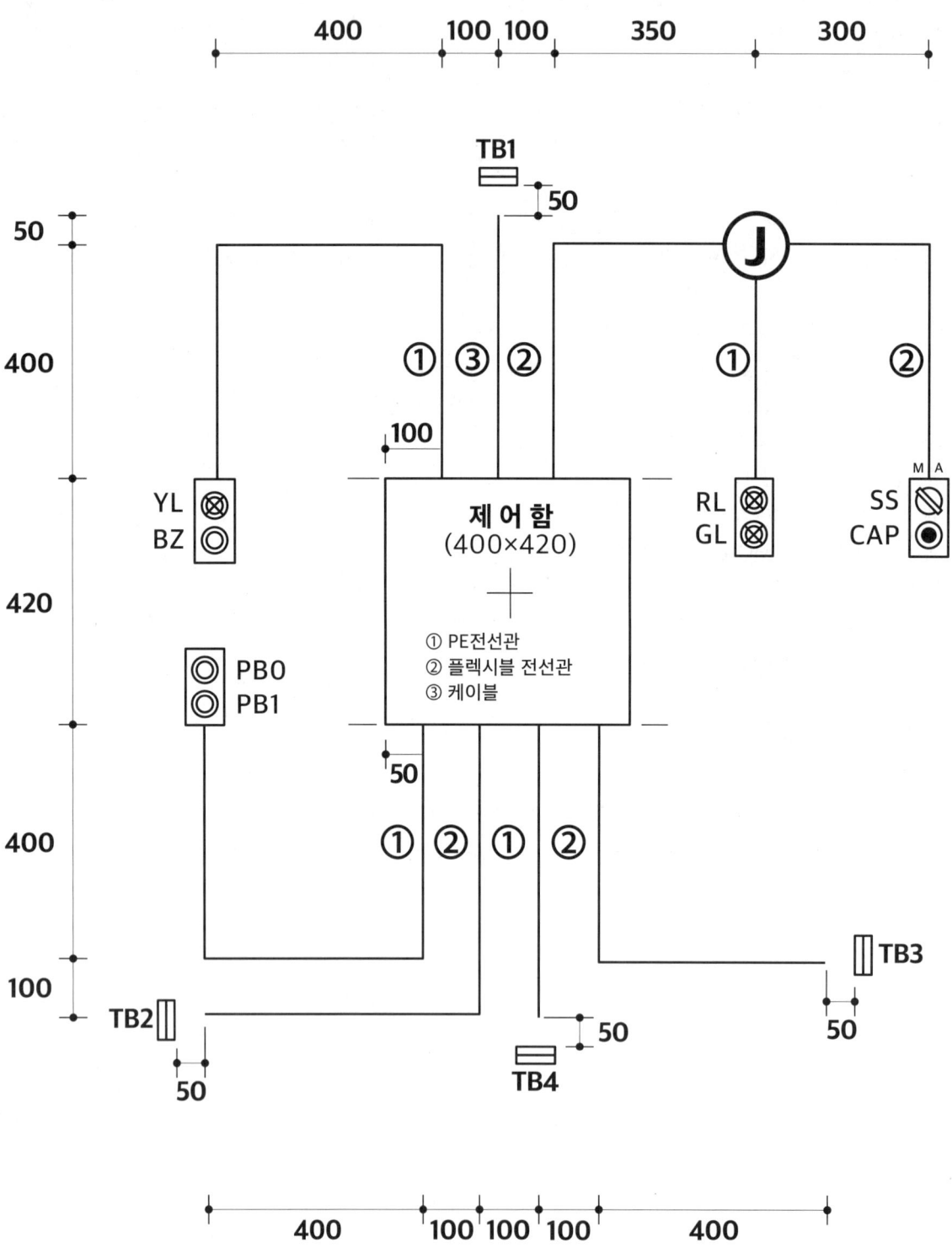

※ NOTE: 치수 기준점은 제어함의 중심으로 한다.

2. 제어판 내부 기구 배치도

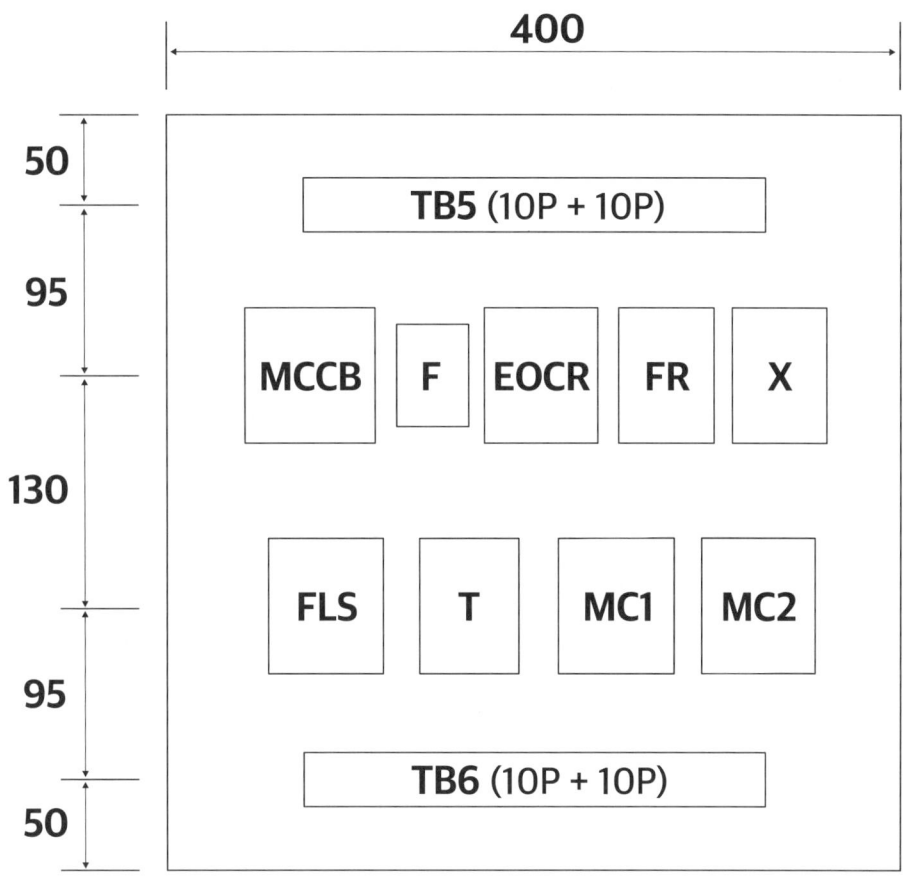

기호	명칭	기호	명칭
TB1	전원 (단자대 4P)	PB0	푸시버튼 스위치 (적색)
TB2, TB3	전동기 (단자대 4P)	PB1	푸시버튼 스위치 (녹색)
TB4	플로트레스 (단자대 4P)	SS	셀렉터 스위치
TB5, TB6	단자대 (10P+10P)	YL	램프 (황색)
MC1, MC2	전자접촉기 (12P)	GL	램프 (녹색)
EOCR	EOCR (12P)	RL	램프 (적색)
X	릴레이 (8P)	BZ	부저
T	타이머 (8P)	CAP	홀마개
FR	플리커릴레이 (8P)	Ⓙ	8각 박스
FLS	플로트레스 스위치 (8P)	F	퓨즈 및 퓨즈홀더
MCCB	배선용차단기		

3. 제어회로의 시퀀스 회로도 (※ 본 도면은 시험을 위해서 임의로 구성한 것으로 상용도면과 상이할 수 있습니다.)

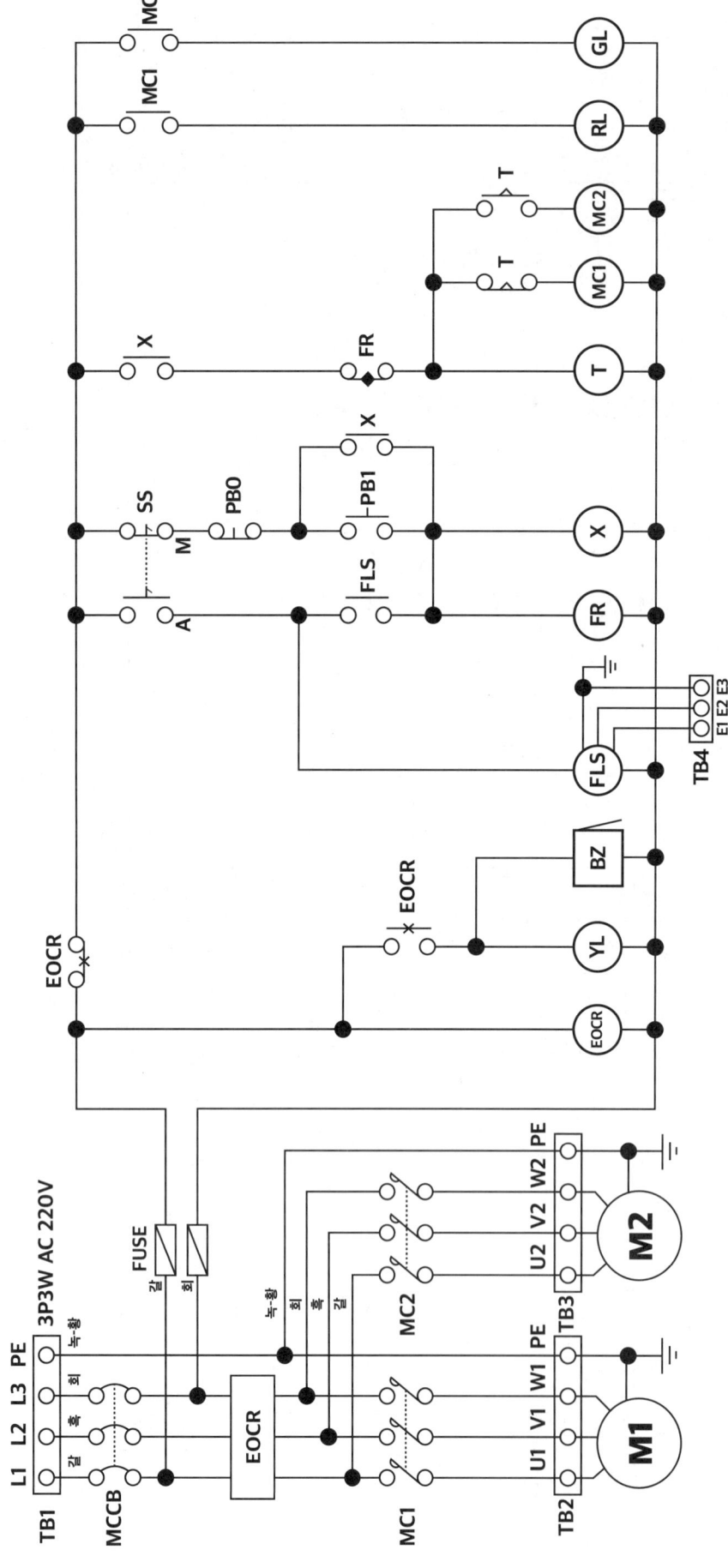

※ NOTE

- 풀로트레스 스위치 FLS에서 TB4로 배선되는 E1, E2, E3는 보조회로 전선을 사용합니다.
- 풀로트레스 스위치 FLS의 보호도체(접지) 결선은 제어판(TB6 또는 FLS 소켓)에서 보호도체 회로 전선으로 실시합니다.

4. 기구의 내부 결선도 및 구성도

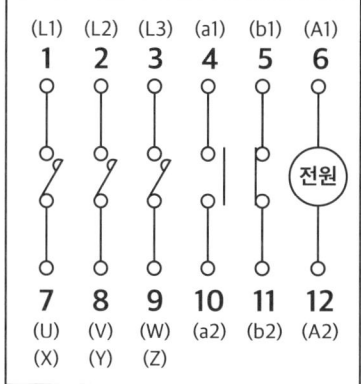

[전자접촉기]

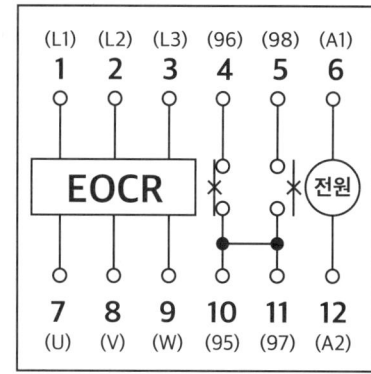

[EOCR]

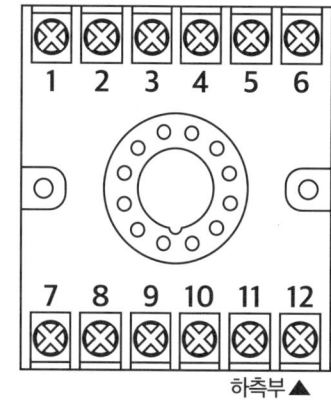

[12P 소켓(베이스) 구성도]

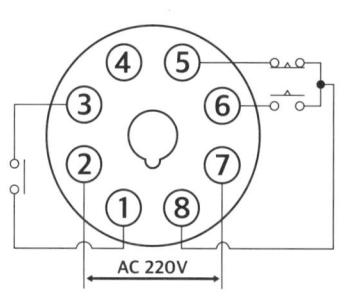

[타이머]

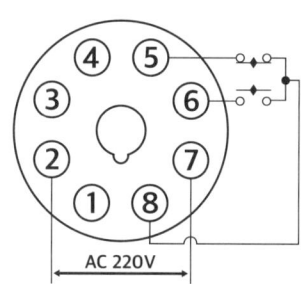

[플리커릴레이]

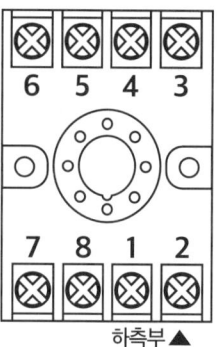

[8P 소켓(베이스) 구성도]

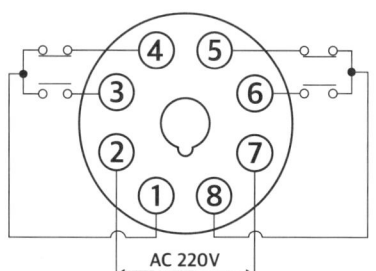

[8P 릴레이]

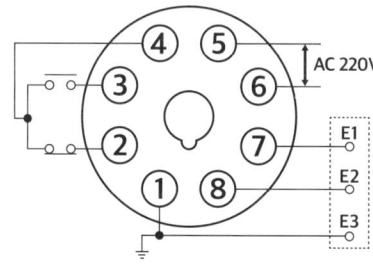

[플로트레스 스위치]

[셀렉터 스위치]

지급재료 목록

일련번호	재료명	규격	단위	수량	비고
1	합판	400×420×12mm	장	1	
2	케이블타이	100mm	개	25	
3	나사못	3.5×25	개	4	납작머리
4	나사못	4×12	개	96	납작머리
5	나사못	4×16	개	16	둥근머리
6	나사못	4×20	개	18	둥근머리
7	케이블	4C 2.5mm^2	m	1	
8	케이블 새들	4C 케이블용	개	2	
9	케이블 커넥터	4C 케이블용	개	1	
10	유리관 퓨즈 및 홀더	250V 30A	개	1	퓨즈 10A 2개 포함
11	새들	16mm 전선관용	개	40	
12	8각 박스	철제	개	1	
13	PE 전선관	16mm	m	6	
14	플렉시블 전선관	16mm	m	6	
15	커넥터	16mm	개	7	PE 전선관용
16	커넥터	16mm	개	7	플렉시블 전선관용
17	비닐절연전선	1.5mm^2(1/1.38), 황색	m	50	
18	비닐절연전선	2.5mm^2(1/1.78), 갈색	m	5	
19	비닐절연전선	2.5mm^2(1/1.78), 흑색	m	5	
20	비닐절연전선	2.5mm^2(1/1.78), 회색	m	5	
21	비닐절연전선	2.5mm^2(1/1.78), 녹색–황색	m	5	

일련번호	재료명	규격	단위	수량	비고
22	단자대	10P 20A 220V	개	4	
23	단자대	4P 20A 220V	개	4	
24	배선용차단기	3P, AC250V, 30A	개	1	
25	12P 소켓	12P	개	3	12P 기구 겸용
26	8P 소켓	8P	개	4	8P 기구 겸용
27	램프	25Ø, 220V	개	3	적 1, 녹 1, 황 1
28	푸시버튼 스위치	25Ø, 1a1b	개	2	적 1, 녹 1
29	셀렉터 스위치	25Ø, 1a1b	개	1	
30	부저	25Ø, 220V	개	1	
31	컨트롤 박스	25Ø, 2구	개	4	
32	홀마개	25Ø	개	1	재사용
33	전자접촉기	AC220V, 12P	개	2	채점용
34	EOCR	AC220V, 12P	개	1	채점용
35	타이머	AC220V, 8P	개	1	채점용
36	릴레이	AC220V, 8P	개	1	채점용
37	플리커릴레이	AC220V, 8P	개	1	채점용
38	플로트레스 스위치	AC220V, 8P	개	1	채점용

※ 국가기술자격 실기시험 지급재료는 시험종료 후(기권, 결시자 포함) 수험자에게 지급하지 않습니다.

TYPE 1 급배수 제어회로

07 전기기능사 실기 **해설**

제어핀의 핀 번호와 단자대 작성

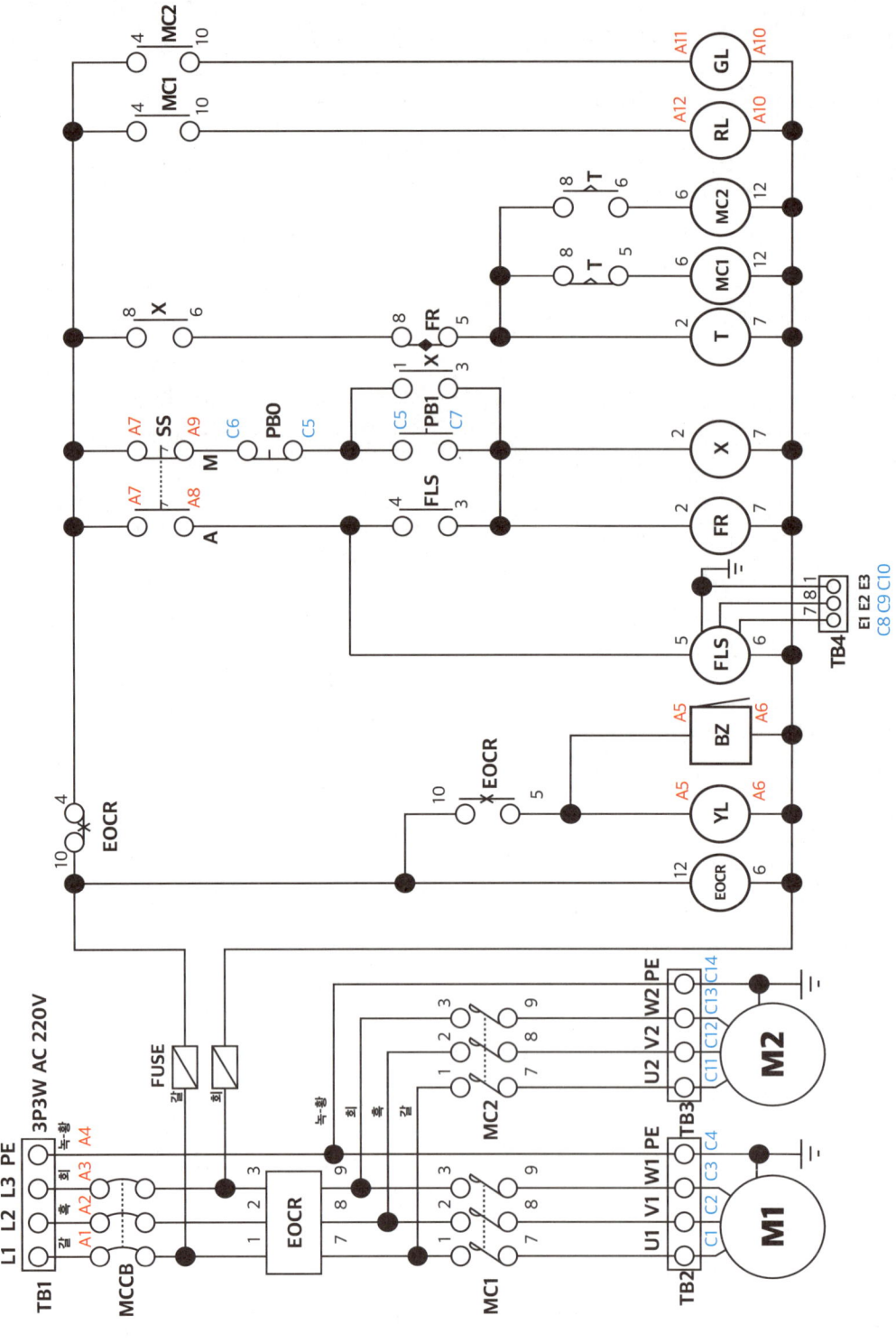

TYPE 1 급배수 제어회로

제어_주회로 결선 작성

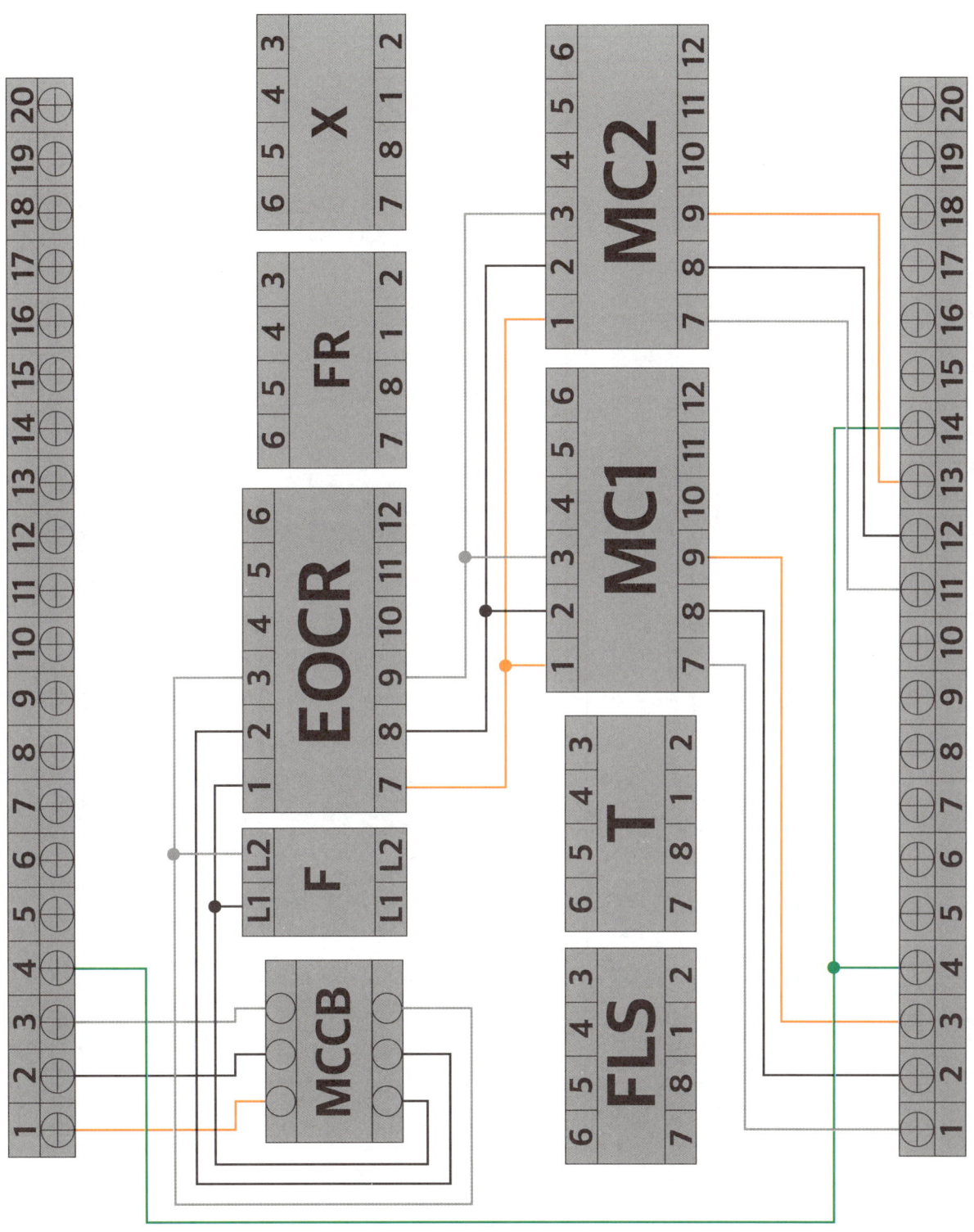

제어_보조회로 결선 작성

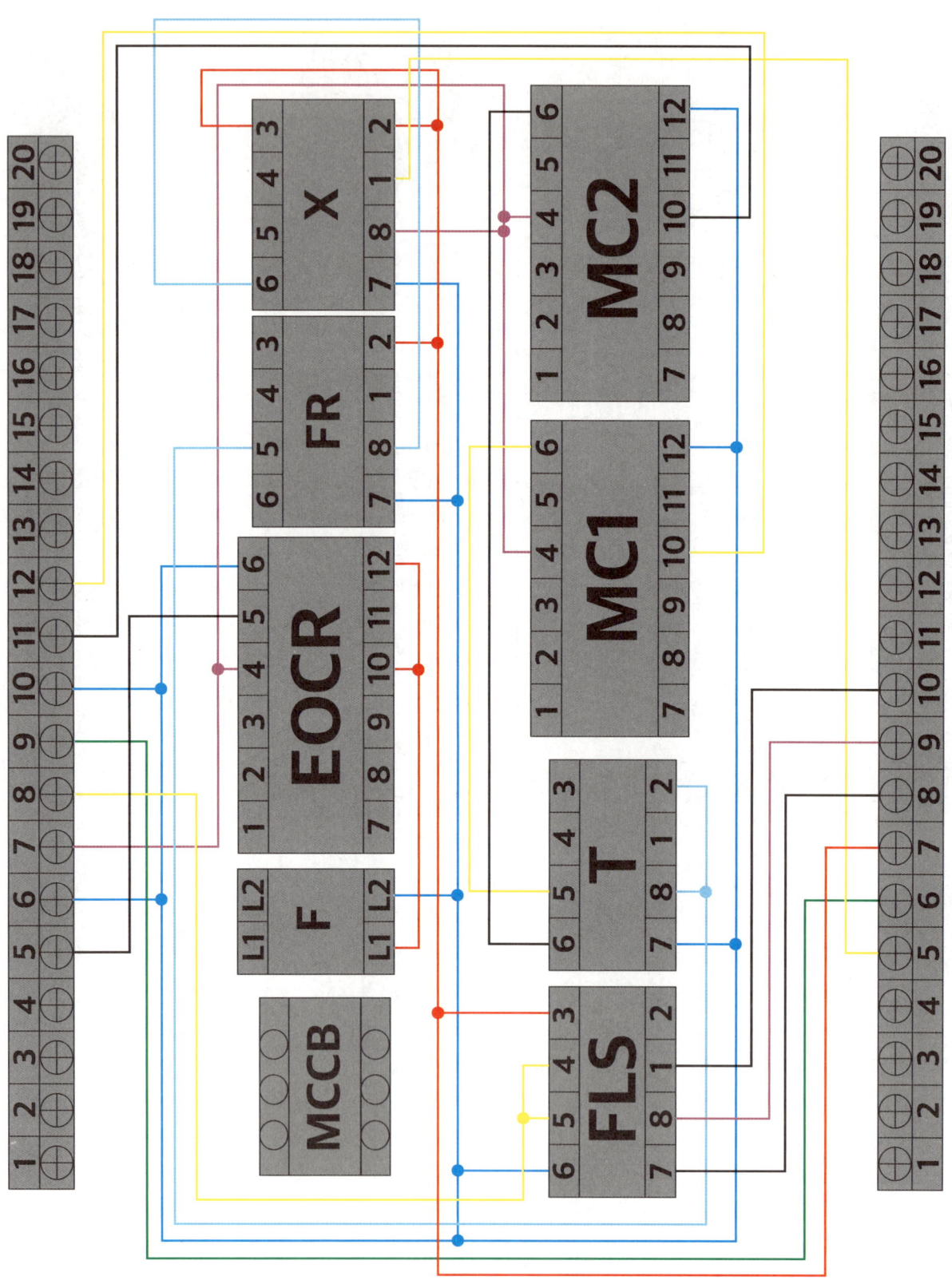

TYPE 1 급배수 제어회로

단자대_위쪽

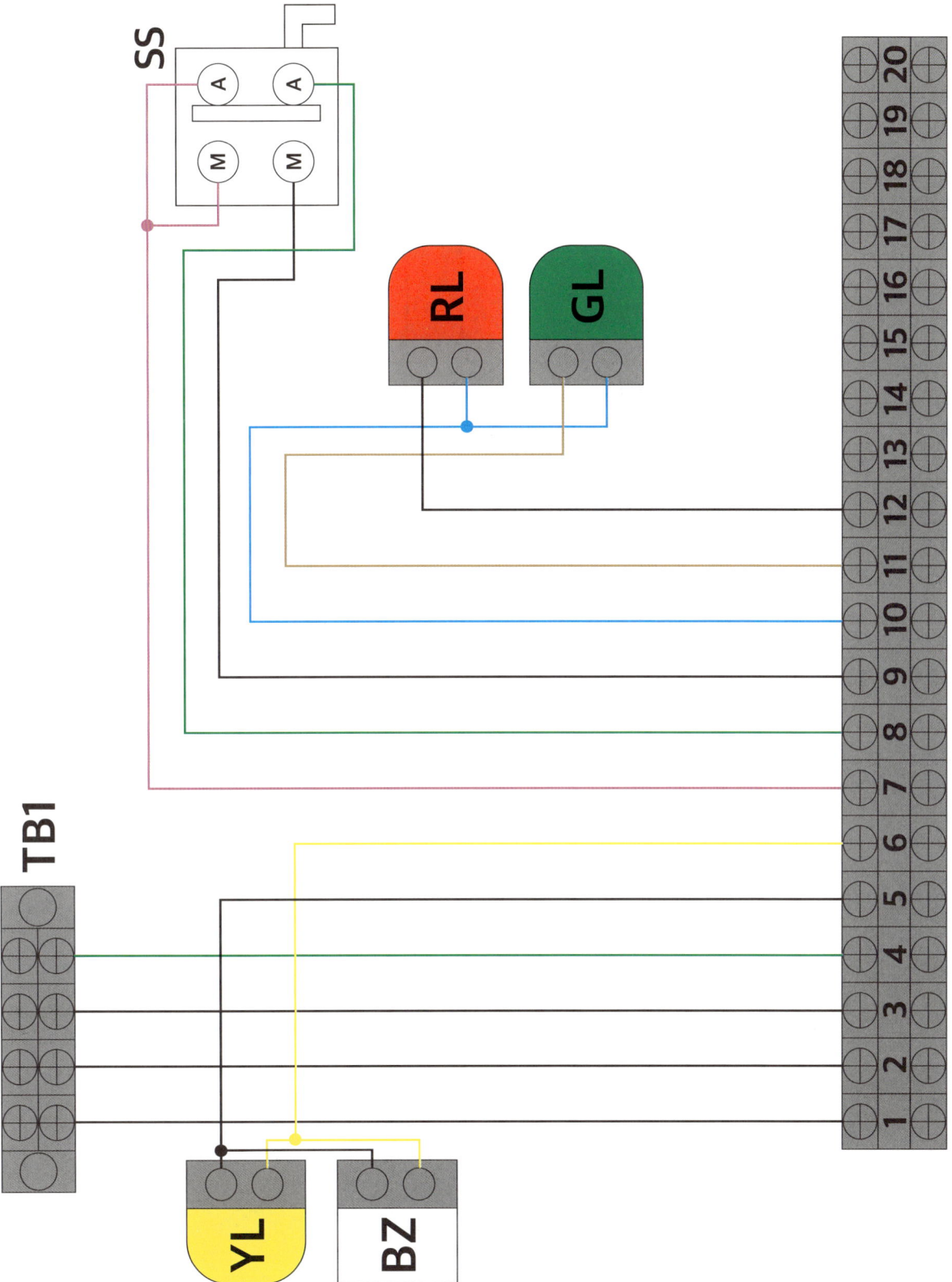

단자대_아래쪽

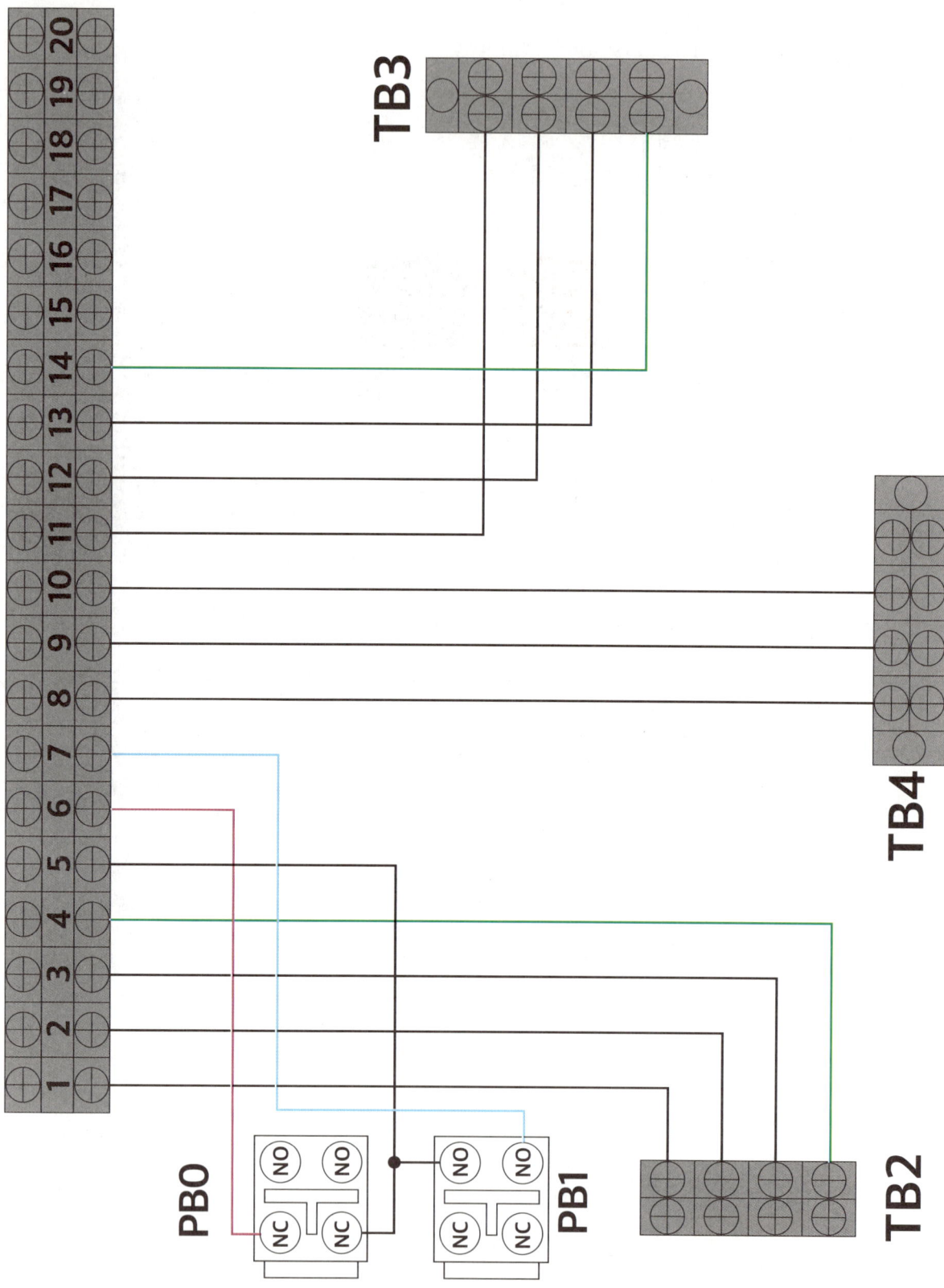

TYPE 1 급배수 제어회로

08 전기기능사 실기 공개문제

제어회로의 동작 사항

가) MCCB를 통해 전원을 투입하면, 전자식과전류계전기 EOCR에 전원이 공급된다.

나) 자동 운전 동작 사항

  (1) 셀렉터 스위치 SS를 A(자동) 위치에 놓으면 플로트레스 스위치 FLS에 전원이 공급되고, 플로트레스 스위치 FLS의 수위 감지가 동작되면, 플리커릴레이 FR, 릴레이 X, 전자접촉기 MC1, MC2가 여자되어, 전동기 M1, M2가 회전하고 램프 RL, GL, YL이 점등된다.

  (2) 플리커릴레이 FR의 설정시간 간격으로 램프 YL이 점멸된다.

  (3) 전동기가 운전하는 중 플로트레스 스위치 FLS의 수위 감지가 해제되거나 셀렉터 스위치 SS를 M(수동) 위치에 놓으면, 제어회로 및 전동기의 동작은 모두 정지된다.

다) 수동 운전 동작 사항

  (1) 셀렉터 스위치 SS를 M(수동) 위치에 놓은 상태에서, 푸시버튼 스위치 PB1을 누르면, 타이머 T, 전자접촉기 MC1, MC2가 여자되어, 전동기 M1, M2가 회전하고 램프 RL, GL이 점등된다.

  (2) 타이머 T의 설정시간 t초 후, 전자접촉기 MC1, MC2가 소자되어, 전동기 M1, M2가 정지하고 램프 RL, GL이 소등된다.

  (3) 전동기가 운전하는 중 또는 타이머에 의해 정지된 상태에서 푸시버튼 스위치 PB0를 누르거나 셀렉터 스위치 SS를 A(자동) 위치에 놓으면, 제어회로 및 전동기의 동작은 모두 정지된다.

라) EOCR 동작 사항

  (1) 전동기가 운전하는 중 전동기의 과부하로 과전류가 흐르면, 전자식과전류계전기 EOCR이 동작되어 전동기는 정지하고, 부저 BZ가 동작된다.

  (2) 전자식과전류계전기 EOCR을 리셋(RESET)하면 제어회로는 초기 상태로 복귀된다.

※ 동작 내용은 단순 참고 사항이며, 모든 동작은 시퀀스 회로를 기준으로 합니다.

도면

| 자격 종목 | 전기기능사 | 과제명 | 전기설비의 배선 및 배관공사 |

1. 배관 및 기구 배치도

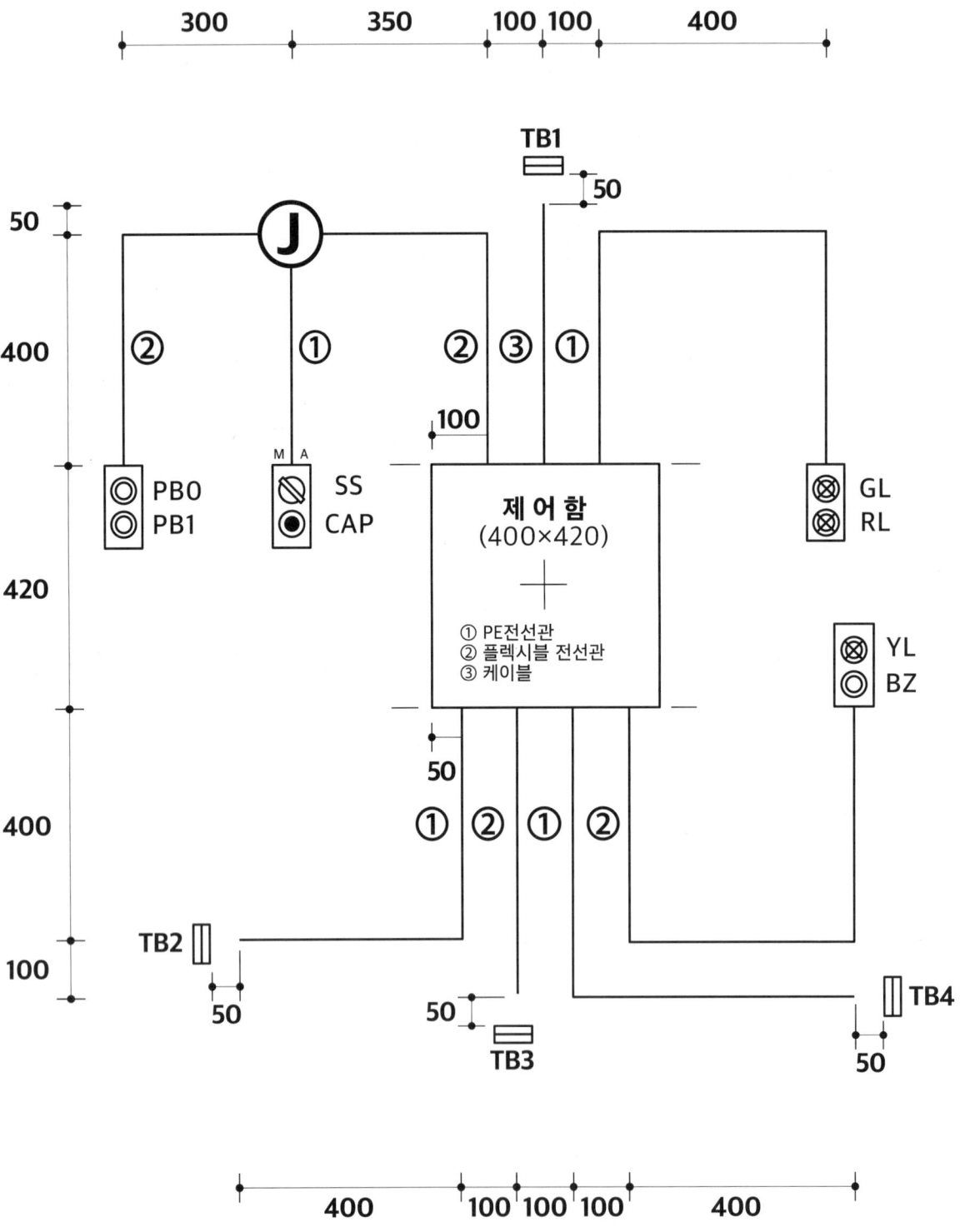

※ NOTE: 치수 기준점은 제어함의 중심으로 한다.

2. 제어판 내부 기구 배치도

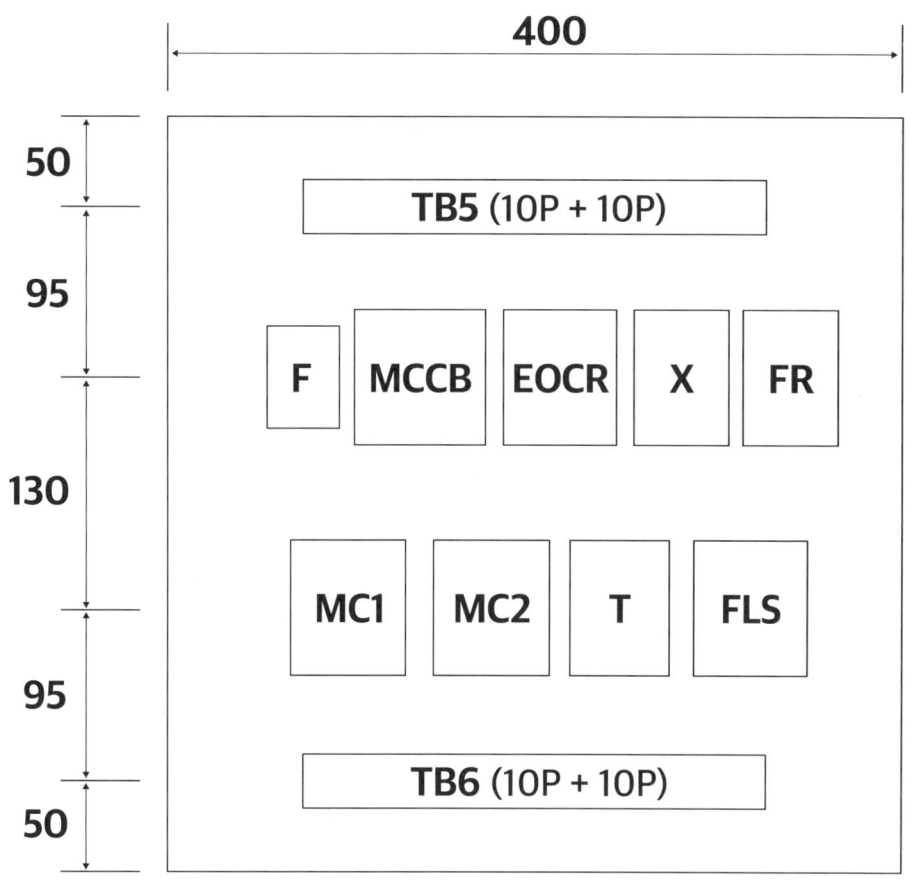

기호	명칭	기호	명칭
TB1	전원 (단자대 4P)	PB0	푸시버튼 스위치 (적색)
TB2, TB3	전동기 (단자대 4P)	PB1	푸시버튼 스위치 (녹색)
TB4	플로트레스 (단자대 4P)	SS	셀렉터 스위치
TB5, TB6	단자대 (10P+10P)	YL	램프 (황색)
MC1, MC2	전자접촉기 (12P)	GL	램프 (녹색)
EOCR	EOCR (12P)	RL	램프 (적색)
X	릴레이 (8P)	BZ	부저
T	타이머 (8P)	CAP	홀마개
FR	플리커릴레이 (8P)	Ⓙ	8각 박스
FLS	플로트레스 스위치 (8P)	F	퓨즈 및 퓨즈홀더
MCCB	배선용차단기		

3. 제어회로의 시퀀스 회로도 (※ 본 도면은 시험을 위해서 임의로 구성한 것으로 상용도면과 상이할 수 있습니다.)

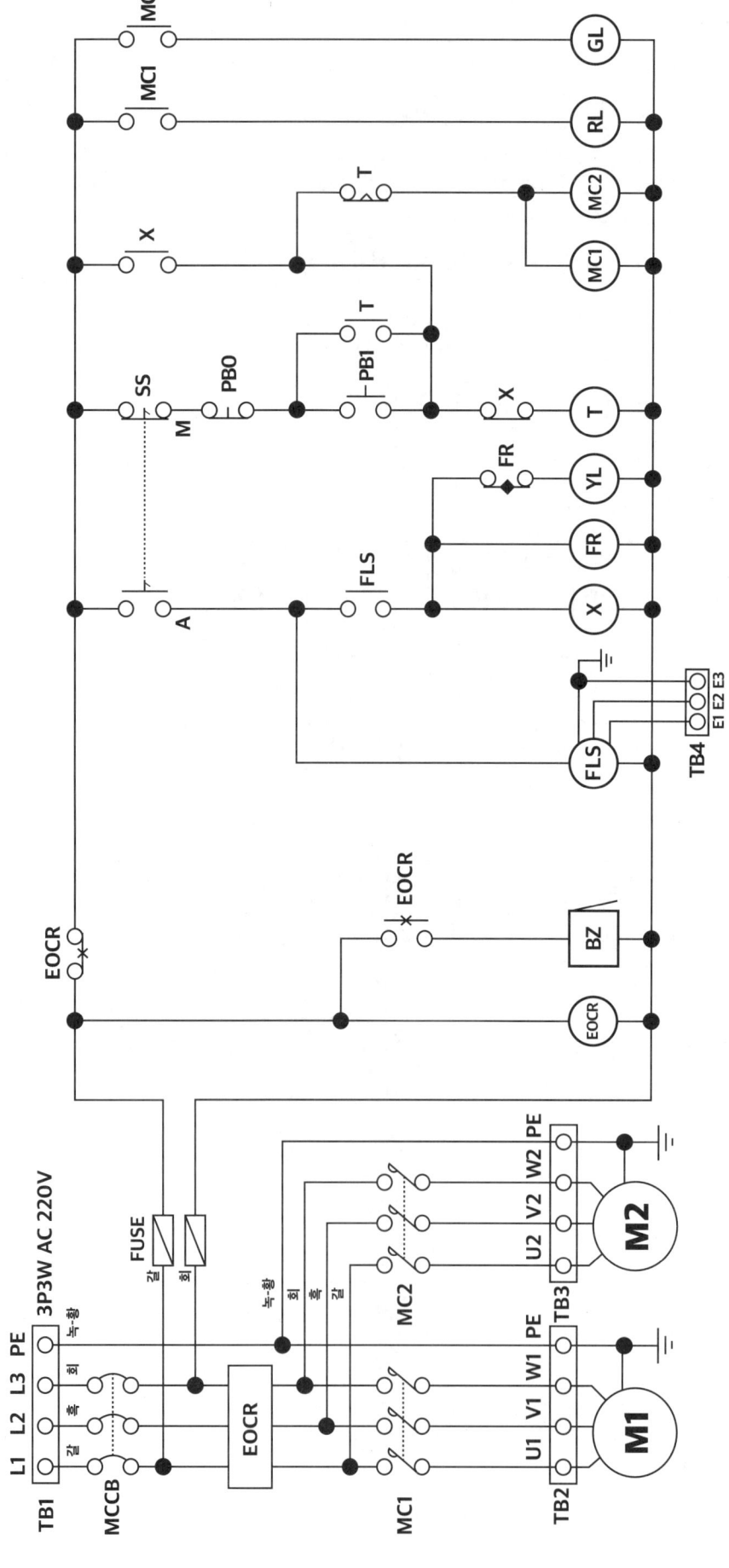

※ NOTE
- 풀푸트레스 스위치 FLS에서 TB4로 배선되는 E1, E2, E3는 보조회로 전선을 사용합니다.
- 풀푸트레스 스위치 FLS의 보호도체(접지) 결선은 제어판(TB6 또는 FLS 소켓)에서 보호도체 회로 전선으로 실시합니다.

4. 기구의 내부 결선도 및 구성도

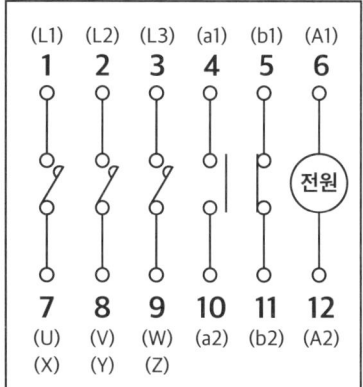
[전자접촉기]

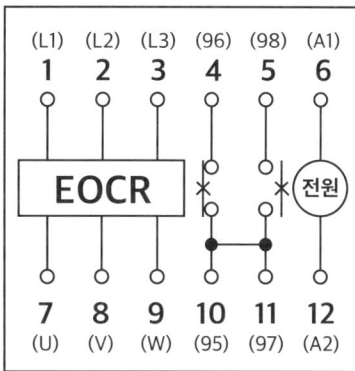
[EOCR]

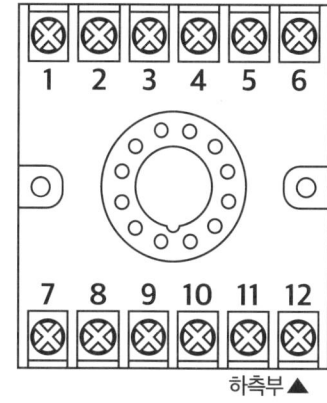
[12P 소켓(베이스) 구성도]

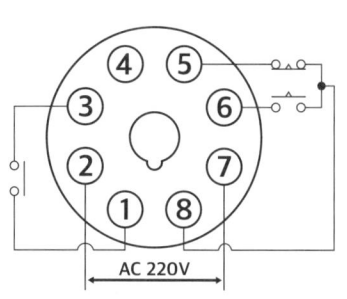
[타이머]

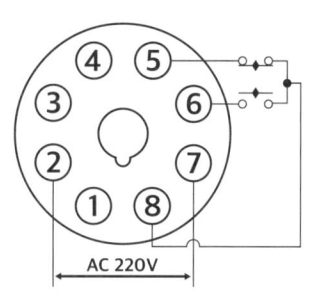
[플리커릴레이]

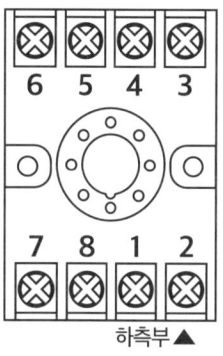
[8P 소켓(베이스) 구성도]

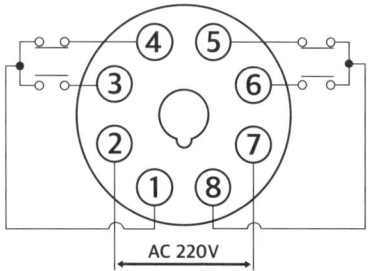
[8P 릴레이]

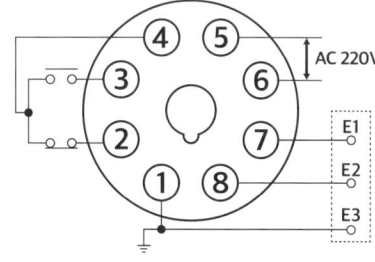
[플로트레스 스위치]

[셀렉터 스위치]

지급재료 목록

일련번호	재료명	규격	단위	수량	비고
1	합판	400 × 420 × 12mm	장	1	
2	케이블타이	100mm	개	25	
3	나사못	3.5 × 25	개	4	납작머리
4	나사못	4 × 12	개	96	납작머리
5	나사못	4 × 16	개	16	둥근머리
6	나사못	4 × 20	개	18	둥근머리
7	케이블	4C 2.5mm^2	m	1	
8	케이블 새들	4C 케이블용	개	2	
9	케이블 커넥터	4C 케이블용	개	1	
10	유리관 퓨즈 및 홀더	250V 30A	개	1	퓨즈 10A 2개 포함
11	새들	16mm 전선관용	개	40	
12	8각 박스	철제	개	1	
13	PE 전선관	16mm	m	6	
14	플렉시블 전선관	16mm	m	6	
15	커넥터	16mm	개	7	PE 전선관용
16	커넥터	16mm	개	7	플렉시블 전선관용
17	비닐절연전선	1.5mm^2(1/1.38), 황색	m	50	
18	비닐절연전선	2.5mm^2(1/1.78), 갈색	m	5	
19	비닐절연전선	2.5mm^2(1/1.78), 흑색	m	5	
20	비닐절연전선	2.5mm^2(1/1.78), 회색	m	5	
21	비닐절연전선	2.5mm^2(1/1.78), 녹색-황색	m	5	

일련번호	재료명	규격	단위	수량	비고
22	단자대	10P 20A 220V	개	4	
23	단자대	4P 20A 220V	개	4	
24	배선용차단기	3P, AC250V, 30A	개	1	
25	12P 소켓	12P	개	3	12P 기구 겸용
26	8P 소켓	8P	개	4	8P 기구 겸용
27	램프	25Ø, 220V	개	3	적 1, 녹 1, 황 1
28	푸시버튼 스위치	25Ø, 1a1b	개	2	적 1, 녹 1
29	셀렉터 스위치	25Ø, 1a1b	개	1	
30	부저	25Ø, 220V	개	1	
31	컨트롤 박스	25Ø, 2구	개	4	
32	홀마개	25Ø	개	1	재사용
33	전자접촉기	AC220V, 12P	개	2	채점용
34	EOCR	AC220V, 12P	개	1	채점용
35	타이머	AC220V, 8P	개	1	채점용
36	릴레이	AC220V, 8P	개	1	채점용
37	플리커릴레이	AC220V, 8P	개	1	채점용
38	플로트레스 스위치	AC220V, 8P	개	1	채점용

※ 국가기술자격 실기시험 지급재료는 시험종료 후(기권, 결시자 포함) 수험자에게 지급하지 않습니다.

TYPE 1 급배수 제어회로

08 전기기능사 실기 해설

제어핀의 핀 번호와 단자대 작성

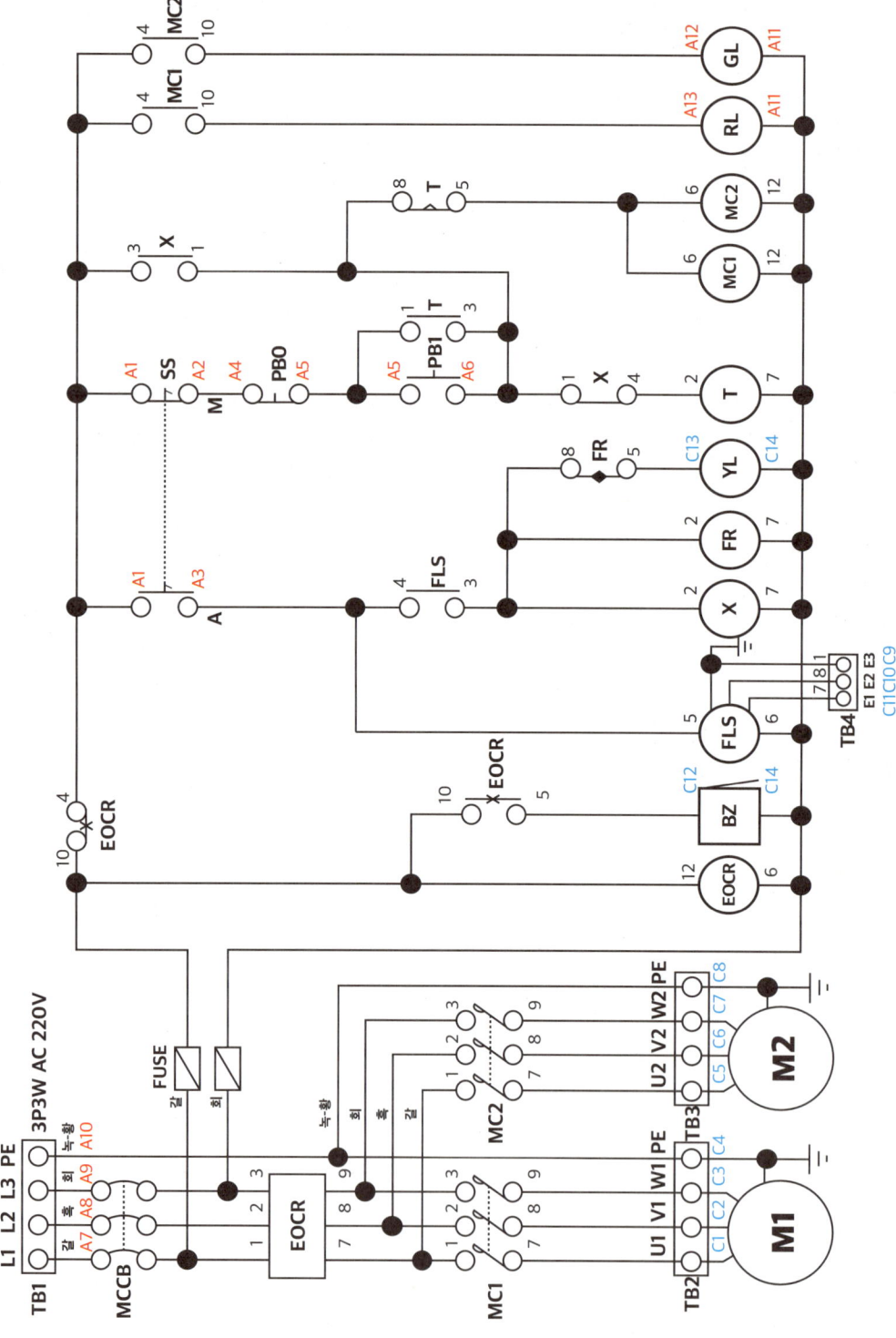

TYPE 1 급배수 제어회로

제어_주회로 결선 작성

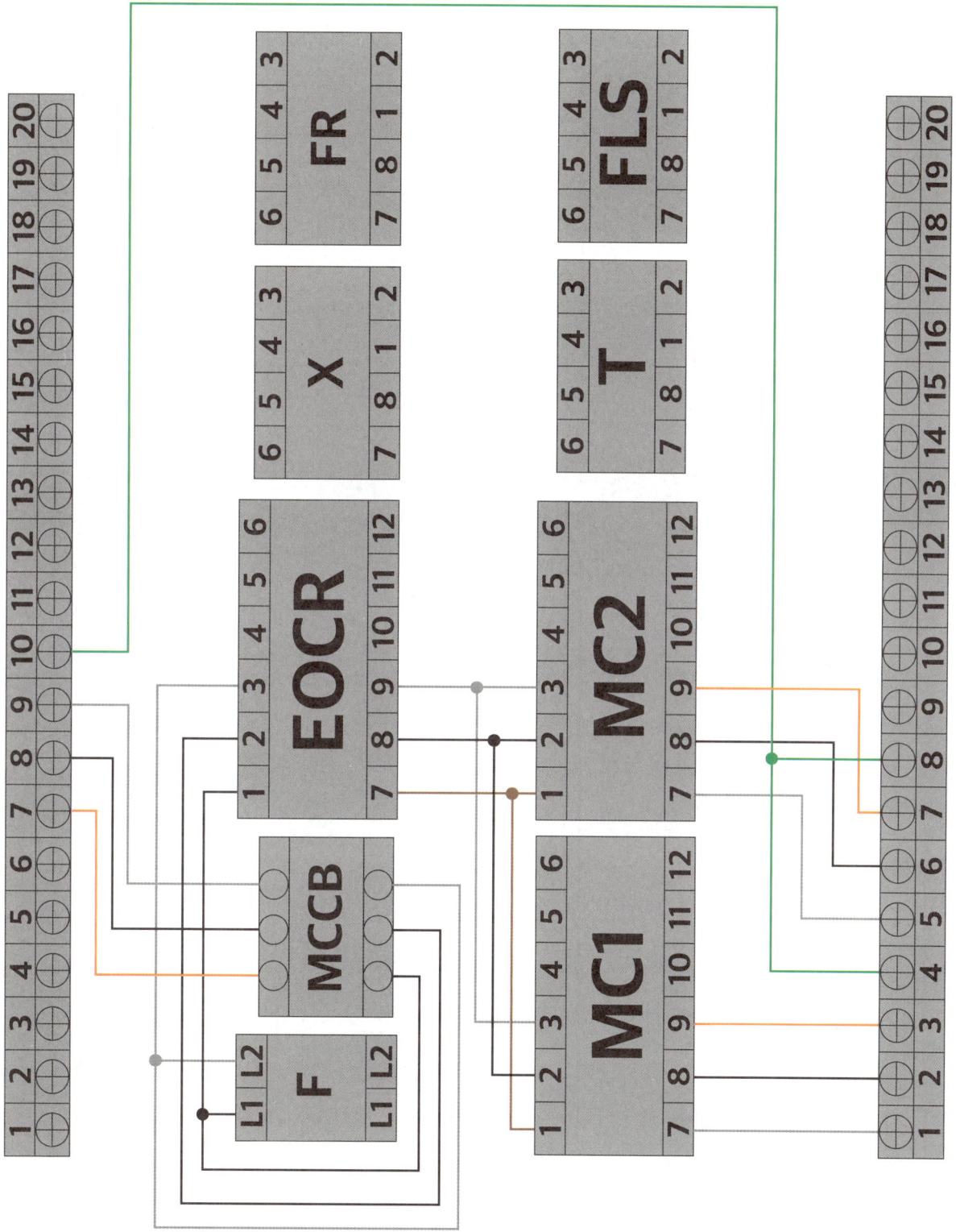

제어_보조회로 결선 작성

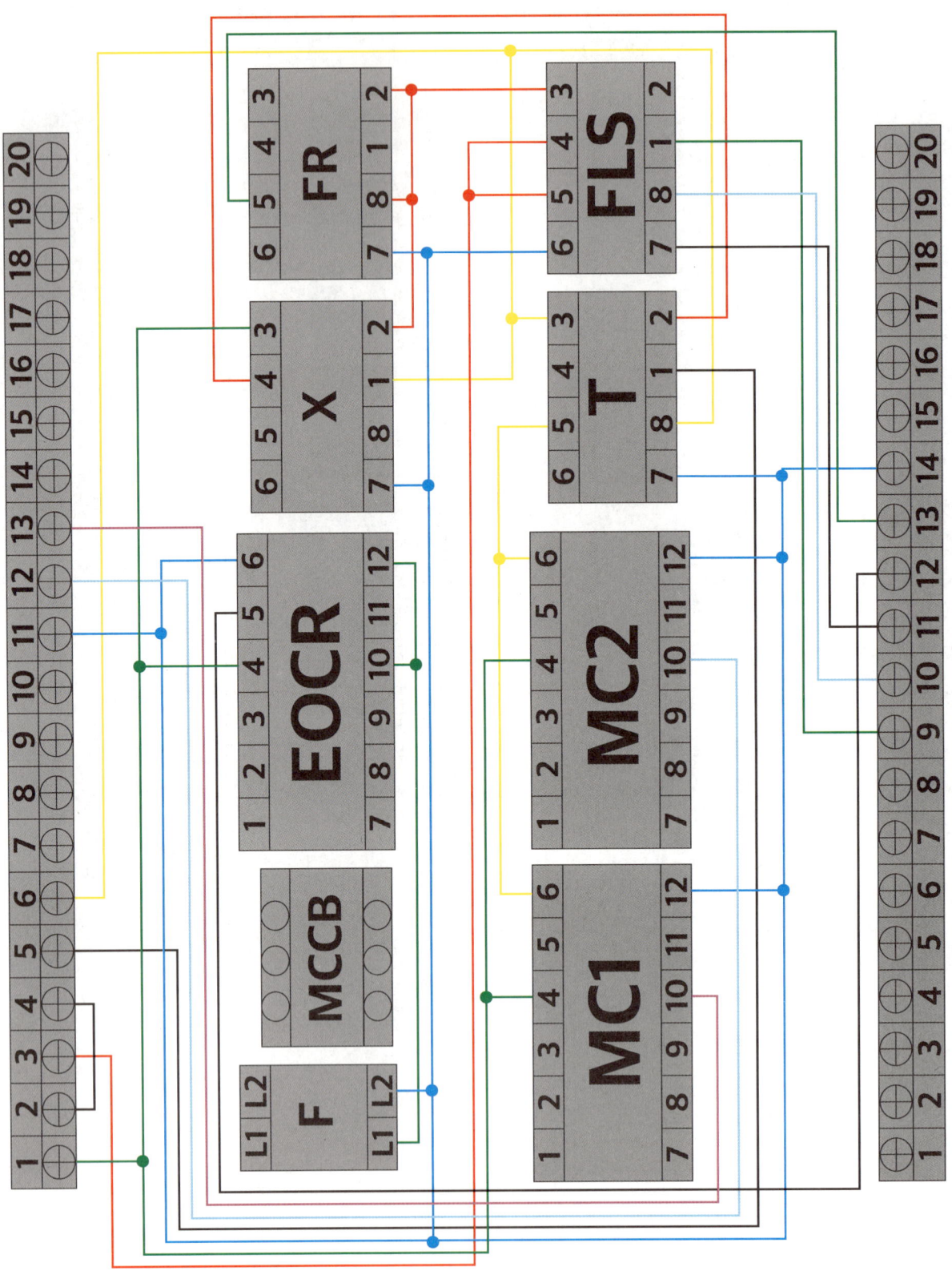

TYPE 1 급배수 제어회로

단자대_위쪽

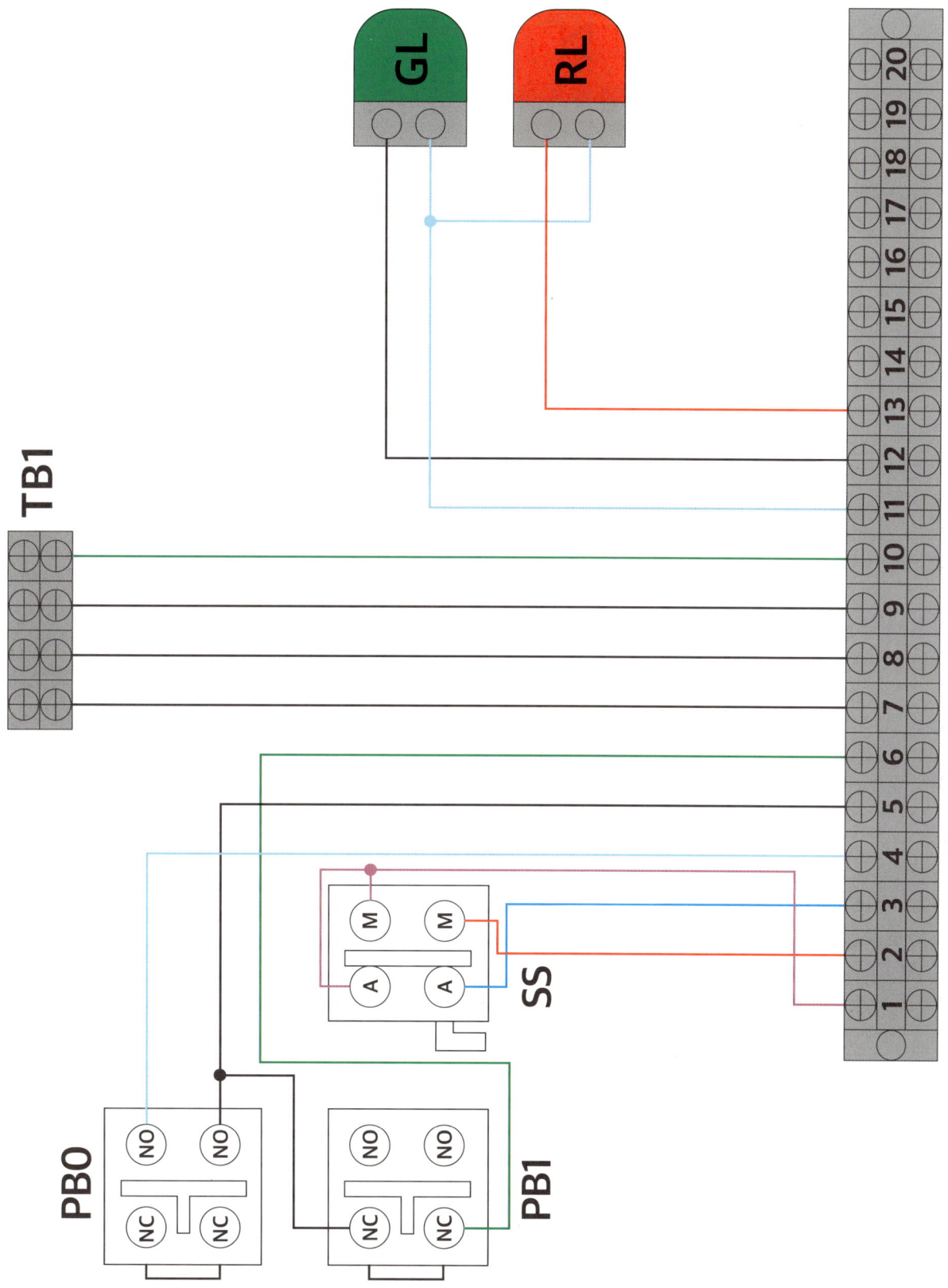

단자대_아래쪽

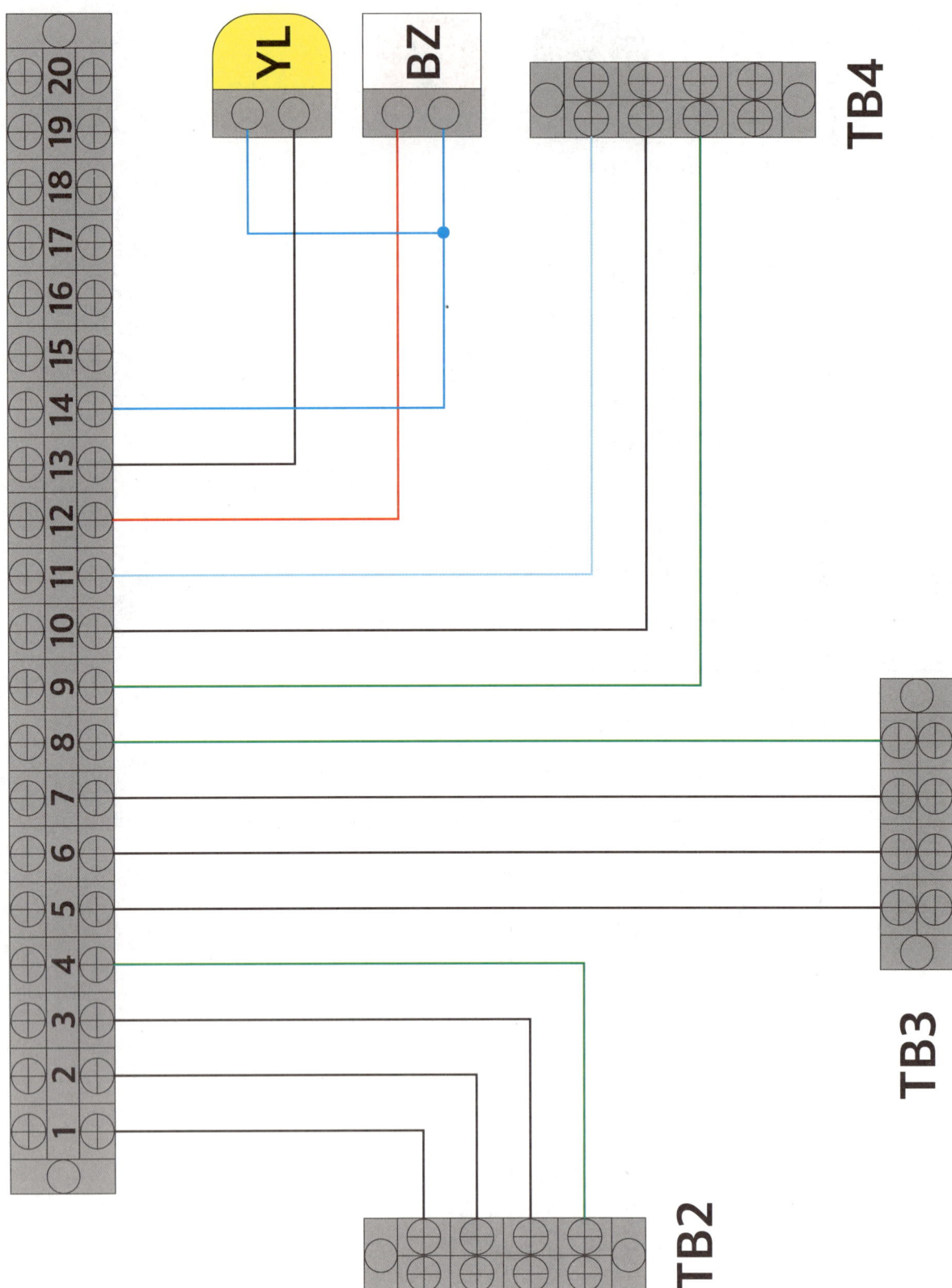

TYPE 1 급배수 제어회로

09 전기기능사 실기 **공개문제**

제어회로의 동작 사항

가) MCCB를 통해 전원을 투입하면, 전자식과전류계전기 EOCR에 전원이 공급된다.

나) 자동 운전 동작 사항

   (1) 셀렉터 스위치 SS를 A(자동) 위치에 놓으면 플로트레스 스위치 FLS에 전원이 공급되고, 플로트레스 스위치 FLS의 수위 감지가 동작되면, 전자접촉기 MC1이 여자되어, 전동기 M1이 회전하고 램프 RL이 점등된다.

   (2) 전동기가 운전하는 중 플로트레스 스위치 FLS의 수위 감지가 해제되거나 셀렉터 스위치 SS를 M(수동) 위치에 놓으면, 제어회로 및 전동기 M1은 정지된다.

다) 수동 운전 동작 사항

   (1) 셀렉터 스위치 SS를 M(수동) 위치에 놓은 상태에서, 푸시버튼 스위치 PB1을 누르면, 릴레이 X, 타이머 T, 전자접촉기 MC1이 여자되어, 전동기 M1이 회전하고 램프 RL이 점등된다.

   (2) 타이머 T의 설정시간 t초 후, 전자접촉기 MC2가 여자되어, 전동기 M2가 회전하고 램프 GL이 점등된다.

   (3) 전동기가 운전하는 중 푸시버튼 스위치 PB0를 누르거나 셀렉터 스위치 SS를 A(자동) 위치에 놓으면, 제어회로 및 전동기의 동작은 모두 정지된다.

라) EOCR 동작 사항

   (1) 전동기가 운전하는 중 전동기의 과부하로 과전류가 흐르면, 전자식과전류계전기 EOCR이 동작되어 전동기는 정지하고, 플리커릴레이 FR이 여자되고, 부저 BZ가 동작된다.

   (2) 플리커릴레이 FR의 설정시간 간격으로 부저 BZ와 램프 YL이 교대로 동작된다.

   (3) 전자식과전류계전기 EOCR을 리셋(RESET)하면 제어회로는 초기 상태로 복귀된다.

※ 동작 내용은 단순 참고 사항이며, 모든 동작은 시퀀스 회로를 기준으로 합니다.

도면

| 자격 종목 | 전기기능사 | 과제명 | 전기설비의 배선 및 배관공사 |

1. 배관 및 기구 배치도

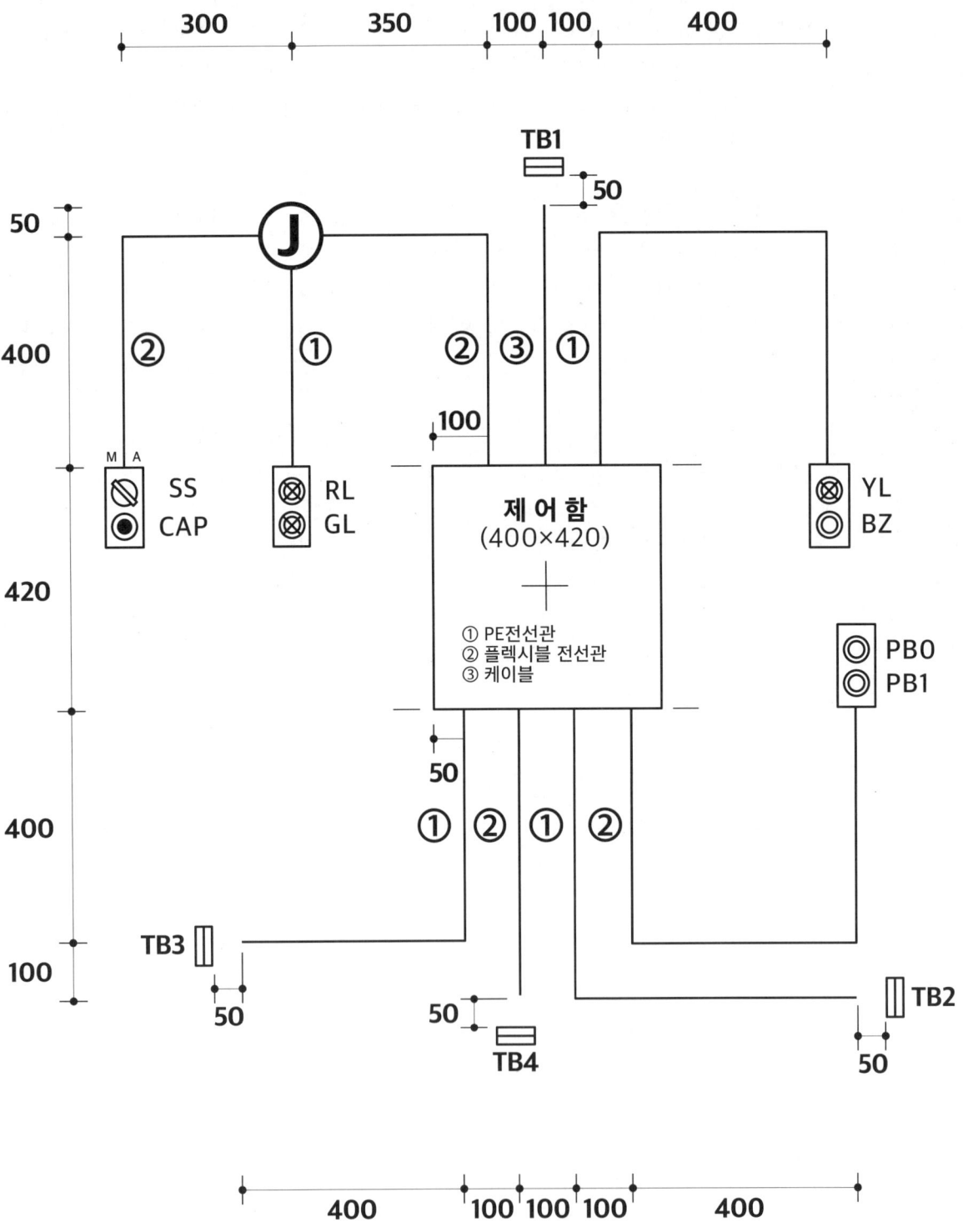

※ NOTE: 치수 기준점은 제어함의 중심으로 한다.

2. 제어판 내부 기구 배치도

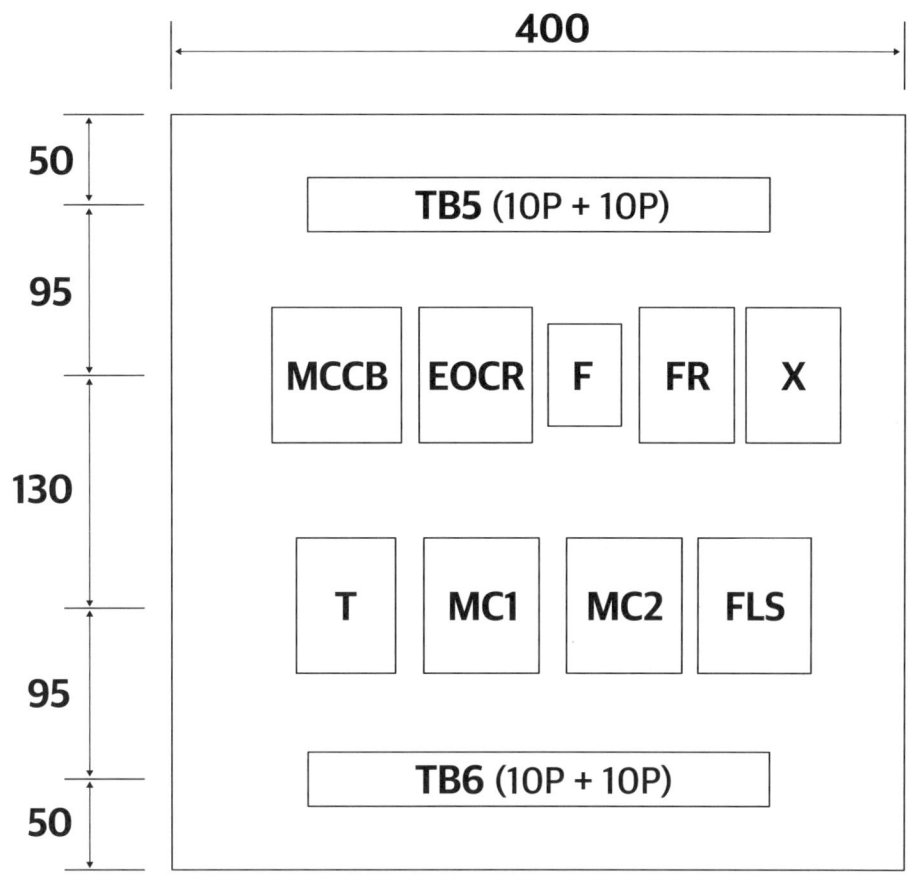

기호	명칭	기호	명칭
TB1	전원 (단자대 4P)	PB0	푸시버튼 스위치 (적색)
TB2, TB3	전동기 (단자대 4P)	PB1	푸시버튼 스위치 (녹색)
TB4	플로트레스 (단자대 4P)	SS	셀렉터 스위치
TB5, TB6	단자대 (10P+10P)	YL	램프 (황색)
MC1, MC2	전자접촉기 (12P)	GL	램프 (녹색)
EOCR	EOCR (12P)	RL	램프 (적색)
X	릴레이 (8P)	BZ	부저
T	타이머 (8P)	CAP	홀마개
FR	플리커릴레이 (8P)	Ⓙ	8각 박스
FLS	플로트레스 스위치 (8P)	F	퓨즈 및 퓨즈홀더
MCCB	배선용차단기		

3. 제어회로의 시퀀스 회로도 (※ 본 도면은 시험응을 위해서 임의로 구성한 것으로 시용도면과 상이할 수 있습니다.)

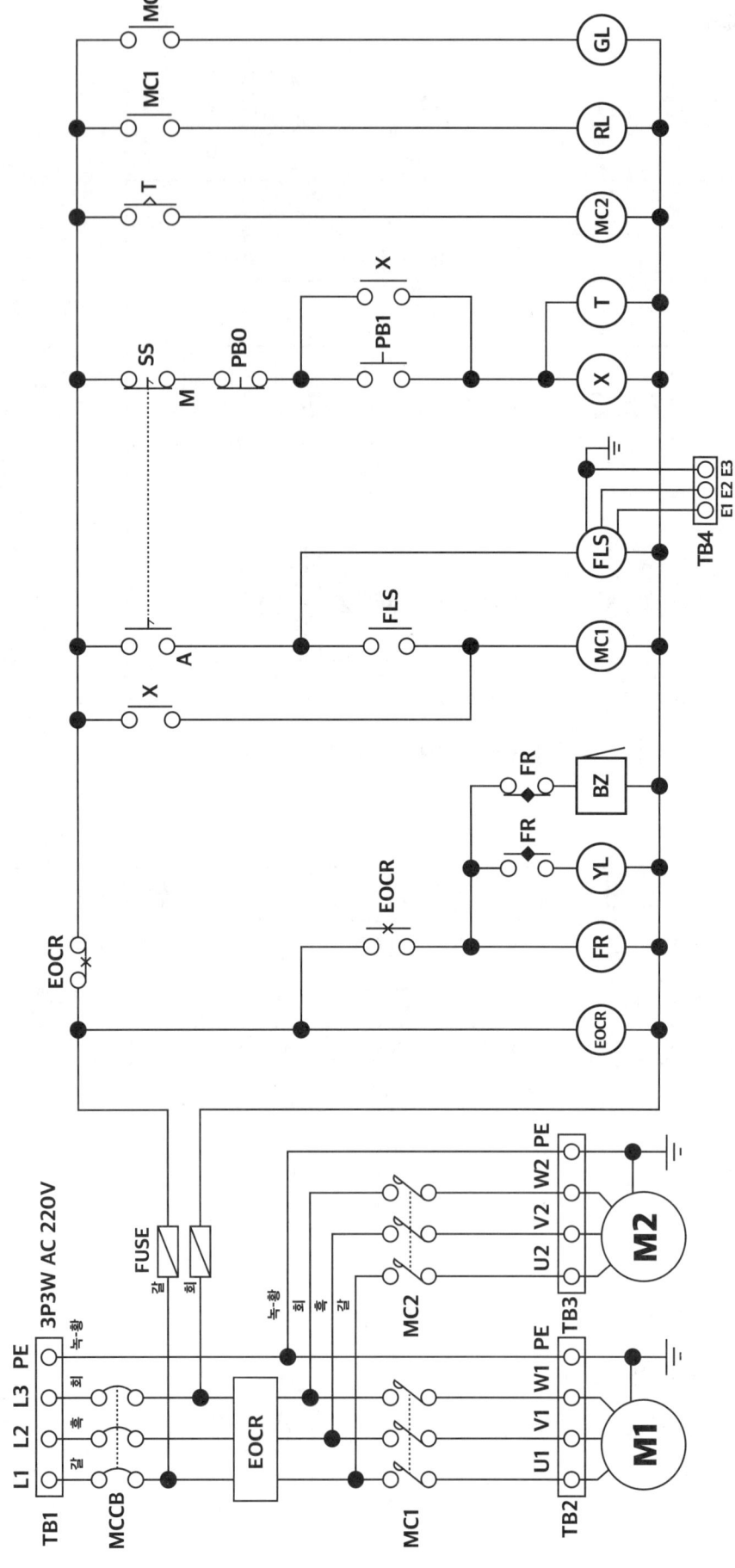

※ NOTE

- 풀로트레스 스위치 FLS에서 TB4로 배선되는 E1, E2, E3는 보조회로 전선을 사용합니다.
- 풀로트레스 스위치 FLS의 보호도체(접지) 결선은 제어판(TB6 또는 FLS 소켓)에서 보호도체 회로 전선으로 실시합니다.

4. 기구의 내부 결선도 및 구성도

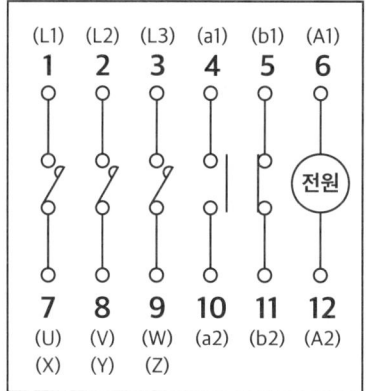
[전자접촉기]

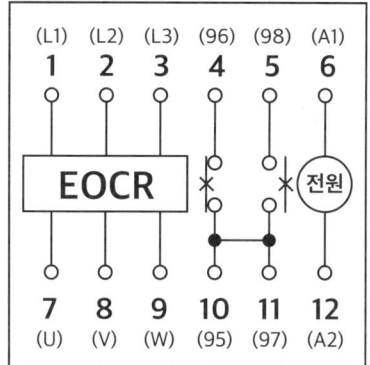
[EOCR]

[12P 소켓(베이스) 구성도]

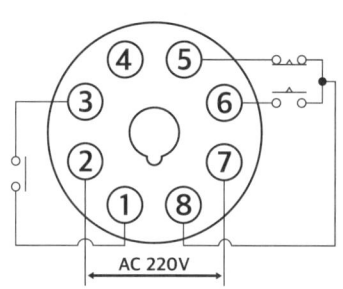
[타이머]

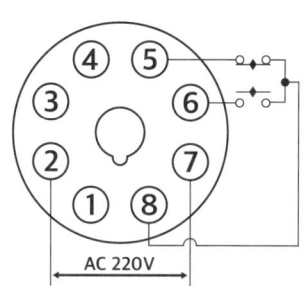
[플리커릴레이]

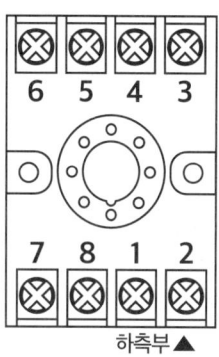
[8P 소켓(베이스) 구성도]

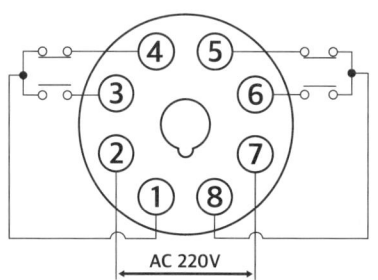
[8P 릴레이]

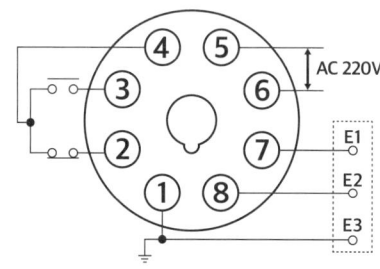
[플로트레스 스위치]

[셀렉터 스위치]

지급재료 목록

일련번호	재료명	규격	단위	수량	비고
1	합판	400 × 420 × 12mm	장	1	
2	케이블타이	100mm	개	25	
3	나사못	3.5 × 25	개	4	납작머리
4	나사못	4 × 12	개	96	납작머리
5	나사못	4 × 16	개	16	둥근머리
6	나사못	4 × 20	개	18	둥근머리
7	케이블	4C 2.5mm^2	m	1	
8	케이블 새들	4C 케이블용	개	2	
9	케이블 커넥터	4C 케이블용	개	1	
10	유리관 퓨즈 및 홀더	250V 30A	개	1	퓨즈 10A 2개 포함
11	새들	16mm 전선관용	개	40	
12	8각 박스	철제	개	1	
13	PE 전선관	16mm	m	6	
14	플렉시블 전선관	16mm	m	6	
15	커넥터	16mm	개	7	PE 전선관용
16	커넥터	16mm	개	7	플렉시블 전선관용
17	비닐절연전선	1.5mm^2(1/1.38), 황색	m	50	
18	비닐절연전선	2.5mm^2(1/1.78), 갈색	m	5	
19	비닐절연전선	2.5mm^2(1/1.78), 흑색	m	5	
20	비닐절연전선	2.5mm^2(1/1.78), 회색	m	5	
21	비닐절연전선	2.5mm^2(1/1.78), 녹색-황색	m	5	

일련번호	재료명	규격	단위	수량	비고
22	단자대	10P 20A 220V	개	4	
23	단자대	4P 20A 220V	개	4	
24	배선용차단기	3P, AC250V, 30A	개	1	
25	12P 소켓	12P	개	3	12P 기구 겸용
26	8P 소켓	8P	개	4	8P 기구 겸용
27	램프	25Ø, 220V	개	3	적 1, 녹 1, 황 1
28	푸시버튼 스위치	25Ø, 1a1b	개	2	적 1, 녹 1
29	셀렉터 스위치	25Ø, 1a1b	개	1	
30	부저	25Ø, 220V	개	1	
31	컨트롤 박스	25Ø, 2구	개	4	
32	홀마개	25Ø	개	1	재사용
33	전자접촉기	AC220V, 12P	개	2	채점용
34	EOCR	AC220V, 12P	개	1	채점용
35	타이머	AC220V, 8P	개	1	채점용
36	릴레이	AC220V, 8P	개	1	채점용
37	플리커릴레이	AC220V, 8P	개	1	채점용
38	플로트레스 스위치	AC220V, 8P	개	1	채점용

※ 국가기술자격 실기시험 지급재료는 시험종료 후(기권, 결시자 포함) 수험자에게 지급하지 않습니다.

TYPE 1 급배수 제어회로

09 전기기능사 실기 해설

제어핀의 핀 번호와 단자대 작성

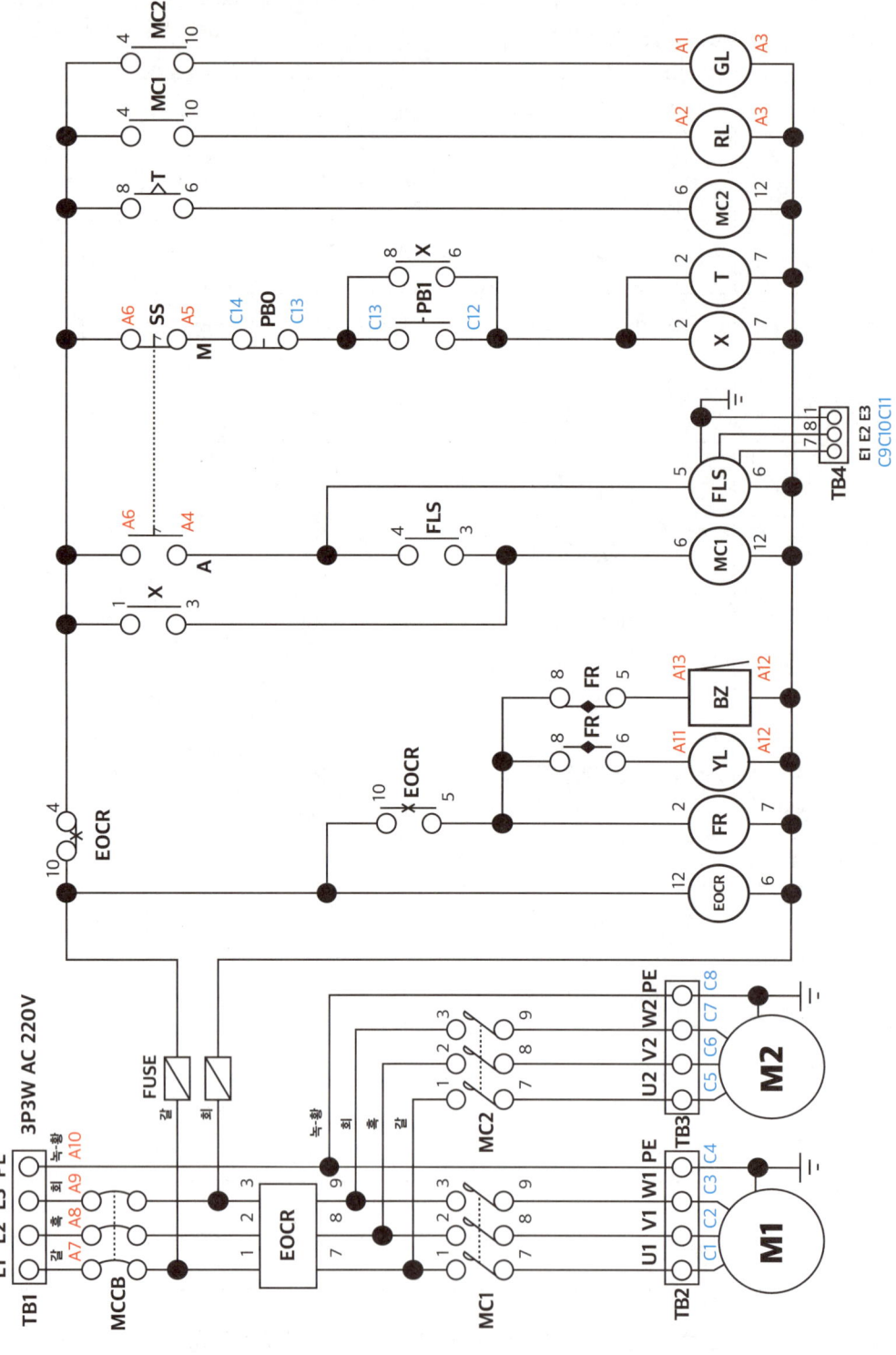

TYPE 1 급배수 제어회로

제어_주회로 결선 작성

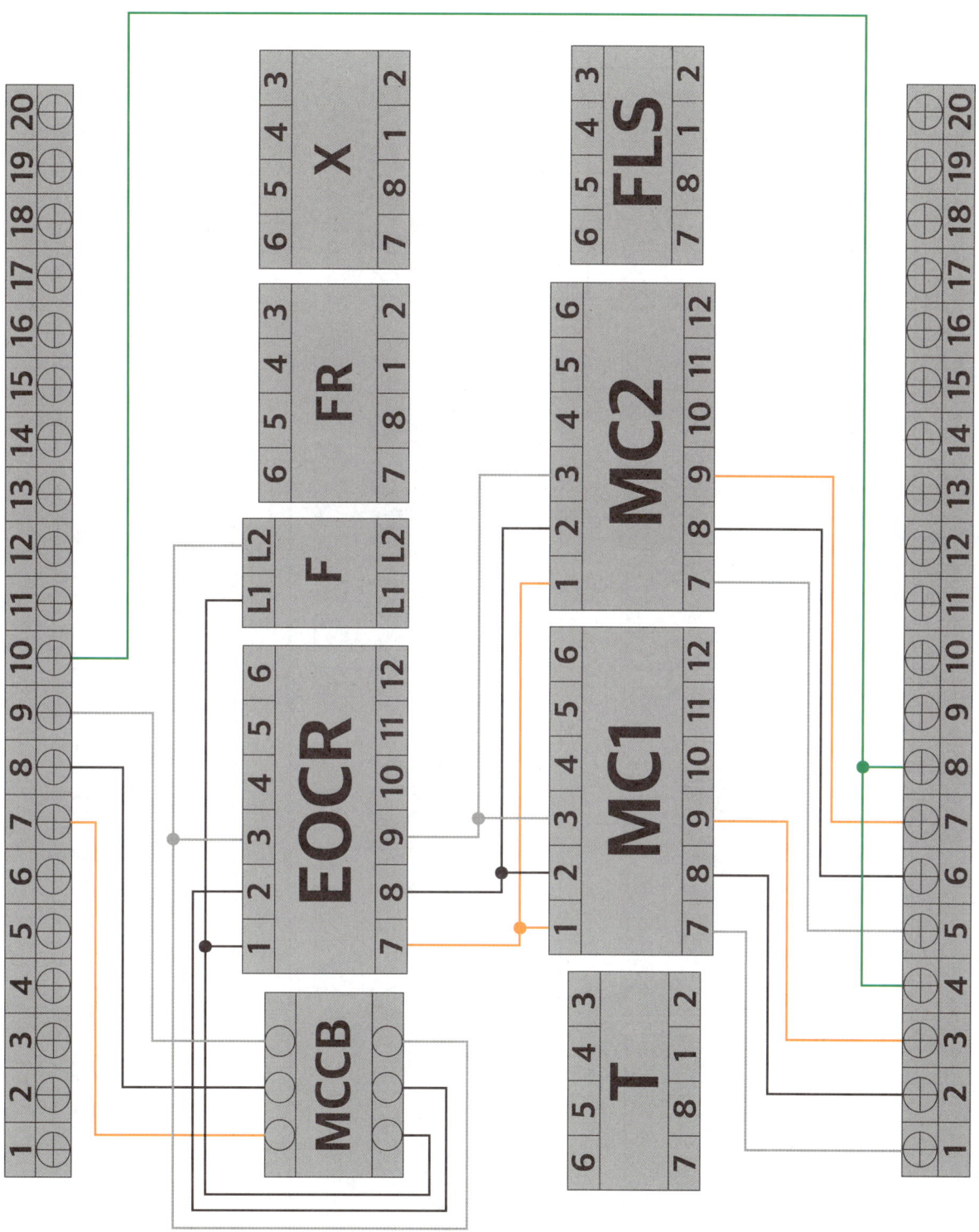

제어_보조회로 결선 작성

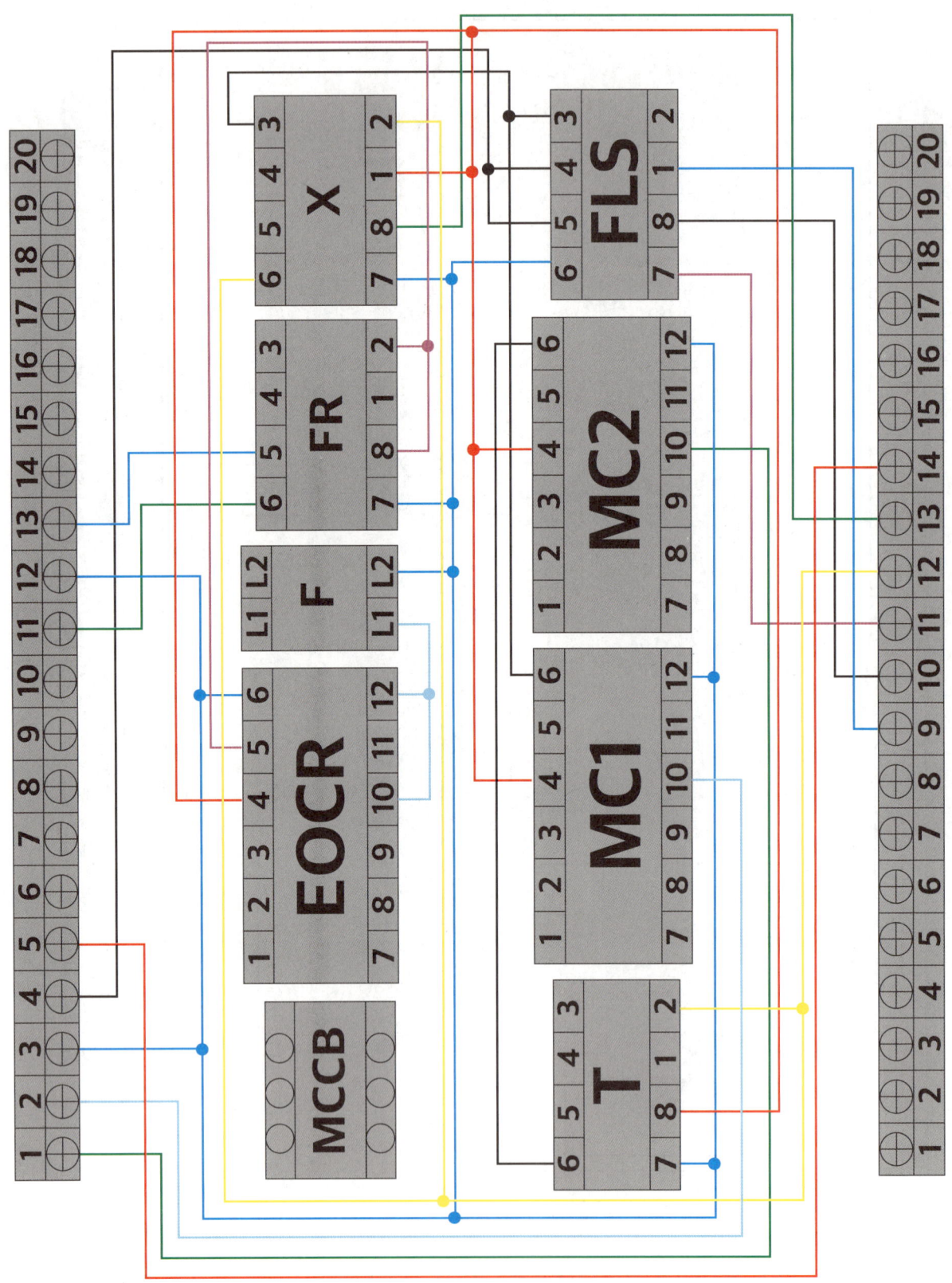

단자대_위쪽

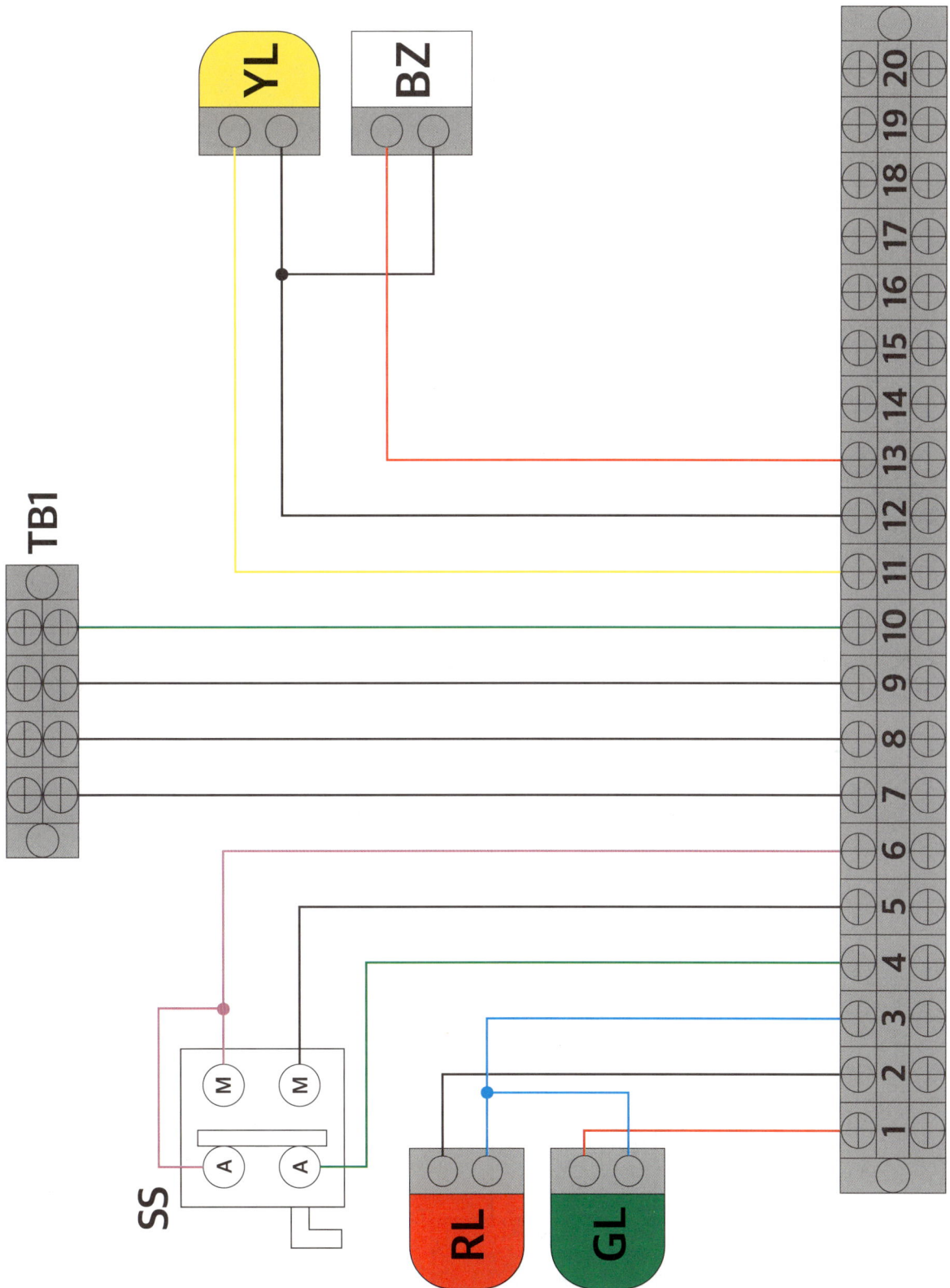

단자대_아래쪽

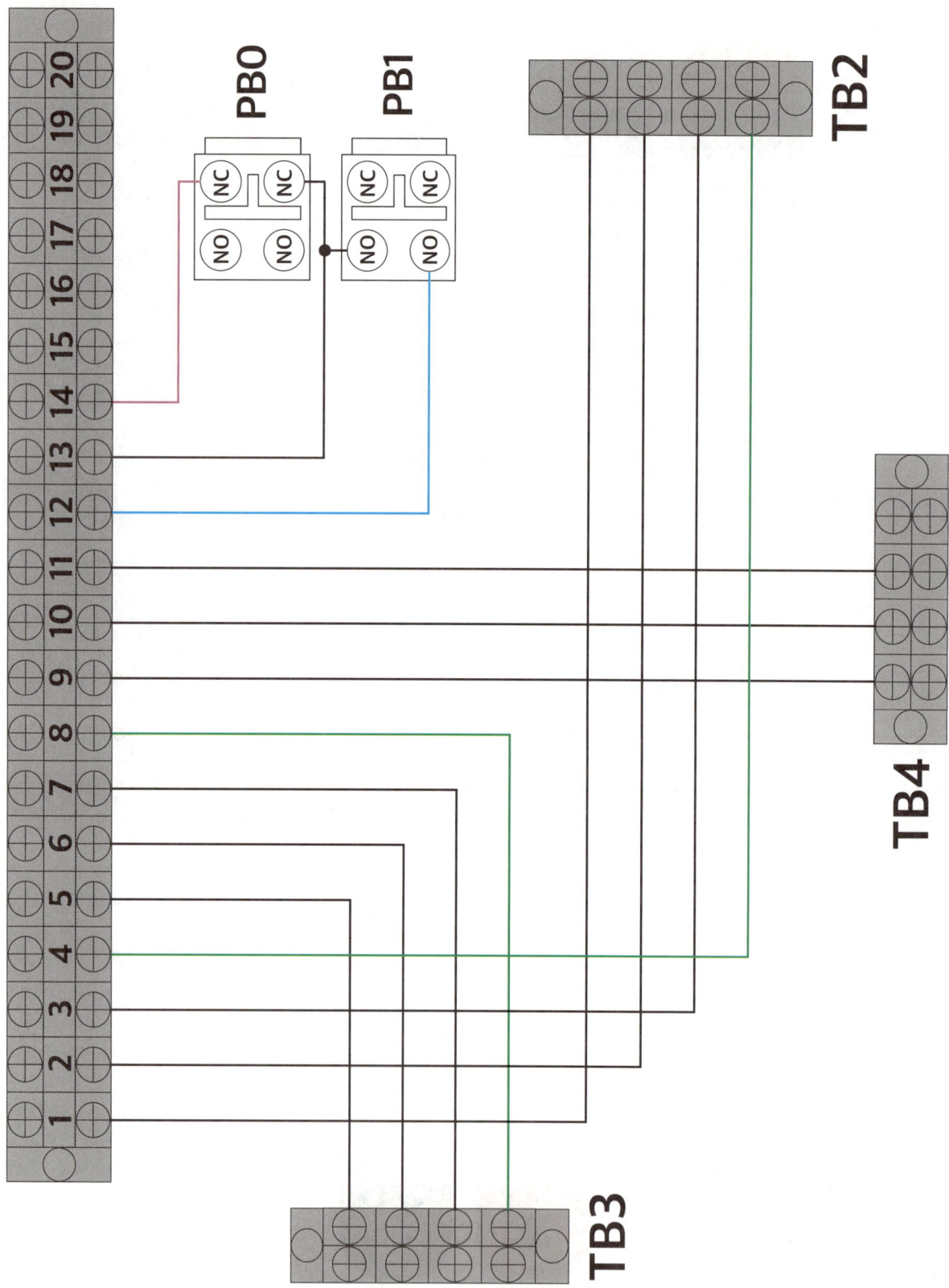

TYPE 2 전동기 제어회로

10 전기기능사 실기 공개문제

제어회로의 동작 사항

가) MCCB를 통해 전원을 투입하면, 전자식과전류계전기 EOCR에 전원이 공급된다.

나) 푸시버튼 스위치 PB1 동작 사항
  (1) 푸시버튼 스위치 PB1을 누르면, 릴레이 X1이 여자되어, 램프 WL이 점등된다.
  (2) 릴레이 X1이 여자된 상태에서 리밋스위치 LS1이 감지되면, 타이머 T1이 여자된다.
  (3) 타이머 T1의 설정시간 t1초 후, 전자접촉기 MC1이 여자되어, 전동기 M1이 회전하고, 램프 RL이 점등, 램프 WL이 소등된다.
  (4) 전동기 M1이 회전하는 중, 리밋스위치 LS1의 감지가 해제되면, 타이머 T1, 전자접촉기 MC1이 소자되어, 전동기 M1은 정지하고 램프 RL은 소등, 램프 WL은 점등된다.

다) 푸시버튼 스위치 PB2 동작 사항
  (1) 푸시버튼 스위치 PB2를 누르면, 릴레이 X2가 여자되어, 램프 WL이 점등된다.
  (2) 릴레이 X2가 여자된 상태에서 리밋스위치 LS2가 감지되면, 타이머 T2가 여자된다.
  (3) 타이머 T2의 설정시간 t2초 후, 전자접촉기 MC2가 여자되어, 전동기 M2가 회전하고, 램프 GL이 점등, 램프 WL이 소등된다.
  (4) 전동기 M2가 회전하는 중, 리밋스위치 LS2의 감지가 해제되면, 타이머 T2, 전자접촉기 MC2가 소자되어, 전동기 M2는 정지하고 램프 GL은 소등, 램프 WL은 점등된다.

라) 제어회로가 동작하는 중 푸시버튼 스위치 PB0를 누르면, 제어회로 및 전동기 동작은 모두 정지된다.

마) EOCR 동작 사항
  (1) 전동기가 운전하는 중 전동기의 과부하로 과전류가 흐르면, 전자식과전류계전기 EOCR이 동작되어 전동기는 정지하고, 램프 YL이 점등된다.
  (2) 전자식과전류계전기 EOCR을 리셋(RESET)하면 제어회로는 초기 상태로 복귀된다.

※ 동작 내용은 단순 참고 사항이며, 모든 동작은 시퀀스 회로를 기준으로 합니다.

도면

| 자격 종목 | 전기기능사 | 과제명 | 전기설비의 배선 및 배관공사 |

1. 배관 및 기구 배치도

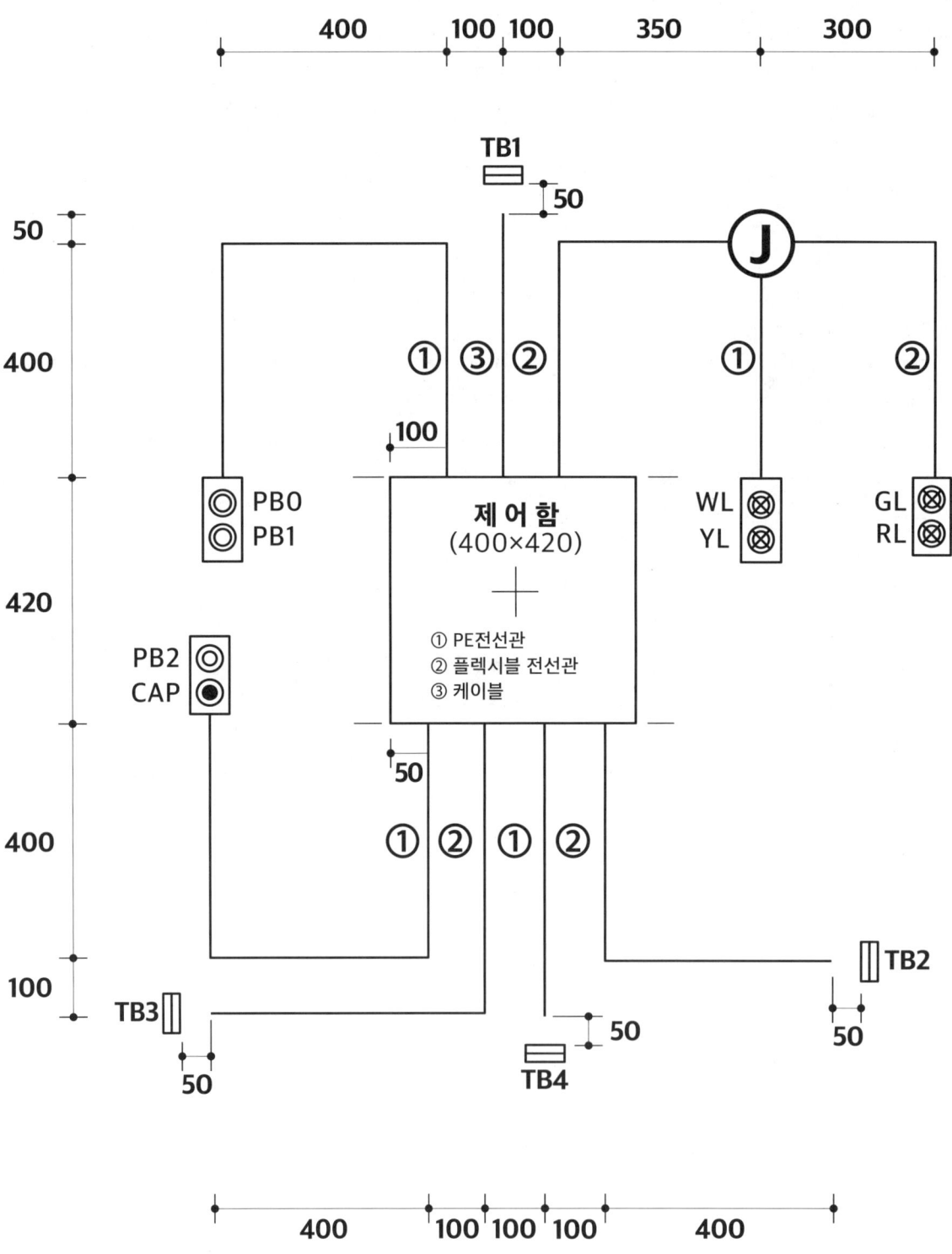

※ NOTE: 치수 기준점은 제어함의 중심으로 한다.

2. 제어판 내부 기구 배치도

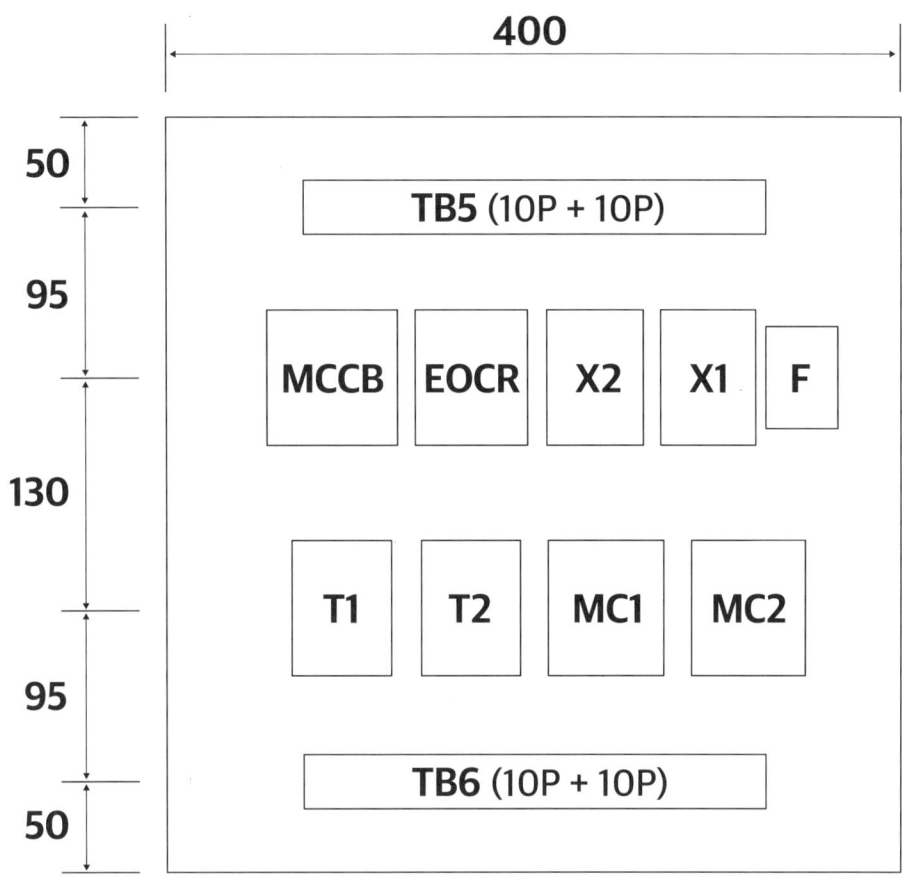

기호	명칭	기호	명칭
TB1	전원 (단자대 4P)	PB0	푸시버튼 스위치 (적색)
TB2, TB3	전동기 (단자대 4P)	PB1	푸시버튼 스위치 (녹색)
TB4	LS1, LS2 (단자대 4P)	PB2	푸시버튼 스위치 (녹색)
TB5, TB6	단자대 (10P+10P)	YL	램프 (황색)
MC1, MC2	전자접촉기 (12P)	GL	램프 (녹색)
EOCR	EOCR (12P)	RL	램프 (적색)
X1, X2	릴레이 (8P)	WL	램프 (백색)
T1, T2	타이머 (8P)	CAP	홀마개
F	퓨즈 및 퓨즈홀더	Ⓙ	8각 박스
MCCB	배선용차단기		

3. 제어회로의 시퀀스 회로도
(※ 본 도면은 시험을 위해서 임의로 구성한 것으로 상용도면과 상이할 수 있습니다.)

4. 기구의 내부 결선도 및 구성도

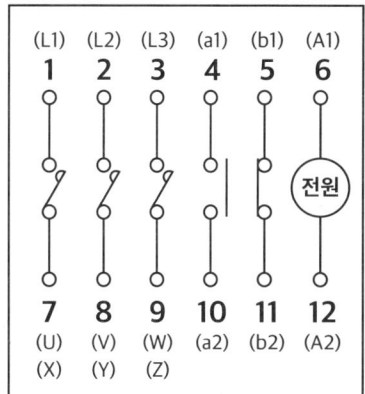

[전자접촉기]

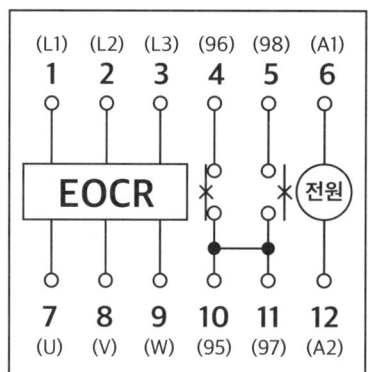

[EOCR]

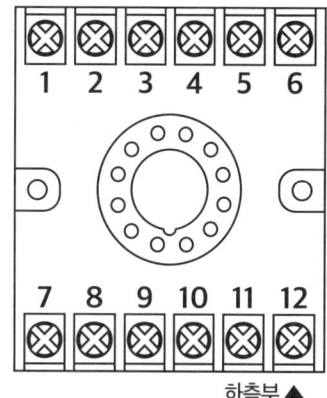

[12P 소켓(베이스) 구성도]

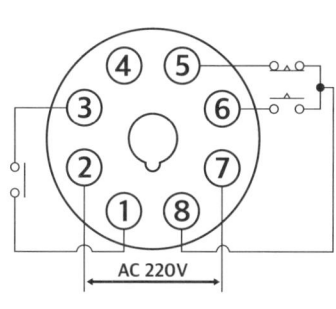

[타이머]

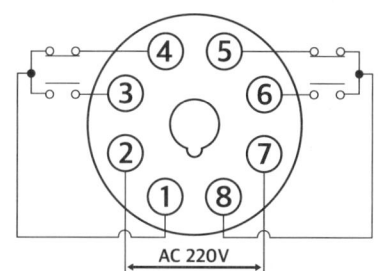

[8P 릴레이]

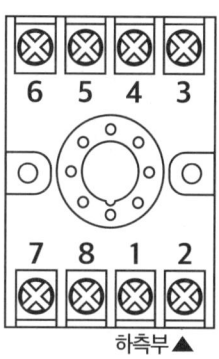

[8P 소켓(베이스) 구성도]

지급재료 목록

일련번호	재료명	규격	단위	수량	비고
1	합판	400×420×12mm	장	1	
2	케이블타이	100mm	개	25	
3	나사못	3.5×25	개	4	납작머리
4	나사못	4×12	개	96	납작머리
5	나사못	4×16	개	16	둥근머리
6	나사못	4×20	개	18	둥근머리
7	케이블	4C 2.5mm^2	m	1	
8	케이블 새들	4C 케이블용	개	2	
9	케이블 커넥터	4C 케이블용	개	1	
10	유리관 퓨즈 및 홀더	250V 30A	개	1	퓨즈 10A 2개 포함
11	새들	16mm 전선관용	개	40	
12	8각 박스	철제	개	1	
13	PE 전선관	16mm	m	6	
14	플렉시블 전선관	16mm	m	6	
15	커넥터	16mm	개	7	PE 전선관용
16	커넥터	16mm	개	7	플렉시블 전선관용
17	비닐절연전선	1.5mm^2(1/1.38), 황색	m	50	
18	비닐절연전선	2.5mm^2(1/1.78), 갈색	m	5	
19	비닐절연전선	2.5mm^2(1/1.78), 흑색	m	5	
20	비닐절연전선	2.5mm^2(1/1.78), 회색	m	5	
21	비닐절연전선	2.5mm^2(1/1.78), 녹색-황색	m	5	

일련번호	재료명	규격	단위	수량	비고
22	단자대	10P 20A 220V	개	4	
23	단자대	4P 20A 220V	개	4	
24	배선용차단기	3P, AC250V, 30A	개	1	
25	12P 소켓	12P	개	3	12P 기구 겸용
26	8P 소켓	8P	개	4	8P 기구 겸용
27	램프	25Ø, 220V	개	4	적1, 녹1, 황1, 백1
28	푸시버튼 스위치	25Ø, 1a1b	개	3	적1, 녹2
29	컨트롤 박스	25Ø, 2구	개	4	
30	홀마개	25Ø	개	1	재사용
31	전자접촉기	AC220V, 12P	개	2	채점용
32	EOCR	AC220V, 12P	개	1	채점용
33	타이머	AC220V, 8P	개	2	채점용
34	릴레이	AC220V, 8P	개	2	채점용

※ 국가기술자격 실기시험 지급재료는 시험종료 후(기권, 결시자 포함) 수험자에게 지급하지 않습니다.

에듀윌이
너를
지지할게

ENERGY

한계는 없다.
도전을 즐겨라.

- 칼리 피오리나(Carly Fiorina)

TYPE 2 전동기 제어회로

10 전기기능사 실기 해설

제어핀의 핀 번호와 단자대 작성

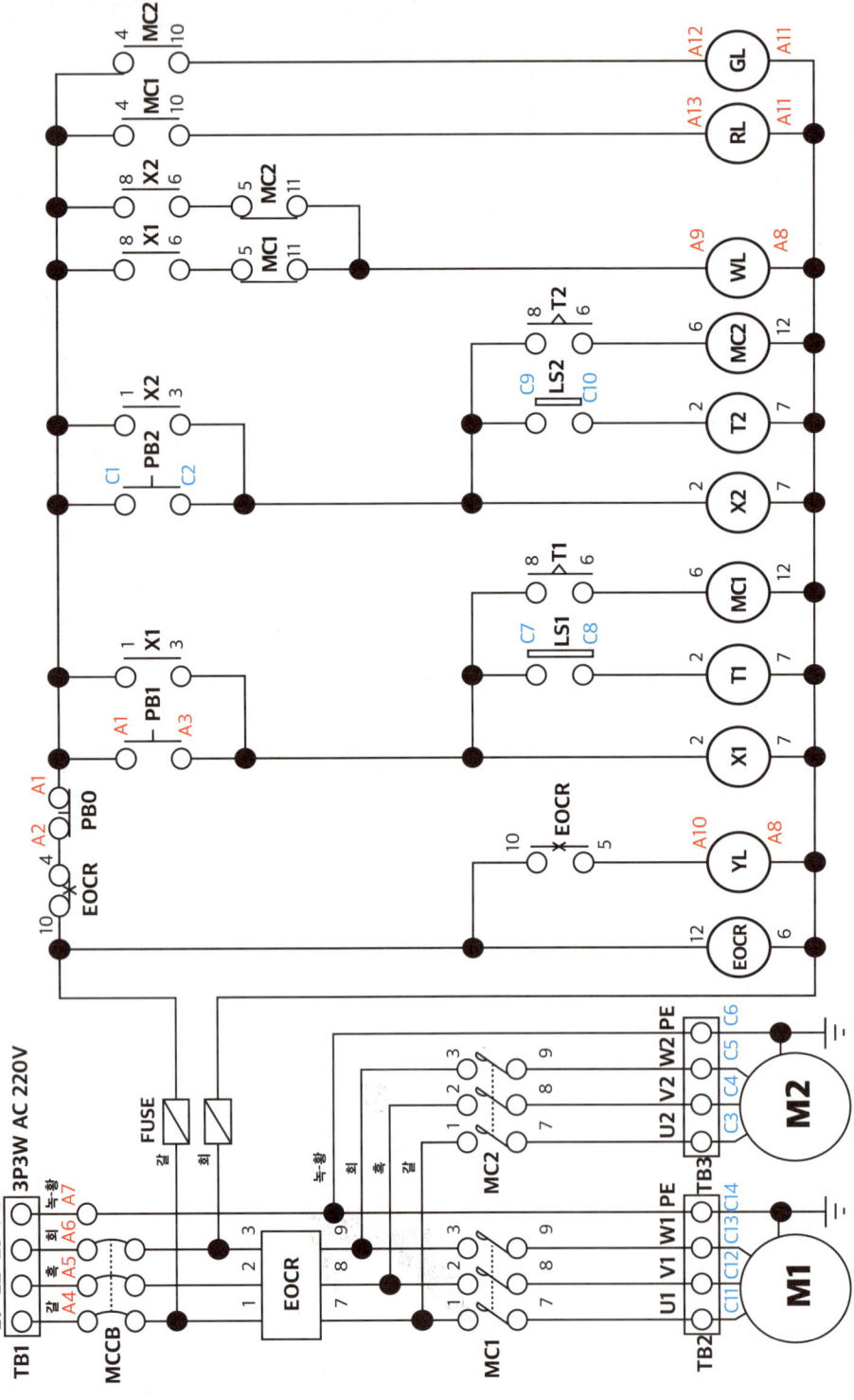

제어_주회로 결선 작성

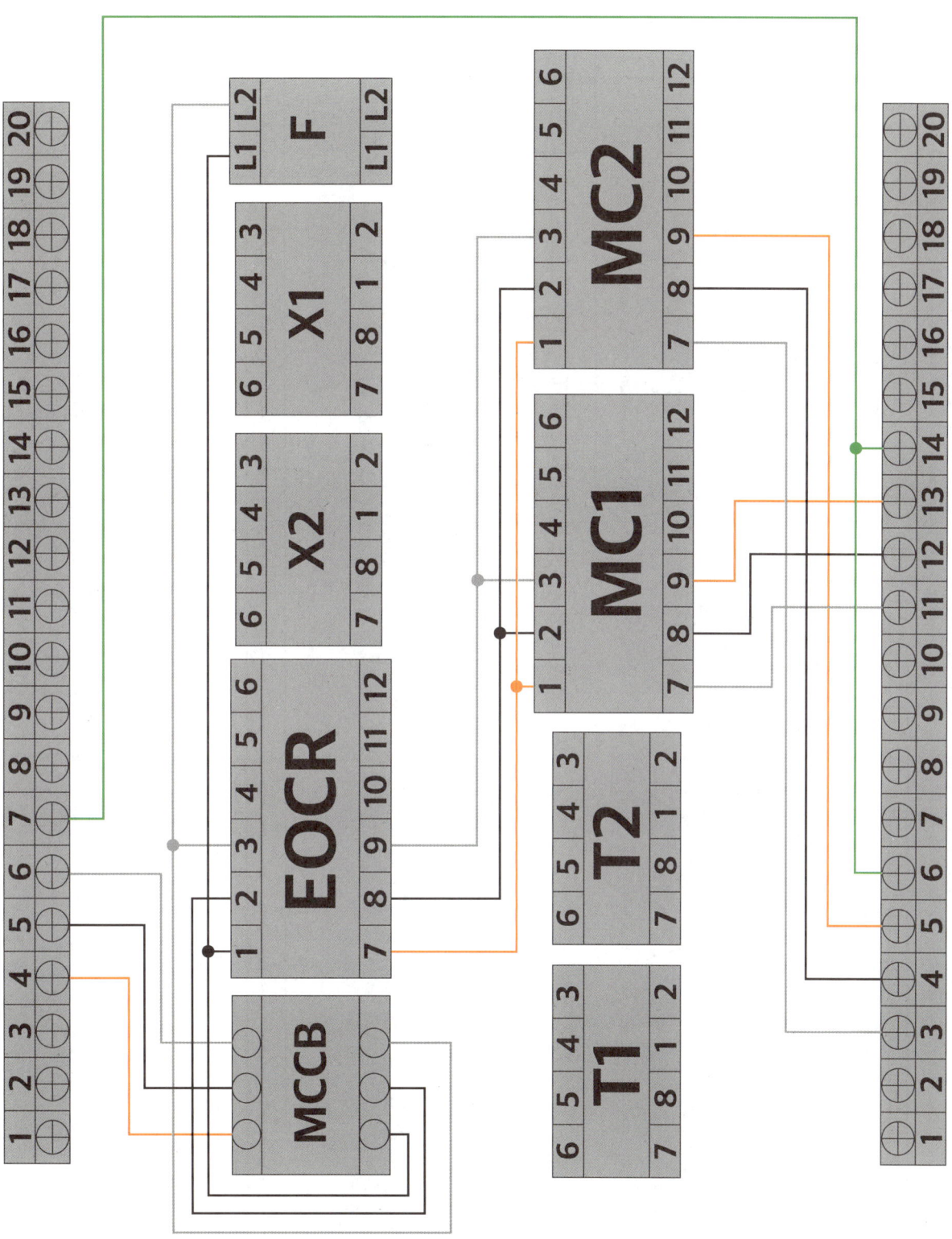

제어_보조회로 결선 작성

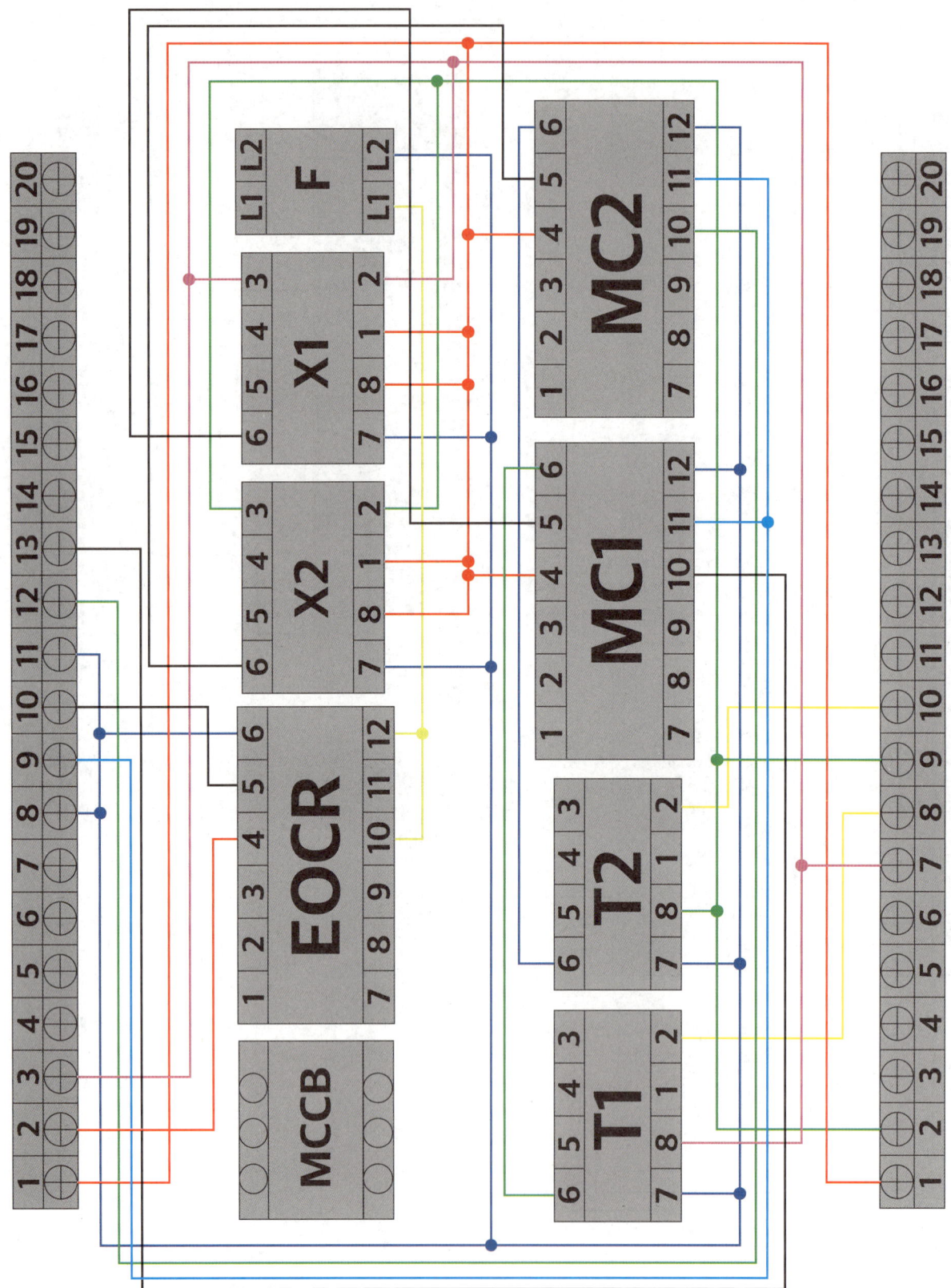

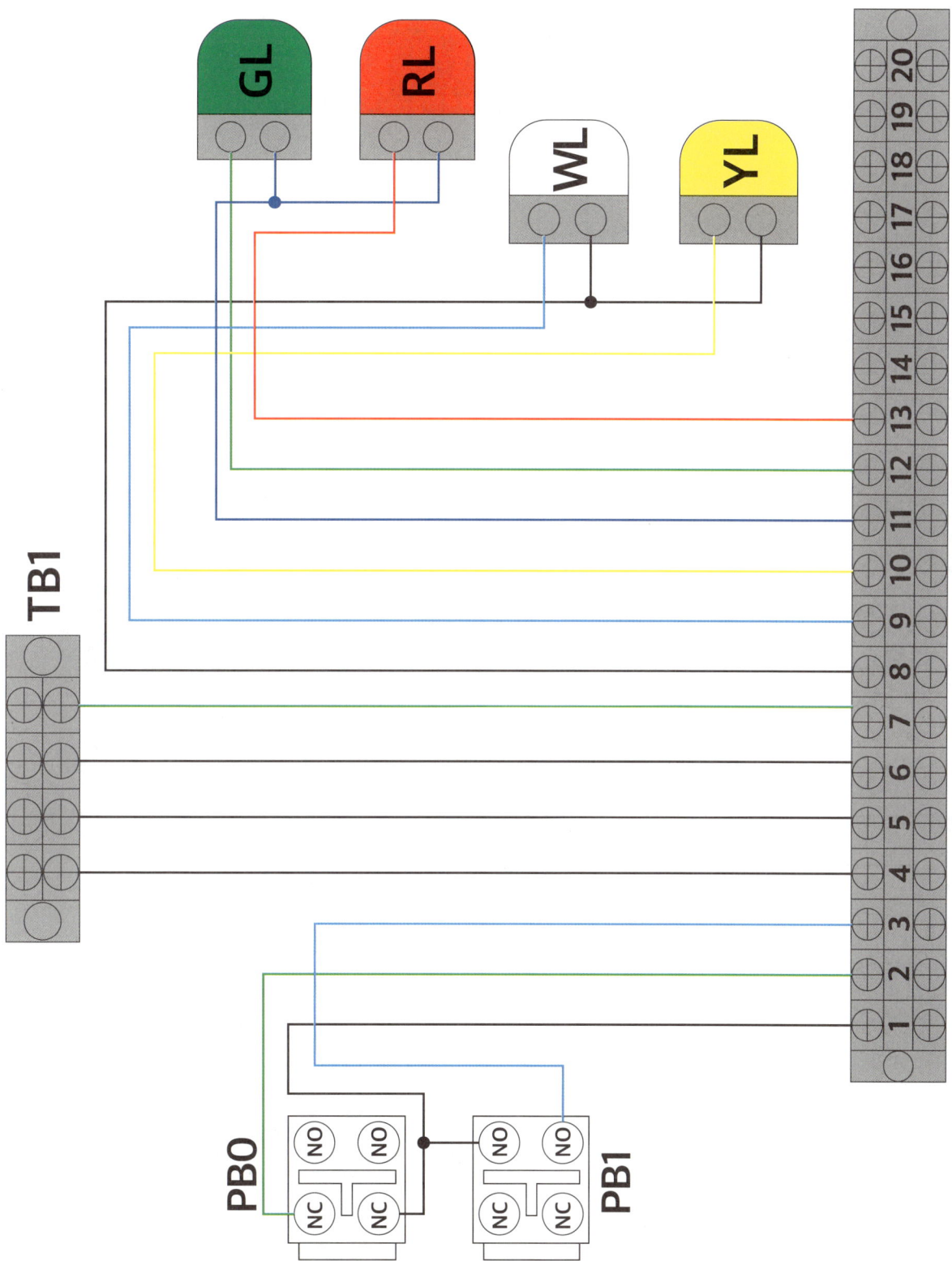

단자대_아래쪽

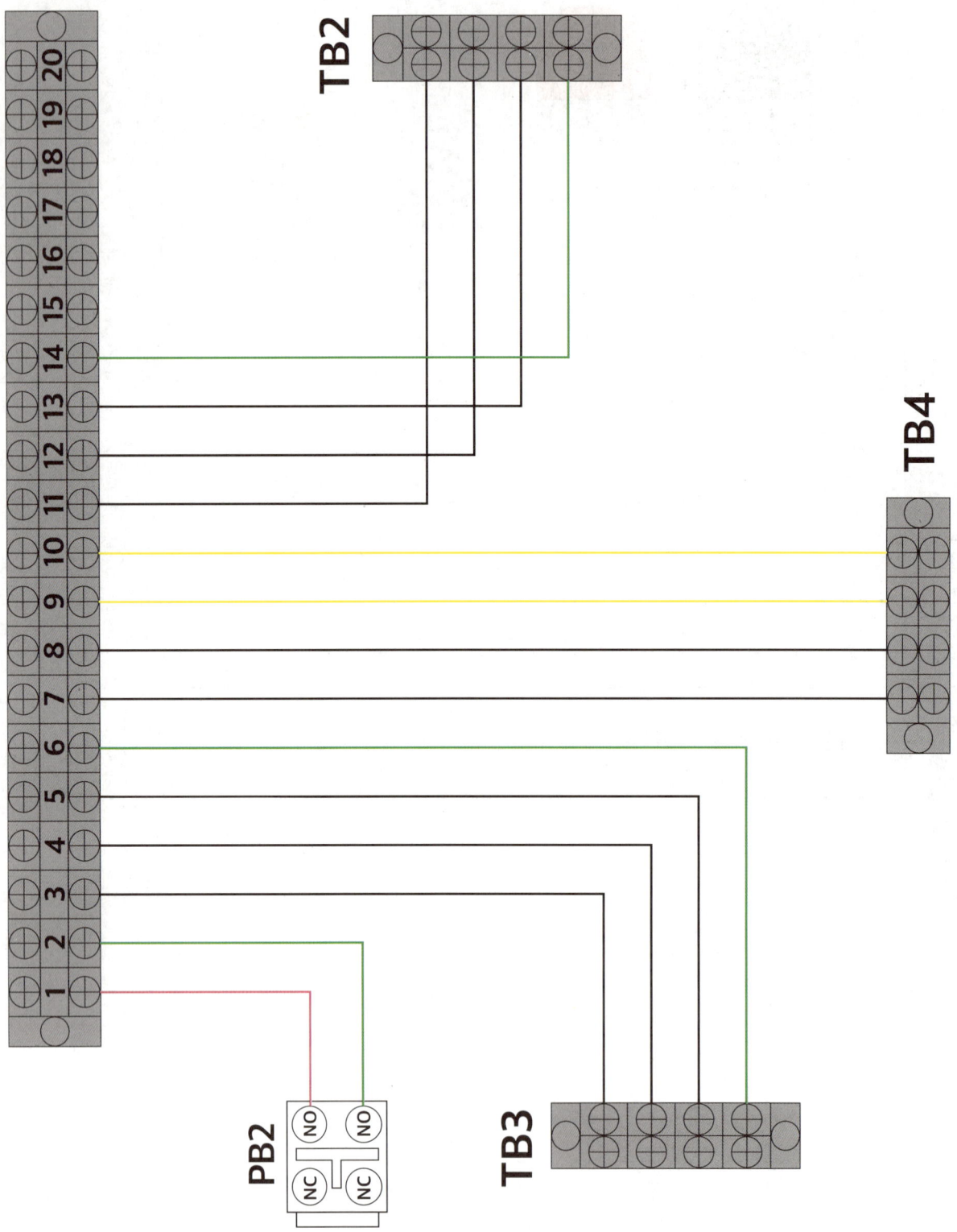

TYPE 2 전동기 제어회로

11 전기기능사 실기 공개문제

제어회로의 동작 사항

가) MCCB를 통해 전원을 투입하면, 전자식과전류계전기 EOCR에 전원이 공급된다.

나) 푸시버튼 스위치 PB1 동작 사항

　(1) 푸시버튼 스위치 PB1을 누르면, 릴레이 X1, 타이머 T1이 여자되어 램프 WL이 점등되고, 타이머 T1의 설정시간 t1초 이상 푸시버튼 스위치 PB1을 누르고 있어야 타이머 T1에 의해 회로가 자기유지된다.
　　　(이때, 타이머 T2, 릴레이 X2가 소자된다.)

　(2) 릴레이 X1이 여자된 상태에서 리밋스위치 LS1이 감지되면, 전자접촉기 MC1이 여자되어, 전동기 M1이 회전하고, 램프 RL이 점등, 램프 WL이 소등된다.

　(3) 전동기 M1이 회전하는 중, 리밋스위치 LS1의 감지가 해제되면, 전자접촉기 MC1이 소자되어, 전동기 M1은 정지하고, 램프 RL은 소등, 램프 WL은 점등된다.

다) 푸시버튼 스위치 PB2 동작 사항

　(1) 푸시버튼 스위치 PB2를 누르면, 릴레이 X2, 타이머 T2가 여자되며 램프 WL이 점등되고, 타이머 T2의 설정시간 t2초 이상 푸시버튼 스위치 PB2를 누르고 있어야 타이머 T2에 의해 회로가 자기유지된다.
　　　(이때, 타이머 T1, 릴레이 X1이 소자된다.)

　(2) 릴레이 X2가 여자된 상태에서 리밋스위치 LS2가 감지되면, 전자접촉기 MC2가 여자되어, 전동기 M2가 회전하고, 램프 GL이 점등, 램프 WL이 소등된다.

　(3) 전동기 M2가 회전하는 중, 리밋스위치 LS2의 감지가 해제되면, 전자접촉기 MC2가 소자되어, 전동기 M2는 정지하고, 램프 GL은 소등, 램프 WL은 점등된다.

라) 제어회로가 동작하는 중 푸시버튼 스위치 PB0를 누르면, 제어회로 및 전동기 동작은 모두 정지된다.

마) EOCR 동작 사항

　(1) 전동기가 운전하는 중 전동기의 과부하로 과전류가 흐르면, 전자식과전류계전기 EOCR이 동작되어 전동기는 정지하고, 램프 YL이 점등된다.

　(2) 전자식과전류계전기 EOCR을 리셋(RESET)하면 제어회로는 초기 상태로 복귀된다.

※ 동작 내용은 단순 참고 사항이며, 모든 동작은 시퀀스 회로를 기준으로 합니다.

도면

| 자격 종목 | 전기기능사 | 과제명 | 전기설비의 배선 및 배관공사 |

1. 배관 및 기구 배치도

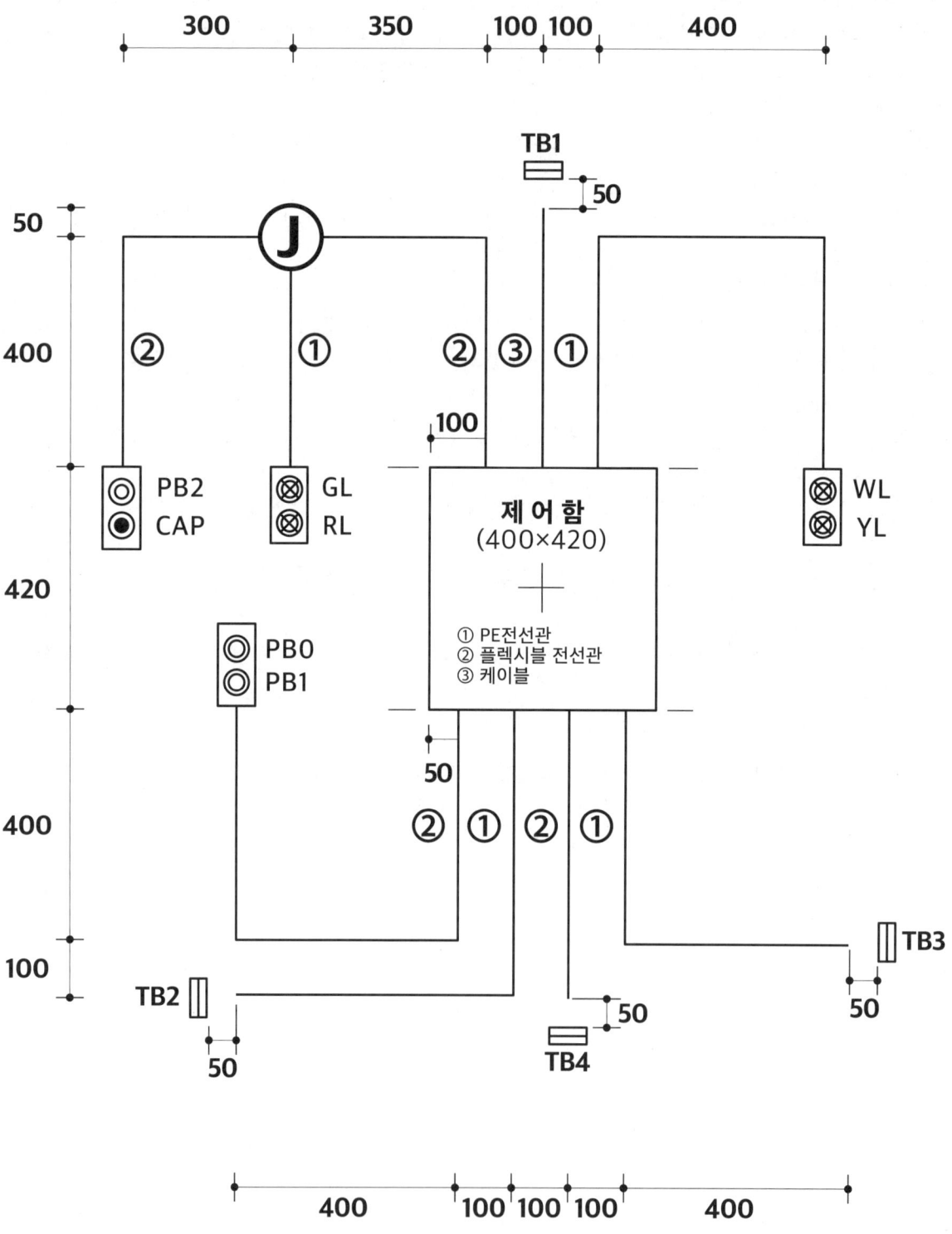

※ NOTE: 치수 기준점은 제어함의 중심으로 한다.

2. 제어판 내부 기구 배치도

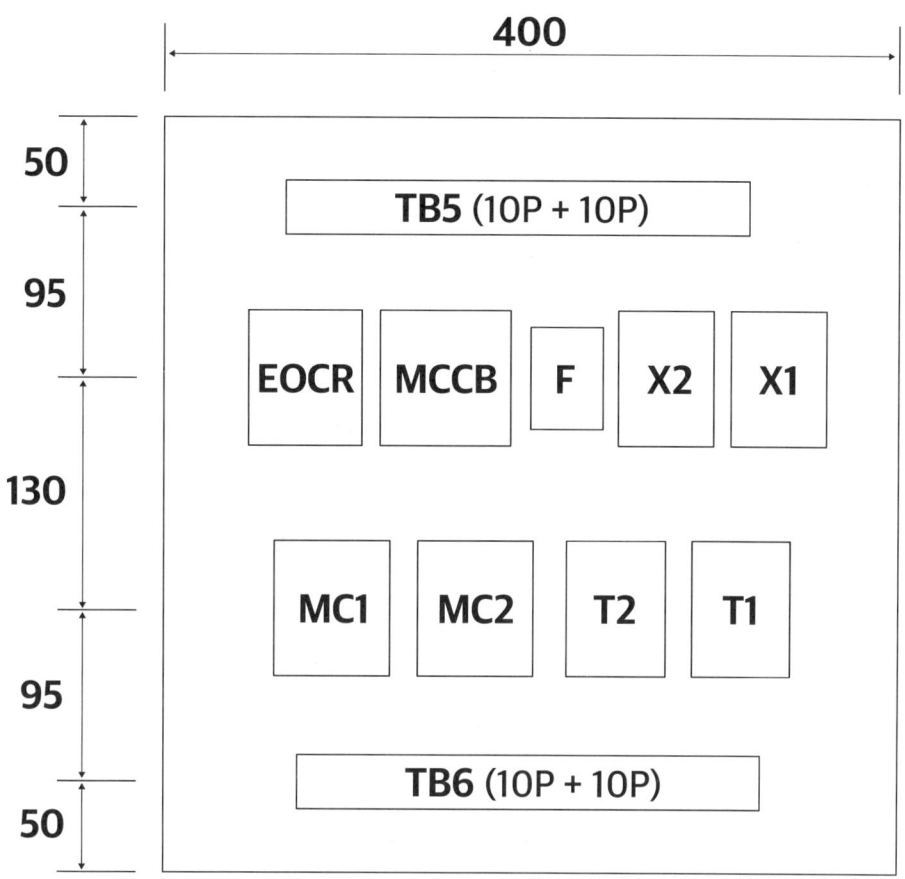

기호	명칭	기호	명칭
TB1	전원 (단자대 4P)	PB0	푸시버튼 스위치 (적색)
TB2, TB3	전동기 (단자대 4P)	PB1	푸시버튼 스위치 (녹색)
TB4	LS1, LS2 (단자대 4P)	PB2	푸시버튼 스위치 (녹색)
TB5, TB6	단자대 (10P+10P)	YL	램프 (황색)
MC1, MC2	전자접촉기 (12P)	GL	램프 (녹색)
EOCR	EOCR (12P)	RL	램프 (적색)
X1, X2	릴레이 (8P)	WL	램프 (백색)
T1, T2	타이머 (8P)	CAP	홀마개
F	퓨즈 및 퓨즈홀더	Ⓙ	8각 박스
MCCB	배선용차단기		

3. 제어회로의 시퀀스 회로도 (※ 본 도면은 시험을 위해서 임의로 구성한 것으로 상용도면과 상이할 수 있습니다.)

4. 기구의 내부 결선도 및 구성도

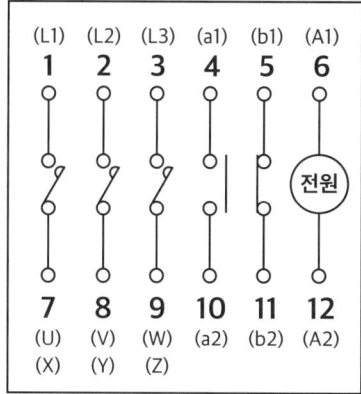
[전자접촉기]

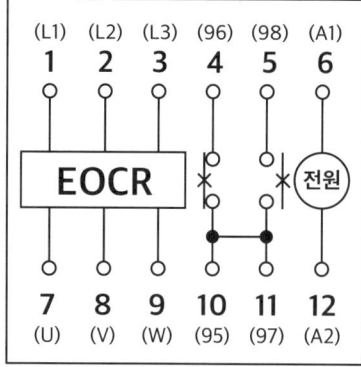
[EOCR]

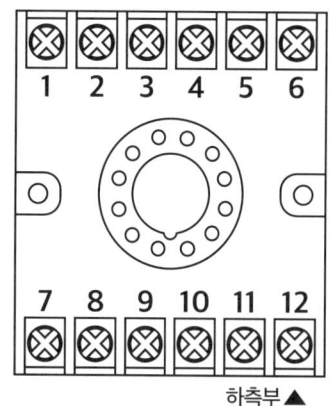
[12P 소켓(베이스) 구성도]

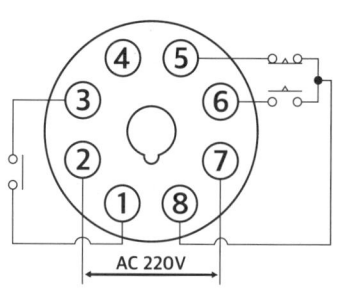
[타이머]

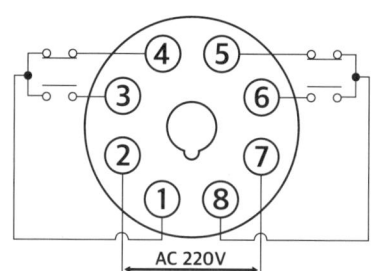
[8P 릴레이]

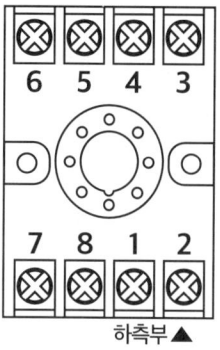
[8P 소켓(베이스) 구성도]

지급재료 목록

일련번호	재료명	규격	단위	수량	비고
1	합판	400 × 420 × 12mm	장	1	
2	케이블타이	100mm	개	25	
3	나사못	3.5 × 25	개	4	납작머리
4	나사못	4 × 12	개	96	납작머리
5	나사못	4 × 16	개	16	둥근머리
6	나사못	4 × 20	개	18	둥근머리
7	케이블	4C 2.5mm^2	m	1	
8	케이블 새들	4C 케이블용	개	2	
9	케이블 커넥터	4C 케이블용	개	1	
10	유리관 퓨즈 및 홀더	250V 30A	개	1	퓨즈 10A 2개 포함
11	새들	16mm 전선관용	개	40	
12	8각 박스	철제	개	1	
13	PE 전선관	16mm	m	6	
14	플렉시블 전선관	16mm	m	6	
15	커넥터	16mm	개	7	PE 전선관용
16	커넥터	16mm	개	7	플렉시블 전선관용
17	비닐절연전선	1.5mm^2(1/1.38), 황색	m	50	
18	비닐절연전선	2.5mm^2(1/1.78), 갈색	m	5	
19	비닐절연전선	2.5mm^2(1/1.78), 흑색	m	5	
20	비닐절연전선	2.5mm^2(1/1.78), 회색	m	5	
21	비닐절연전선	2.5mm^2(1/1.78), 녹색-황색	m	5	

일련번호	재료명	규격	단위	수량	비고
22	단자대	10P 20A 220V	개	4	
23	단자대	4P 20A 220V	개	4	
24	배선용차단기	3P, AC250V, 30A	개	1	
25	12P 소켓	12P	개	3	12P 기구 겸용
26	8P 소켓	8P	개	4	8P 기구 겸용
27	램프	25Ø, 220V	개	4	적 1, 녹 1, 황 1, 백 1
28	푸시버튼 스위치	25Ø, 1a1b	개	3	적 1, 녹 2
29	컨트롤 박스	25Ø, 2구	개	4	
30	홀마개	25Ø	개	1	재사용
31	전자접촉기	AC220V, 12P	개	2	채점용
32	EOCR	AC220V, 12P	개	1	채점용
33	타이머	AC220V, 8P	개	2	채점용
34	릴레이	AC220V, 8P	개	2	채점용

※ 국가기술자격 실기시험 지급재료는 시험종료 후(기권, 결시자 포함) 수험자에게 지급하지 않습니다.

TYPE 2 전동기 제어회로

11 전기기능사 실기 해설

제어핀의 핀 번호와 단자대 작성

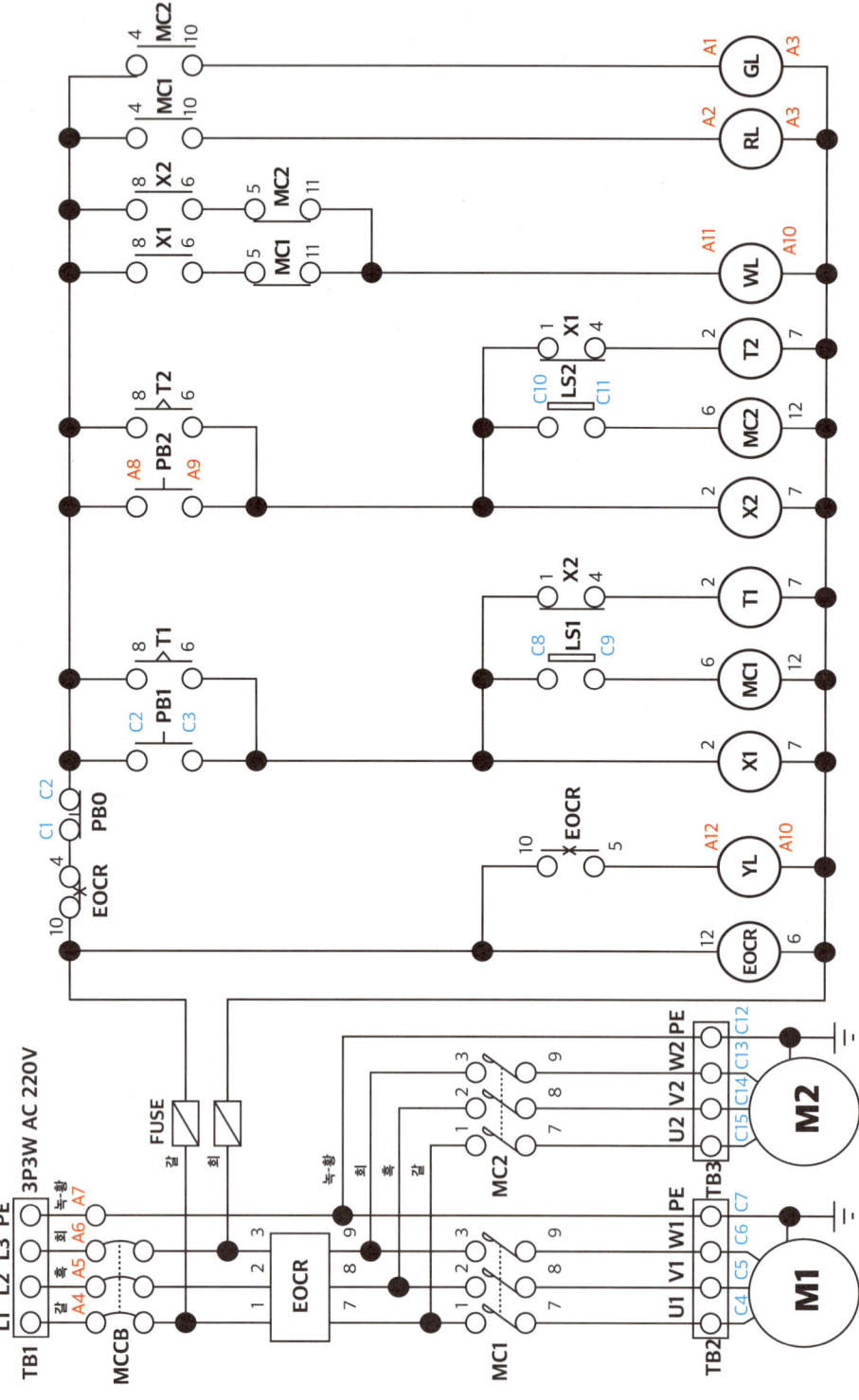

제어_주회로 결선 작성

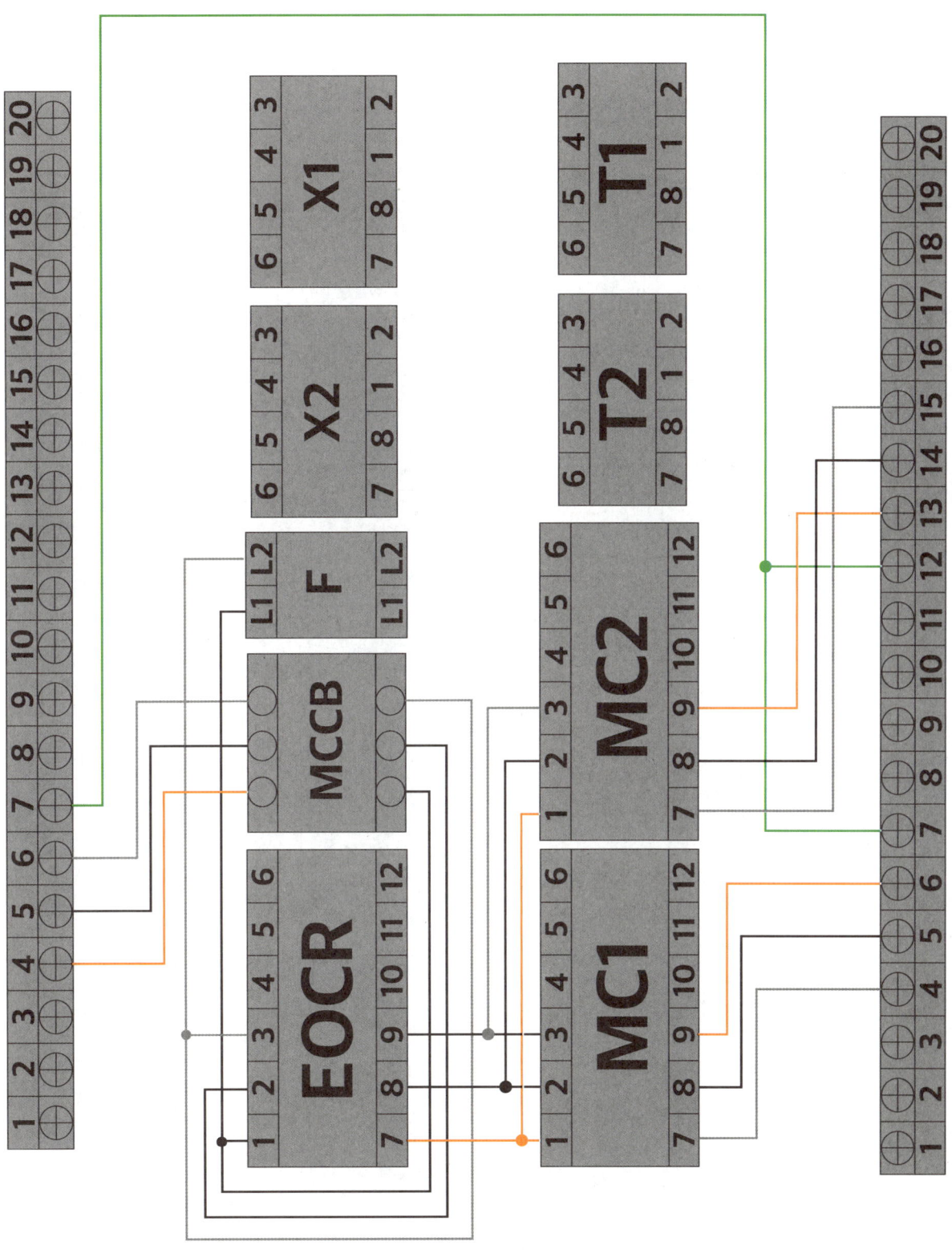

제어_보조회로 결선 작성

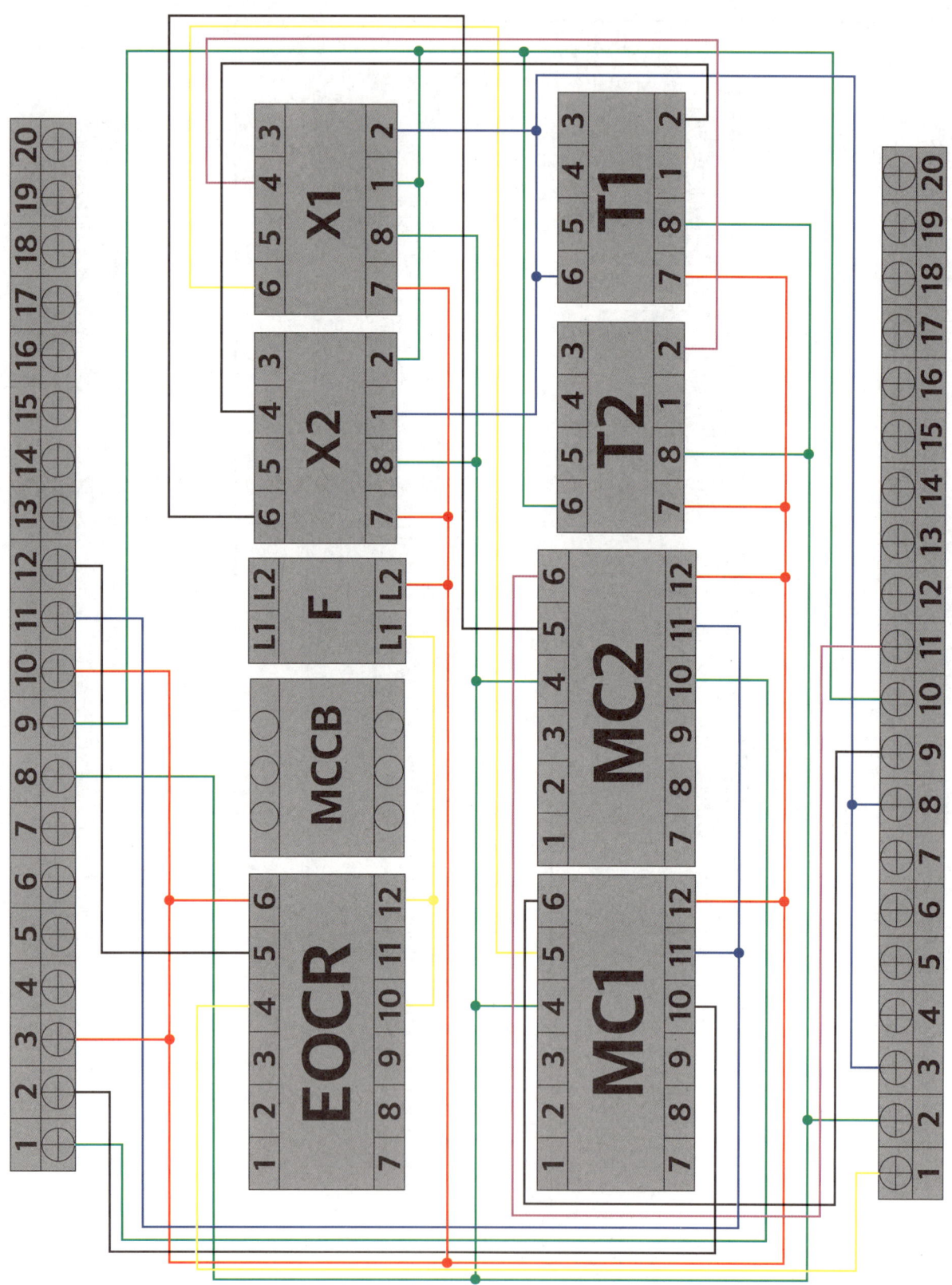

단자대_위쪽

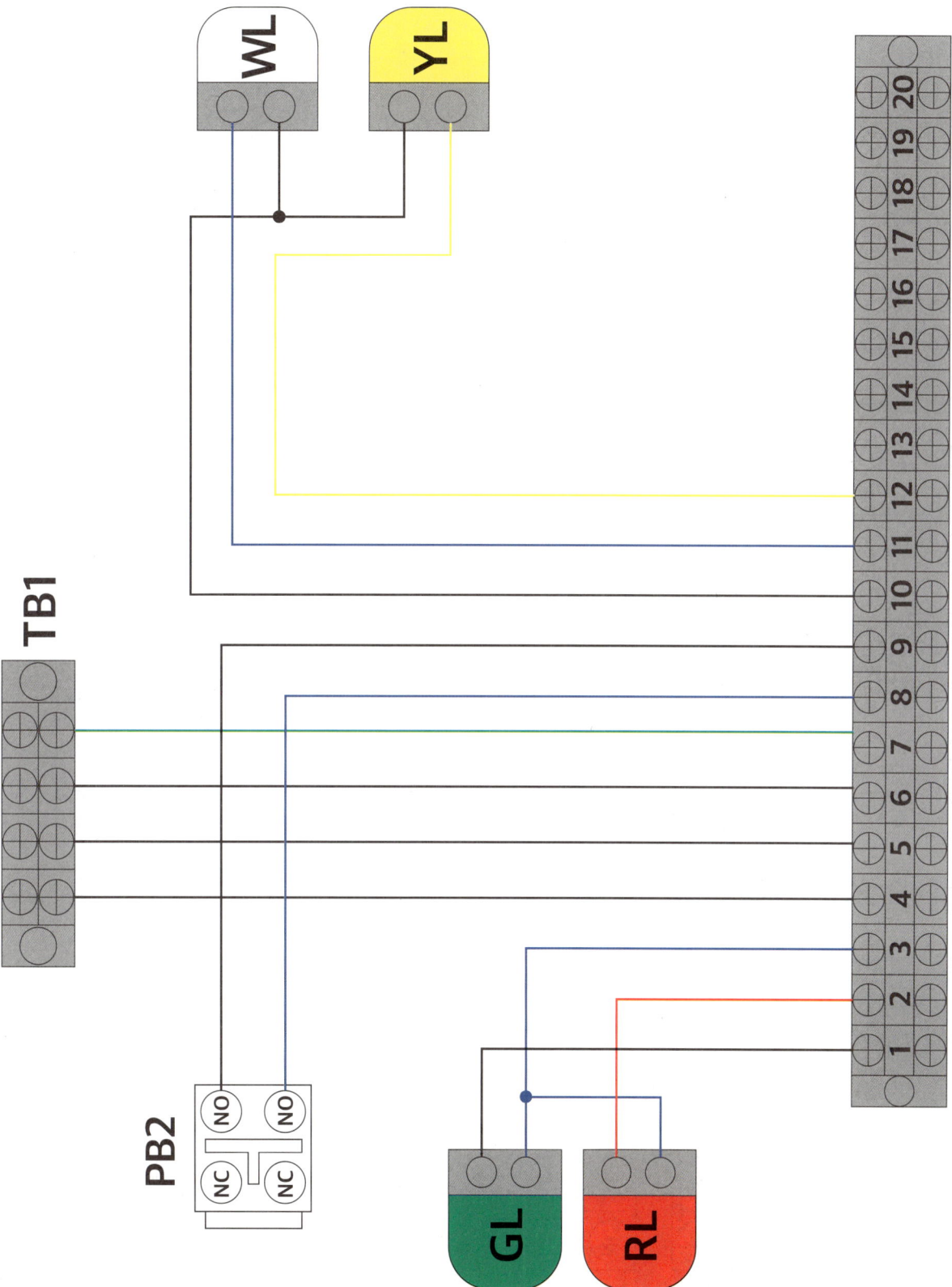

단자대_아래쪽

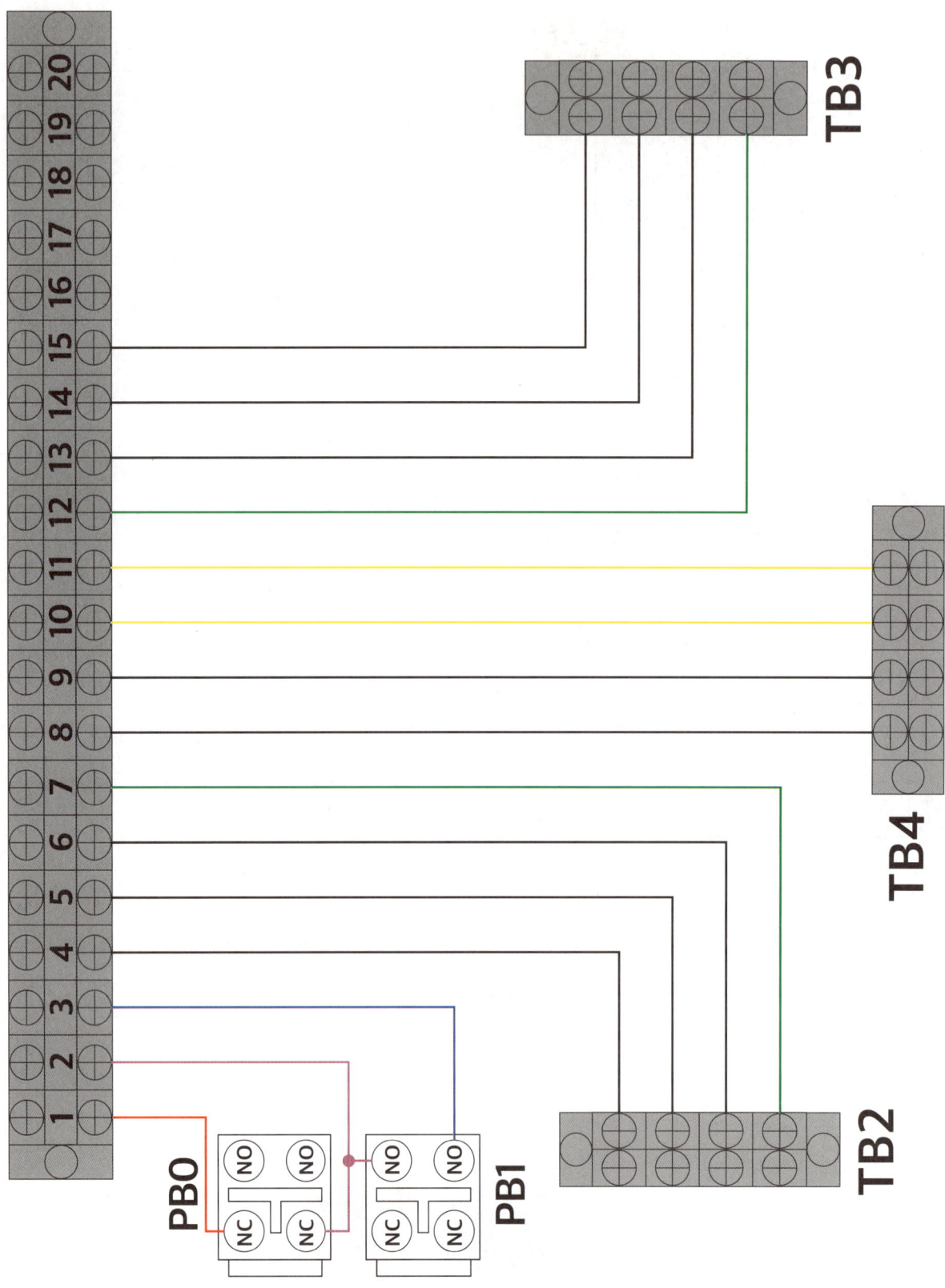

TYPE 2 전동기 제어회로

12 전기기능사 실기 공개문제

제어회로의 동작 사항

가) MCCB를 통해 전원을 투입하면, 전자식과전류계전기 EOCR에 전원이 공급된다.
나) 푸시버튼 스위치 PB1 동작 사항
  (1) 푸시버튼 스위치 PB1을 누르면, 릴레이 X1, 타이머 T1이 여자되어, 램프 WL이 점등된다.
  (2) 릴레이 X1이 여자된 상태
    (가) 리밋스위치 LS1이 감지되면,
      ① 전자접촉기 MC1이 여자되어, 타이머 T1이 소자되며 전동기 M1이 회전하고, 램프 RL이 점등, WL이 소등된다.
      ② 전동기 M1이 회전하는 중, 리밋스위치 LS1의 감지가 해제되면, 타이머 T1이 여자, 전자접촉기 MC1이 소자되어, 전동기 M1은 정지하고 램프 RL은 소등, WL은 점등된다.
    (나) 리밋스위치 LS1이 감지되지 않으면,
      ① 타이머 T1의 설정시간 t1초 후, 릴레이 X2, 전자접촉기 MC2가 여자되어, 전동기 M2가 회전하고, 램프 GL이 점등된다.
다) 푸시버튼 스위치 PB2 동작 사항
  (1) 푸시버튼 스위치 PB2를 누르면, 릴레이 X2, 전자접촉기 MC2가 여자되어, 전동기 M2가 회전하고, 램프 GL이 점등된다.
  (2) 릴레이 X2가 여자된 상태에서 리밋스위치 LS2가 감지되면, 타이머 T2가 여자되어 램프 WL이 점등된다.
  (3) 타이머 T2의 설정시간 t2초 후, 릴레이 X1, 타이머 T1이 여자된다.
  (4) 릴레이 X1이 여자된 상태에서 리밋스위치 LS1이 감지되면, 전자접촉기 MC1이 여자되어, 타이머 T1이 소자되며 전동기 M1이 회전하고, 램프 RL이 점등된다.
라) 제어회로가 동작하는 중 푸시버튼 스위치 PB0를 누르면, 제어회로 및 전동기 동작은 모두 정지된다.
마) EOCR 동작 사항
  (1) 전동기가 운전하는 중 전동기의 과부하로 과전류가 흐르면, 전자식과전류계전기 EOCR이 동작되어 전동기는 정지하고, 램프 YL이 점등된다.
  (2) 전자식과전류계전기 EOCR을 리셋(RESET)하면 제어회로는 초기 상태로 복귀된다.

※ 동작 내용은 단순 참고 사항이며, 모든 동작은 시퀀스 회로를 기준으로 합니다.

도면

자격 종목	전기기능사	과제명	전기설비의 배선 및 배관공사

1. 배관 및 기구 배치도

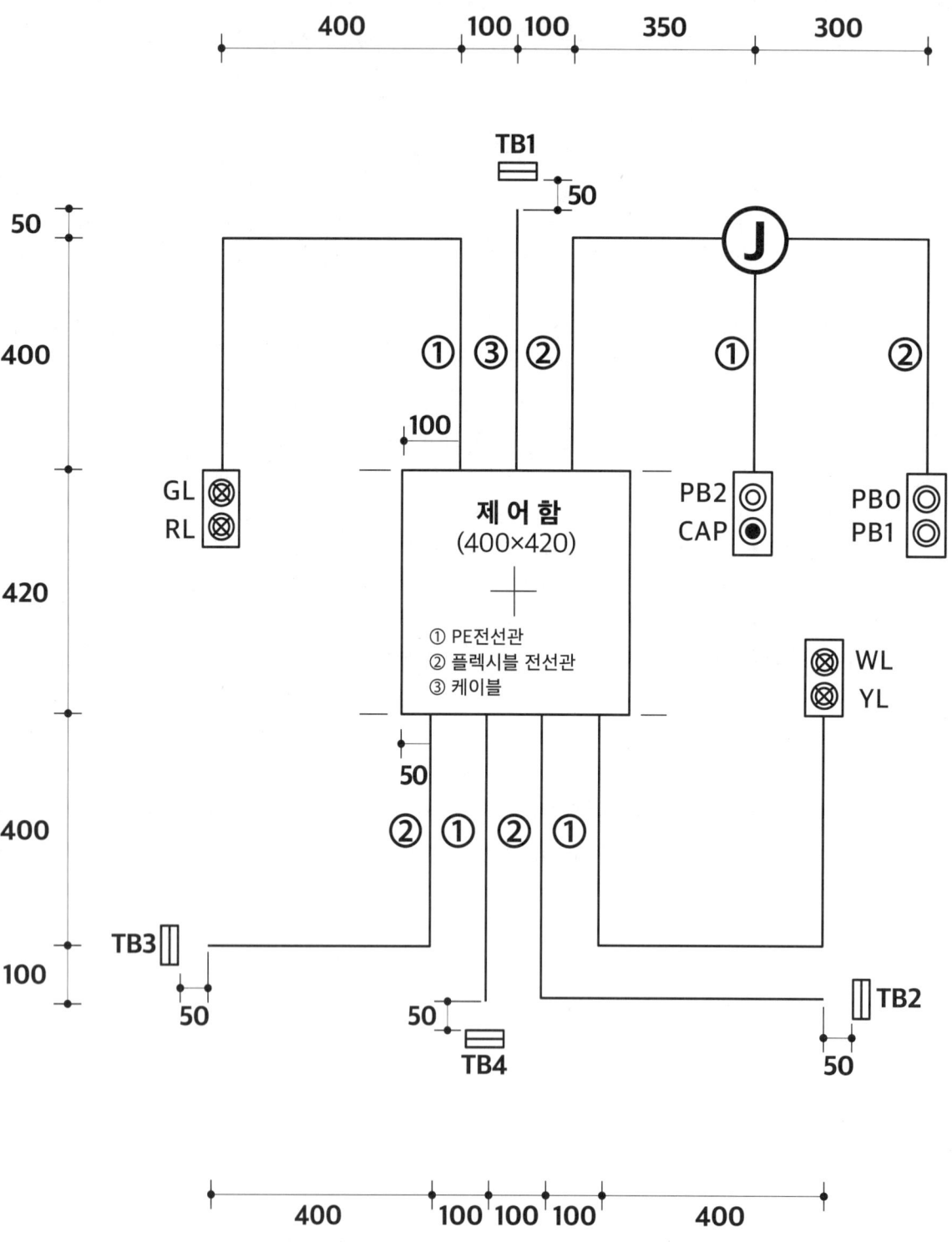

※ NOTE: 치수 기준점은 제어함의 중심으로 한다.

2. 제어판 내부 기구 배치도

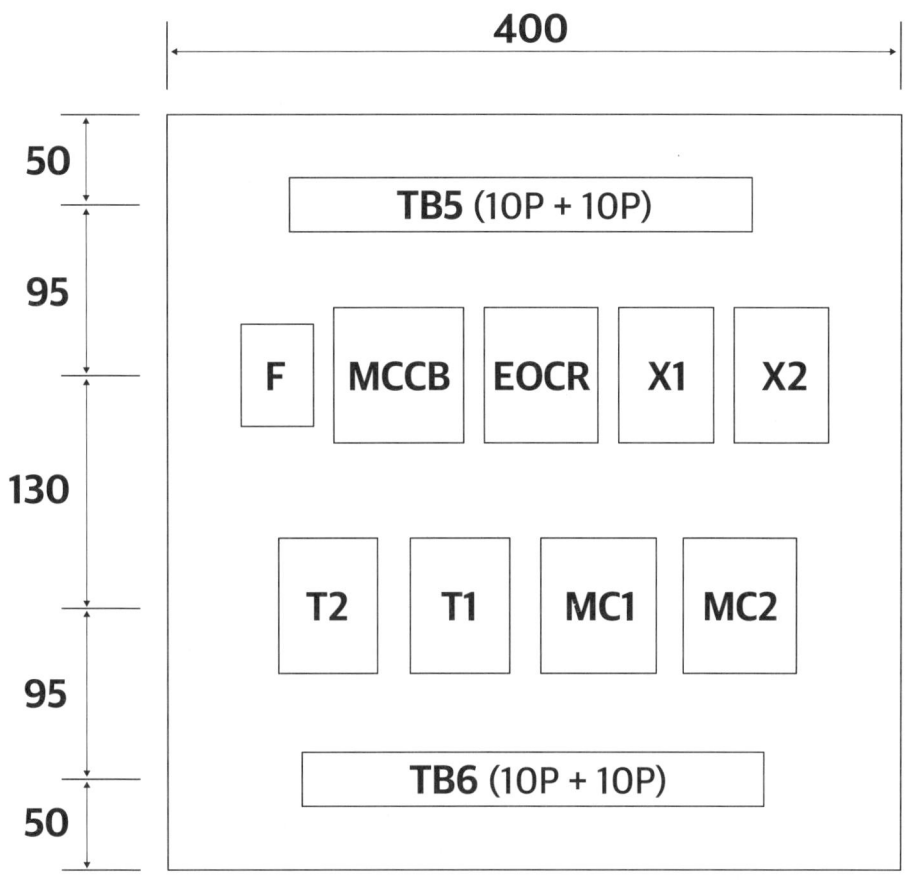

기호	명칭	기호	명칭
TB1	전원 (단자대 4P)	PB0	푸시버튼 스위치 (적색)
TB2, TB3	전동기 (단자대 4P)	PB1	푸시버튼 스위치 (녹색)
TB4	LS1, LS2 (단자대 4P)	PB2	푸시버튼 스위치 (녹색)
TB5, TB6	단자대 (10P+10P)	YL	램프 (황색)
MC1, MC2	전자접촉기 (12P)	GL	램프 (녹색)
EOCR	EOCR (12P)	RL	램프 (적색)
X1, X2	릴레이 (8P)	WL	램프 (백색)
T1, T2	타이머 (8P)	CAP	홀마개
F	퓨즈 및 퓨즈홀더	Ⓙ	8각 박스
MCCB	배선용차단기		

3. 제어회로의 시퀀스 회로도(※ 본 도면은 시험을 위해서 임의로 구성한 것으로 상용도면과 상이할 수 있습니다.)

4. 기구의 내부 결선도 및 구성도

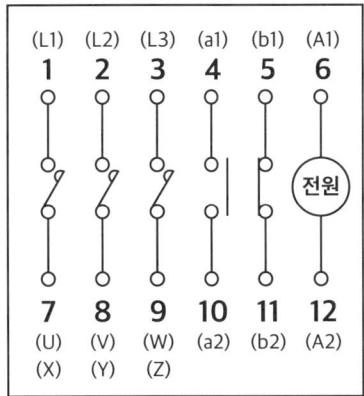

[전자접촉기]

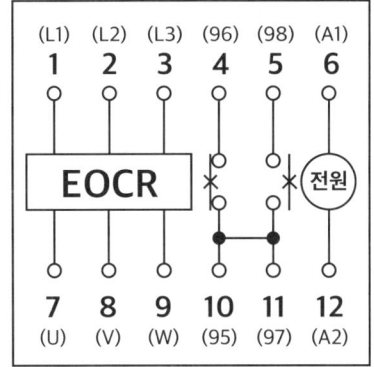

[EOCR]

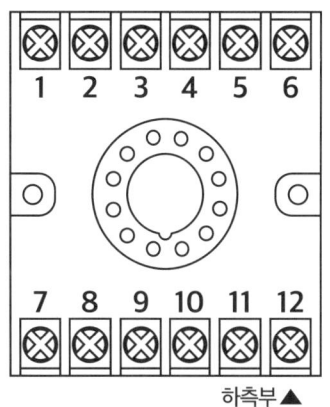

[12P 소켓(베이스) 구성도]

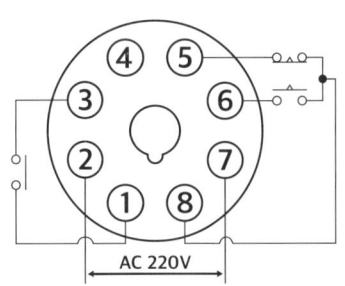

[타이머]

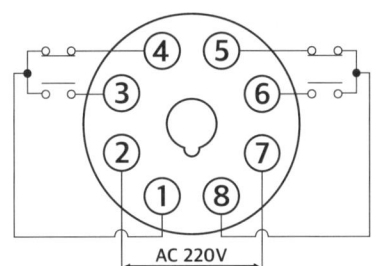

[8P 릴레이]

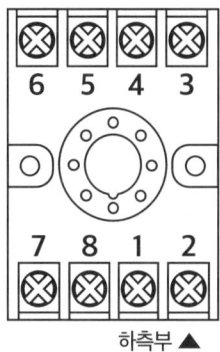

[8P 소켓(베이스) 구성도]

지급재료 목록

일련번호	재료명	규격	단위	수량	비고
1	합판	400×420×12mm	장	1	
2	케이블타이	100mm	개	25	
3	나사못	3.5×25	개	4	납작머리
4	나사못	4×12	개	96	납작머리
5	나사못	4×16	개	16	둥근머리
6	나사못	4×20	개	18	둥근머리
7	케이블	4C 2.5mm^2	m	1	
8	케이블 새들	4C 케이블용	개	2	
9	케이블 커넥터	4C 케이블용	개	1	
10	유리관 퓨즈 및 홀더	250V 30A	개	1	퓨즈 10A 2개 포함
11	새들	16mm 전선관용	개	40	
12	8각 박스	철제	개	1	
13	PE 전선관	16mm	m	6	
14	플렉시블 전선관	16mm	m	6	
15	커넥터	16mm	개	7	PE 전선관용
16	커넥터	16mm	개	7	플렉시블 전선관용
17	비닐절연전선	1.5mm^2(1/1.38), 황색	m	50	
18	비닐절연전선	2.5mm^2(1/1.78), 갈색	m	5	
19	비닐절연전선	2.5mm^2(1/1.78), 흑색	m	5	
20	비닐절연전선	2.5mm^2(1/1.78), 회색	m	5	
21	비닐절연전선	2.5mm^2(1/1.78), 녹색-황색	m	5	

일련번호	재료명	규격	단위	수량	비고
22	단자대	10P 20A 220V	개	4	
23	단자대	4P 20A 220V	개	4	
24	배선용차단기	3P, AC250V, 30A	개	1	
25	12P 소켓	12P	개	3	12P 기구 겸용
26	8P 소켓	8P	개	4	8P 기구 겸용
27	램프	25Ø, 220V	개	4	적 1, 녹 1, 황 1, 백 1
28	푸시버튼 스위치	25Ø, 1a1b	개	3	적 1, 녹 2
29	컨트롤 박스	25Ø, 2구	개	4	
30	홀마개	25Ø	개	1	재사용
31	전자접촉기	AC220V, 12P	개	2	채점용
32	EOCR	AC220V, 12P	개	1	채점용
33	타이머	AC220V, 8P	개	2	채점용
34	릴레이	AC220V, 8P	개	2	채점용

※ 국가기술자격 실기시험 지급재료는 시험종료 후(기권, 결시자 포함) 수험자에게 지급하지 않습니다.

TYPE 2 전동기 제어회로

12 전기기능사 실기 해설

제어핀의 핀 번호와 단자대 작성

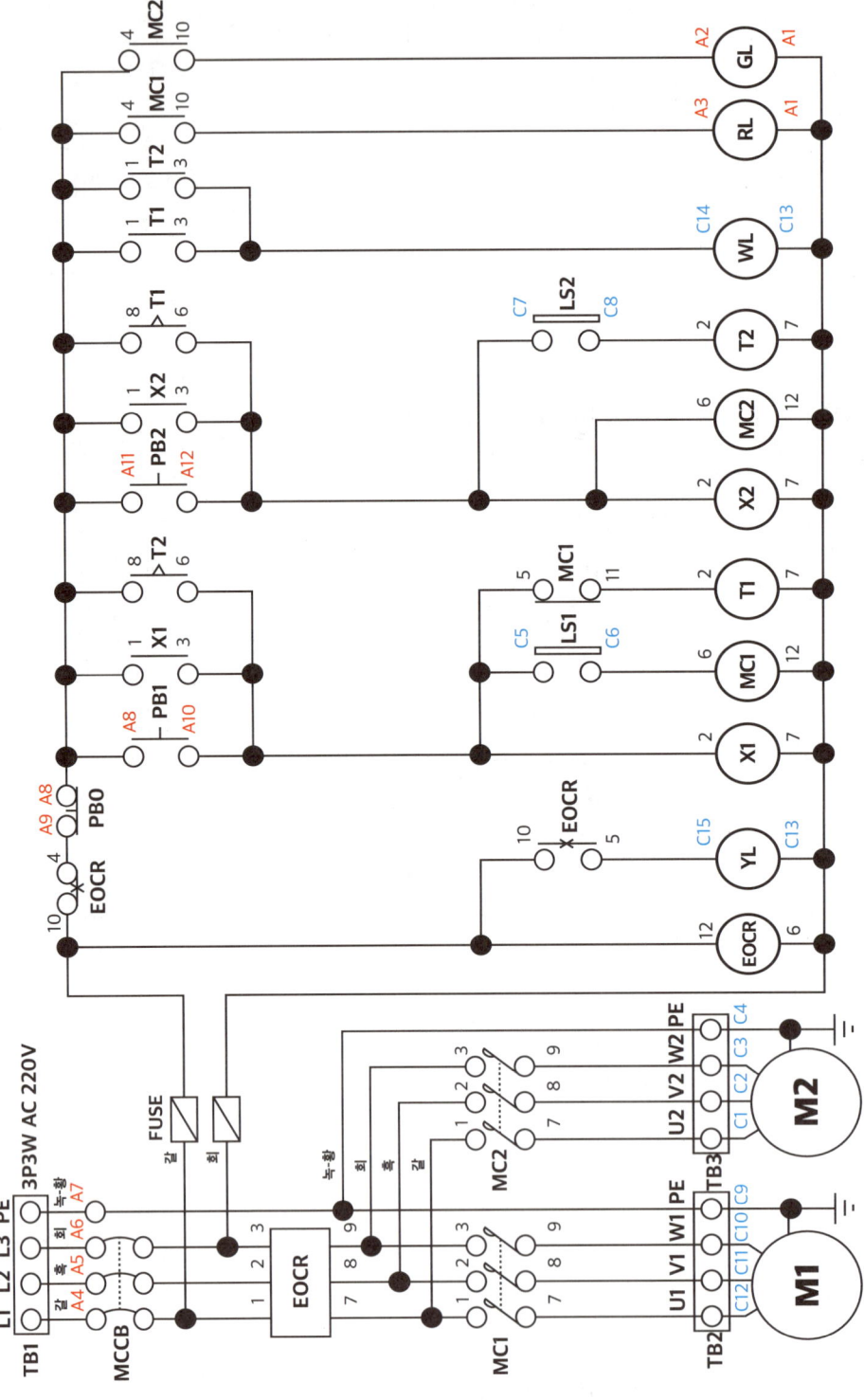

제어_주회로 결선 작성

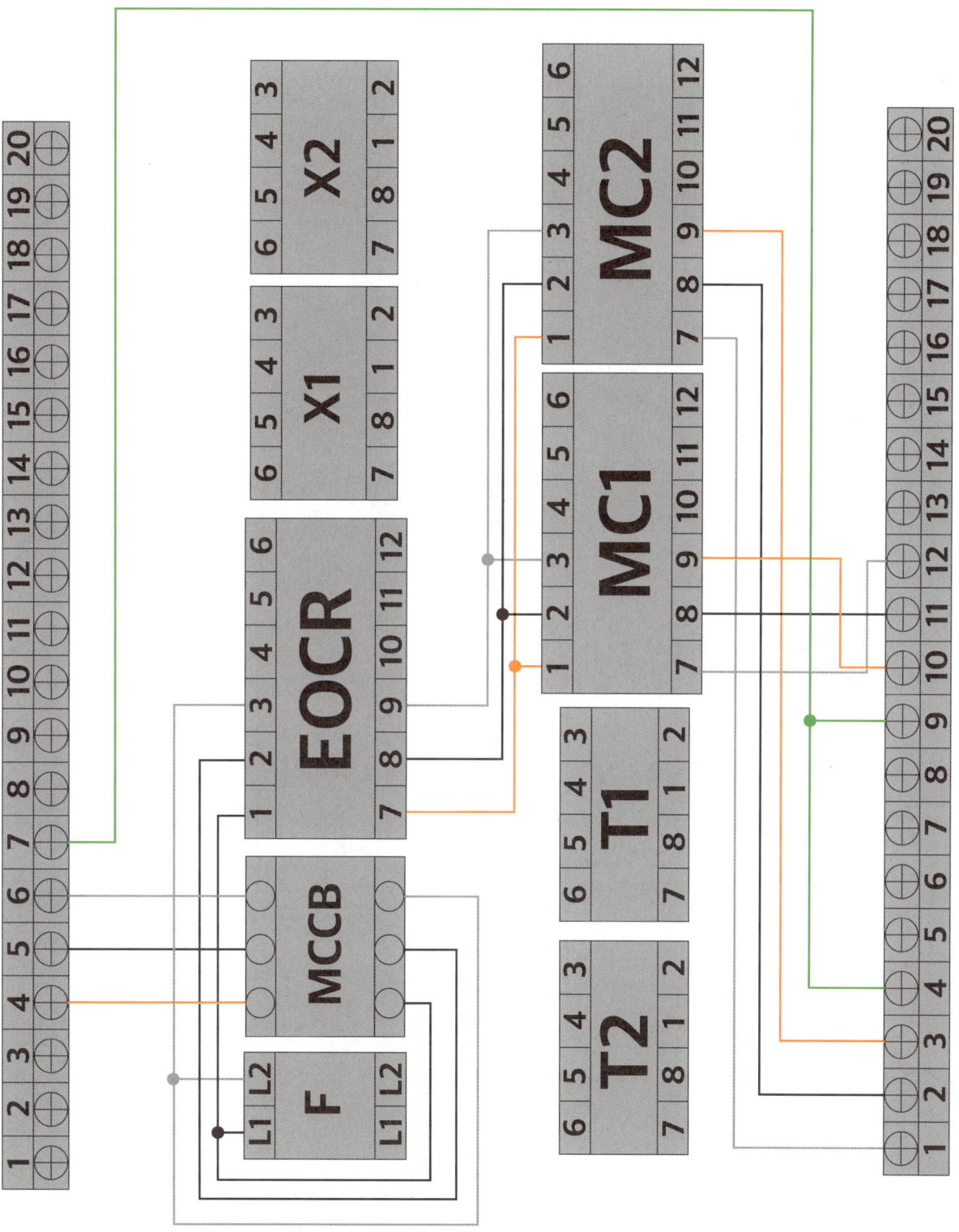

제어_보조회로 결선 작성

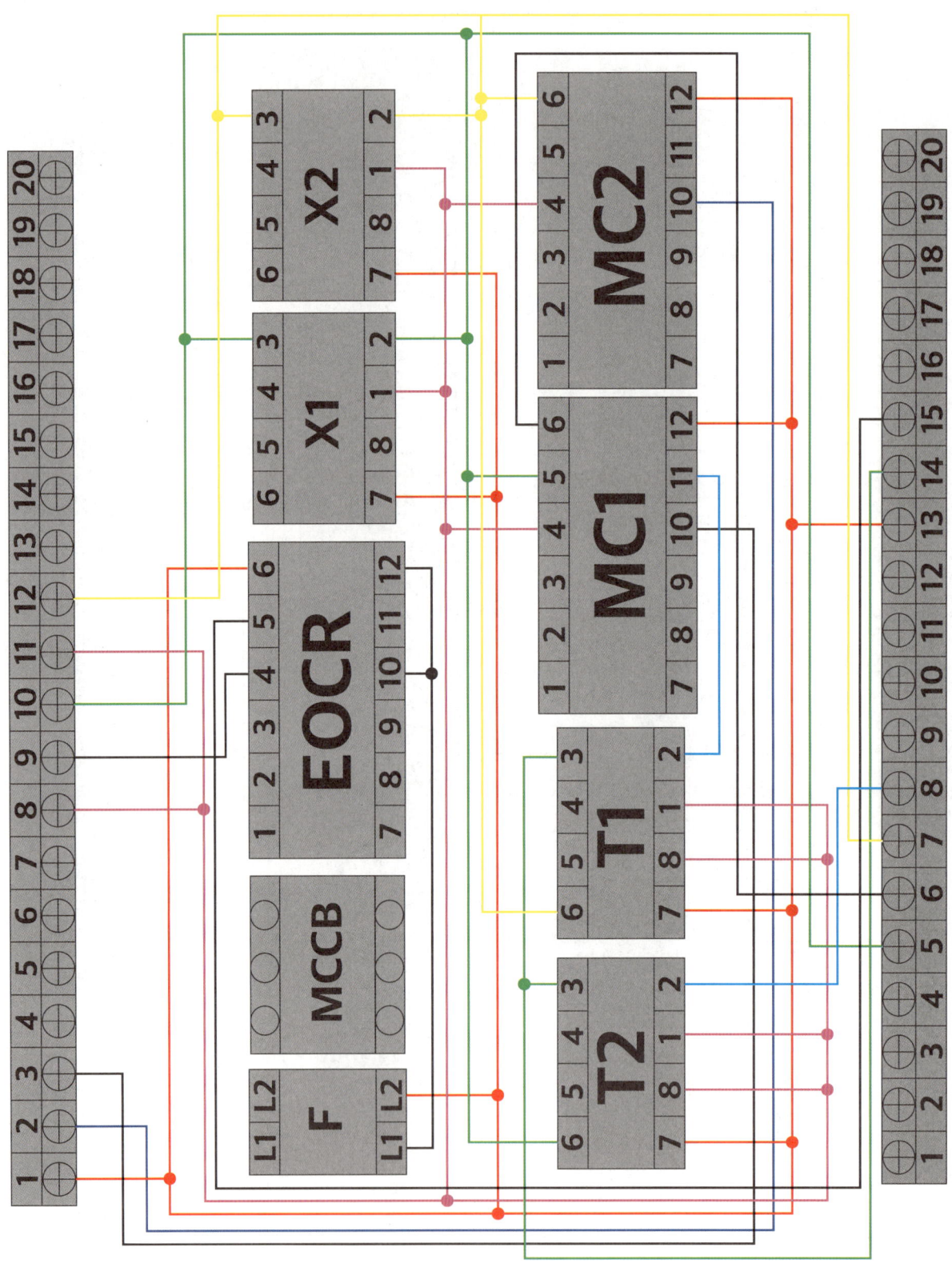

단자대_위쪽

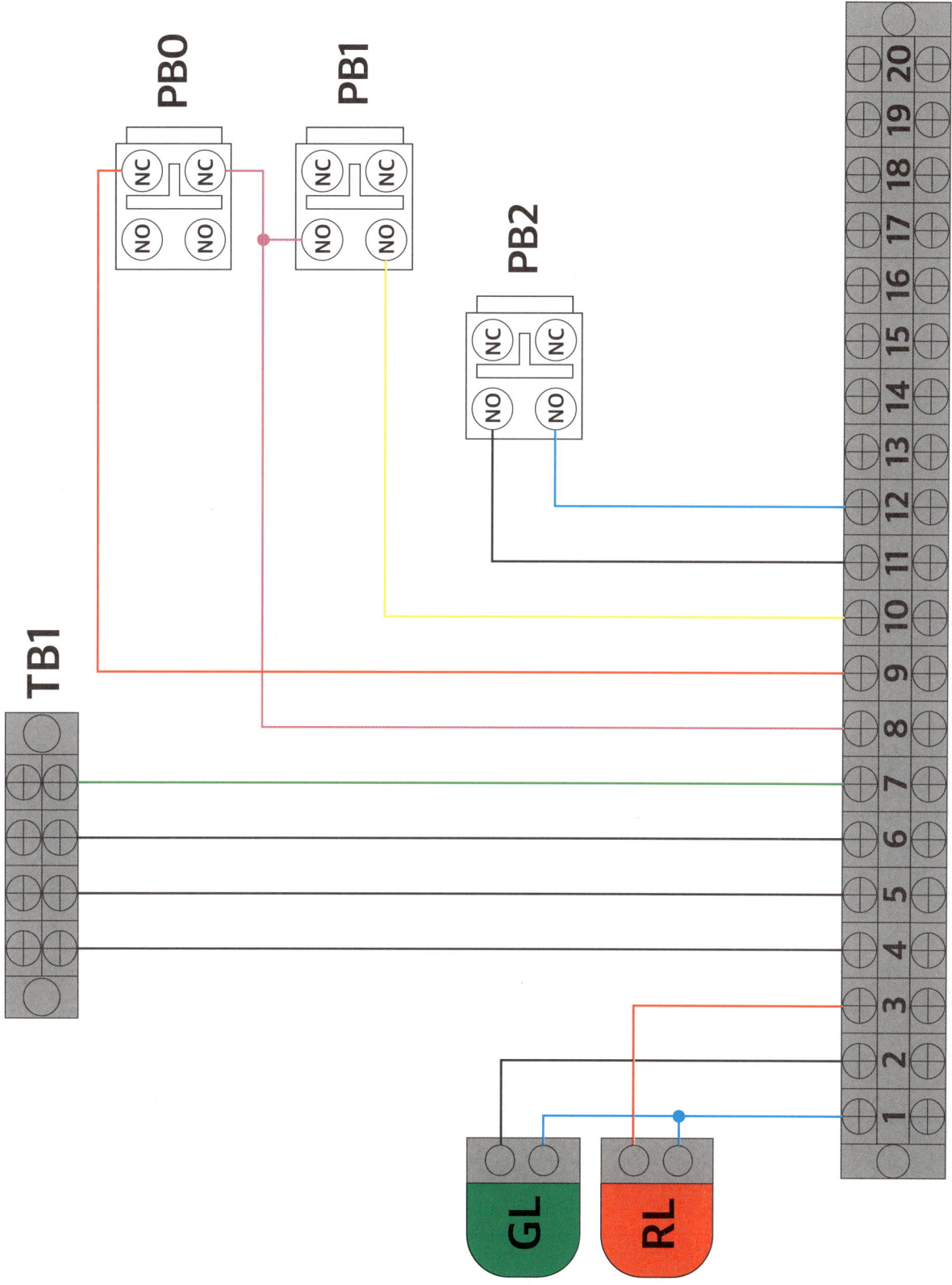

단자대_아래쪽

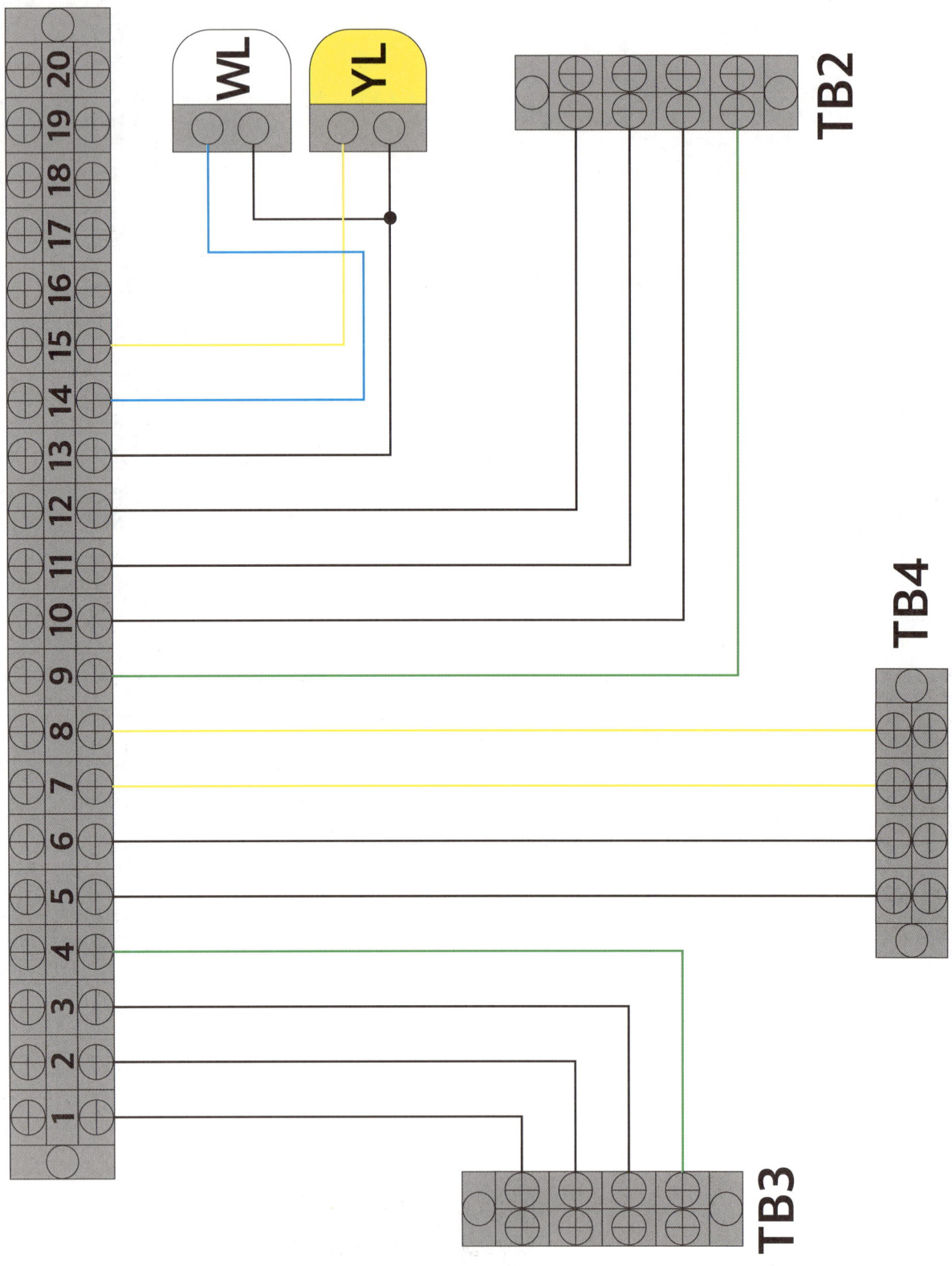

TYPE 2 전동기 제어회로

13 전기기능사 실기 **공개문제**

제어회로의 동작 사항

가) MCCB를 통해 전원을 투입하면, 전자식과전류계전기 EOCR에 전원이 공급된다.

나) 푸시버튼 스위치 PB1 동작 사항
  (1) 푸시버튼 스위치 PB1을 누르거나 리밋스위치 LS1이 순간 감지된 후 해제(OFF→ON→OFF)되면, 릴레이 X1, 타이머 T1이 여자되어, 램프 WL이 점등된다.
  (2) 릴레이 X1이 여자된 상태
    (가) 리밋스위치 LS2가 감지되면,
      ① 전자접촉기 MC1이 여자되어, 타이머 T1이 소자되며 전동기 M1이 회전하고, 램프 RL이 점등, WL이 소등된다.
      ② 전동기 M1이 회전하는 중, 리밋스위치 LS2의 감지가 해제되면, 타이머 T1이 여자, 전자접촉기 MC1이 소자되어, 전동기 M1은 정지하고 램프 RL은 소등, WL은 점등된다.
    (나) 리밋스위치 LS2가 감지되지 않으면,
      ① 타이머 T1의 설정시간 t1초 후, 릴레이 X2, 타이머 T2, 전자접촉기 MC2가 여자되어, 전동기 M2가 회전하고, 램프 GL이 점등된다.
      ② 타이머 T2의 설정시간 t2초 후, 릴레이 X1, 타이머 T1, T2가 소자되고, 램프 WL이 소등된다.
  (3) 제어회로가 동작하는 중 푸시버튼 스위치 PB0를 누르면, 제어회로 및 전동기 동작은 모두 정지된다.

다) 푸시버튼 스위치 PB2 동작 사항
  (1) 푸시버튼 스위치 PB2를 누르면, 릴레이 X2, 전자접촉기 MC2가 여자되어, 전동기 M2가 회전하고, 램프 GL이 점등된다. (이때, 전동기 M1이 운전 중이면 WL이 점등된다.)
  (2) 제어회로가 동작하는 중 푸시버튼 스위치 PB0를 누르면, 제어회로 및 전동기 동작은 모두 정지된다.

라) EOCR 동작 사항
  (1) 전동기가 운전하는 중 전동기의 과부하로 과전류가 흐르면, 전자식과전류계전기 EOCR이 동작되어 전동기는 정지하고, 램프 YL이 점등된다.
  (2) 전자식과전류계전기 EOCR을 리셋(RESET)하면 제어회로는 초기 상태로 복귀된다.

※ 동작 내용은 단순 참고 사항이며, 모든 동작은 시퀀스 회로를 기준으로 합니다.

도면

| 자격 종목 | 전기기능사 | 과제명 | 전기설비의 배선 및 배관공사 |

1. 배관 및 기구 배치도

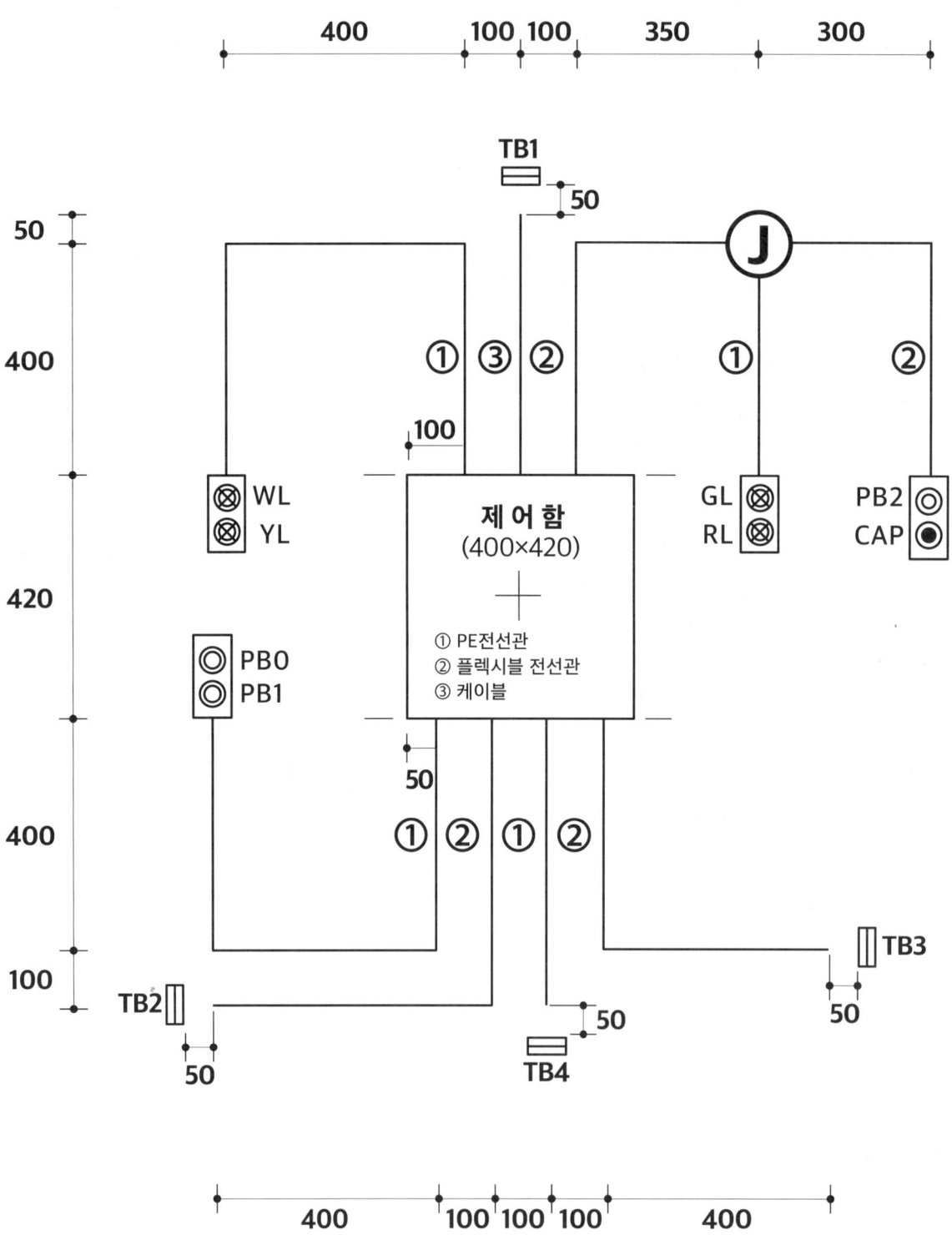

※ NOTE: 치수 기준점은 제어함의 중심으로 한다.

2. 제어판 내부 기구 배치도

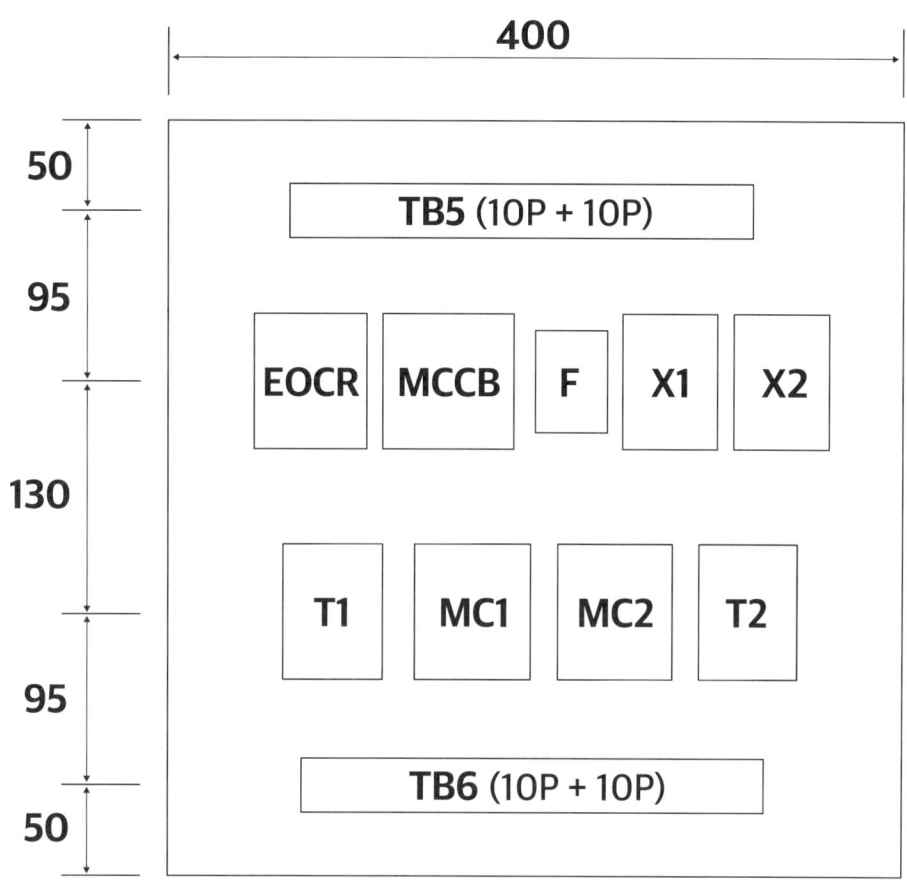

기호	명칭	기호	명칭
TB1	전원 (단자대 4P)	PB0	푸시버튼 스위치 (적색)
TB2, TB3	전동기 (단자대 4P)	PB1	푸시버튼 스위치 (녹색)
TB4	LS1, LS2 (단자대 4P)	PB2	푸시버튼 스위치 (녹색)
TB5, TB6	단자대 (10P+10P)	YL	램프 (황색)
MC1, MC2	전자접촉기 (12P)	GL	램프 (녹색)
EOCR	EOCR (12P)	RL	램프 (적색)
X1, X2	릴레이 (8P)	WL	램프 (백색)
T1, T2	타이머 (8P)	CAP	홀마개
F	퓨즈 및 퓨즈홀더	Ⓙ	8각 박스
MCCB	배선용차단기		

3. 제어회로의 시퀀스 회로도 (※ 본 도면은 시험을 위해서 임의로 구성한 것으로 상용도면과 상이할 수 있습니다.)

4. 기구의 내부 결선도 및 구성도

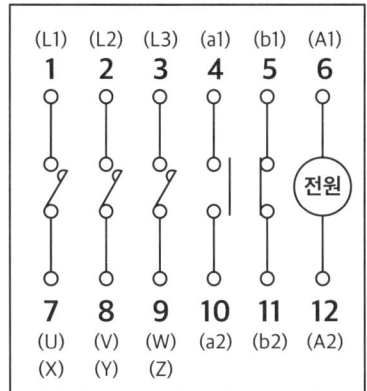
[전자접촉기]

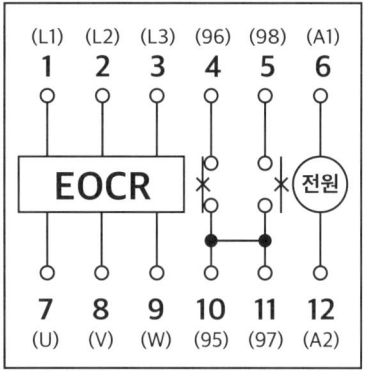
[EOCR]

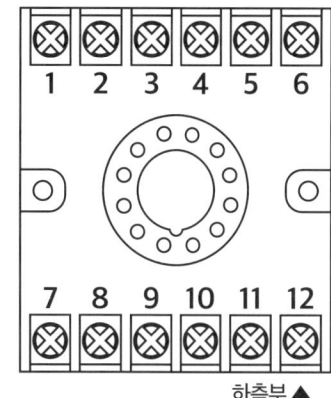
[12P 소켓(베이스) 구성도]

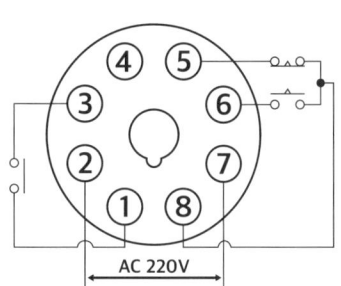
[타이머]

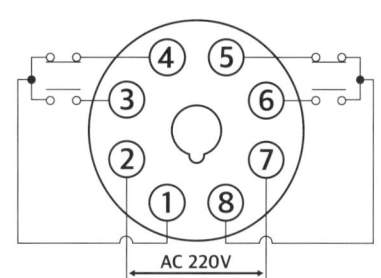
[8P 릴레이]

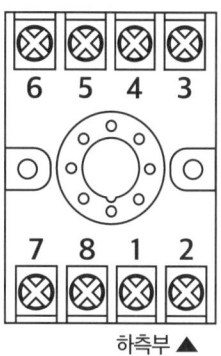
[8P 소켓(베이스) 구성도]

지급재료 목록

일련번호	재료명	규격	단위	수량	비고
1	합판	400×420×12mm	장	1	
2	케이블타이	100mm	개	25	
3	나사못	3.5×25	개	4	납작머리
4	나사못	4×12	개	96	납작머리
5	나사못	4×16	개	16	둥근머리
6	나사못	4×20	개	18	둥근머리
7	케이블	4C 2.5mm^2	m	1	
8	케이블 새들	4C 케이블용	개	2	
9	케이블 커넥터	4C 케이블용	개	1	
10	유리관 퓨즈 및 홀더	250V 30A	개	1	퓨즈 10A 2개 포함
11	새들	16mm 전선관용	개	40	
12	8각 박스	철제	개	1	
13	PE 전선관	16mm	m	6	
14	플렉시블 전선관	16mm	m	6	
15	커넥터	16mm	개	7	PE 전선관용
16	커넥터	16mm	개	7	플렉시블 전선관용
17	비닐절연전선	1.5mm^2(1/1.38), 황색	m	50	
18	비닐절연전선	2.5mm^2(1/1.78), 갈색	m	5	
19	비닐절연전선	2.5mm^2(1/1.78), 흑색	m	5	
20	비닐절연전선	2.5mm^2(1/1.78), 회색	m	5	
21	비닐절연전선	2.5mm^2(1/1.78), 녹색-황색	m	5	

일련 번호	재료명	규격	단위	수량	비고
22	단자대	10P 20A 220V	개	4	
23	단자대	4P 20A 220V	개	4	
24	배선용차단기	3P, AC250V, 30A	개	1	
25	12P 소켓	12P	개	3	12P 기구 겸용
26	8P 소켓	8P	개	4	8P 기구 겸용
27	램프	25Ø, 220V	개	4	적 1, 녹 1, 황 1, 백 1
28	푸시버튼 스위치	25Ø, 1a1b	개	3	적 1, 녹 2
29	컨트롤 박스	25Ø, 2구	개	4	
30	홀마개	25Ø	개	1	재사용
31	전자접촉기	AC220V, 12P	개	2	채점용
32	EOCR	AC220V, 12P	개	1	채점용
33	타이머	AC220V, 8P	개	2	채점용
34	릴레이	AC220V, 8P	개	2	채점용

※ 국가기술자격 실기시험 지급재료는 시험종료 후(기권, 결시자 포함) 수험자에게 지급하지 않습니다.

TYPE 2 전동기 제어회로

13 전기기능사 실기 해설

제어핀의 핀 번호와 단자대 작성

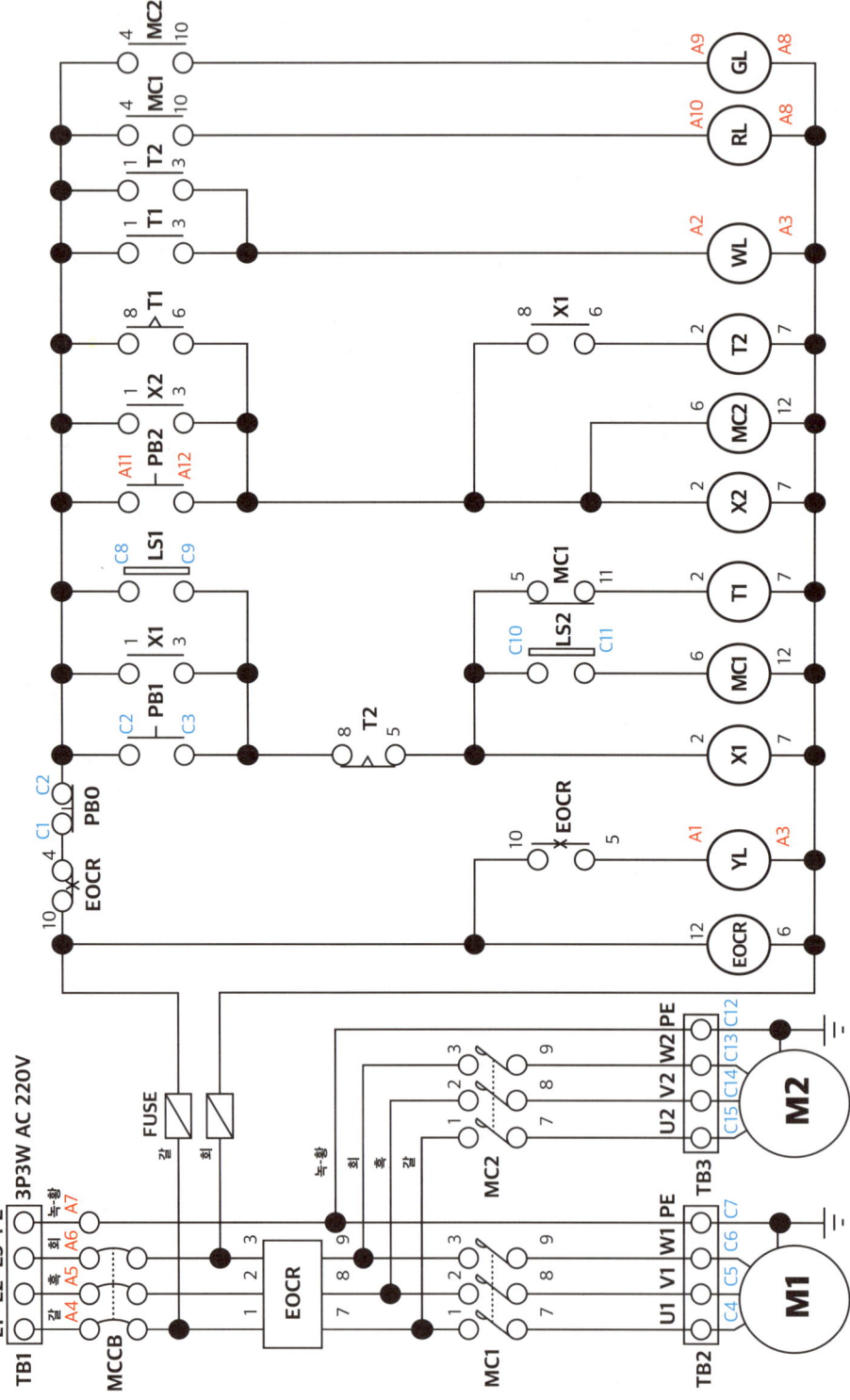

TYPE 2 전동기 제어회로

제어_주회로 결선 작성

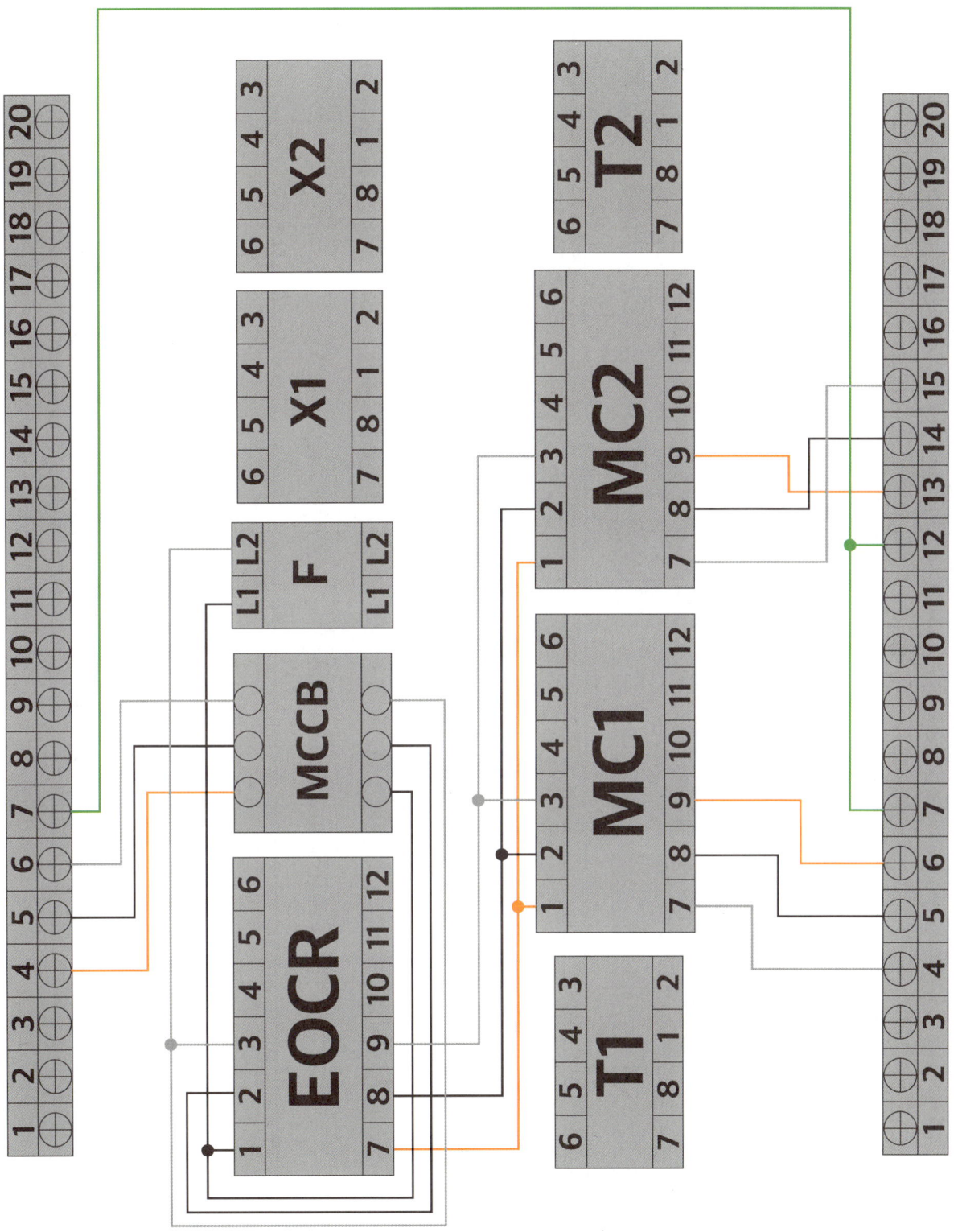

제어_보조회로 결선 작성

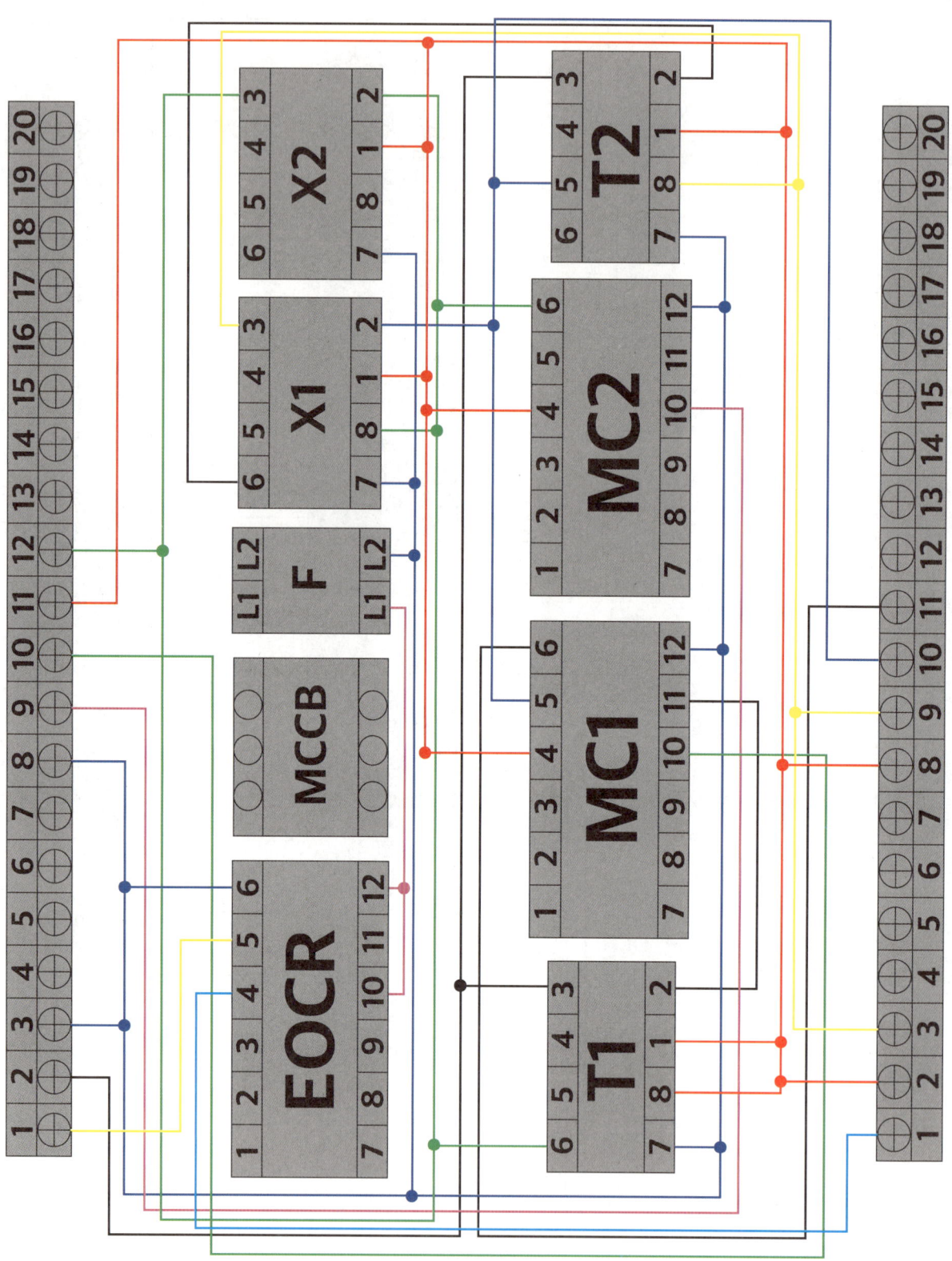

단자대_위쪽

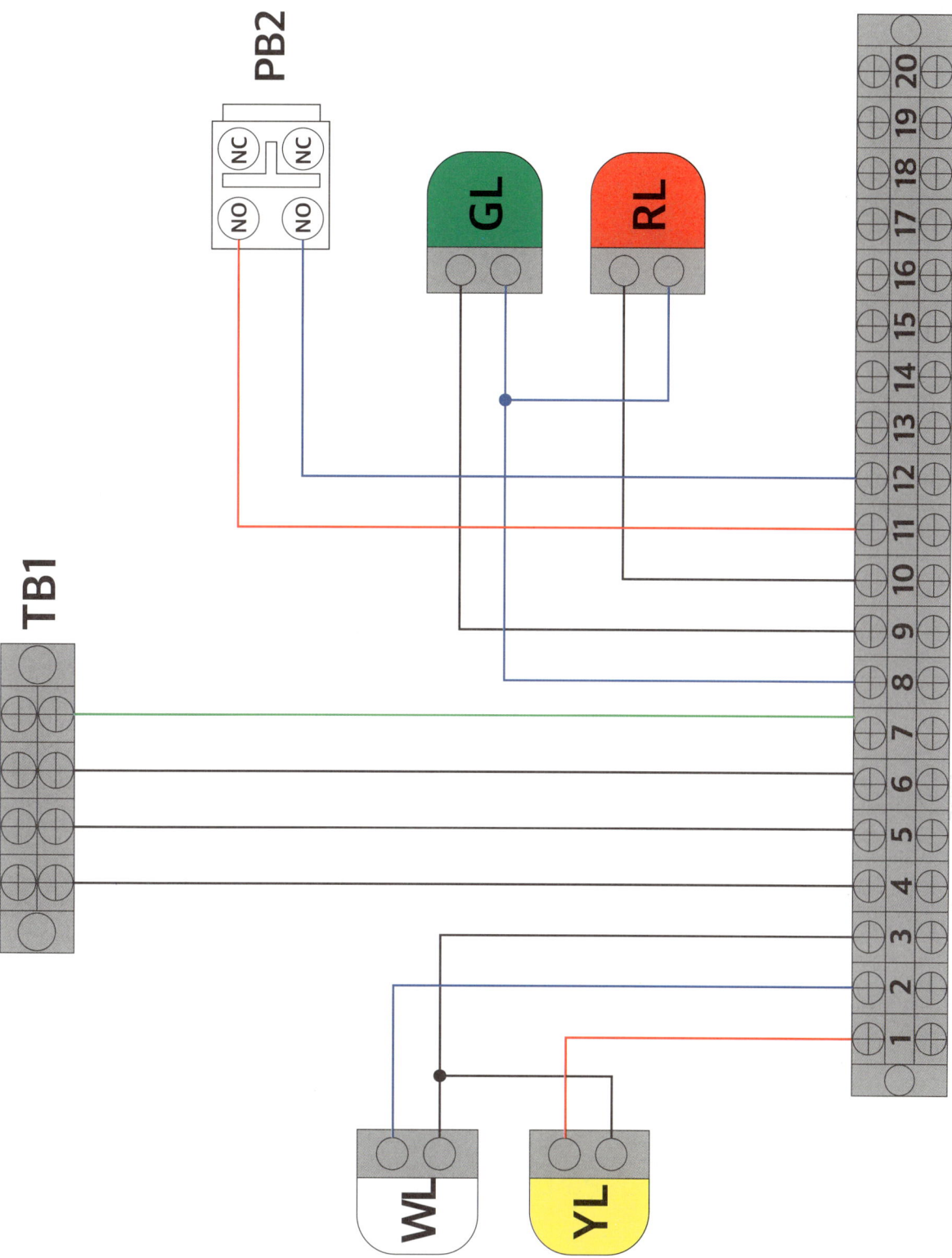

단자대_아래쪽

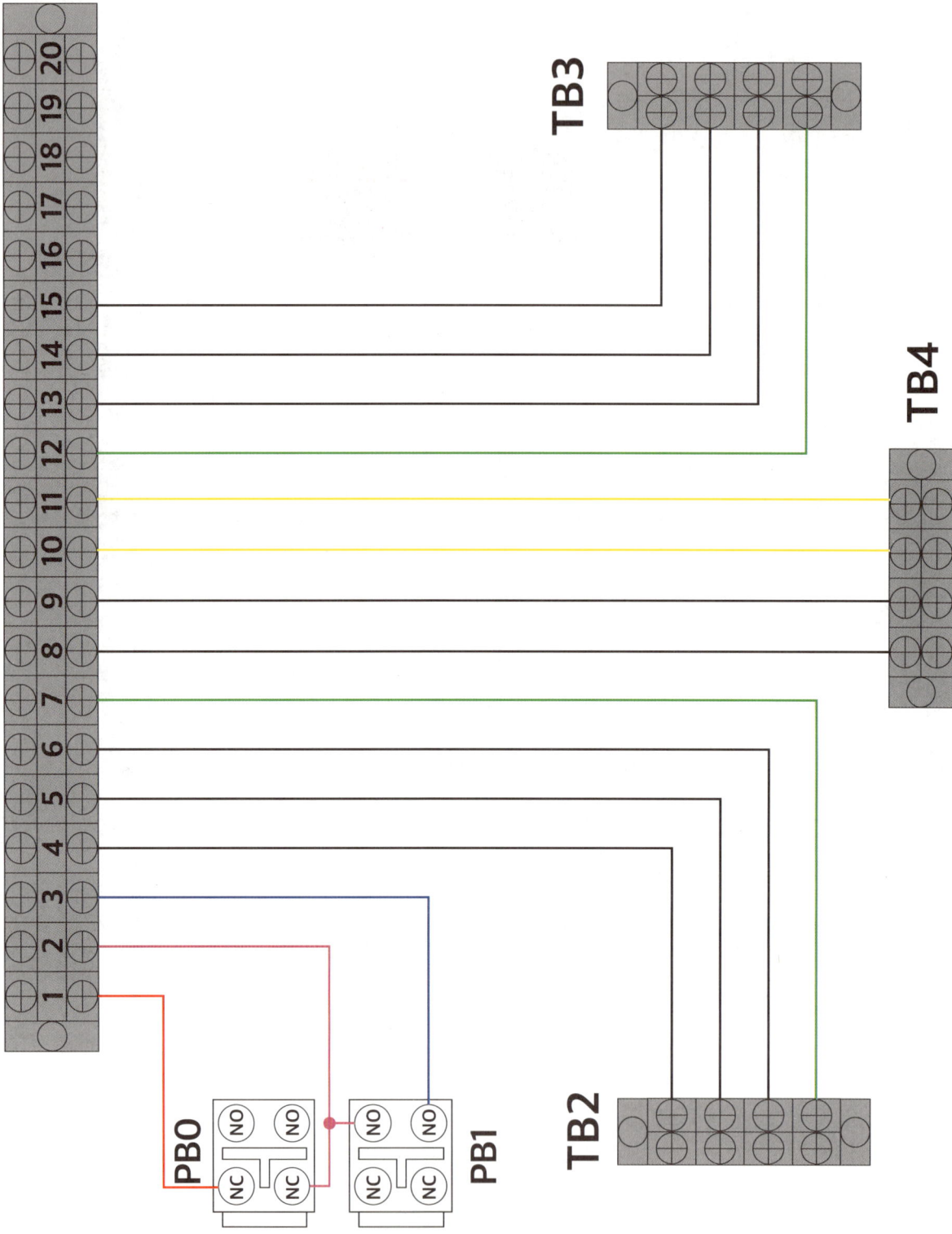

TYPE 2 전동기 제어회로

14 전기기능사 실기 공개문제

제어회로의 동작 사항

가) MCCB를 통해 전원을 투입하면, 전자식과전류계전기 EOCR에 전원이 공급되고, 램프 WL이 점등된다.

나) 푸시버튼 스위치 PB1 동작 사항

(1) 리밋스위치 LS1과 LS2가 모두 감지된 상태에서 푸시버튼 스위치 PB1을 누르면, 타이머 T1, 전자접촉기 MC1이 여자되어, 전동기 M1이 회전하고, 램프 RL이 점등, 램프 WL이 소등된다.

(2) 전동기 M1이 회전 상태

 (가) 타이머 T1의 설정시간 t1초 후, 타이머 T1, 전자접촉기 MC1이 소자되어, 전동기 M1이 정지하고, 램프 RL이 소등, 램프 WL이 점등된다.

 (나) 리밋스위치 LS1과 LS2 중 어떤 하나라도 감지가 해제되면, 타이머 T1, 전자접촉기 MC1이 소자되어, 전동기 M1이 정지하고, 램프 RL이 소등, 램프 WL이 점등된다.

다) 푸시버튼 스위치 PB2 동작 사항

(1) 리밋스위치 LS1 또는 LS2 중 어떤 하나 이상이 감지된 상태에서 푸시버튼 스위치 PB2를 누르면, 타이머 T2, 전자접촉기 MC2가 여자되어, 전동기 M2가 회전하고, 램프 GL이 점등, 램프 WL이 소등된다.

(2) 전동기 M2가 회전 상태

 (가) 타이머 T2의 설정시간 t2초 후, 타이머 T2, 전자접촉기 MC2가 소자되어, 전동기 M2가 정지하고, 램프 GL이 소등, 램프 WL이 점등된다.

 (나) 리밋스위치 LS1과 LS2의 감지가 모두 해제되면, 타이머 T2, 전자접촉기 MC2가 소자되어, 전동기 M2가 정지하고, 램프 GL이 소등, 램프 WL이 점등된다.

라) 제어회로가 동작하는 중 푸시버튼 스위치 PB0를 누르면, 제어회로 및 전동기 동작은 모두 정지된다.

마) EOCR 동작 사항

(1) 전동기가 운전하는 중 전동기의 과부하로 과전류가 흐르면, 전자식과전류계전기 EOCR이 동작되어 전동기는 정지하고, 램프 YL이 점등된다.

(2) 전자식과전류계전기 EOCR을 리셋(RESET)하면 제어회로는 초기 상태로 복귀된다.

※ 동작 내용은 단순 참고 사항이며, 모든 동작은 시퀀스 회로를 기준으로 합니다.

도면

| 자격 종목 | 전기기능사 | 과제명 | 전기설비의 배선 및 배관공사 |

1. 배관 및 기구 배치도

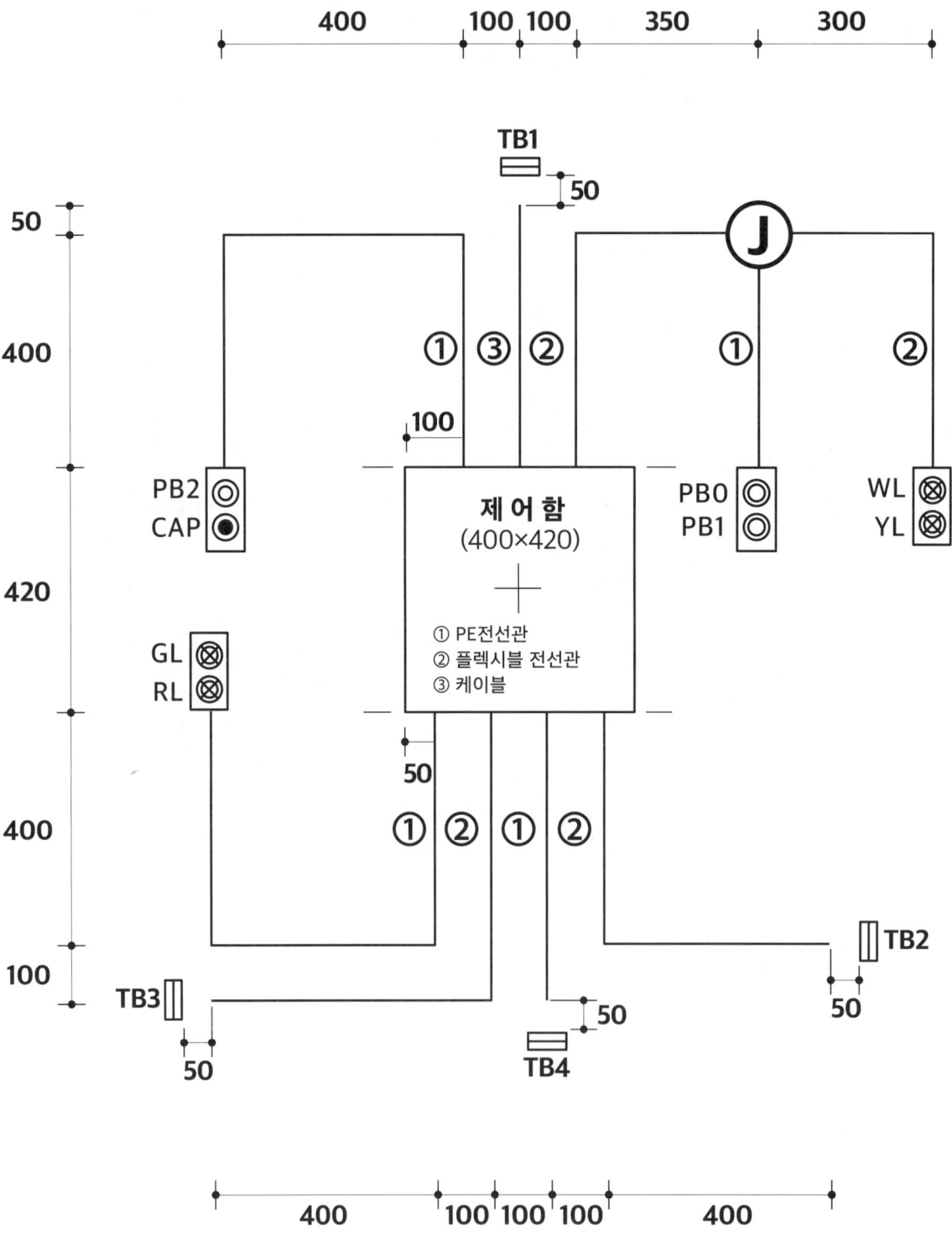

※ NOTE: 치수 기준점은 제어함의 중심으로 한다.

2. 제어판 내부 기구 배치도

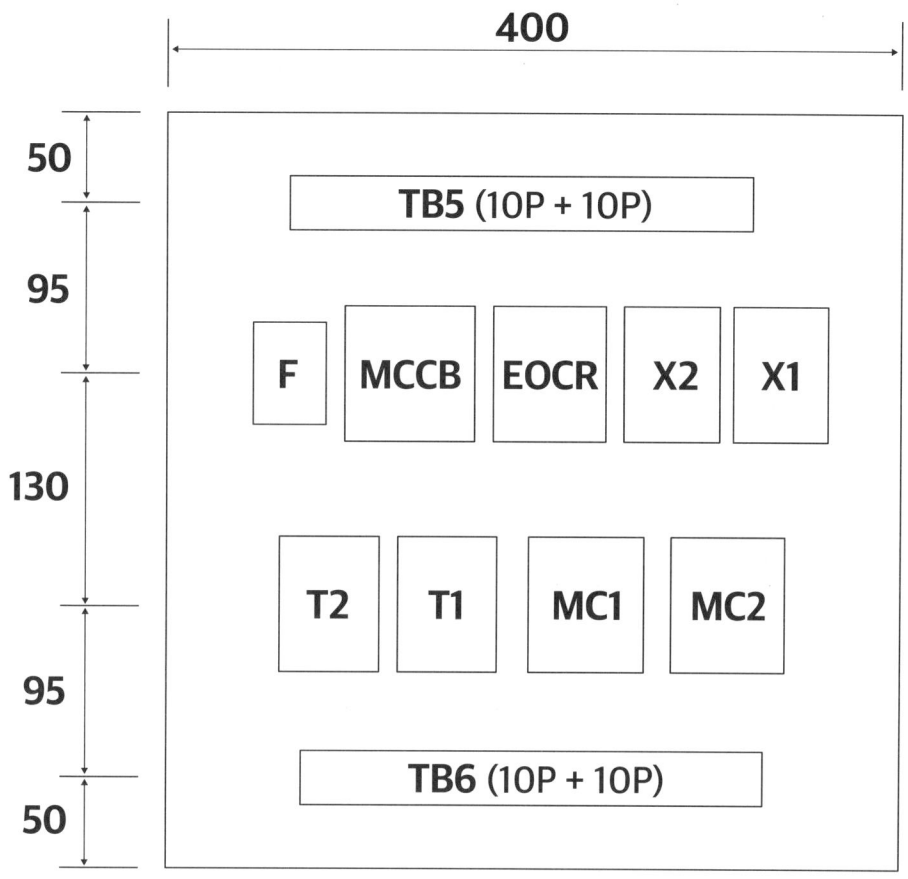

기호	명칭	기호	명칭
TB1	전원 (단자대 4P)	PB0	푸시버튼 스위치 (적색)
TB2, TB3	전동기 (단자대 4P)	PB1	푸시버튼 스위치 (녹색)
TB4	LS1, LS2 (단자대 4P)	PB2	푸시버튼 스위치 (녹색)
TB5, TB6	단자대 (10P+10P)	YL	램프 (황색)
MC1, MC2	전자접촉기 (12P)	GL	램프 (녹색)
EOCR	EOCR (12P)	RL	램프 (적색)
X1, X2	릴레이 (8P)	WL	램프 (백색)
T1, T2	타이머 (8P)	CAP	홀마개
F	퓨즈 및 퓨즈홀더	Ⓙ	8각 박스
MCCB	배선용차단기		

3. 제어회로의 시퀀스 회로도 (※ 본 도면은 시험을 위해서 임의로 구성한 것으로 상용도면과 상이할 수 있습니다.)

4. 기구의 내부 결선도 및 구성도

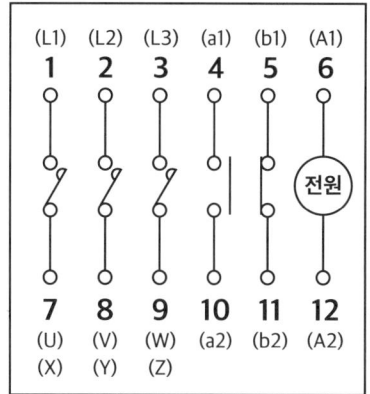

[전자접촉기]

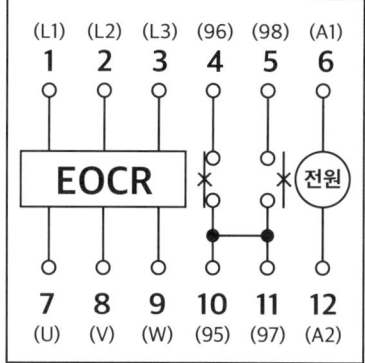

[EOCR]

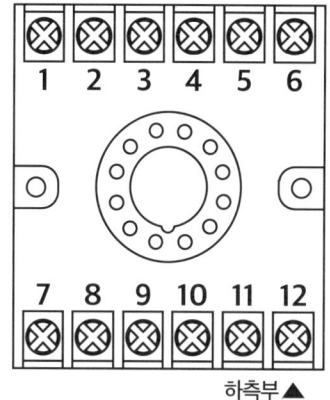

[12P 소켓(베이스) 구성도]

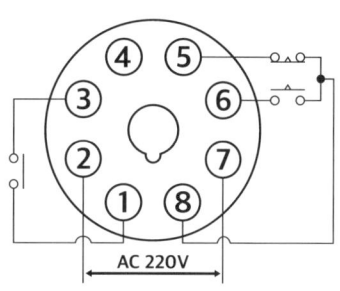

[타이머]

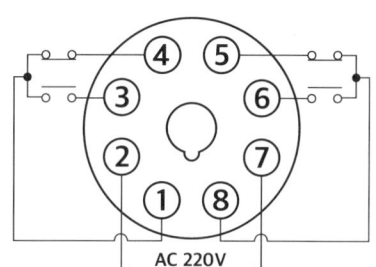

[8P 릴레이]

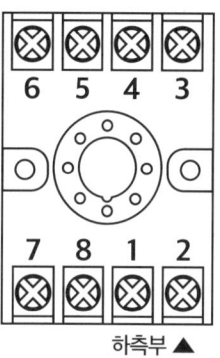

[8P 소켓(베이스) 구성도]

지급재료 목록

일련번호	재료명	규격	단위	수량	비고
1	합판	400 × 420 × 12mm	장	1	
2	케이블타이	100mm	개	25	
3	나사못	3.5 × 25	개	4	납작머리
4	나사못	4 × 12	개	96	납작머리
5	나사못	4 × 16	개	16	둥근머리
6	나사못	4 × 20	개	18	둥근머리
7	케이블	4C 2.5mm^2	m	1	
8	케이블 새들	4C 케이블용	개	2	
9	케이블 커넥터	4C 케이블용	개	1	
10	유리관 퓨즈 및 홀더	250V 30A	개	1	퓨즈 10A 2개 포함
11	새들	16mm 전선관용	개	40	
12	8각 박스	철제	개	1	
13	PE 전선관	16mm	m	6	
14	플렉시블 전선관	16mm	m	6	
15	커넥터	16mm	개	7	PE 전선관용
16	커넥터	16mm	개	7	플렉시블 전선관용
17	비닐절연전선	1.5mm^2(1/1.38), 황색	m	50	
18	비닐절연전선	2.5mm^2(1/1.78), 갈색	m	5	
19	비닐절연전선	2.5mm^2(1/1.78), 흑색	m	5	
20	비닐절연전선	2.5mm^2(1/1.78), 회색	m	5	
21	비닐절연전선	2.5mm^2(1/1.78), 녹색-황색	m	5	

일련번호	재료명	규격	단위	수량	비고
22	단자대	10P 20A 220V	개	4	
23	단자대	4P 20A 220V	개	4	
24	배선용차단기	3P, AC250V, 30A	개	1	
25	12P 소켓	12P	개	3	12P 기구 겸용
26	8P 소켓	8P	개	4	8P 기구 겸용
27	램프	25Ø, 220V	개	4	적 1, 녹 1, 황 1, 백 1
28	푸시버튼 스위치	25Ø, 1a1b	개	3	적 1, 녹 2
29	컨트롤 박스	25Ø, 2구	개	4	
30	홀마개	25Ø	개	1	재사용
31	전자접촉기	AC220V, 12P	개	2	채점용
32	EOCR	AC220V, 12P	개	1	채점용
33	타이머	AC220V, 8P	개	2	채점용
34	릴레이	AC220V, 8P	개	2	채점용

※ 국가기술자격 실기시험 지급재료는 시험종료 후(기권, 결시자 포함) 수험자에게 지급하지 않습니다.

TYPE 2 전동기 제어회로

14 전기기능사 실기 해설

제어핀의 핀 번호와 단자대 작성

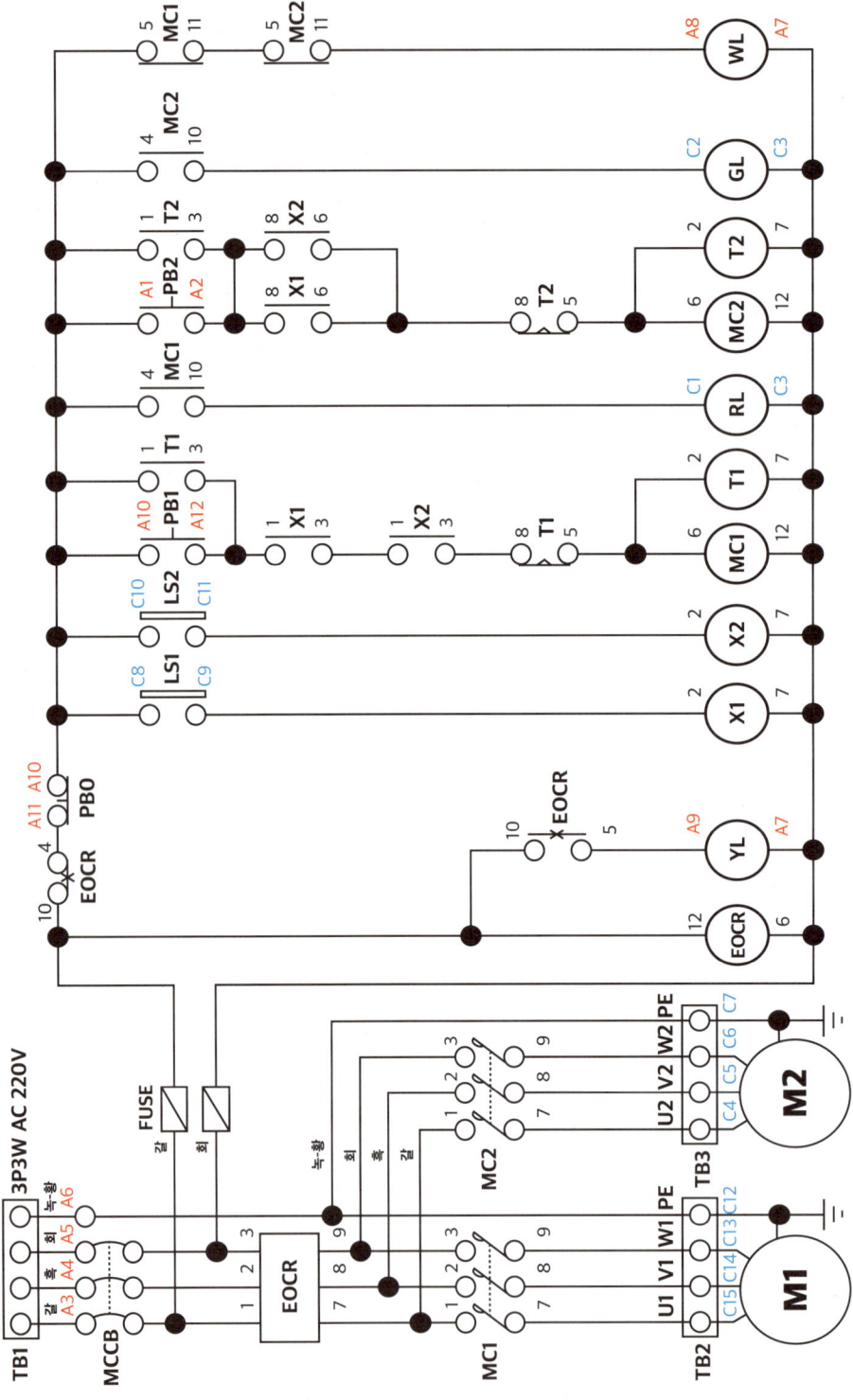

제어_주회로 결선 작성

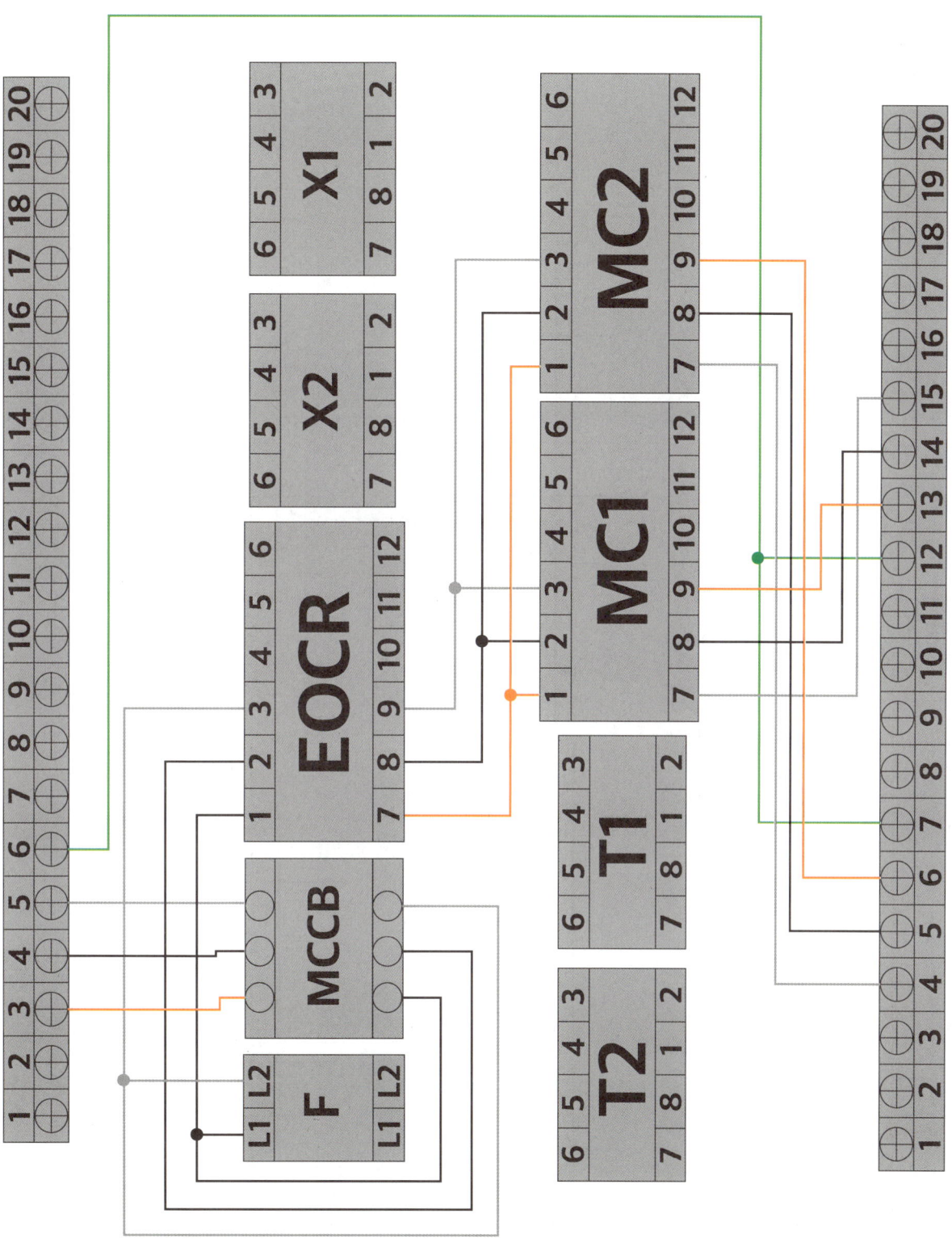

제어_보조회로 결선 작성

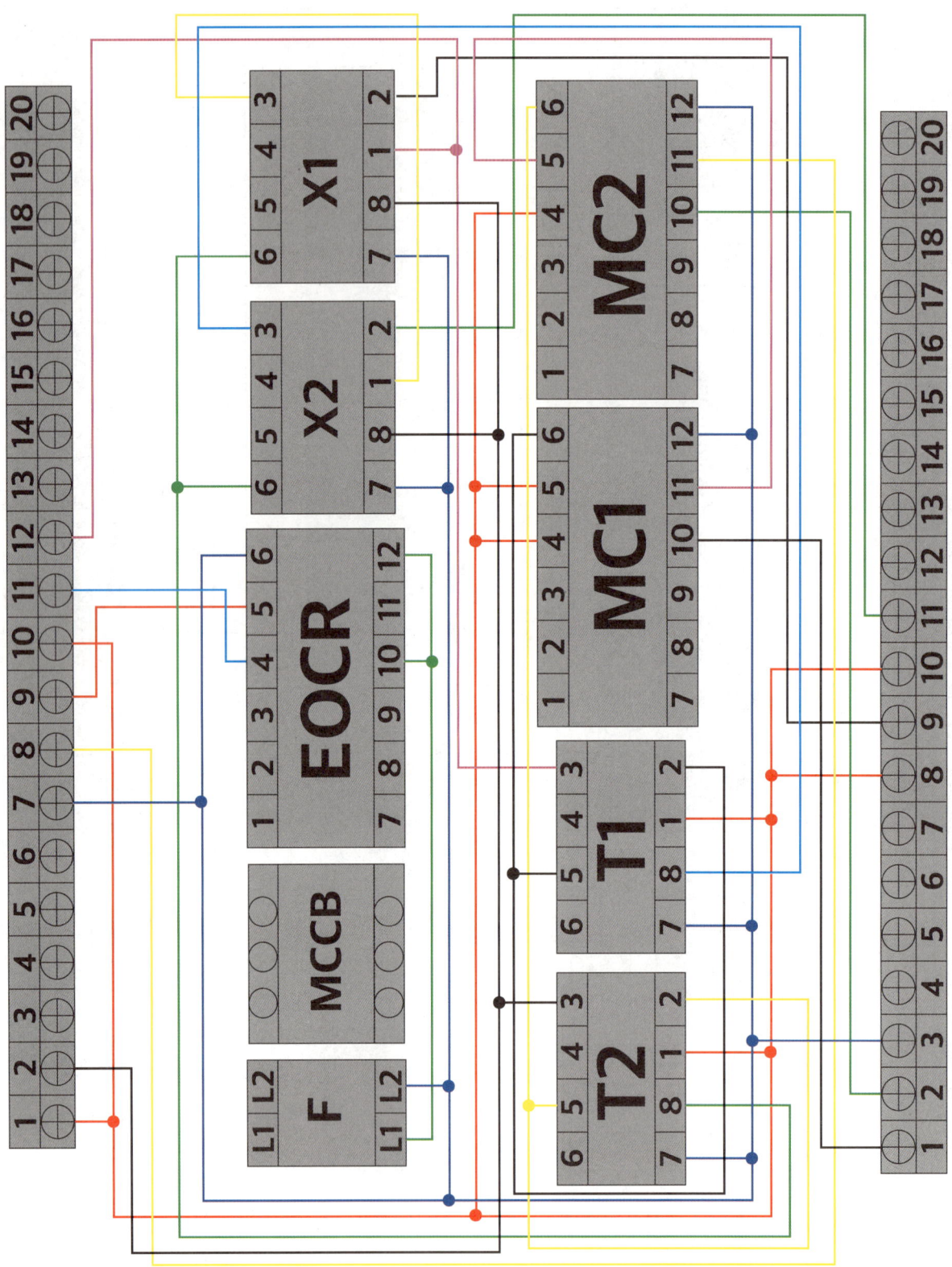

단자대_위쪽

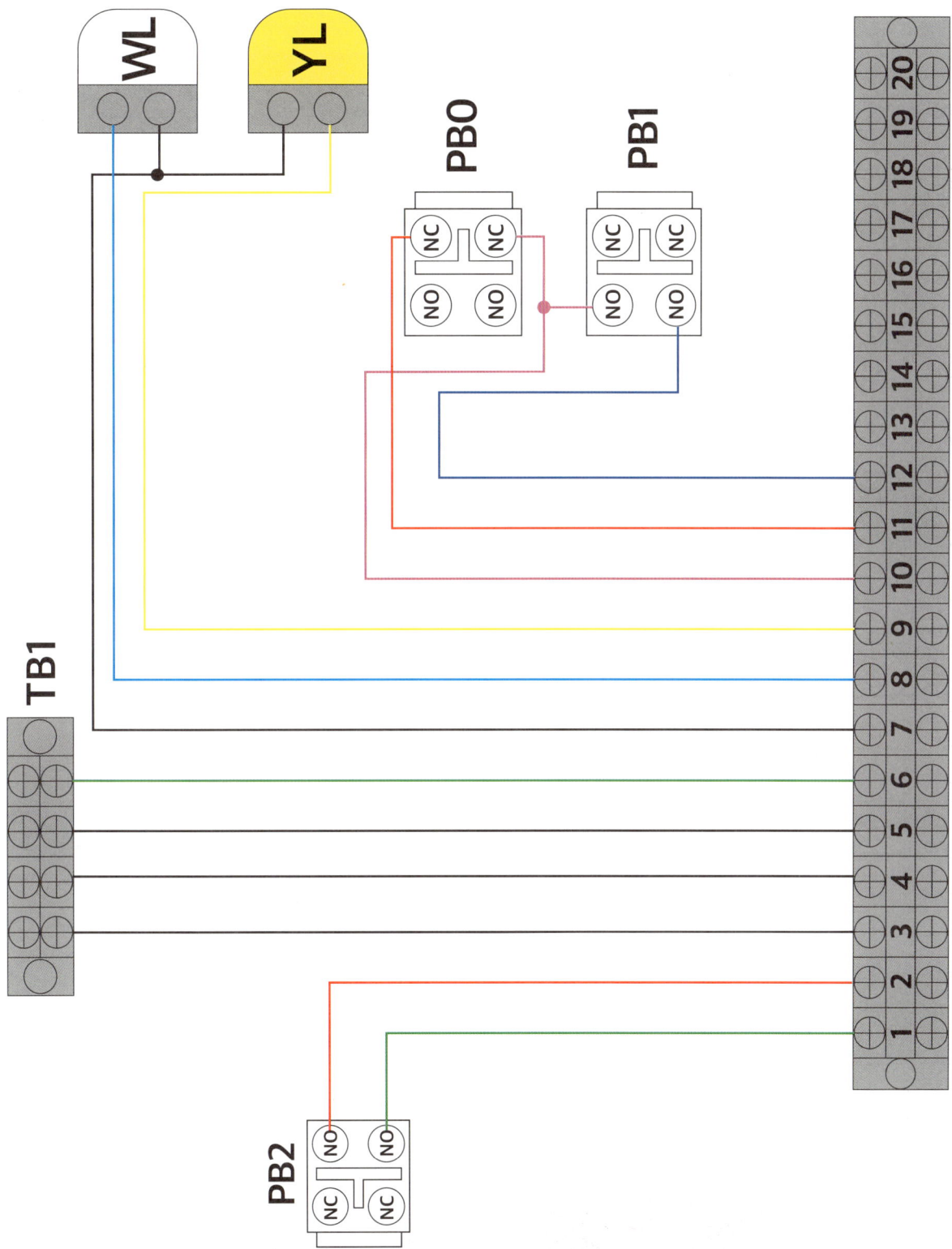

단자대_아래쪽

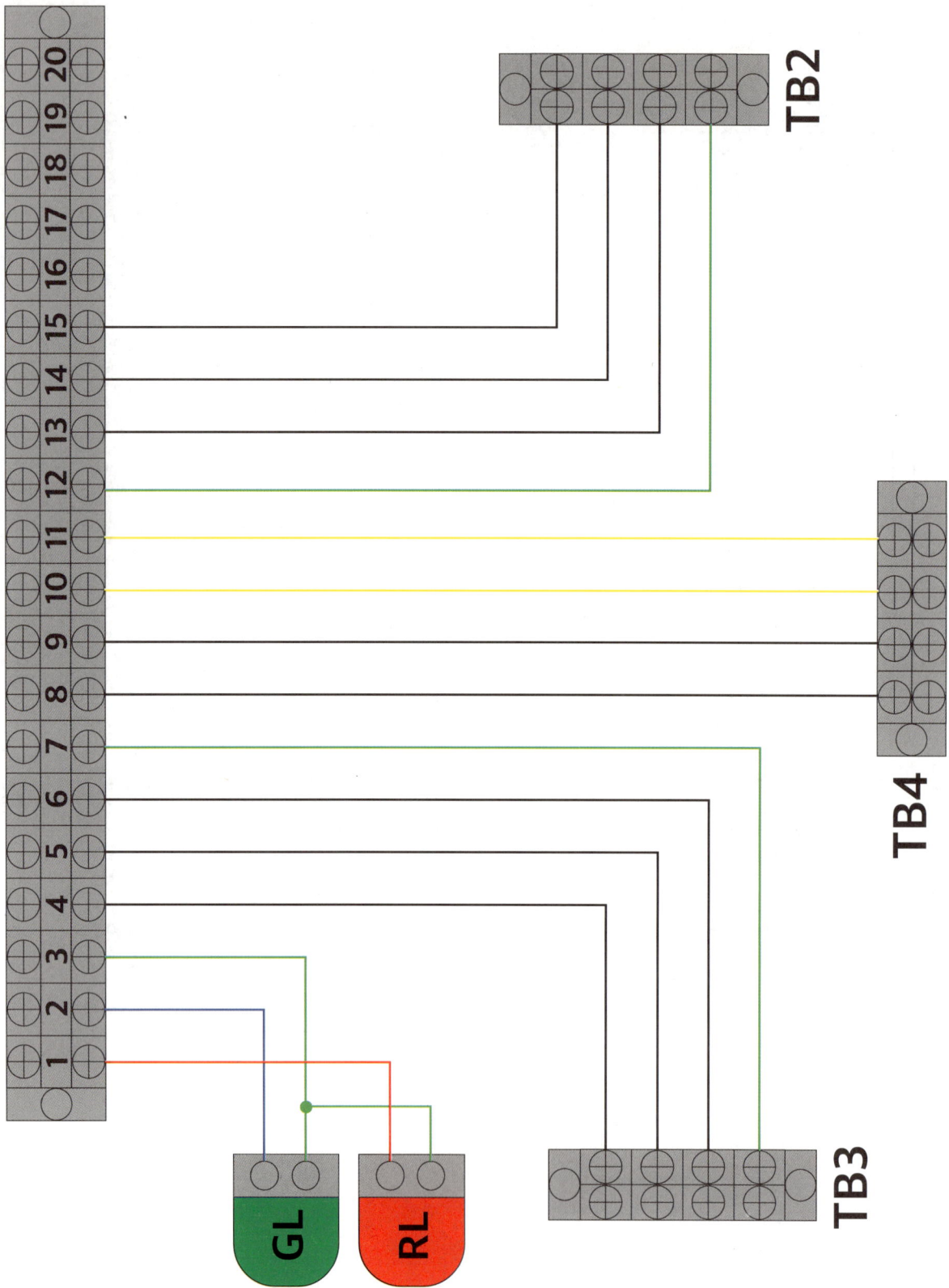

TYPE 2 전동기 제어회로

15 전기기능사 실기 공개문제

제어회로의 동작 사항

가) MCCB를 통해 전원을 투입하면, 전자식과전류계전기 EOCR에 전원이 공급되고, 램프 WL이 점등된다.

나) 푸시버튼 스위치 PB1 동작 사항
   (1) 리밋스위치 LS1 또는 LS2 중 어떤 하나 이상이 감지된 상태에서 푸시버튼 스위치 PB1을 누르면, 타이머 T1, 전자접촉기 MC1이 여자되어, 전동기 M1이 회전하고, 램프 RL이 점등, 램프 WL이 소등된다.
   (2) 전동기 M1이 회전 상태
      (가) 타이머 T1의 설정시간 t_1초 후, 타이머 T1, 전자접촉기 MC1이 소자되어, 전동기 M1이 정지하고, 램프 RL이 소등, 램프 WL이 점등된다.
      (나) 리밋스위치 LS1과 LS2의 감지가 모두 해제되어도 동작의 변화는 없다.

다) 푸시버튼 스위치 PB2 동작 사항
   (1) 리밋스위치 LS1과 LS2가 모두 감지된 상태에서 푸시버튼 스위치 PB2를 누르면, 타이머 T2, 전자접촉기 MC2가 여자되어, 전동기 M2가 회전하고, 램프 GL이 점등, 램프 WL이 소등된다.
   (2) 전동기 M2가 회전 상태
      (가) 타이머 T2의 설정시간 t_2초 후, 타이머 T2, 전자접촉기 MC2가 소자되어, 전동기 M2가 정지하고, 램프 GL이 소등, 램프 WL이 점등된다.
      (나) 리밋스위치 LS1과 LS2의 감지가 모두 해제되어도 동작의 변화는 없다.

라) 제어회로가 동작하는 중 푸시버튼 스위치 PB0를 누르면, 제어회로 및 전동기 동작은 모두 정지된다.

마) EOCR 동작 사항
   (1) 전동기가 운전하는 중 전동기의 과부하로 과전류가 흐르면, 전자식과전류계전기 EOCR이 동작되어 전동기는 정지하고, 램프 YL이 점등된다.
   (2) 전자식과전류계전기 EOCR을 리셋(RESET)하면 제어회로는 초기 상태로 복귀된다.

※ 동작 내용은 단순 참고 사항이며, 모든 동작은 시퀀스 회로를 기준으로 합니다.

| 자격 종목 | 전기기능사 | 과제명 | 전기설비의 배선 및 배관공사 |

1. 배관 및 기구 배치도

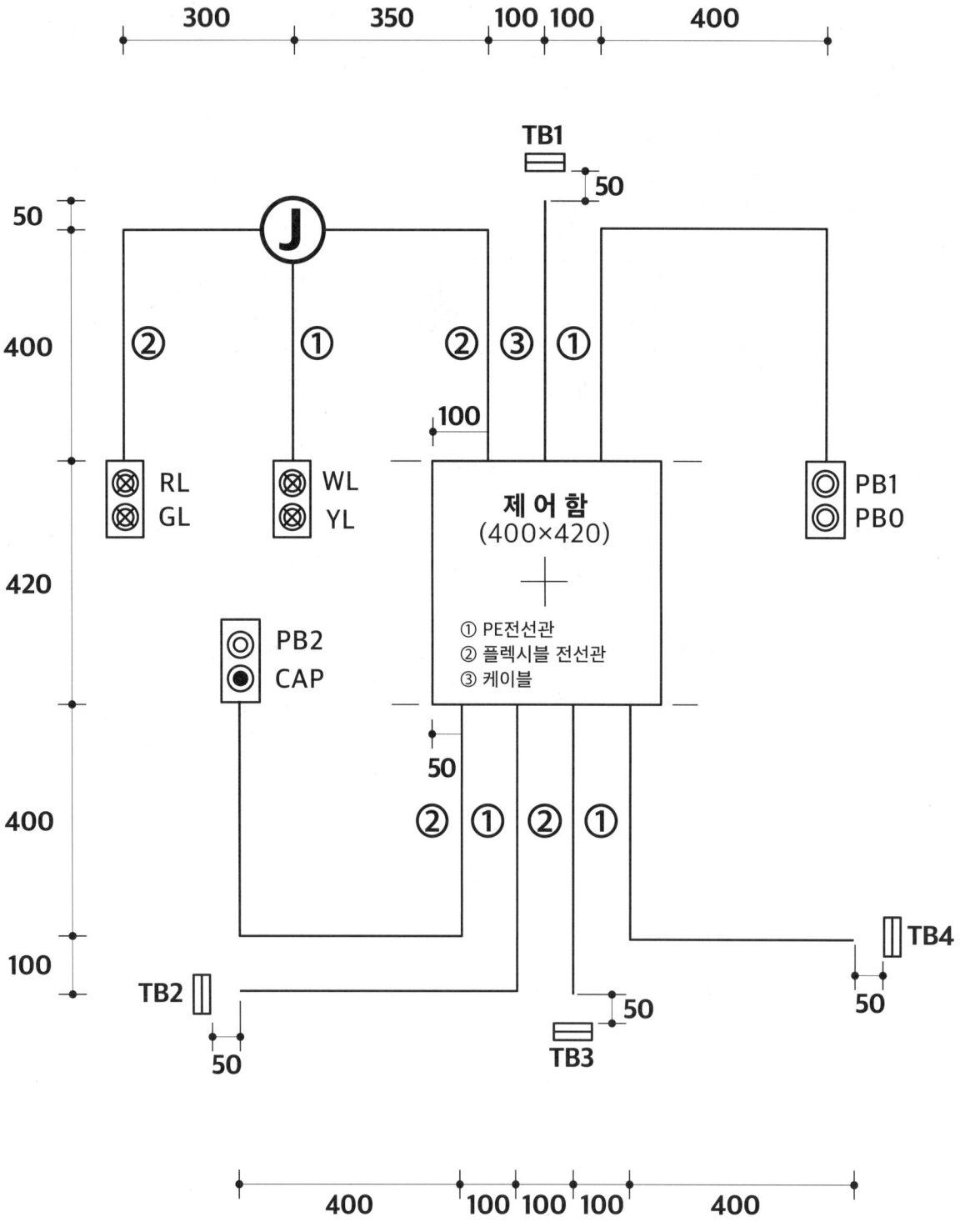

※ NOTE: 치수 기준점은 제어함의 중심으로 한다.

2. 제어판 내부 기구 배치도

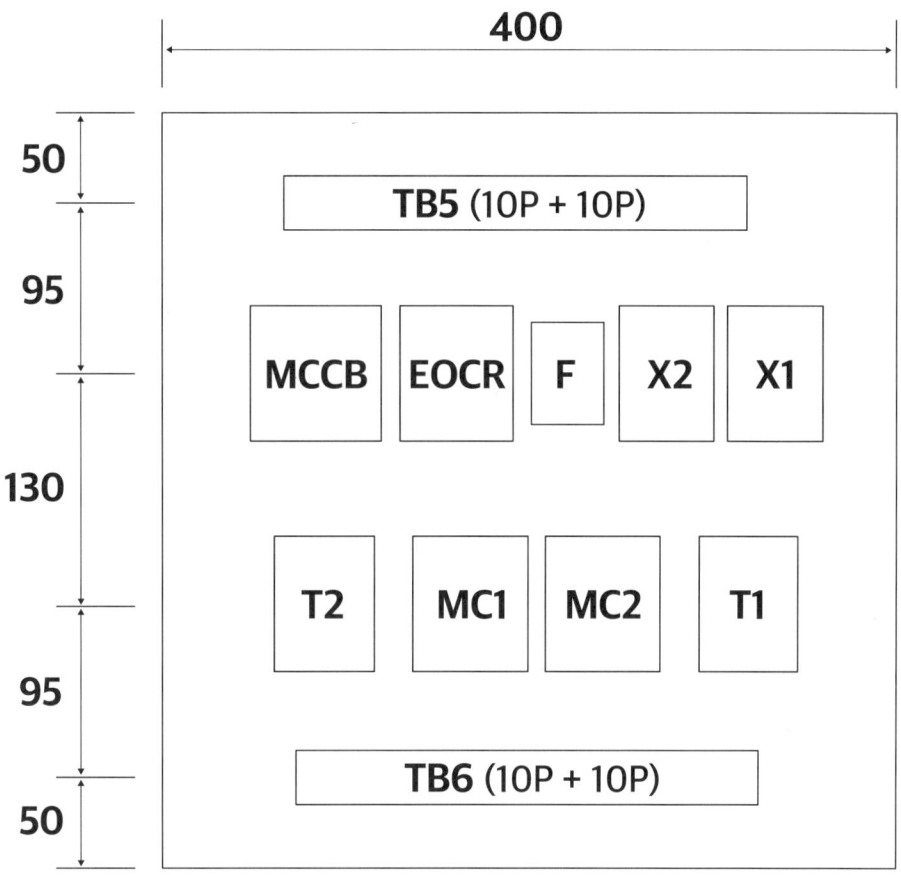

기호	명칭	기호	명칭
TB1	전원 (단자대 4P)	PB0	푸시버튼 스위치 (적색)
TB2, TB3	전동기 (단자대 4P)	PB1	푸시버튼 스위치 (녹색)
TB4	LS1, LS2 (단자대 4P)	PB2	푸시버튼 스위치 (녹색)
TB5, TB6	단자대 (10P+10P)	YL	램프 (황색)
MC1, MC2	전자접촉기 (12P)	GL	램프 (녹색)
EOCR	EOCR (12P)	RL	램프 (적색)
X1, X2	릴레이 (8P)	WL	램프 (백색)
T1, T2	타이머 (8P)	CAP	홀마개
F	퓨즈 및 퓨즈홀더	Ⓙ	8각 박스
MCCB	배선용차단기		

3. 제어회로의 시퀀스 회로도 (※ 본 도면은 시험을 위해서 임의로 구성한 것으로 상용도면과 상이할 수 있습니다.)

4. 기구의 내부 결선도 및 구성도

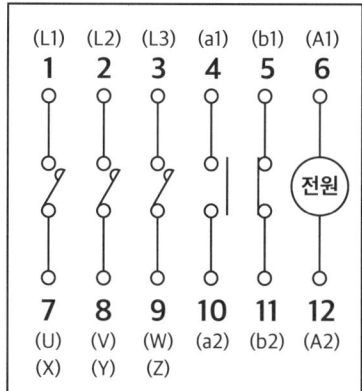

[전자접촉기]

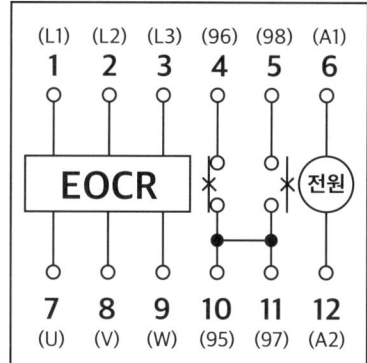

[EOCR]

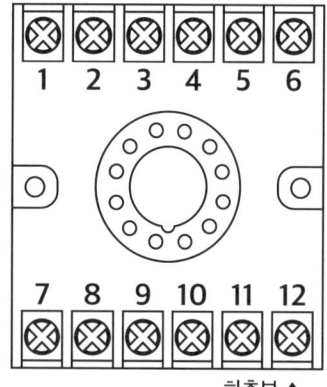

[12P 소켓(베이스) 구성도]

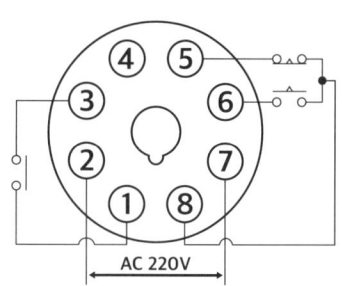

[타이머]

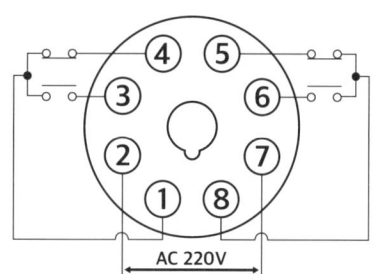

[8P 릴레이]

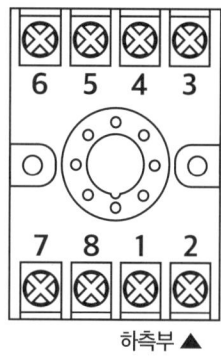

[8P 소켓(베이스) 구성도]

지급재료 목록

일련번호	재료명	규격	단위	수량	비고
1	합판	400 × 420 × 12mm	장	1	
2	케이블타이	100mm	개	25	
3	나사못	3.5 × 25	개	4	납작머리
4	나사못	4 × 12	개	96	납작머리
5	나사못	4 × 16	개	16	둥근머리
6	나사못	4 × 20	개	18	둥근머리
7	케이블	4C 2.5mm^2	m	1	
8	케이블 새들	4C 케이블용	개	2	
9	케이블 커넥터	4C 케이블용	개	1	
10	유리관 퓨즈 및 홀더	250V 30A	개	1	퓨즈 10A 2개 포함
11	새들	16mm 전선관용	개	40	
12	8각 박스	철제	개	1	
13	PE 전선관	16mm	m	6	
14	플렉시블 전선관	16mm	m	6	
15	커넥터	16mm	개	7	PE 전선관용
16	커넥터	16mm	개	7	플렉시블 전선관용
17	비닐절연전선	1.5mm^2(1/1.38), 황색	m	50	
18	비닐절연전선	2.5mm^2(1/1.78), 갈색	m	5	
19	비닐절연전선	2.5mm^2(1/1.78), 흑색	m	5	
20	비닐절연전선	2.5mm^2(1/1.78), 회색	m	5	
21	비닐절연전선	2.5mm^2(1/1.78), 녹색-황색	m	5	

일련번호	재료명	규격	단위	수량	비고
22	단자대	10P 20A 220V	개	4	
23	단자대	4P 20A 220V	개	4	
24	배선용차단기	3P, AC250V, 30A	개	1	
25	12P 소켓	12P	개	3	12P 기구 겸용
26	8P 소켓	8P	개	4	8P 기구 겸용
27	램프	25Ø, 220V	개	4	적 1, 녹 1, 황 1, 백 1
28	푸시버튼 스위치	25Ø, 1a1b	개	3	적 1, 녹 2
29	컨트롤 박스	25Ø, 2구	개	4	
30	홀마개	25Ø	개	1	재사용
31	전자접촉기	AC220V, 12P	개	2	채점용
32	EOCR	AC220V, 12P	개	1	채점용
33	타이머	AC220V, 8P	개	2	채점용
34	릴레이	AC220V, 8P	개	2	채점용

※ 국가기술자격 실기시험 지급재료는 시험종료 후(기권, 결시자 포함) 수험자에게 지급하지 않습니다.

TYPE 2 전동기 제어회로

15 전기기능사 실기 해설

제어핀의 핀 번호와 단자대 작성

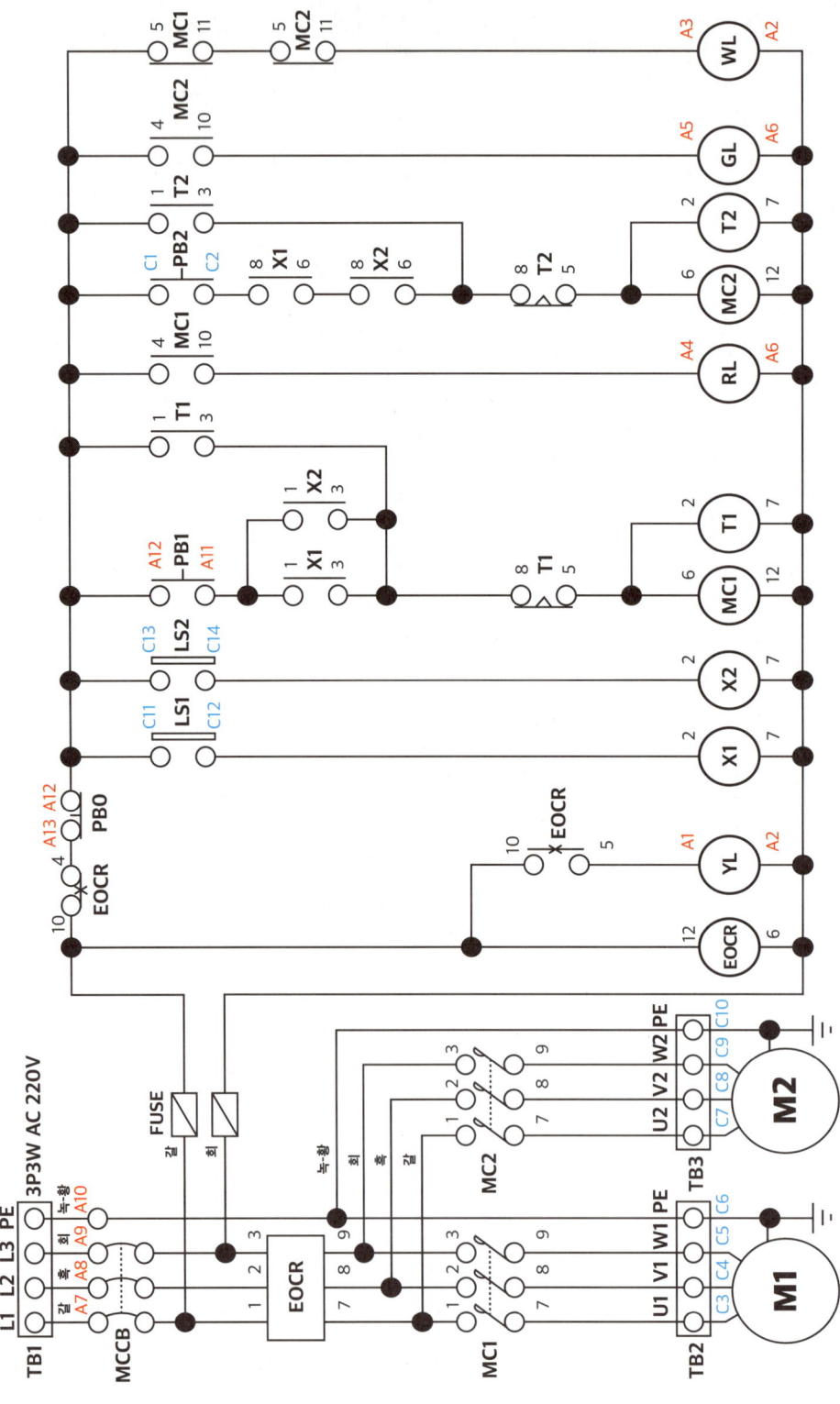

제어_주회로 결선 작성

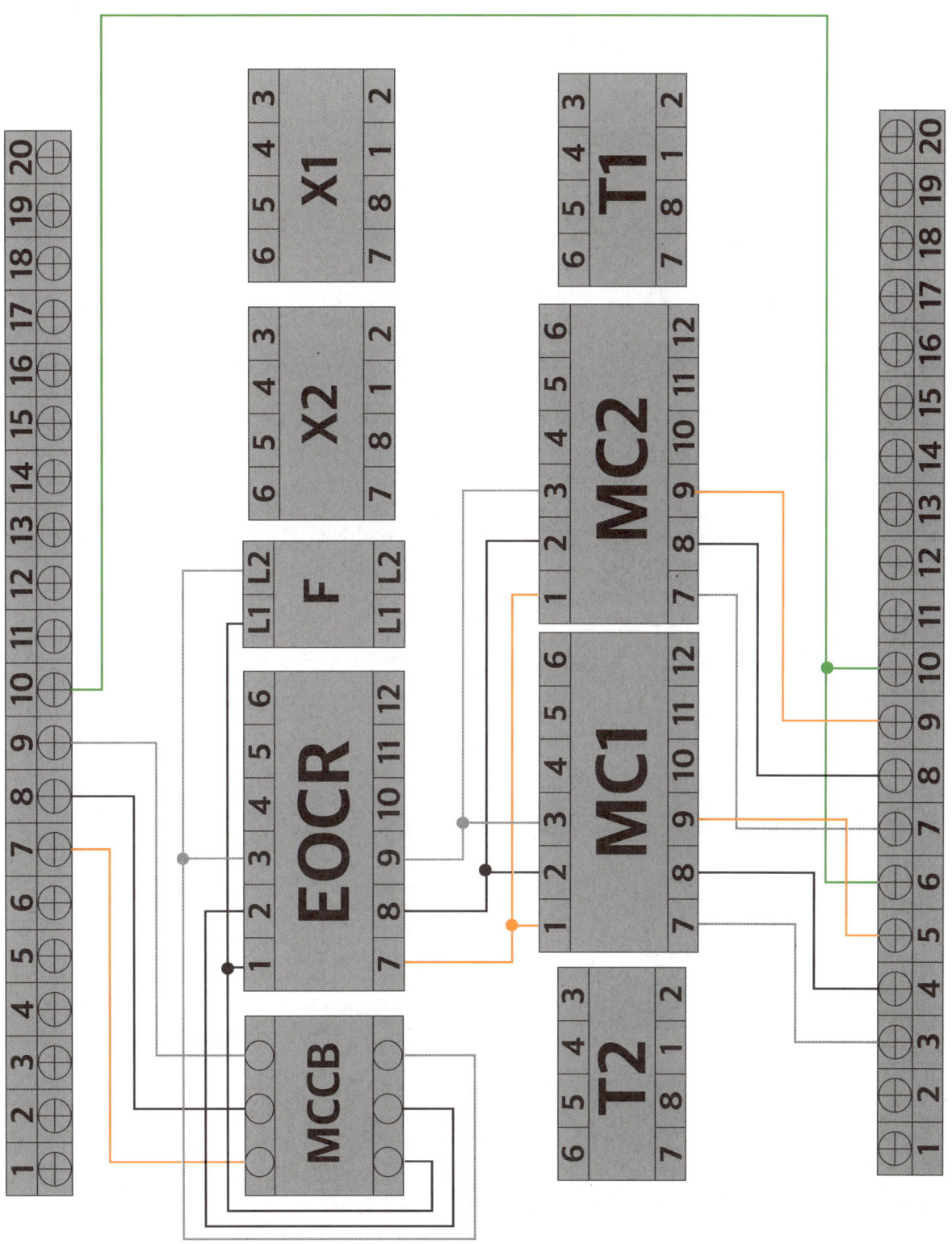

제어_보조회로 결선 작성

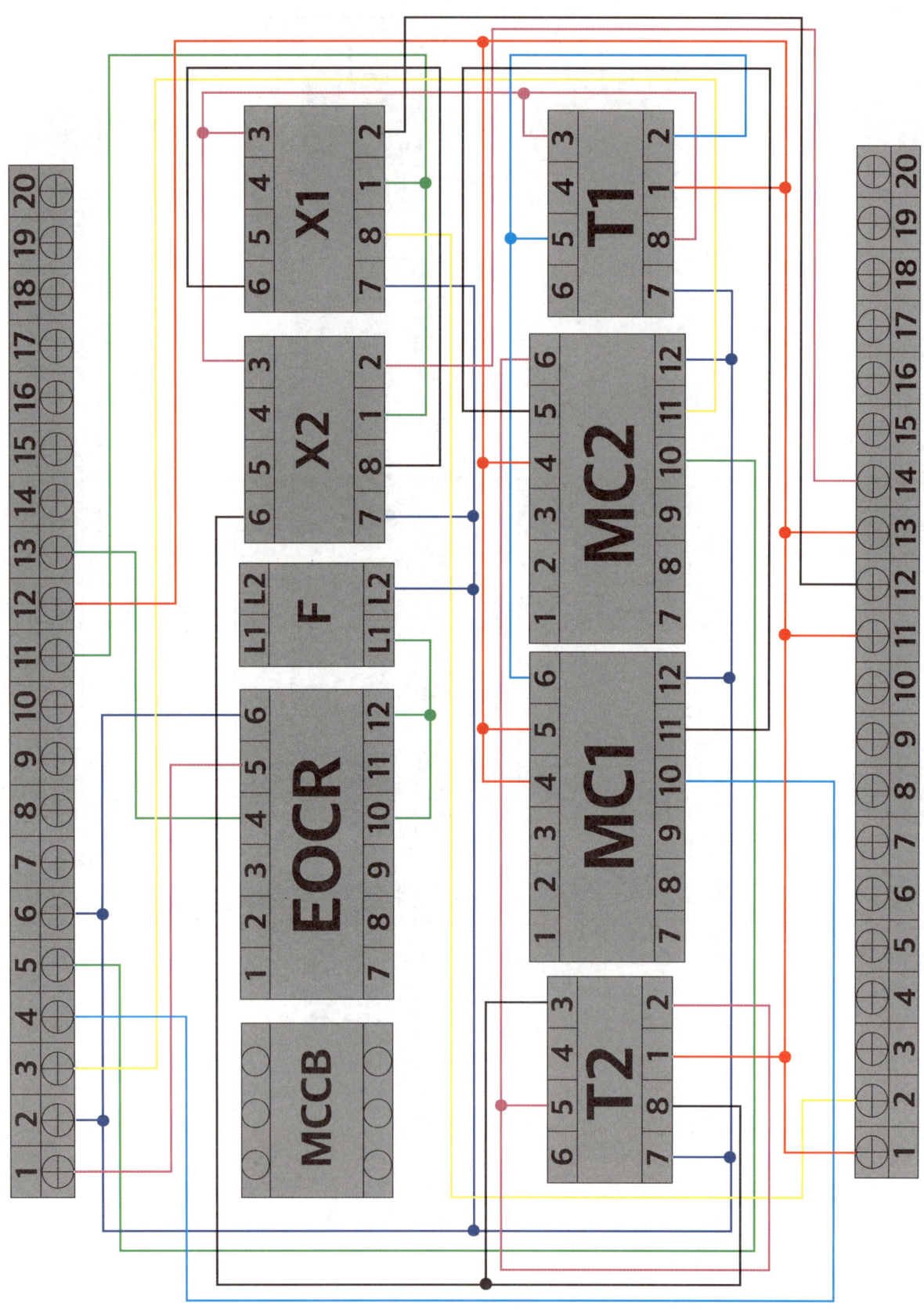

단자대_위쪽

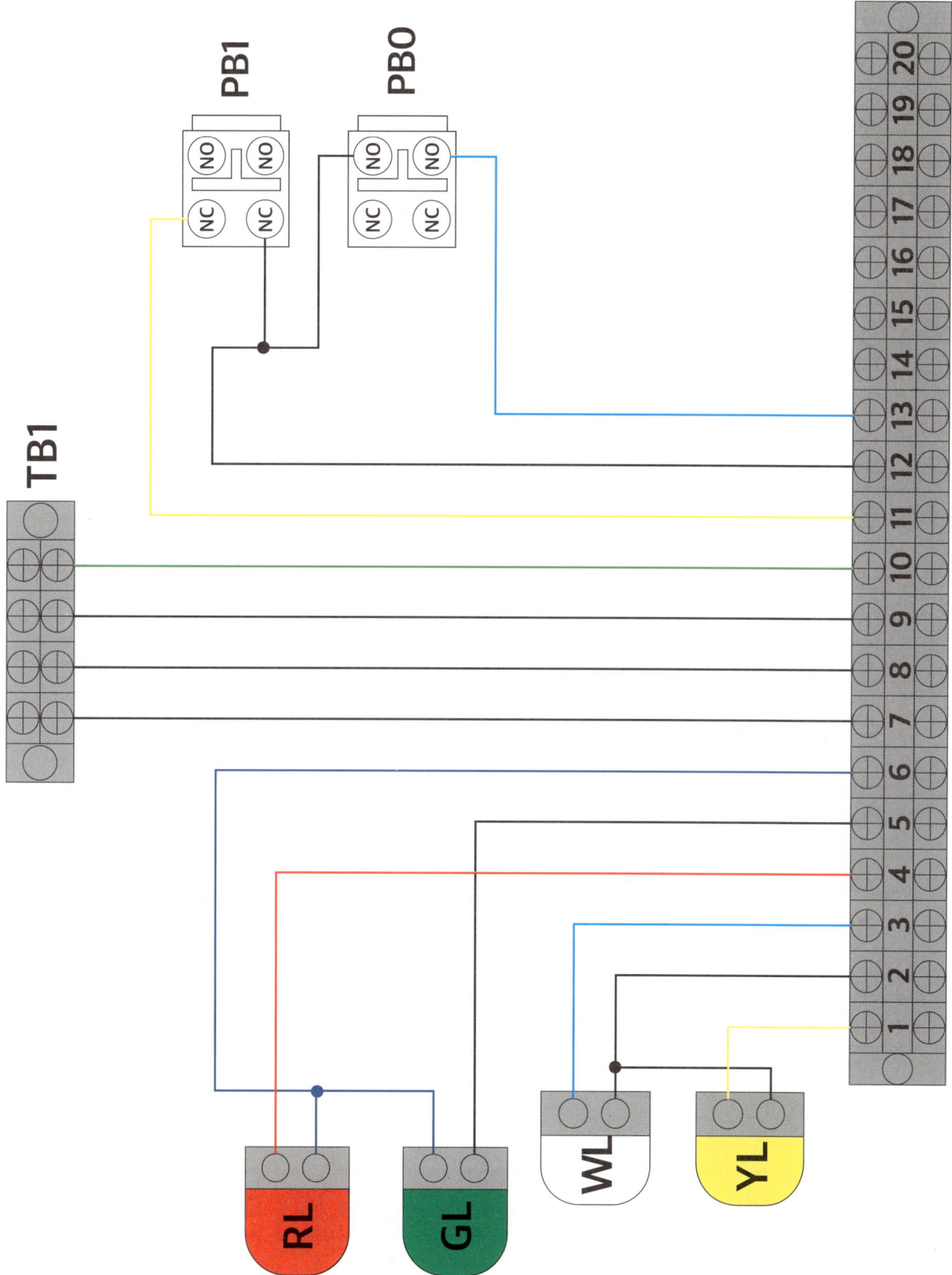

단자대_아래쪽

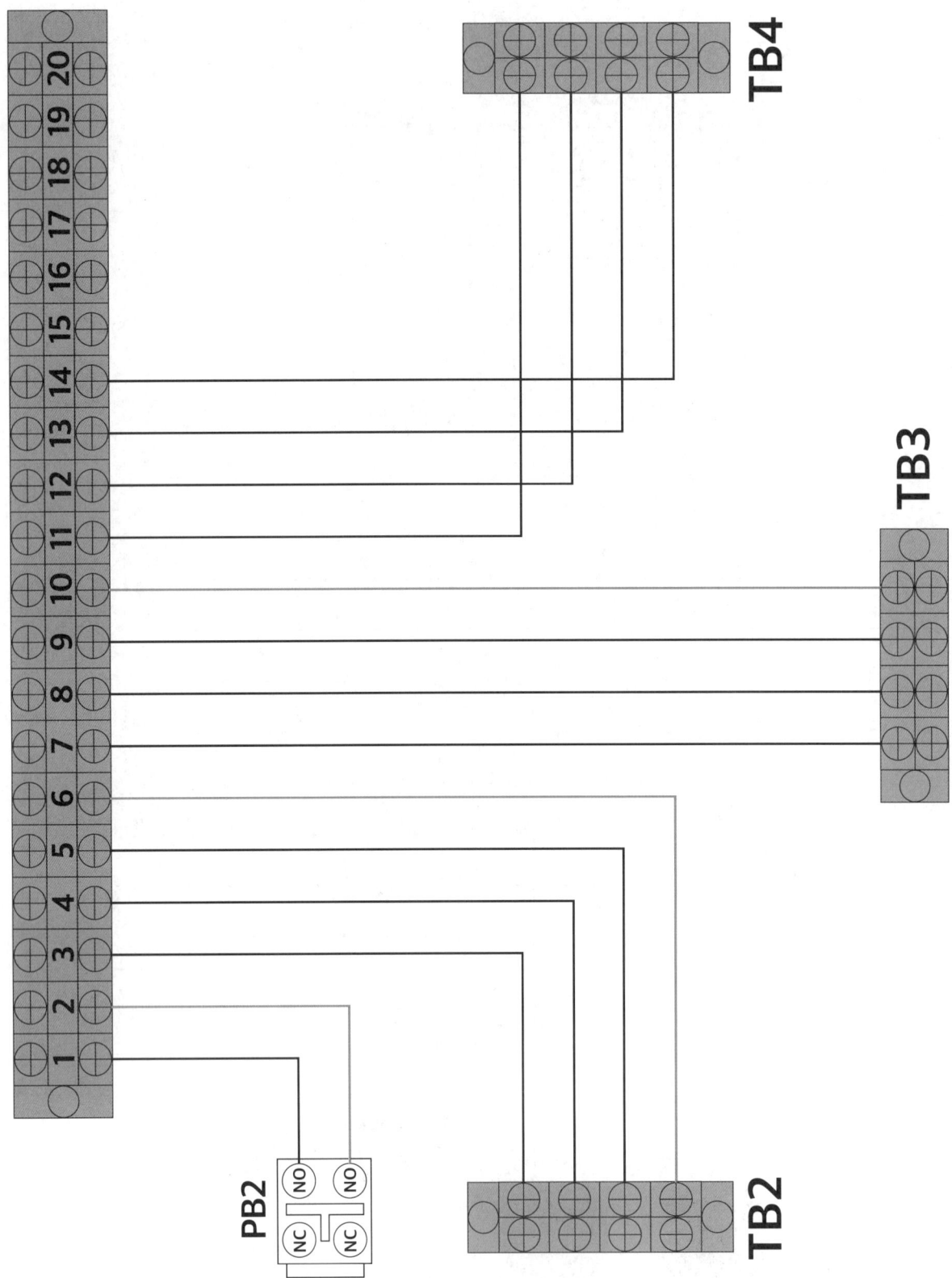

TYPE 2 전동기 제어회로

16 전기기능사 실기 공개문제

제어회로의 동작 사항

가) MCCB를 통해 전원을 투입하면, 전자식과전류계전기 EOCR에 전원이 공급된다.

나) 푸시버튼 스위치 PB1 동작 사항
  (1) 리밋스위치 LS1이 감지되면, 타이머 T1이 여자되고, 푸시버튼 스위치 PB2 또는 타이머 T2에 의한 전동기 M2의 동작이 가능한 상태로 된다.
  (2) 푸시버튼 스위치 PB1을 누르거나 타이머 T1의 설정시간 t1초 후, 릴레이 X1, 전자접촉기 MC1이 여자되어, 전동기 M1이 회전하고, 램프 RL이 점등된다.
  (3) 리밋스위치 LS1의 감지가 해제되어도 전동기 M1에 대한 동작의 변화는 없다.

다) 푸시버튼 스위치 PB2 동작 사항
  (1) 리밋스위치 LS1이 감지된 상태
    (가) 푸시버튼 스위치 PB2를 누르면, 릴레이 X2, 전자접촉기 MC2가 여자되어, 전동기 M2가 회전하고, 램프 GL이 점등된다.
    (나) 리밋스위치 LS2가 감지되면,
      ① 타이머 T2, 릴레이 X2, 전자접촉기 MC2가 여자되어, 전동기 M2가 회전하며 램프 GL이 점등된다.
      ② 타이머 T2의 설정시간 t2초 후, 전자접촉기 MC2가 소자되어, 전동기 M2가 정지하고, 램프 GL이 소등, 램프 WL이 점등된다.
      ③ 리밋스위치 LS2의 감지가 해제되면, 전자접촉기 MC2가 여자되어, 전동기 M2가 회전하며 램프 GL이 점등, 램프 WL이 소등된다.

라) 제어회로가 동작하는 중 푸시버튼 스위치 PB0를 누르면, 제어회로 및 전동기 동작은 모두 정지된다.

마) EOCR 동작 사항
  (1) 전동기가 운전하는 중 전동기의 과부하로 과전류가 흐르면, 전자식과전류계전기 EOCR이 동작되어 전동기는 정지하고, 램프 YL이 점등된다.
  (2) 전자식과전류계전기 EOCR을 리셋(RESET)하면 제어회로는 초기 상태로 복귀된다.

※ 동작 내용은 단순 참고 사항이며, 모든 동작은 시퀀스 회로를 기준으로 합니다.

도면

| 자격 종목 | 전기기능사 | 과제명 | 전기설비의 배선 및 배관공사 |

1. 배관 및 기구 배치도

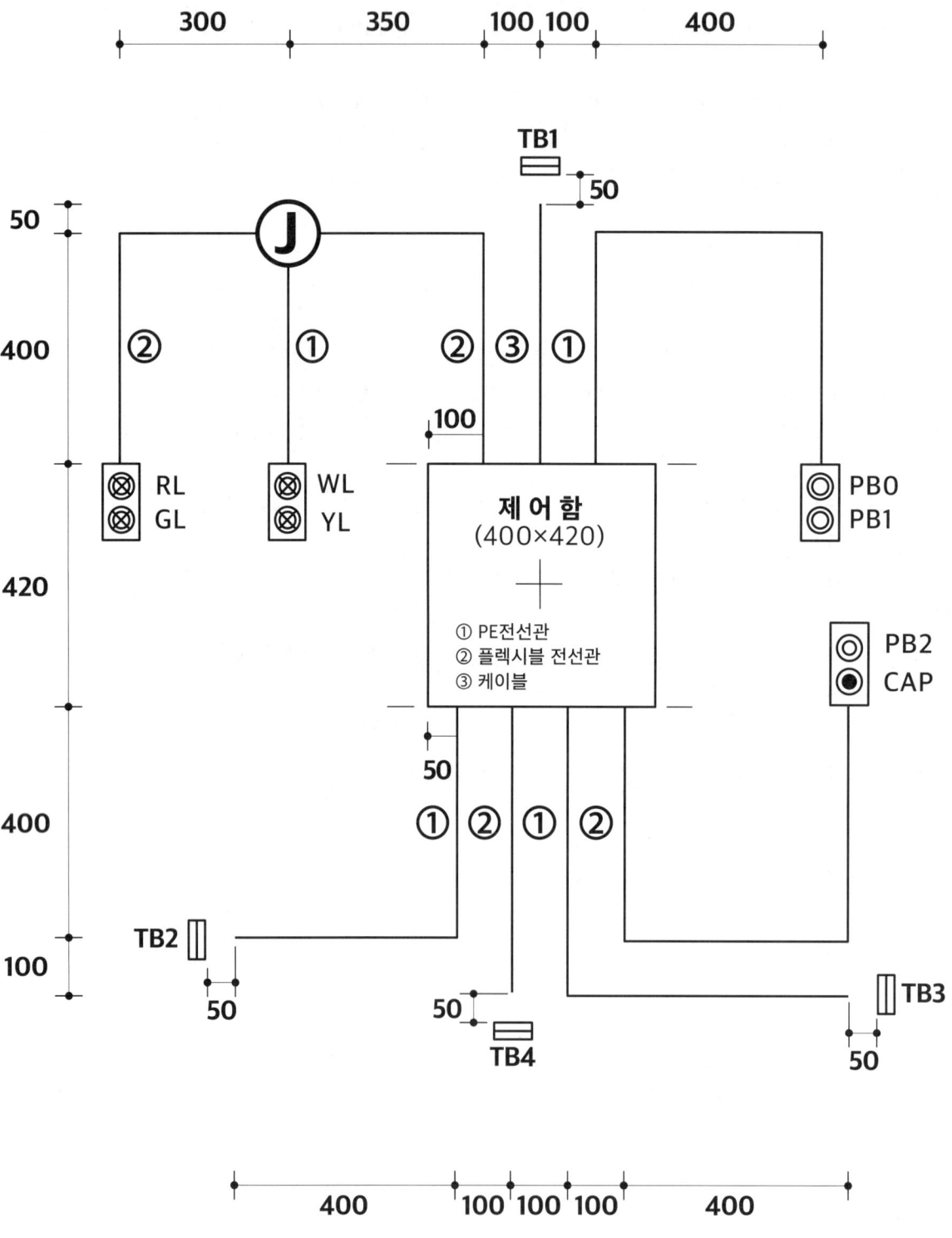

※ NOTE: 치수 기준점은 제어함의 중심으로 한다.

2. 제어판 내부 기구 배치도

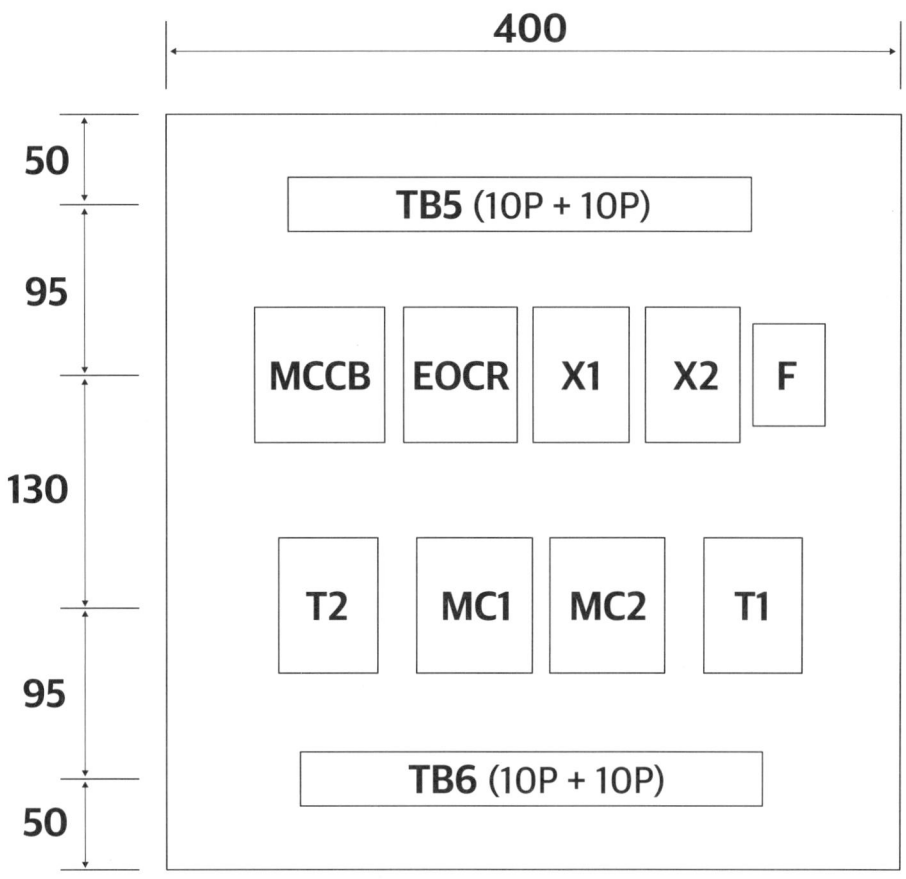

기호	명칭	기호	명칭
TB1	전원 (단자대 4P)	PB0	푸시버튼 스위치 (적색)
TB2, TB3	전동기 (단자대 4P)	PB1	푸시버튼 스위치 (녹색)
TB4	LS1, LS2 (단자대 4P)	PB2	푸시버튼 스위치 (녹색)
TB5, TB6	단자대 (10P+10P)	YL	램프 (황색)
MC1, MC2	전자접촉기 (12P)	GL	램프 (녹색)
EOCR	EOCR (12P)	RL	램프 (적색)
X1, X2	릴레이 (8P)	WL	램프 (백색)
T1, T2	타이머 (8P)	CAP	홀마개
F	퓨즈 및 퓨즈홀더	Ⓙ	8각 박스
MCCB	배선용차단기		

3. 제어회로의 시퀀스 회로도 (※ 본 도면은 시험을 위해서 임의로 구성한 것으로 상용도면과 상이할 수 있습니다.)

4. 기구의 내부 결선도 및 구성도

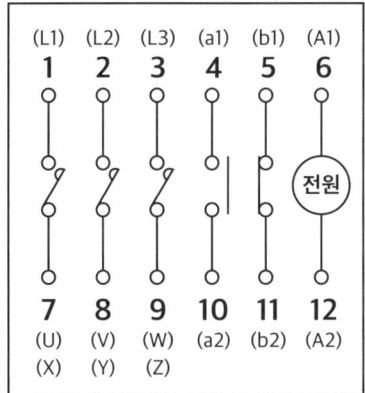

[전자접촉기]

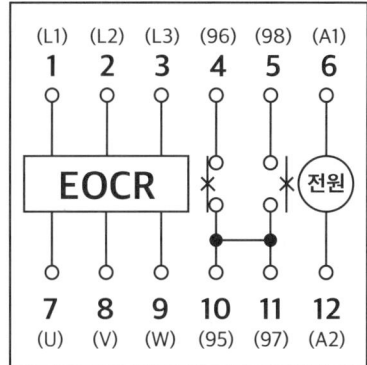

[EOCR]

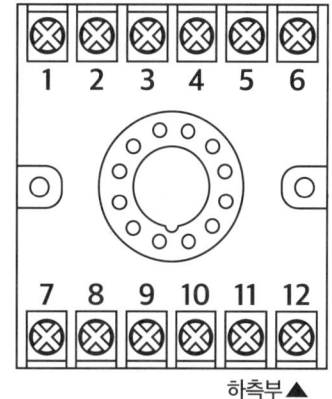

[12P 소켓(베이스) 구성도]

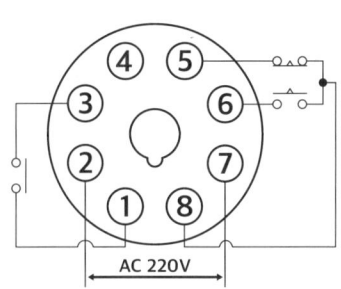

[타이머]

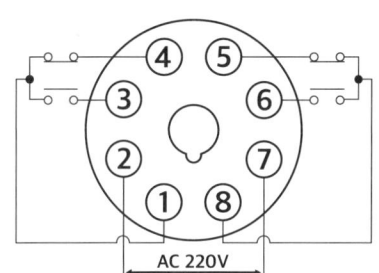

[8P 릴레이]

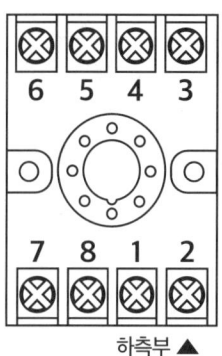

[8P 소켓(베이스) 구성도]

지급재료 목록

일련번호	재료명	규격	단위	수량	비고
1	합판	400 × 420 × 12mm	장	1	
2	케이블타이	100mm	개	25	
3	나사못	3.5 × 25	개	4	납작머리
4	나사못	4 × 12	개	96	납작머리
5	나사못	4 × 16	개	16	둥근머리
6	나사못	4 × 20	개	18	둥근머리
7	케이블	4C 2.5mm^2	m	1	
8	케이블 새들	4C 케이블용	개	2	
9	케이블 커넥터	4C 케이블용	개	1	
10	유리관 퓨즈 및 홀더	250V 30A	개	1	퓨즈 10A 2개 포함
11	새들	16mm 전선관용	개	40	
12	8각 박스	철제	개	1	
13	PE 전선관	16mm	m	6	
14	플렉시블 전선관	16mm	m	6	
15	커넥터	16mm	개	7	PE 전선관용
16	커넥터	16mm	개	7	플렉시블 전선관용
17	비닐절연전선	1.5mm^2(1/1.38), 황색	m	50	
18	비닐절연전선	2.5mm^2(1/1.78), 갈색	m	5	
19	비닐절연전선	2.5mm^2(1/1.78), 흑색	m	5	
20	비닐절연전선	2.5mm^2(1/1.78), 회색	m	5	
21	비닐절연전선	2.5mm^2(1/1.78), 녹색-황색	m	5	

일련번호	재료명	규격	단위	수량	비고
22	단자대	10P 20A 220V	개	4	
23	단자대	4P 20A 220V	개	4	
24	배선용차단기	3P, AC250V, 30A	개	1	
25	12P 소켓	12P	개	3	12P 기구 겸용
26	8P 소켓	8P	개	4	8P 기구 겸용
27	램프	25Ø, 220V	개	4	적 1, 녹 1, 황 1, 백 1
28	푸시버튼 스위치	25Ø, 1a1b	개	3	적 1, 녹 2
29	컨트롤 박스	25Ø, 2구	개	4	
30	홀마개	25Ø	개	1	재사용
31	전자접촉기	AC220V, 12P	개	2	채점용
32	EOCR	AC220V, 12P	개	1	채점용
33	타이머	AC220V, 8P	개	2	채점용
34	릴레이	AC220V, 8P	개	2	채점용

※ 국가기술자격 실기시험 지급재료는 시험종료 후(기권, 결시자 포함) 수험자에게 지급하지 않습니다.

TYPE 2 전동기 제어회로

16 전기기능사 실기 해설

제어핀의 핀 번호와 단자대 작성

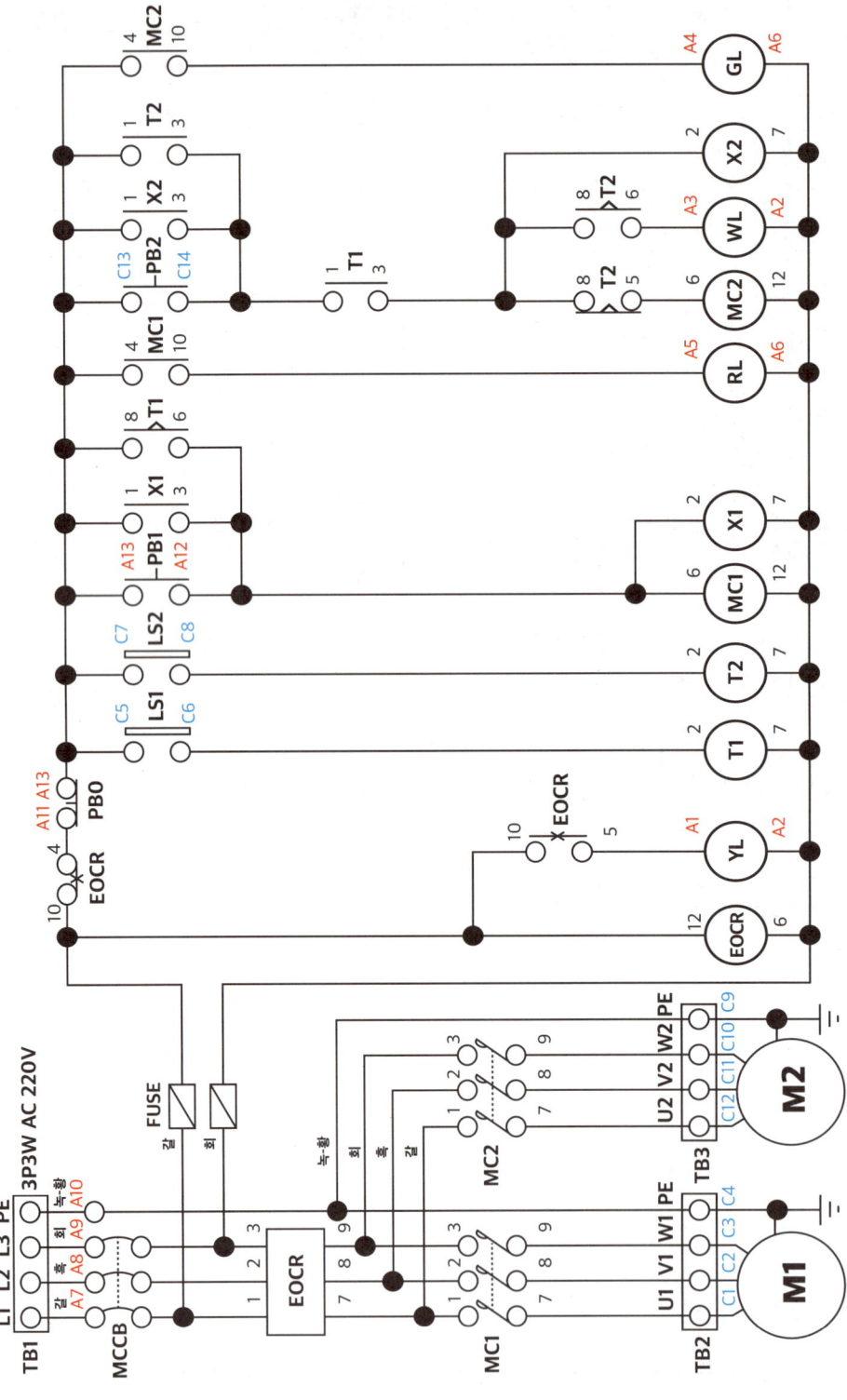

제어_주회로 결선 작성

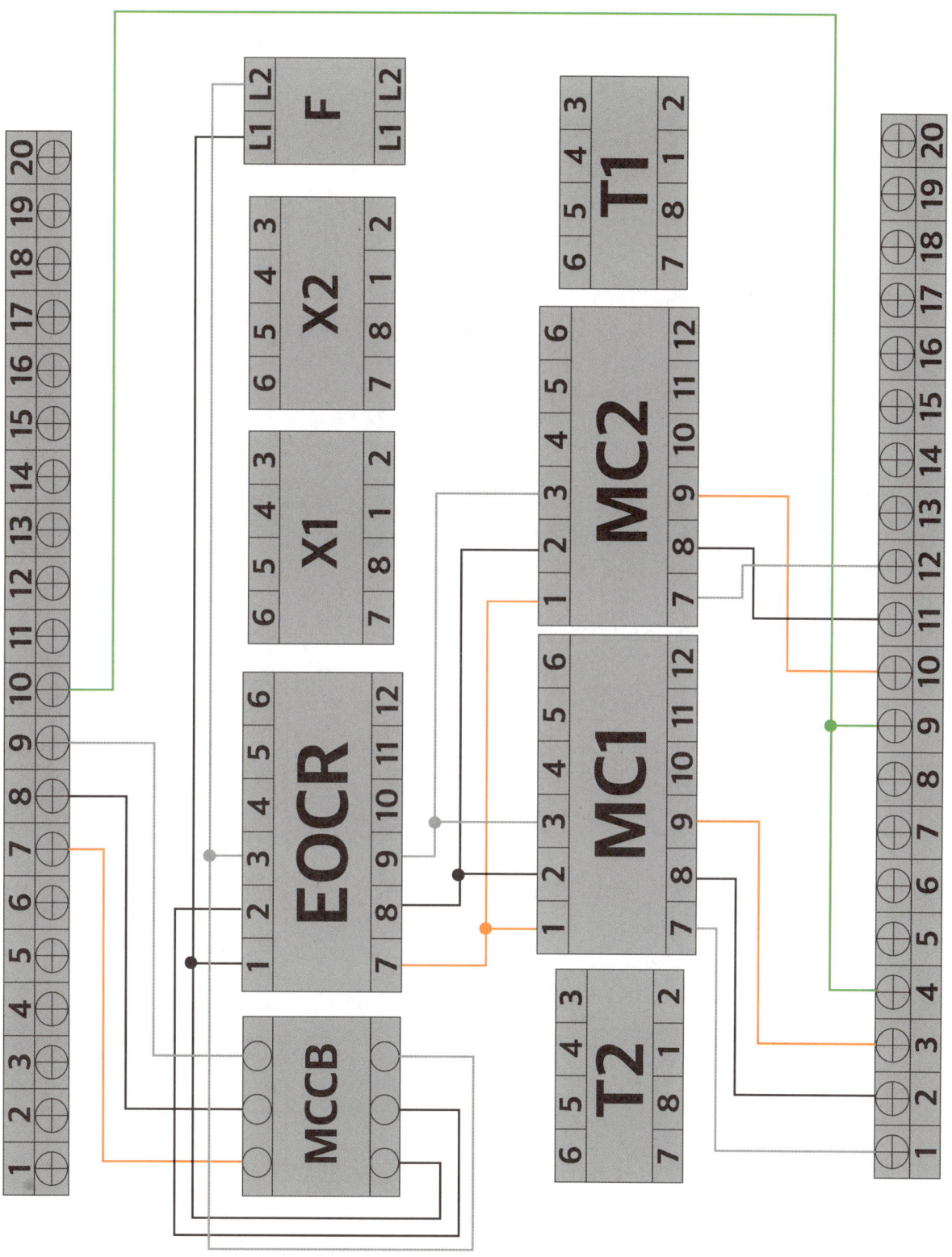

제어_보조회로 결선 작성

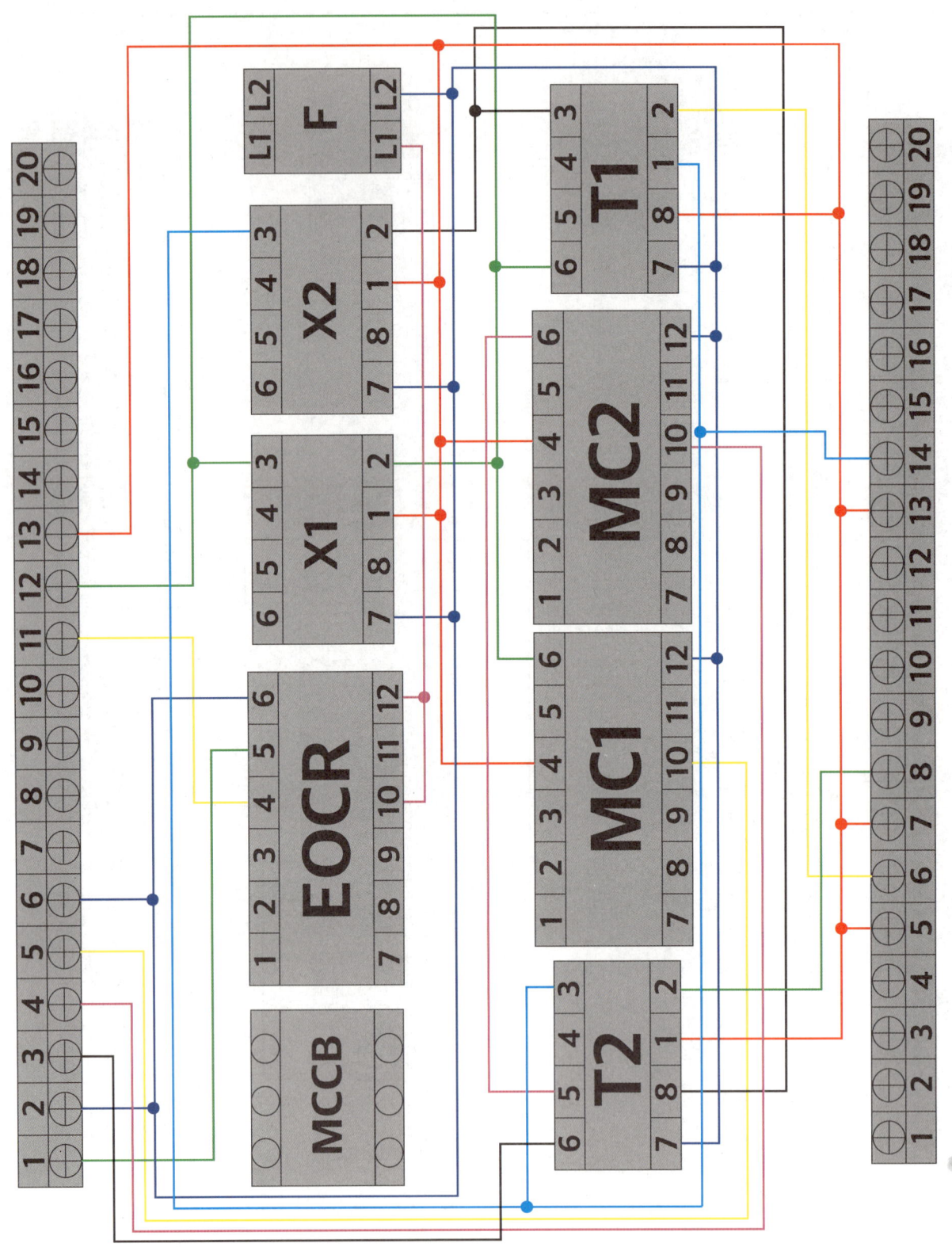

단자대_위쪽

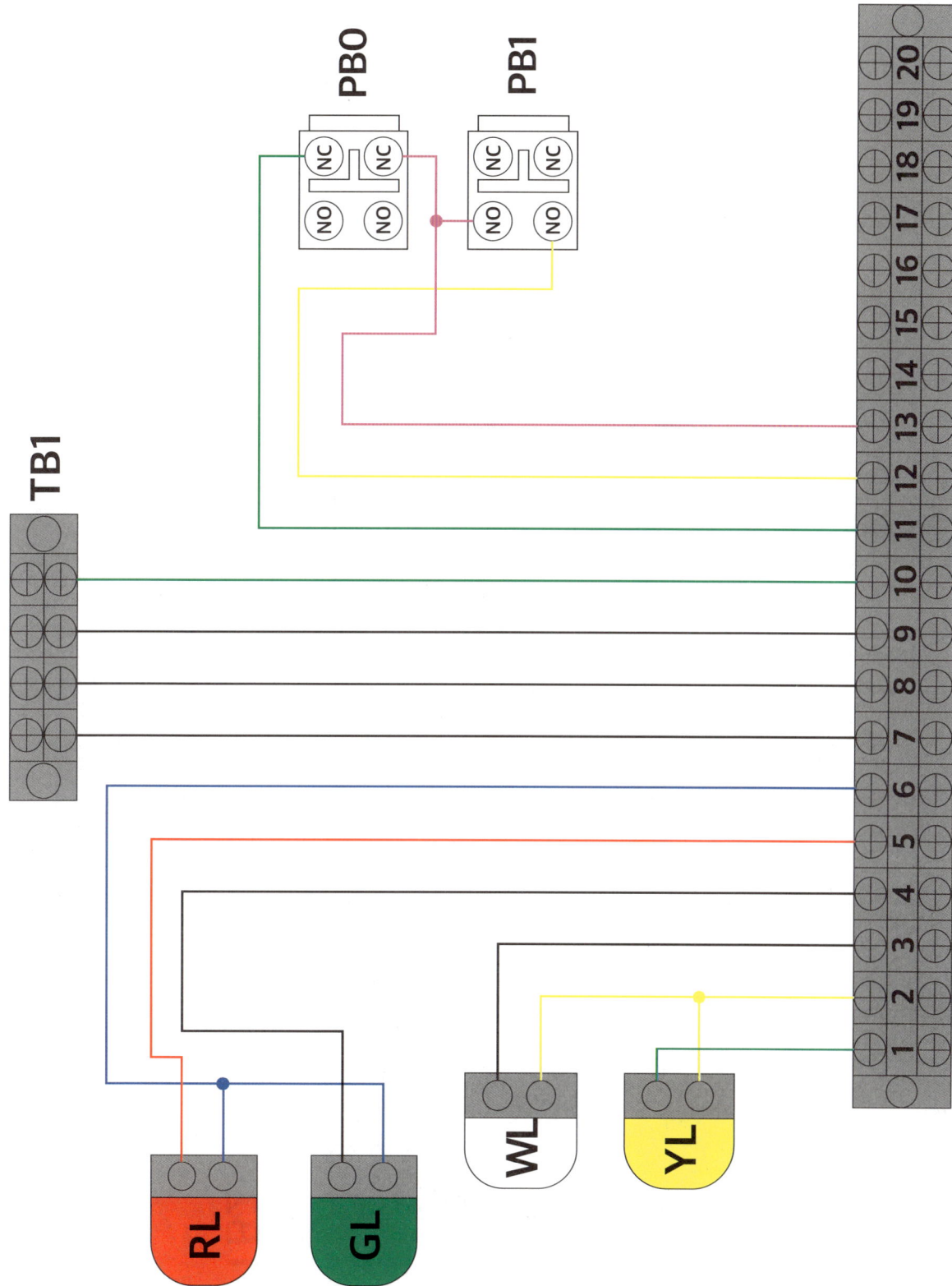

단자대_아래쪽

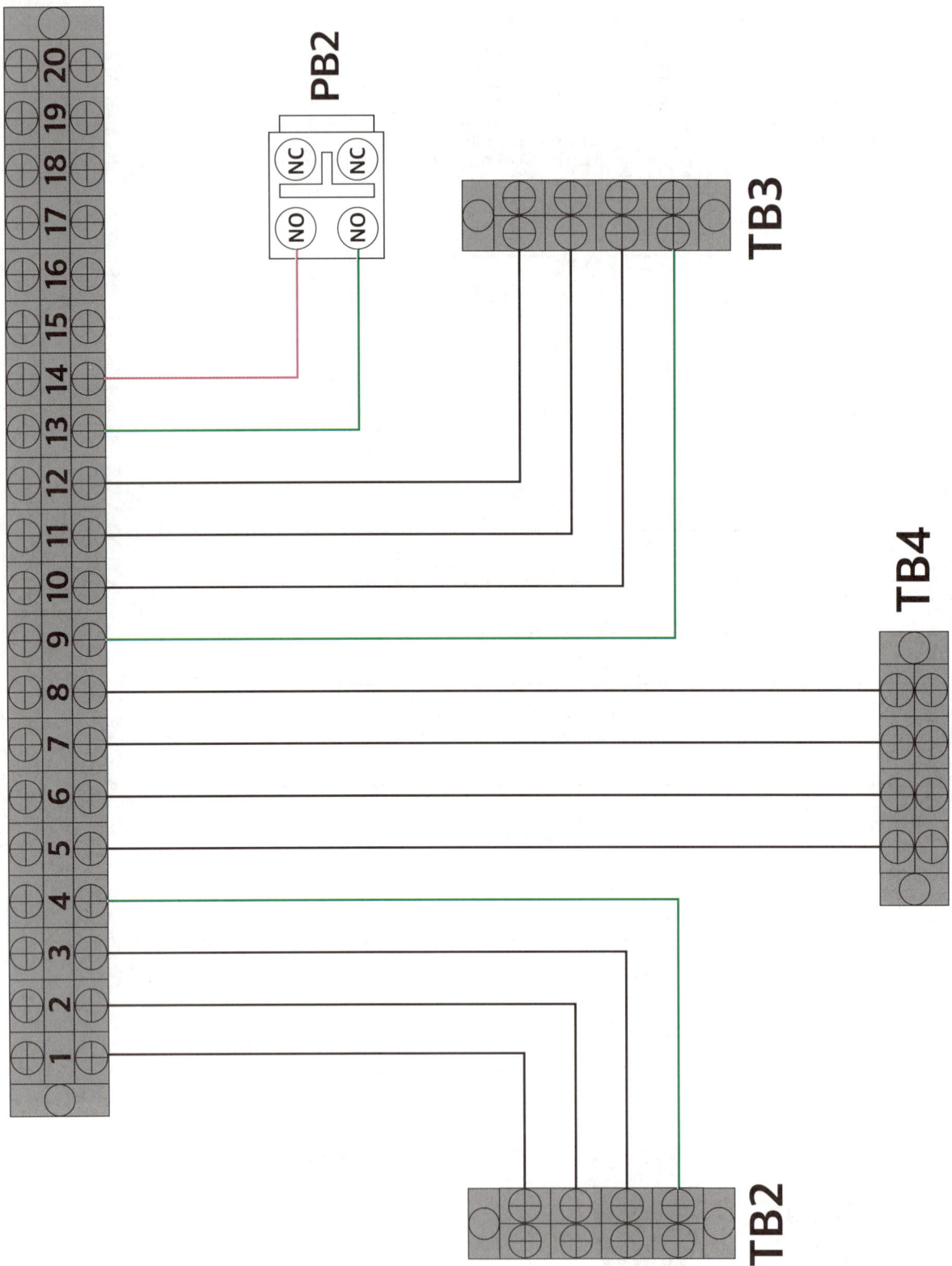

TYPE 2 전동기 제어회로

17 전기기능사 실기 **공개문제**

제어회로의 동작 사항

가) MCCB를 통해 전원을 투입하면, 전자식과전류계전기 EOCR에 전원이 공급된다.

나) 푸시버튼 스위치 PB1 동작 사항

   (1) 리밋스위치 LS1과 LS2 중 어떤 하나만 감지된 상태에서 푸시버튼 스위치 PB1을 누르면, 타이머 T1, 전자접촉기 MC1이 여자되어, 전동기 M1이 회전하고, 램프 RL이 점등된다.

   (2) 전동기 M1이 회전 상태

      (가) 타이머 T1의 설정시간 t1초 후, 푸시버튼 스위치 PB2에 의한 동작이 허가된다.

      (나) 리밋스위치 LS1과 LS2가 모두 감지되거나 감지가 모두 해제되면, 타이머 T1, 전자접촉기 MC1이 소자되어, 전동기 M1이 정지하고, 램프 RL이 소등된다.

      (다) 푸시버튼 스위치 PB0를 누르면, 제어회로 및 전동기 동작은 모두 정지된다.

다) 푸시버튼 스위치 PB2 동작 사항

   (1) 타이머 T1이 여자되고 타이머 T1의 설정시간 t1초 후, 푸시버튼 스위치 PB2를 누르면, 타이머 T2, 전자접촉기 MC2가 여자되어, 전동기 M2가 회전하고, 램프 GL이 점등된다.

   (2) 타이머 T2의 설정시간 t2초 후, 전자접촉기 MC2가 소자되어, 전동기 M2가 정지하고, 램프 GL이 소등, 램프 WL이 점등된다.

   (3) 제어회로가 동작하는 중 푸시버튼 스위치 PB0를 누르면, 제어회로 및 전동기 동작은 모두 정지된다.

라) EOCR 동작 사항

   (1) 전동기가 운전하는 중 전동기의 과부하로 과전류가 흐르면, 전자식과전류계전기 EOCR이 동작되어 전동기는 정지하고, 램프 YL이 점등된다.

   (2) 전자식과전류계전기 EOCR을 리셋(RESET)하면 제어회로는 초기 상태로 복귀된다.

※ 동작 내용은 단순 참고 사항이며, 모든 동작은 시퀀스 회로를 기준으로 합니다.

도면

| 자격 종목 | 전기기능사 | 과제명 | 전기설비의 배선 및 배관공사 |

1. 배관 및 기구 배치도

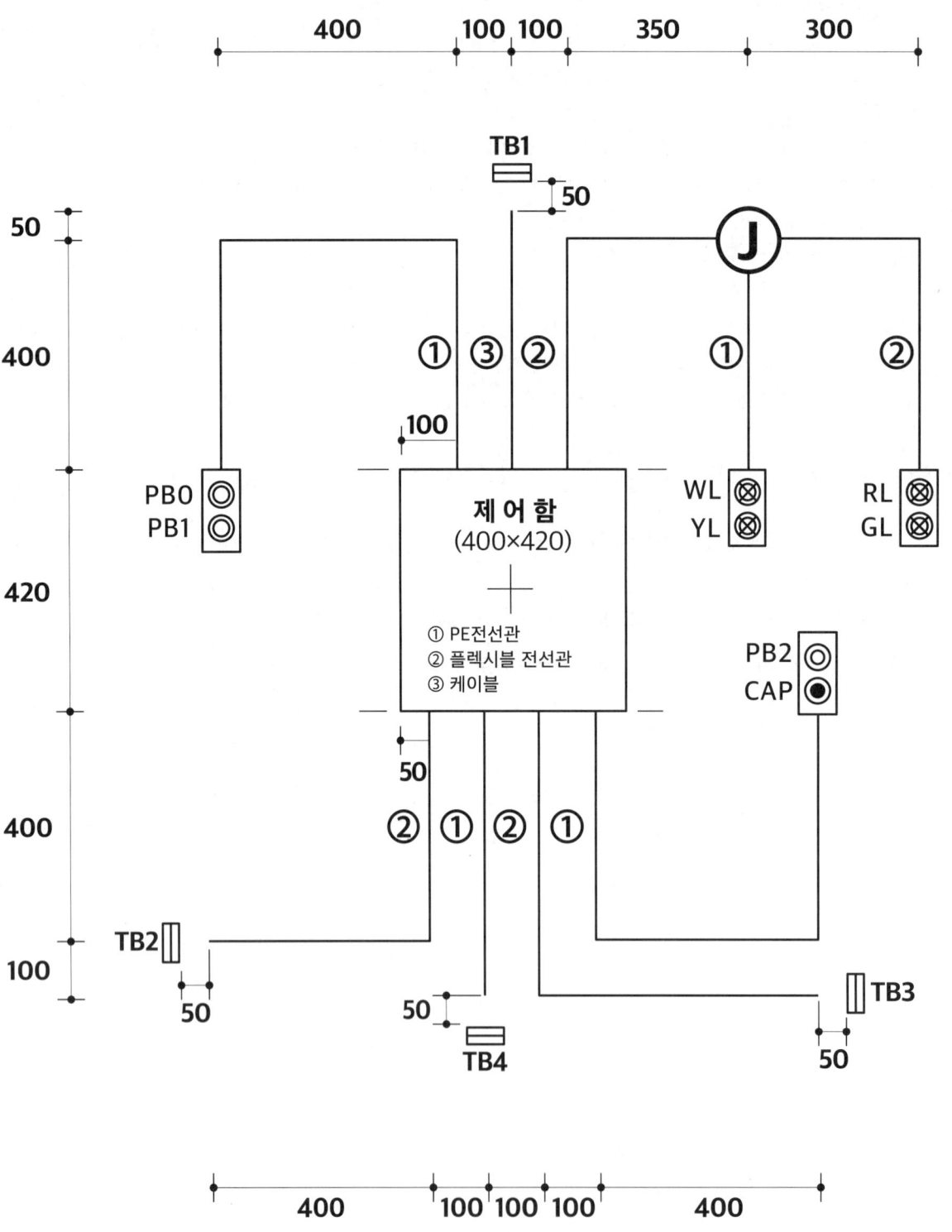

※ NOTE: 치수 기준점은 제어함의 중심으로 한다.

2. 제어판 내부 기구 배치도

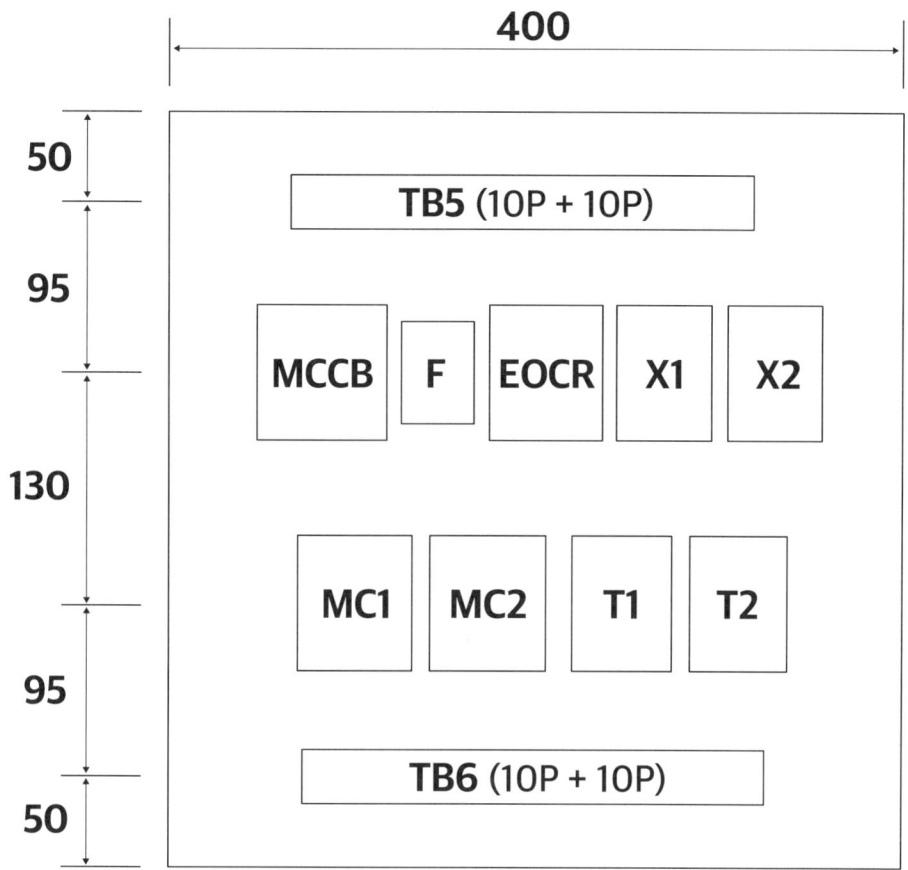

기호	명칭	기호	명칭
TB1	전원 (단자대 4P)	PB0	푸시버튼 스위치 (적색)
TB2, TB3	전동기 (단자대 4P)	PB1	푸시버튼 스위치 (녹색)
TB4	LS1, LS2 (단자대 4P)	PB2	푸시버튼 스위치 (녹색)
TB5, TB6	단자대 (10P+10P)	YL	램프 (황색)
MC1, MC2	전자접촉기 (12P)	GL	램프 (녹색)
EOCR	EOCR (12P)	RL	램프 (적색)
X1, X2	릴레이 (8P)	WL	램프 (백색)
T1, T2	타이머 (8P)	CAP	홀마개
F	퓨즈 및 퓨즈홀더	Ⓙ	8각 박스
MCCB	배선용차단기		

3. 제어회로의 시퀀스 회로도 (※ 본 도면은 시험을 위해서 임의로 구성한 것으로 상용도면과 상이할 수 있습니다.)

4. 기구의 내부 결선도 및 구성도

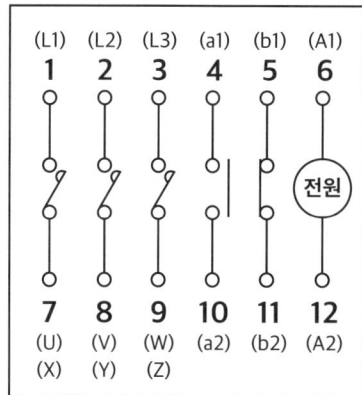

[전자접촉기]

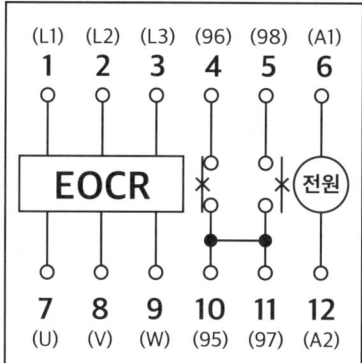

[EOCR]

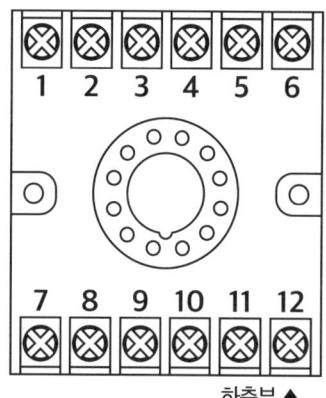

[12P 소켓(베이스) 구성도]

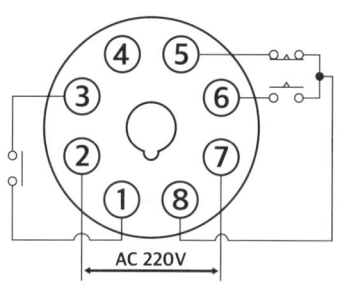

[타이머]

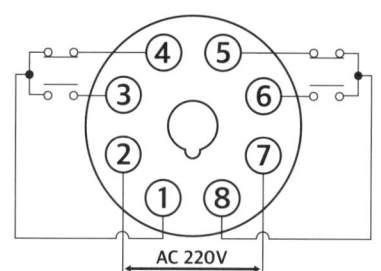

[8P 릴레이]

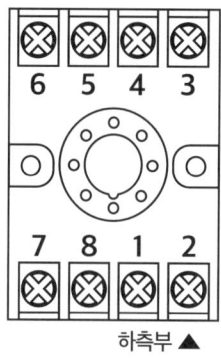

[8P 소켓(베이스) 구성도]

지급재료 목록

일련번호	재료명	규격	단위	수량	비고
1	합판	400×420×12mm	장	1	
2	케이블타이	100mm	개	25	
3	나사못	3.5×25	개	4	납작머리
4	나사못	4×12	개	96	납작머리
5	나사못	4×16	개	16	둥근머리
6	나사못	4×20	개	18	둥근머리
7	케이블	4C 2.5mm^2	m	1	
8	케이블 새들	4C 케이블용	개	2	
9	케이블 커넥터	4C 케이블용	개	1	
10	유리관 퓨즈 및 홀더	250V 30A	개	1	퓨즈 10A 2개 포함
11	새들	16mm 전선관용	개	40	
12	8각 박스	철제	개	1	
13	PE 전선관	16mm	m	6	
14	플렉시블 전선관	16mm	m	6	
15	커넥터	16mm	개	7	PE 전선관용
16	커넥터	16mm	개	7	플렉시블 전선관용
17	비닐절연전선	1.5mm^2(1/1.38), 황색	m	50	
18	비닐절연전선	2.5mm^2(1/1.78), 갈색	m	5	
19	비닐절연전선	2.5mm^2(1/1.78), 흑색	m	5	
20	비닐절연전선	2.5mm^2(1/1.78), 회색	m	5	
21	비닐절연전선	2.5mm^2(1/1.78), 녹색-황색	m	5	

일련번호	재료명	규격	단위	수량	비고
22	단자대	10P 20A 220V	개	4	
23	단자대	4P 20A 220V	개	4	
24	배선용차단기	3P, AC250V, 30A	개	1	
25	12P 소켓	12P	개	3	12P 기구 겸용
26	8P 소켓	8P	개	4	8P 기구 겸용
27	램프	25Ø, 220V	개	4	적 1, 녹 1, 황 1, 백 1
28	푸시버튼 스위치	25Ø, 1a1b	개	3	적 1, 녹 2
29	컨트롤 박스	25Ø, 2구	개	4	
30	홀마개	25Ø	개	1	재사용
31	전자접촉기	AC220V, 12P	개	2	채점용
32	EOCR	AC220V, 12P	개	1	채점용
33	타이머	AC220V, 8P	개	2	채점용
34	릴레이	AC220V, 8P	개	2	채점용

※ 국가기술자격 실기시험 지급재료는 시험종료 후(기권, 결시자 포함) 수험자에게 지급하지 않습니다.

TYPE 2 전동기 제어회로

17 전기기능사 실기 해설

제어핀의 핀 번호와 단자대 작성

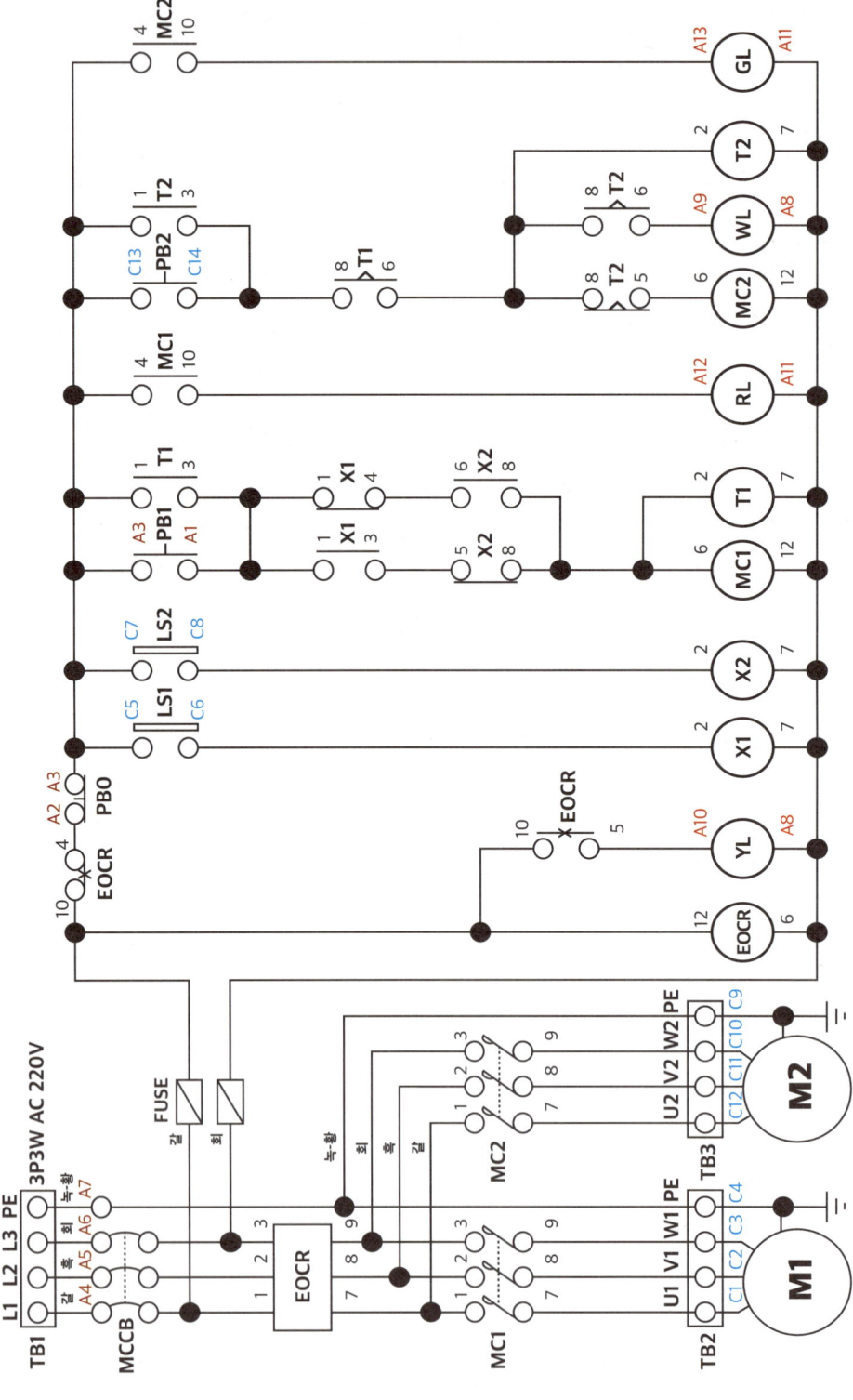

제어_주회로 결선 작성

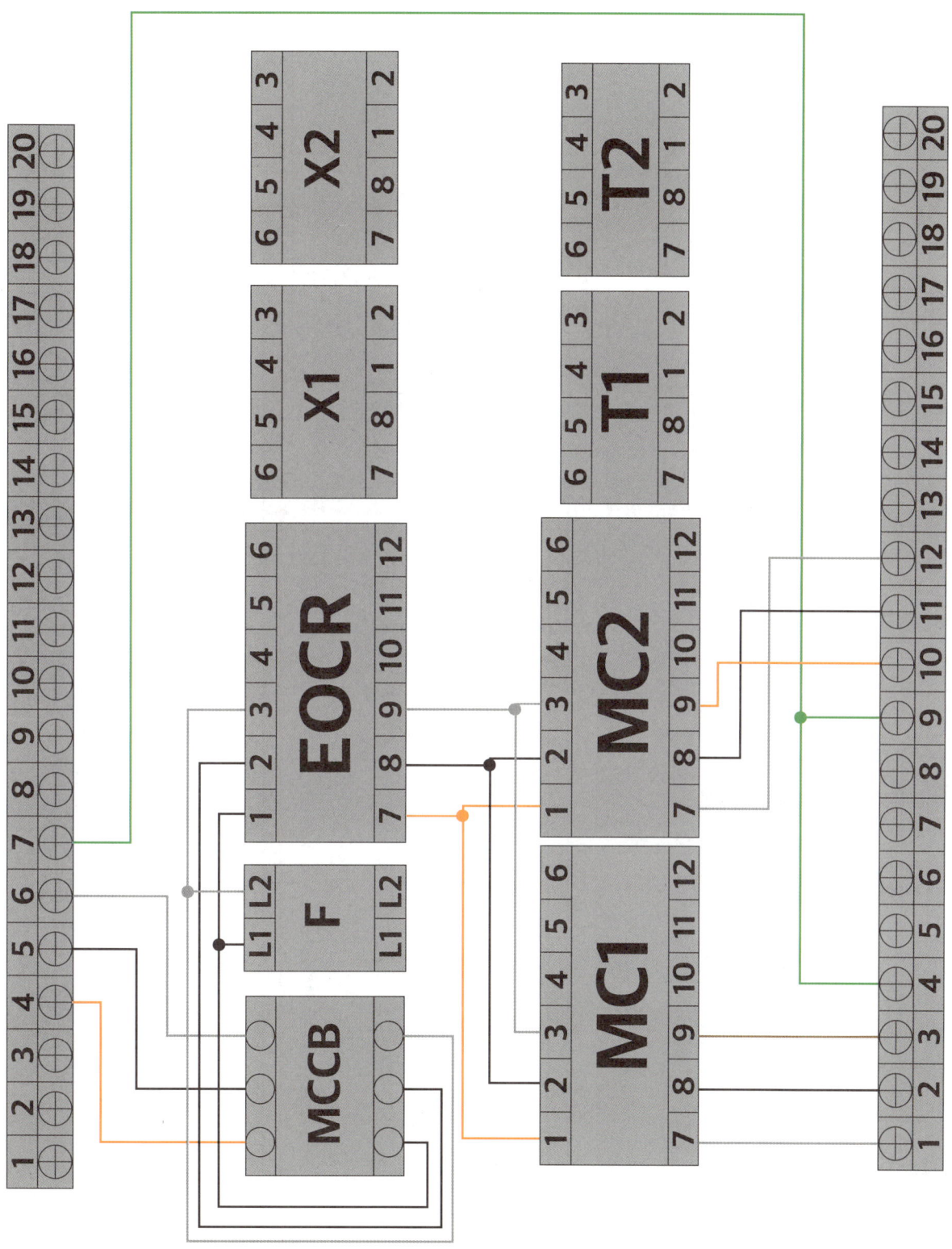

제어_보조회로 결선 작성

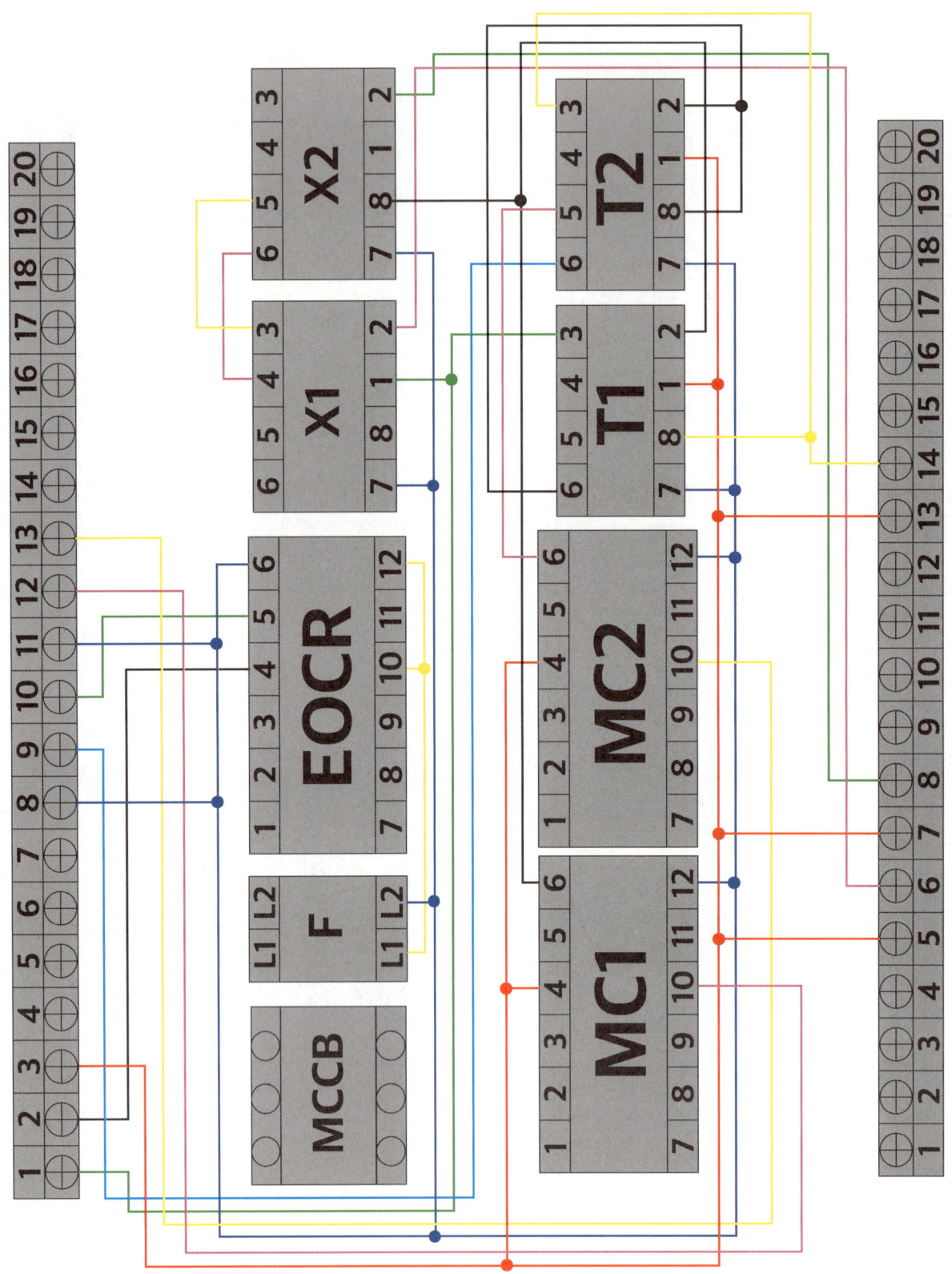

TYPE 2 전동기 제어회로

단자대_위쪽

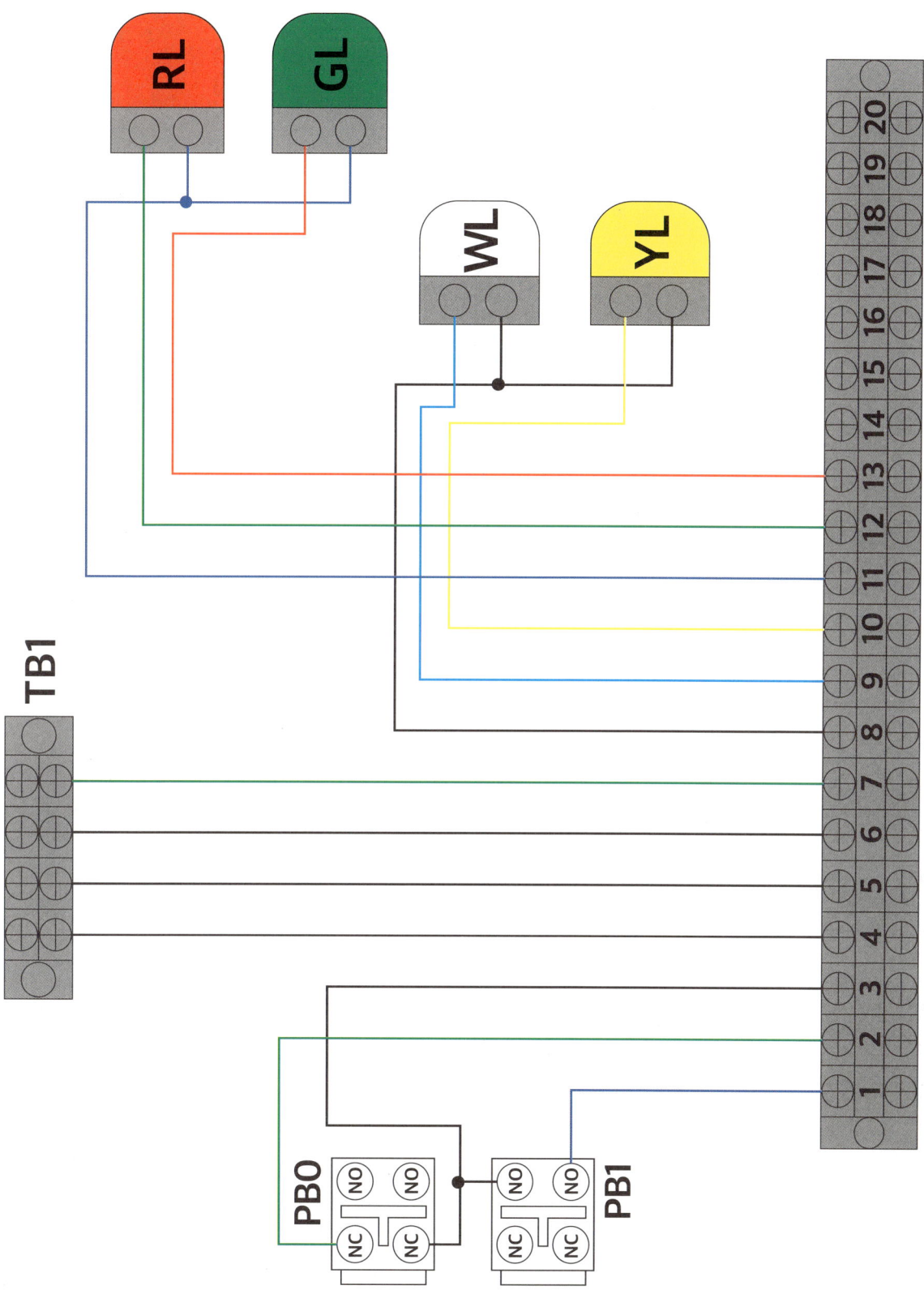

단자대_아래쪽

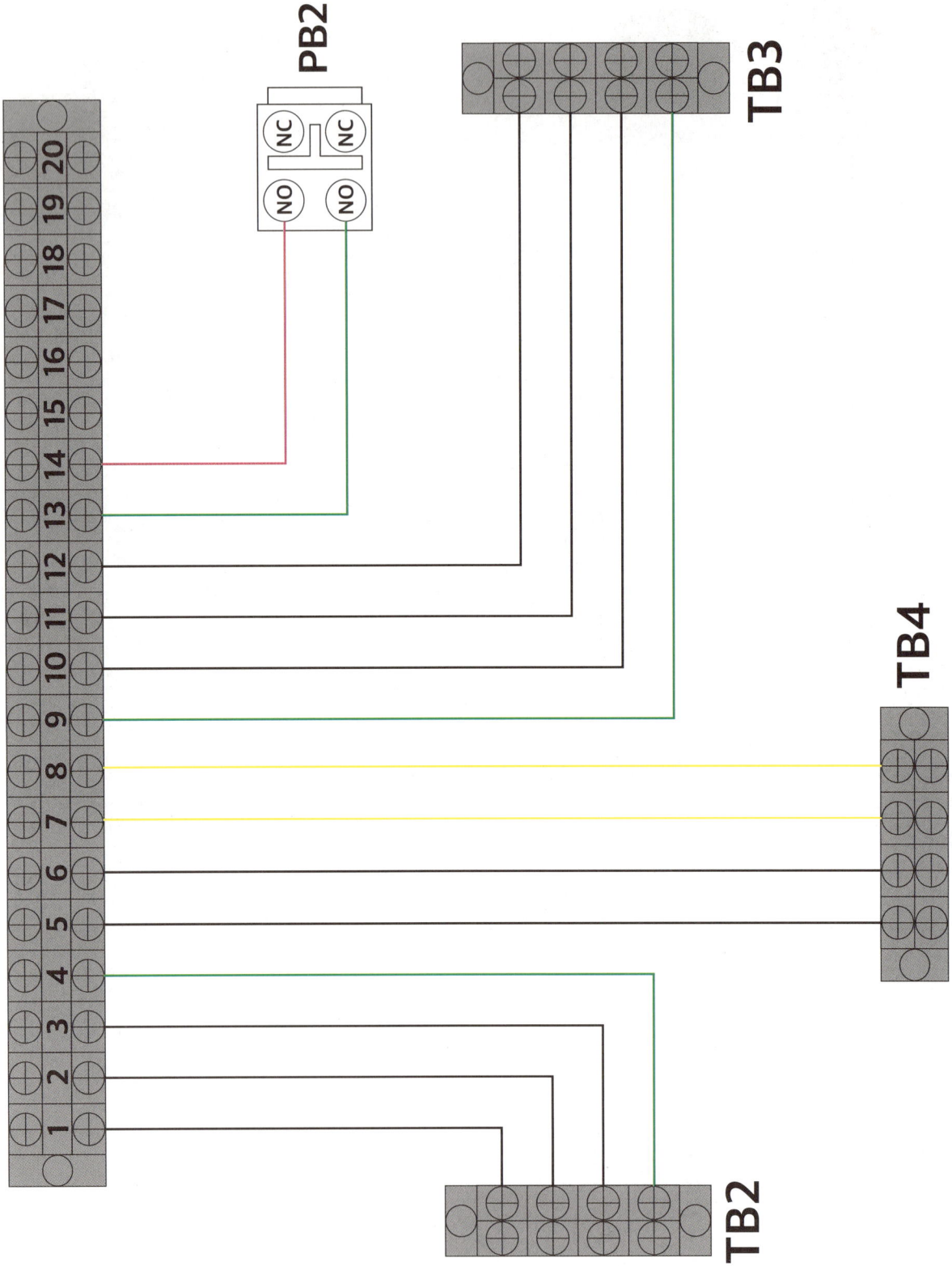

TYPE 2 전동기 제어회로

18 전기기능사 실기 공개문제

제어회로의 동작 사항

가) MCCB를 통해 전원을 투입하면, 전자식과전류계전기 EOCR에 전원이 공급된다.

나) 푸시버튼 스위치 PB1 동작 사항
  (1) 리밋스위치 LS1은 감지된 상태, 리밋스위치 LS2는 감지가 해제된 상태에서 푸시버튼 스위치 PB1을 누르면, 타이머 T1, 전자접촉기 MC1이 여자되어, 전동기 M1이 회전하고, 램프 RL이 점등된다.
  (2) 타이머 T1의 설정시간 t1초 후, 램프 WL이 점등된다.
  (3) 리밋스위치 LS1과 LS2의 감지가 변해도 동작의 변화는 없다.

다) 푸시버튼 스위치 PB2 동작 사항
  (1) 리밋스위치 LS1은 감지가 해제된 상태, 리밋스위치 LS2는 감지된 상태에서 푸시버튼 스위치 PB2를 누르면, 타이머 T2, 전자접촉기 MC2가 여자되어, 전동기 M2가 회전하고, 램프 GL이 점등된다.
  (2) 타이머 T2의 설정시간 t2초 후, 램프 WL이 점등된다.
  (3) 리밋스위치 LS1과 LS2의 감지가 변해도 동작의 변화는 없다.

라) 제어회로가 동작하는 중 푸시버튼 스위치 PB0를 누르면, 제어회로 및 전동기 동작은 모두 정지된다.

마) EOCR 동작 사항
  (1) 전동기가 운전하는 중 전동기의 과부하로 과전류가 흐르면, 전자식과전류계전기 EOCR이 동작되어 전동기는 정지하고, 램프 YL이 점등된다.
  (2) 전자식과전류계전기 EOCR을 리셋(RESET)하면 제어회로는 초기 상태로 복귀된다.

※ 동작 내용은 단순 참고 사항이며, 모든 동작은 시퀀스 회로를 기준으로 합니다.

도면

| 자격 종목 | 전기기능사 | 과제명 | 전기설비의 배선 및 배관공사 |

1. 배관 및 기구 배치도

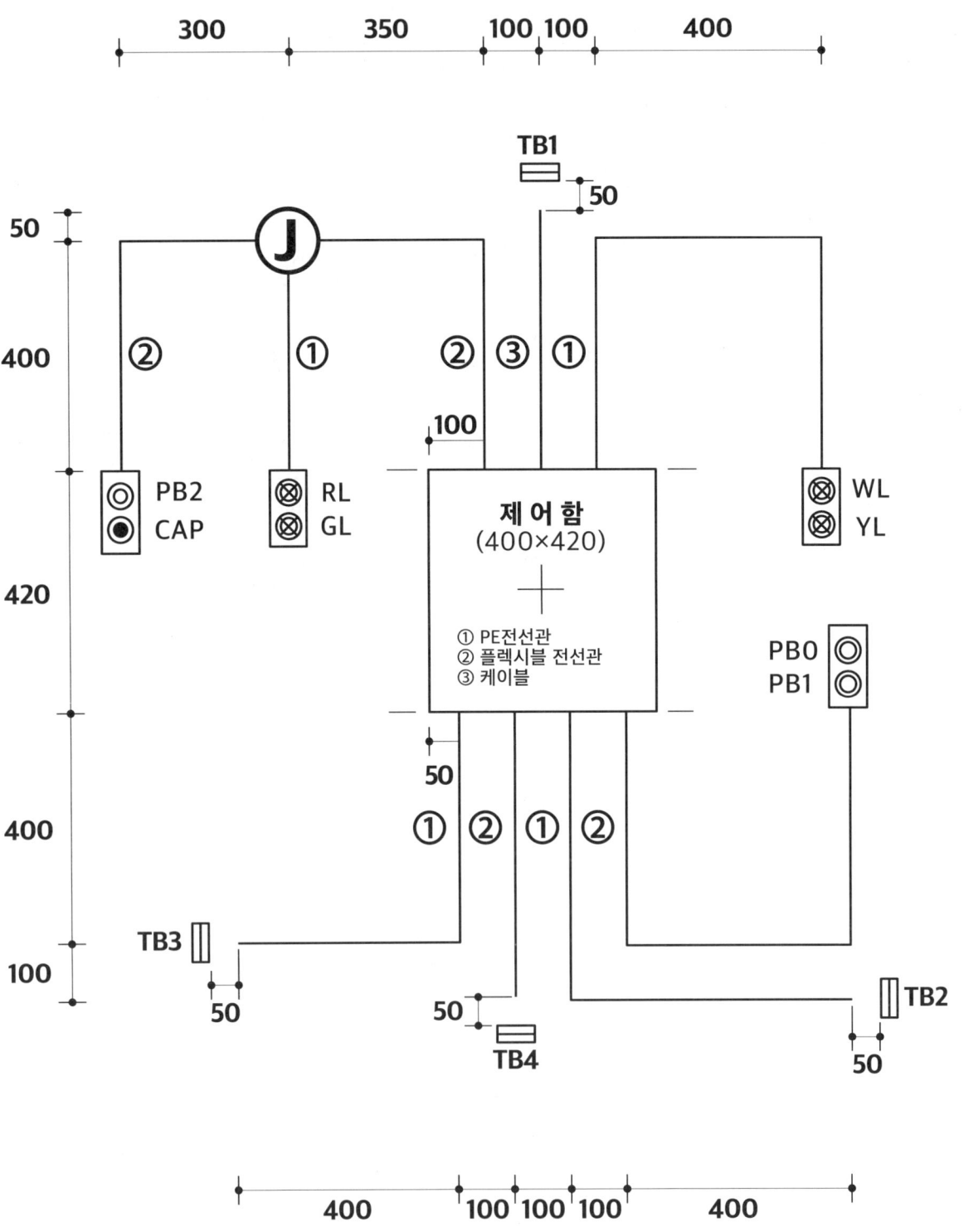

※ NOTE: 치수 기준점은 제어함의 중심으로 한다.

2. 제어판 내부 기구 배치도

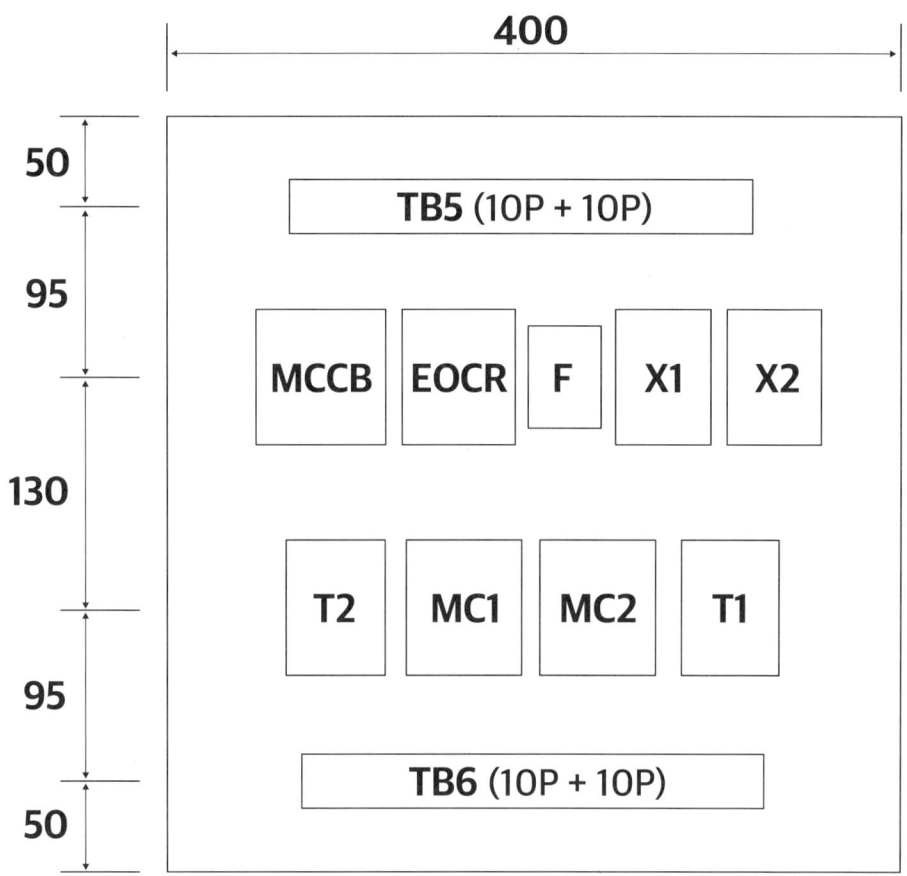

기호	명칭	기호	명칭
TB1	전원 (단자대 4P)	PB0	푸시버튼 스위치 (적색)
TB2, TB3	전동기 (단자대 4P)	PB1	푸시버튼 스위치 (녹색)
TB4	LS1, LS2 (단자대 4P)	PB2	푸시버튼 스위치 (녹색)
TB5, TB6	단자대 (10P+10P)	YL	램프 (황색)
MC1, MC2	전자접촉기 (12P)	GL	램프 (녹색)
EOCR	EOCR (12P)	RL	램프 (적색)
X1, X2	릴레이 (8P)	WL	램프 (백색)
T1, T2	타이머 (8P)	CAP	홀마개
F	퓨즈 및 퓨즈홀더	Ⓙ	8각 박스
MCCB	배선용차단기		

3. 제어회로의 시퀀스 회로도 (※ 본 도면은 시험을 위해서 임의로 구성한 것으로 상용도면과 상이할 수 있습니다.)

4. 기구의 내부 결선도 및 구성도

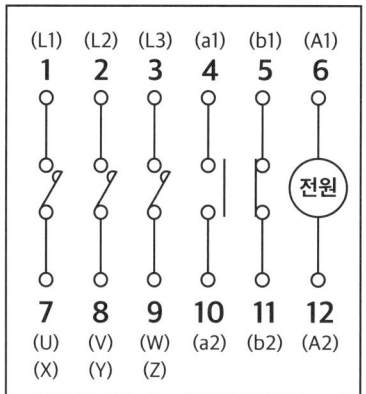

[전자접촉기]

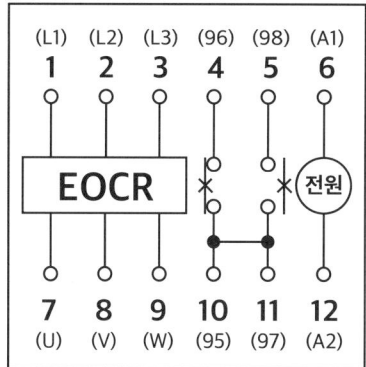

[EOCR]

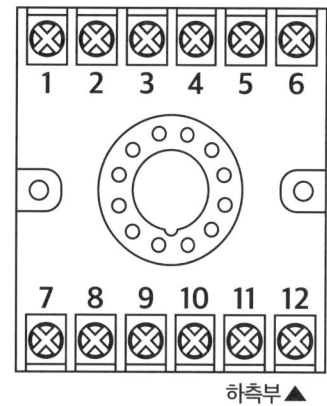

[12P 소켓(베이스) 구성도]

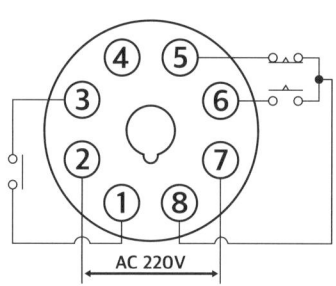

[타이머]

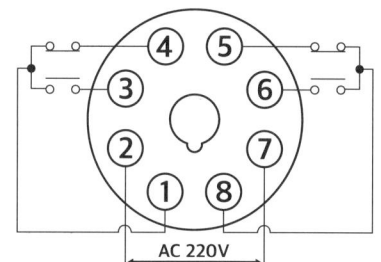

[8P 릴레이]

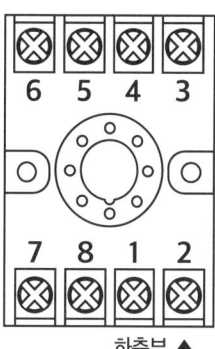

[8P 소켓(베이스) 구성도]

지급재료 목록

일련번호	재료명	규격	단위	수량	비고
1	합판	400×420×12mm	장	1	
2	케이블타이	100mm	개	25	
3	나사못	3.5×25	개	4	납작머리
4	나사못	4×12	개	96	납작머리
5	나사못	4×16	개	16	둥근머리
6	나사못	4×20	개	18	둥근머리
7	케이블	4C 2.5mm^2	m	1	
8	케이블 새들	4C 케이블용	개	2	
9	케이블 커넥터	4C 케이블용	개	1	
10	유리관 퓨즈 및 홀더	250V 30A	개	1	퓨즈 10A 2개 포함
11	새들	16mm 전선관용	개	40	
12	8각 박스	철제	개	1	
13	PE 전선관	16mm	m	6	
14	플렉시블 전선관	16mm	m	6	
15	커넥터	16mm	개	7	PE 전선관용
16	커넥터	16mm	개	7	플렉시블 전선관용
17	비닐절연전선	1.5mm^2(1/1.38), 황색	m	50	
18	비닐절연전선	2.5mm^2(1/1.78), 갈색	m	5	
19	비닐절연전선	2.5mm^2(1/1.78), 흑색	m	5	
20	비닐절연전선	2.5mm^2(1/1.78), 회색	m	5	
21	비닐절연전선	2.5mm^2(1/1.78), 녹색-황색	m	5	

일련번호	재료명	규격	단위	수량	비고
22	단자대	10P 20A 220V	개	4	
23	단자대	4P 20A 220V	개	4	
24	배선용차단기	3P, AC250V, 30A	개	1	
25	12P 소켓	12P	개	3	12P 기구 겸용
26	8P 소켓	8P	개	4	8P 기구 겸용
27	램프	25Ø, 220V	개	4	적 1, 녹 1, 황 1, 백 1
28	푸시버튼 스위치	25Ø, 1a1b	개	3	적 1, 녹 2
29	컨트롤 박스	25Ø, 2구	개	4	
30	홀마개	25Ø	개	1	재사용
31	전자접촉기	AC220V, 12P	개	2	채점용
32	EOCR	AC220V, 12P	개	1	채점용
33	타이머	AC220V, 8P	개	2	채점용
34	릴레이	AC220V, 8P	개	2	채점용

※ 국가기술자격 실기시험 지급재료는 시험종료 후(기권, 결시자 포함) 수험자에게 지급하지 않습니다.

TYPE 2 전동기 제어회로

18 전기기능사 실기 해설

제어핀의 핀 번호와 단자대 작성

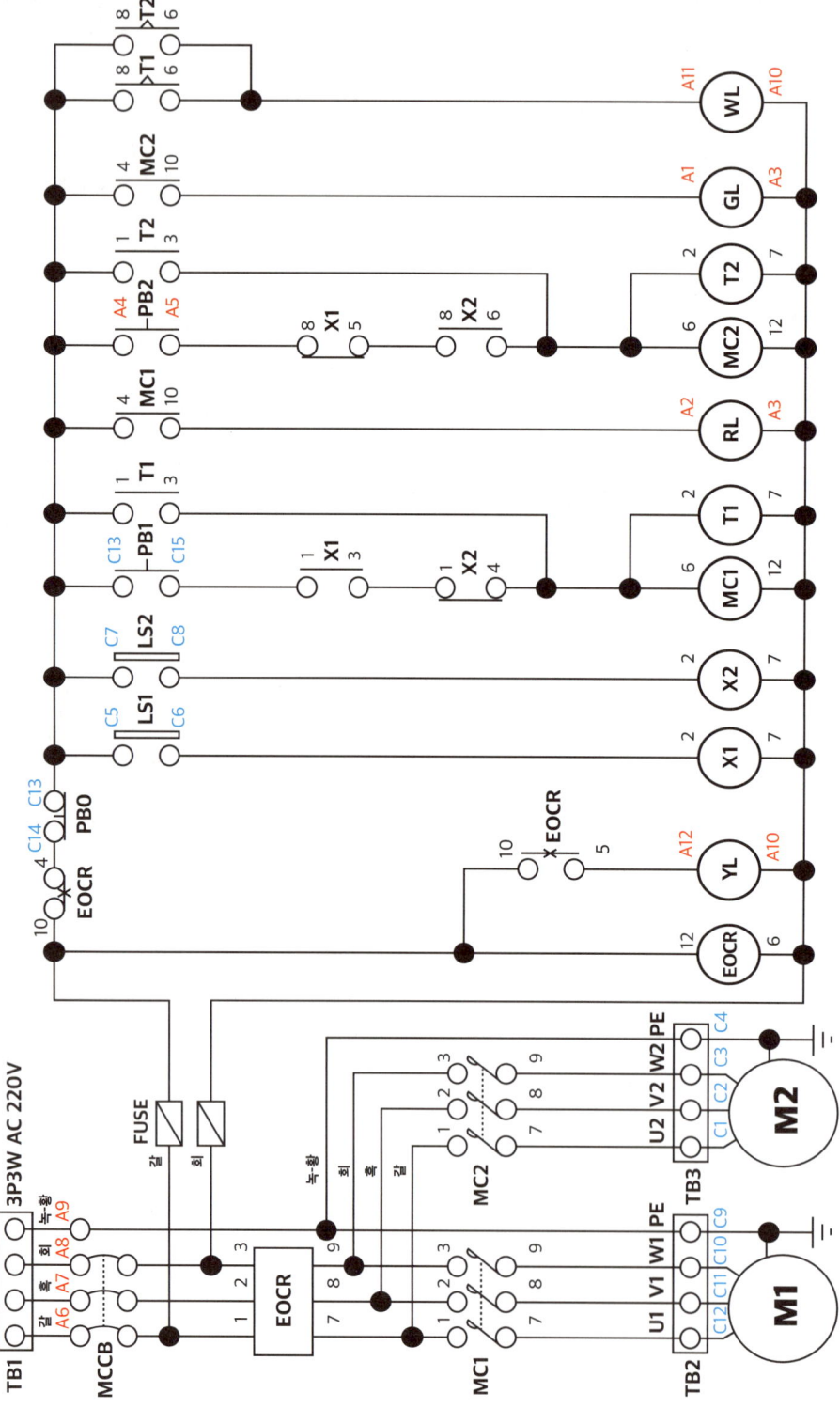

제어_주회로 결선 작성

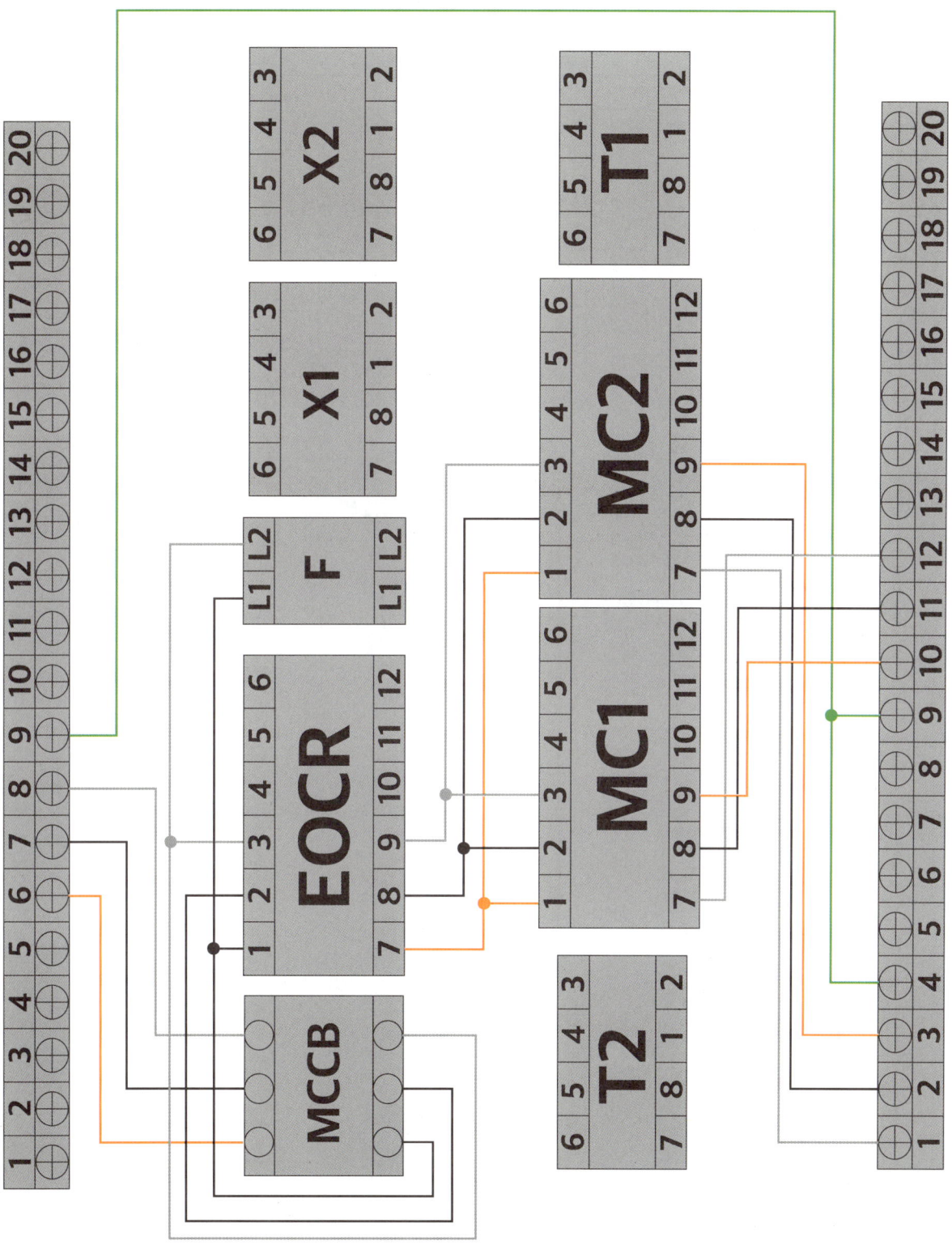

제어_보조회로 결선 작성

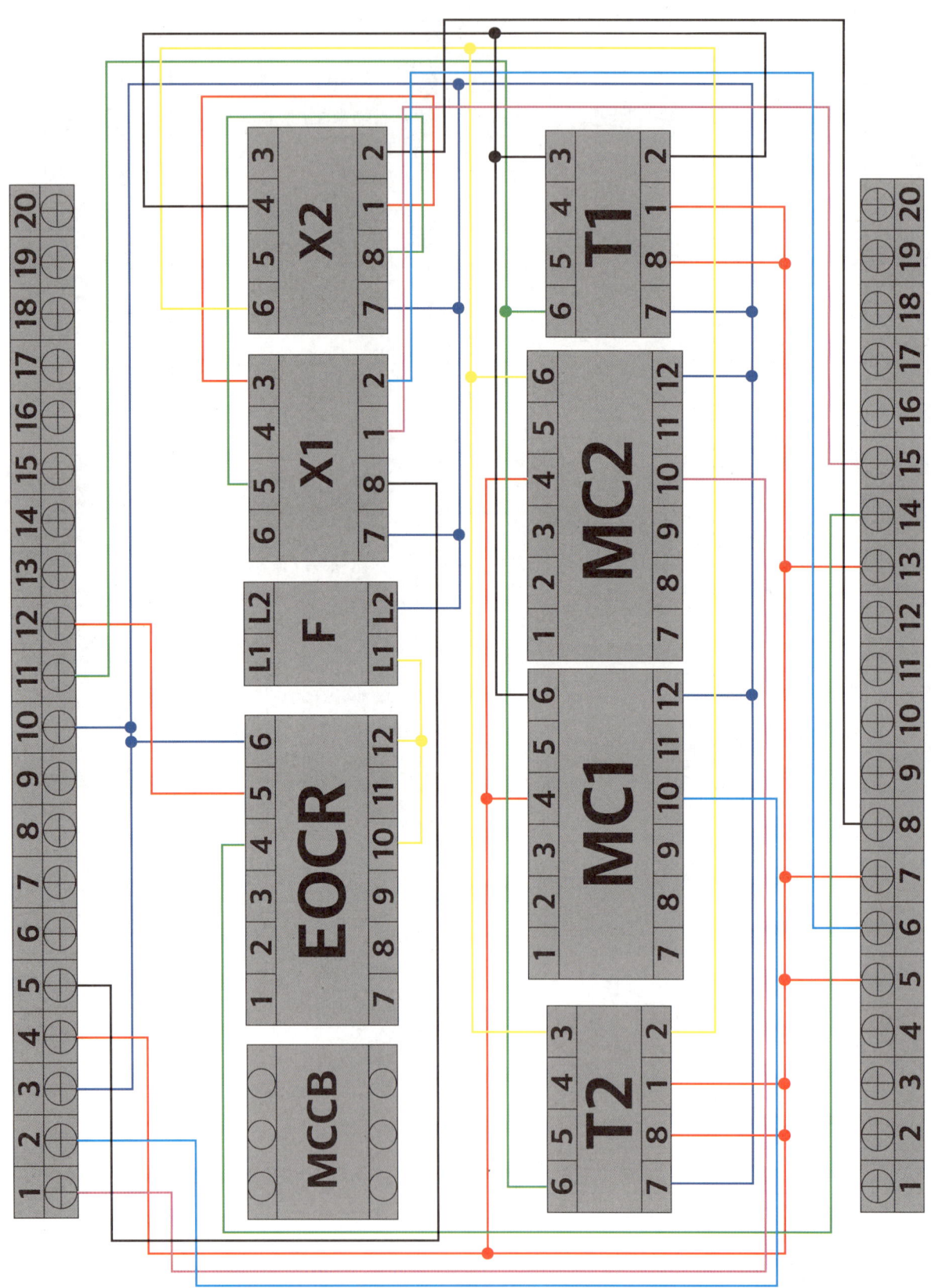

TYPE 2 전동기 제어회로

단자대_위쪽

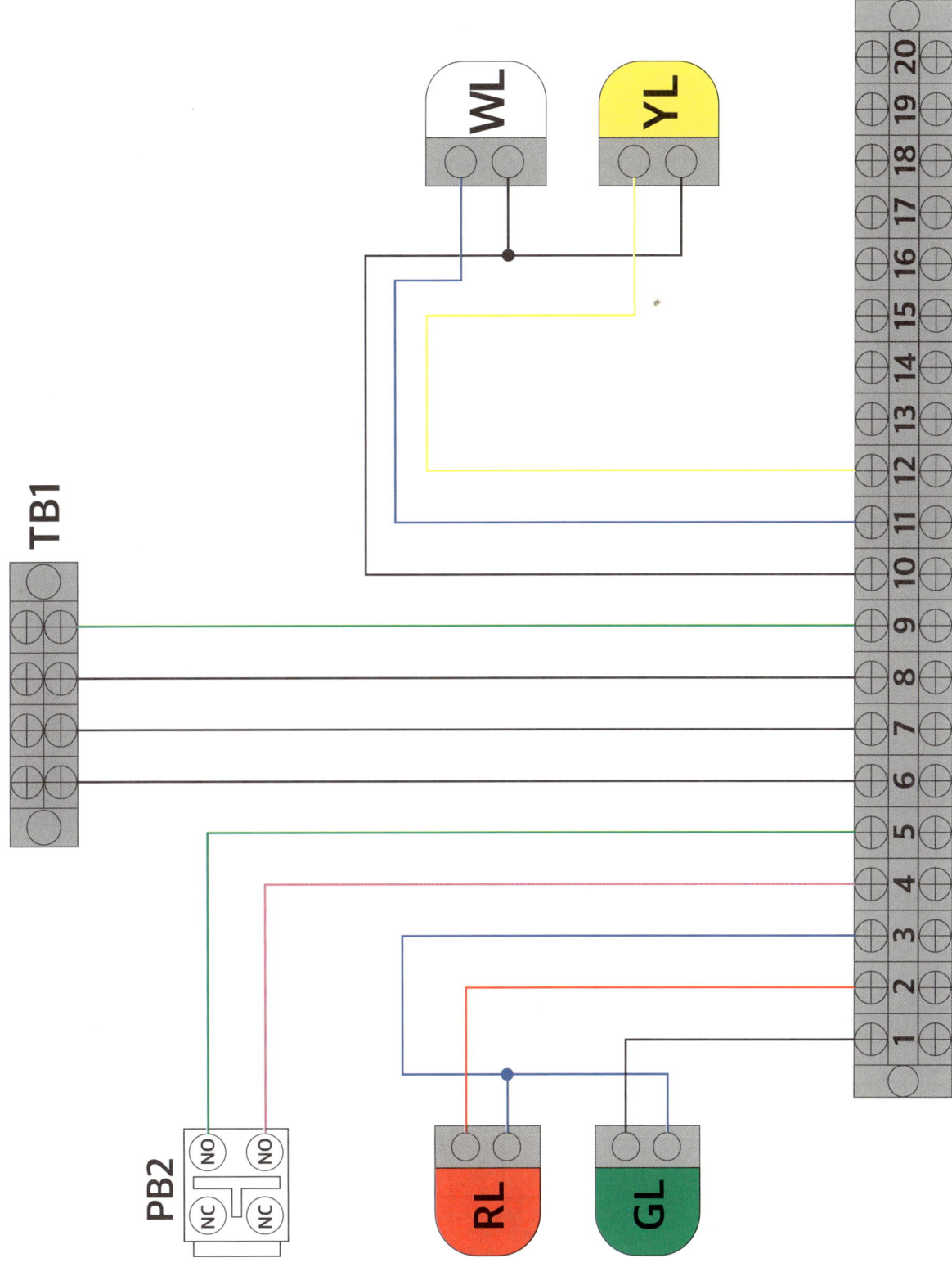

단자대_아래쪽

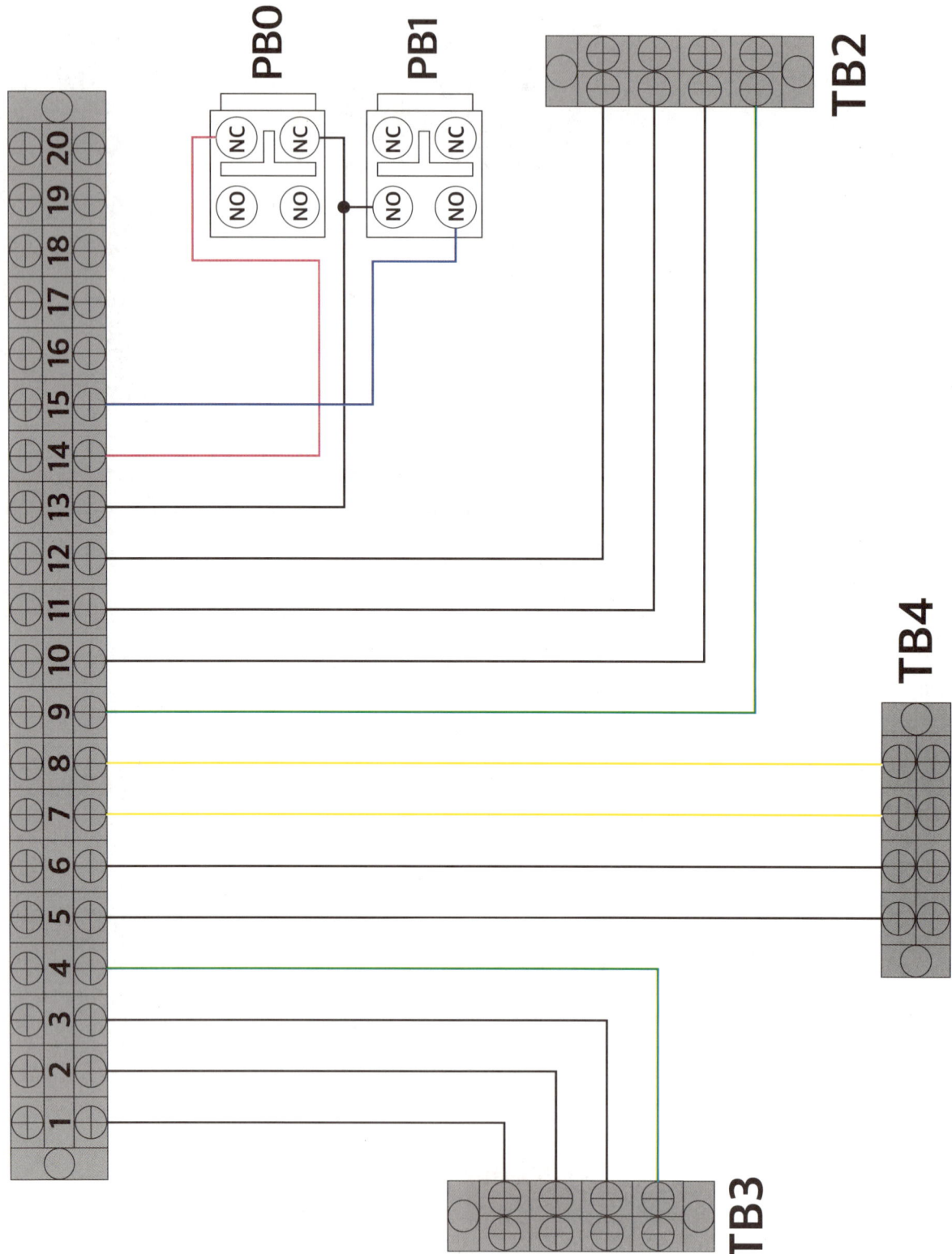

에듀윌이
너를
지지할게

ENERGY

삶의 순간순간이
아름다운 마무리이며
새로운 시작이어야 한다.

– 법정 스님

여러분의 작은 소리
에듀윌은 크게 듣겠습니다.

본 교재에 대한 여러분의 목소리를 들려주세요.
공부하시면서 어려웠던 점, 궁금한 점,
칭찬하고 싶은 점, 개선할 점, 어떤 것이라도 좋습니다.

에듀윌은 여러분께서 나누어 주신 의견을
통해 끊임없이 발전하고 있습니다.

에듀윌 도서몰 book.eduwill.net
- 부가학습자료 및 정오표: 에듀윌 도서몰 → 도서자료실
- 교재 문의: 에듀윌 도서몰 → 문의하기 → 교재(내용, 출간) / 주문 및 배송

2026 에듀윌 전기 전기기능사 실기 해설집+도면집

발 행 일	2025년 6월 26일 초판
편 저 자	에듀윌 전기수험연구소
펴 낸 이	양형남
개발책임	목진재
개 발	서보경, 최윤석, 박원서
펴 낸 곳	(주)에듀윌
I S B N	979-11-360-3791-6
등록번호	제25100-2002-000052호
주 소	08378 서울특별시 구로구 디지털로34길 55 코오롱싸이언스밸리 2차 3층

＊이 책의 무단 인용·전재·복제를 금합니다.

www.eduwill.net
대표전화 1600-6700

18개의 공개문제를 한 권에

QR코드로
교재 미리보기

2026 에듀윌 전기기능사 실기

도면집

TYPE 1 급배수 제어회로

도면집 활용법

STEP 1 공개문제 및 해설과 비교하며 단자대의 위치와 선의 연결 경로를 파악합니다.

STEP 2 공개문제만 보며 직접 도면집에 선을 그려보며 3회 반복합니다.

STEP 3 학원에서 실제 전선과 도구를 통해 직접 연결하며 몸으로 익히는 학습을 합니다.

정가 33,000원

해당 도면집은 본 교재의 부록이며, 별도 판매가 불가능합니다.
바코드에 기재된 정가 33,000원은 교재의 정가입니다.

TYPE 1 급배수 제어회로

01 공개문제 도면집

제어판의 핀 번호와 단자대 작성

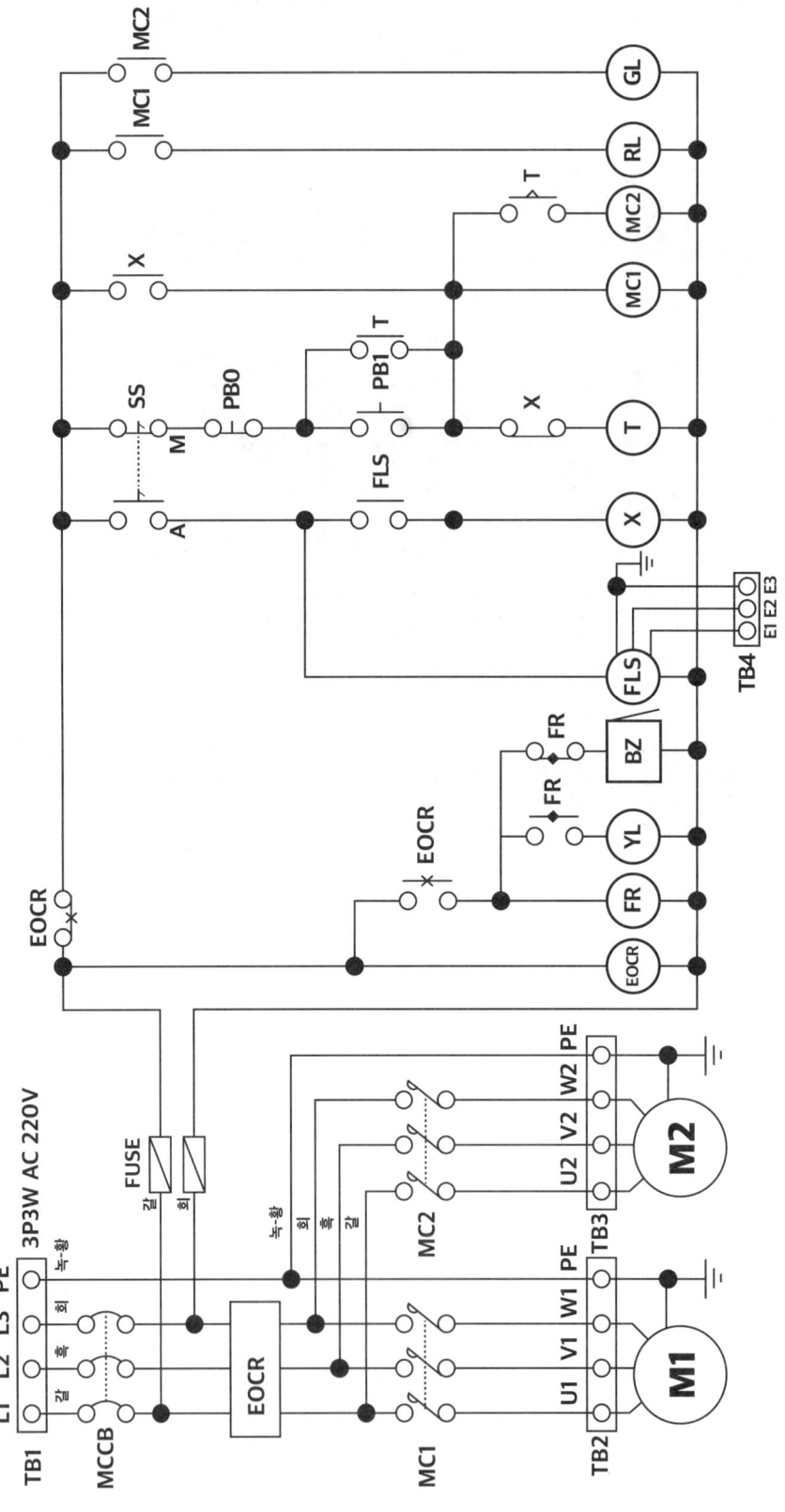

제어_주회로 결선 작성

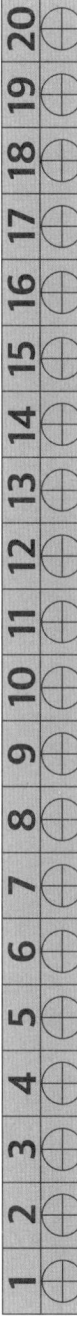
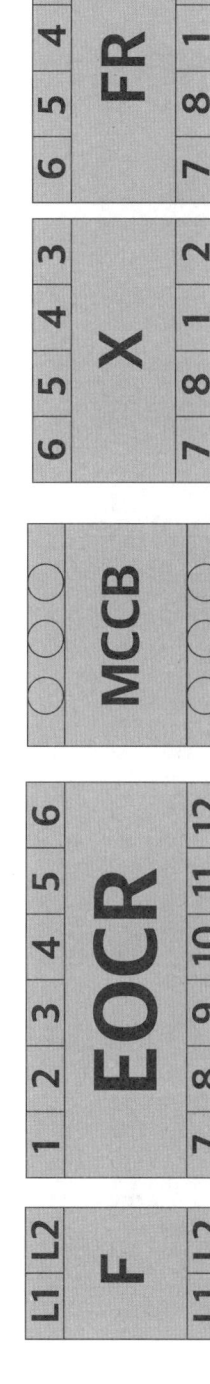
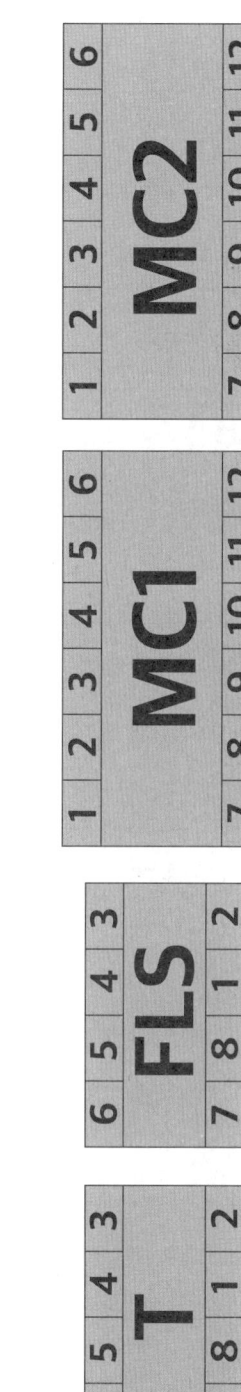
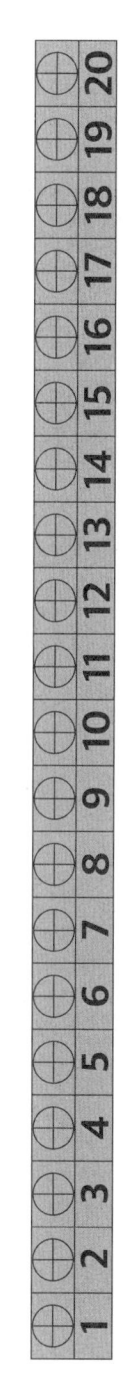

제어_보조회로 결선 작성

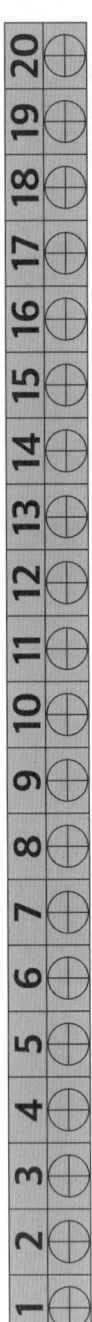
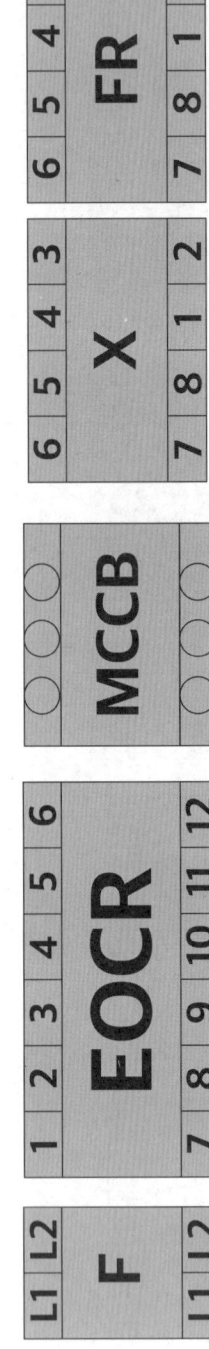

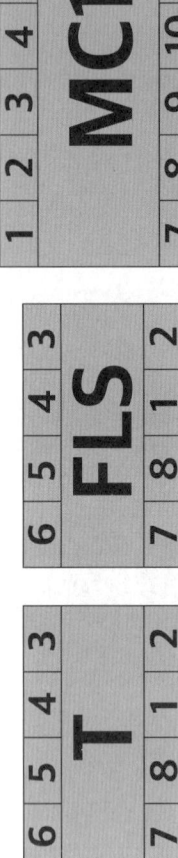
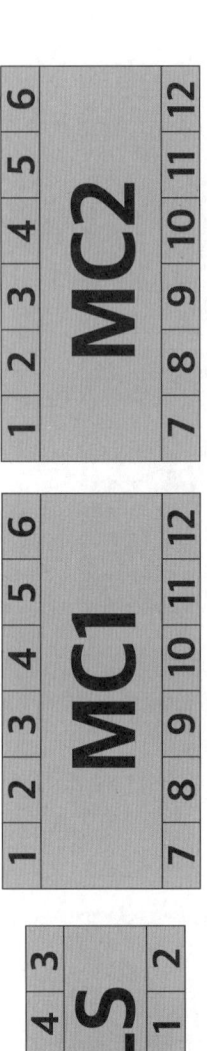
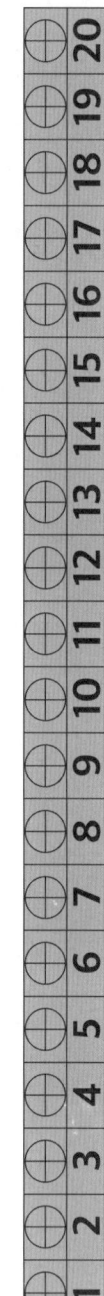

TYPE 1 급배수 제어회로

단자대_위쪽

TB1

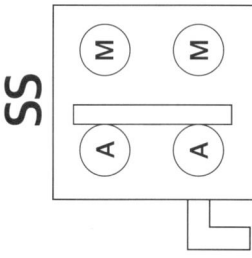
SS

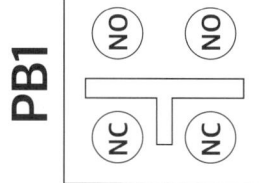
PB1

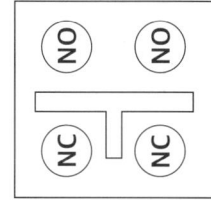
PB0

단자대_아래쪽

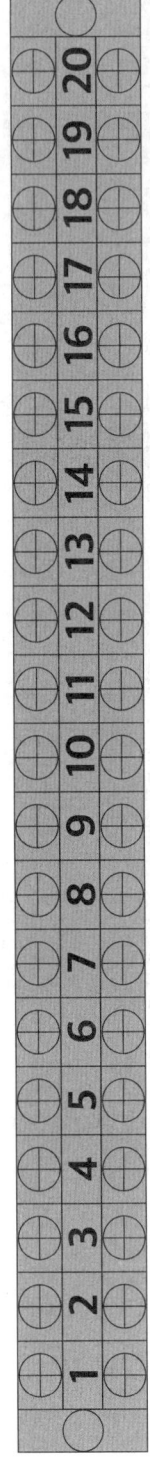
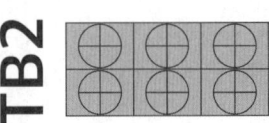
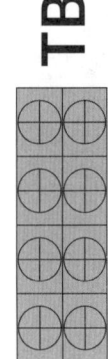
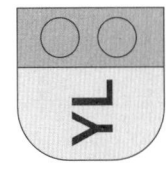
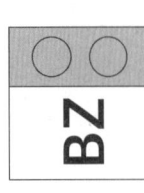
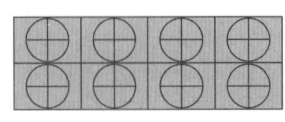

TYPE 1 급배수 제어회로

02 공개문제 도면집

제어핀의 핀 번호와 단자대 작성

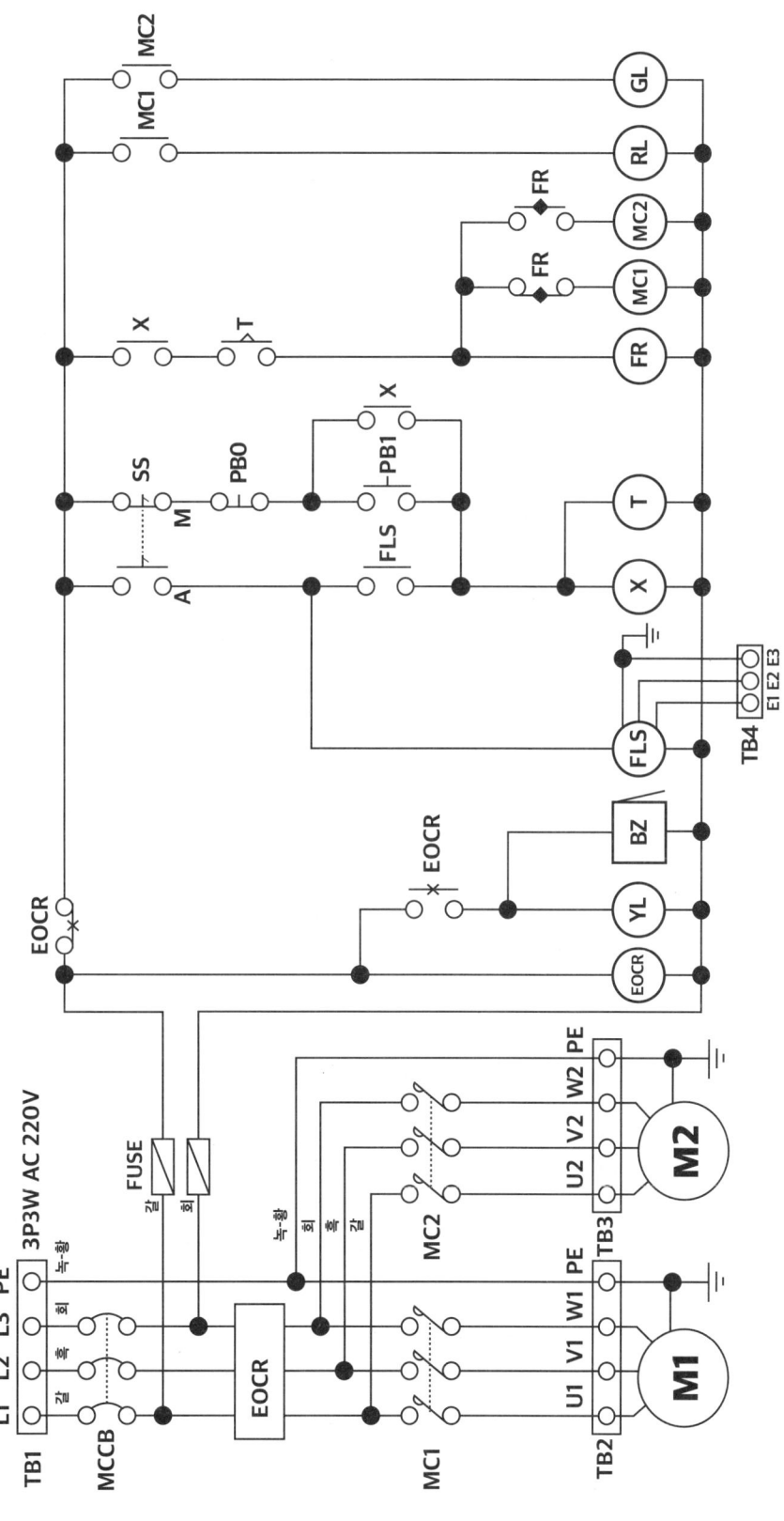

제어_주회로 결선 작성

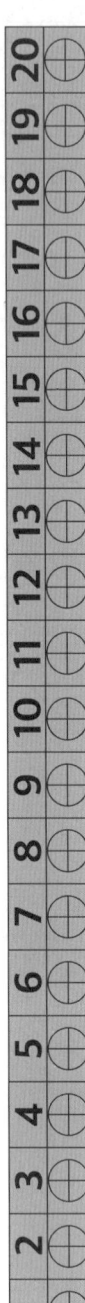
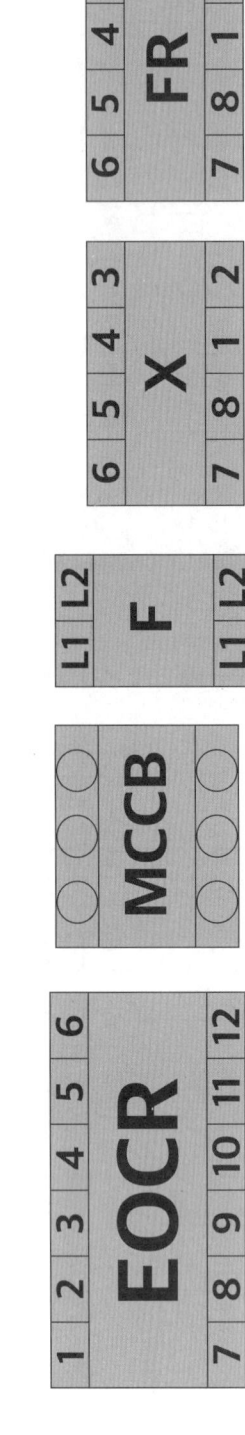
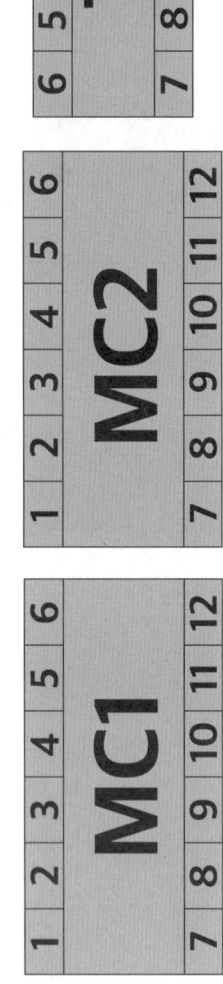
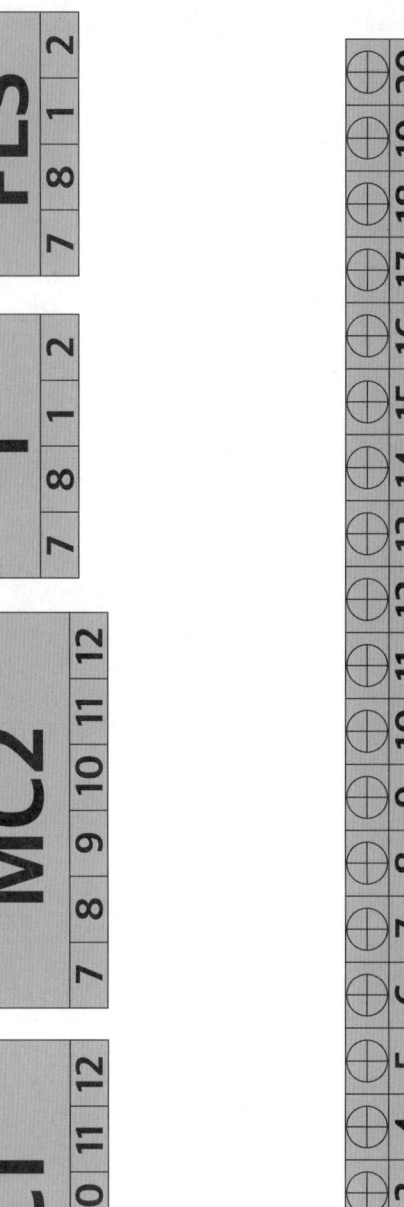

제어_보조회로 결선 작성

TYPE 1 급배수 제어회로

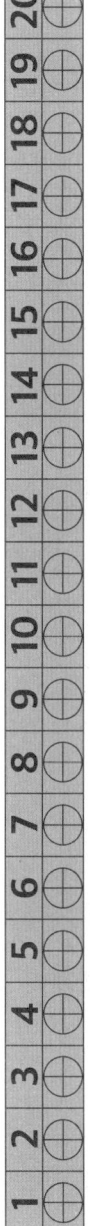
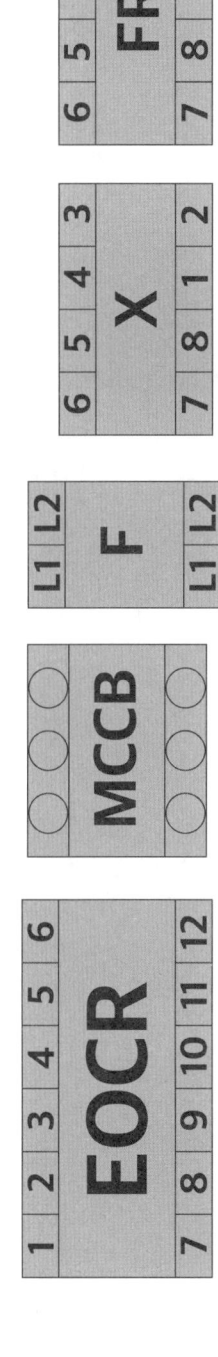
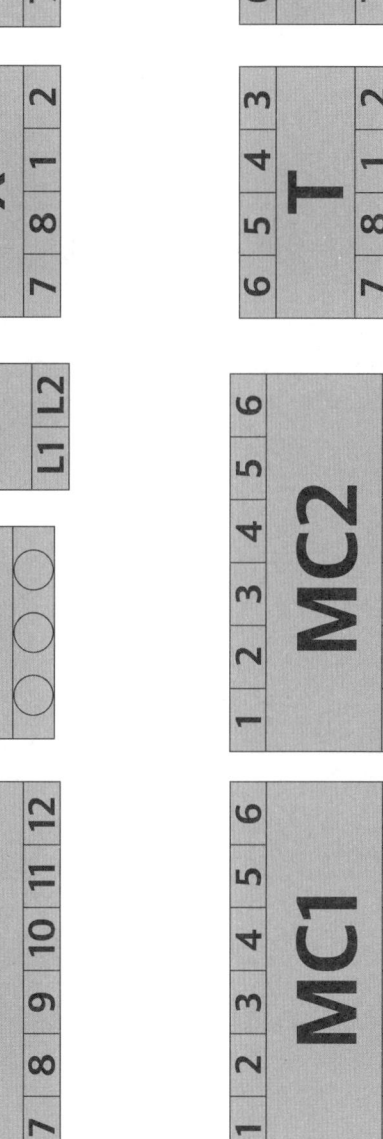
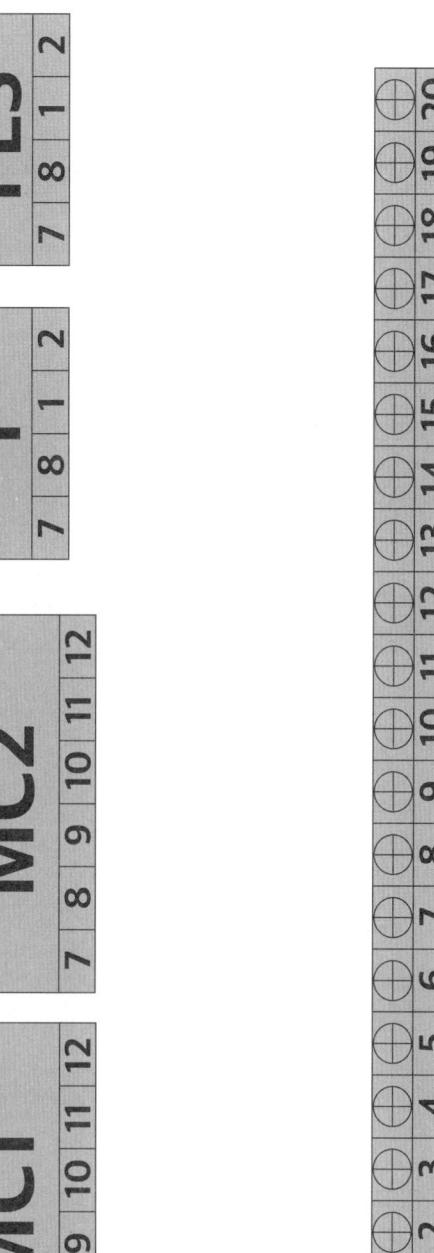

단자대_위쪽

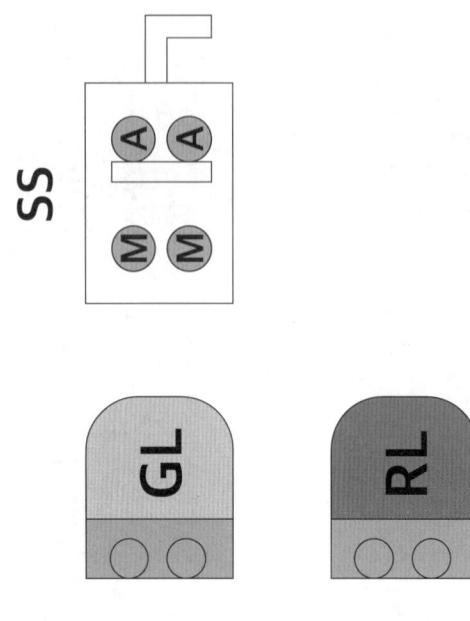

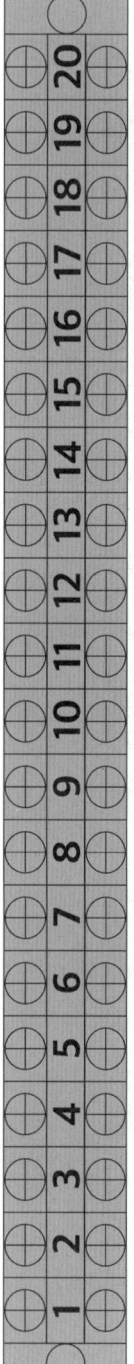

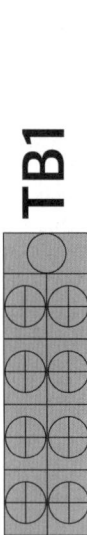

TYPE 1 급배수 제어회로

단자대_아래쪽

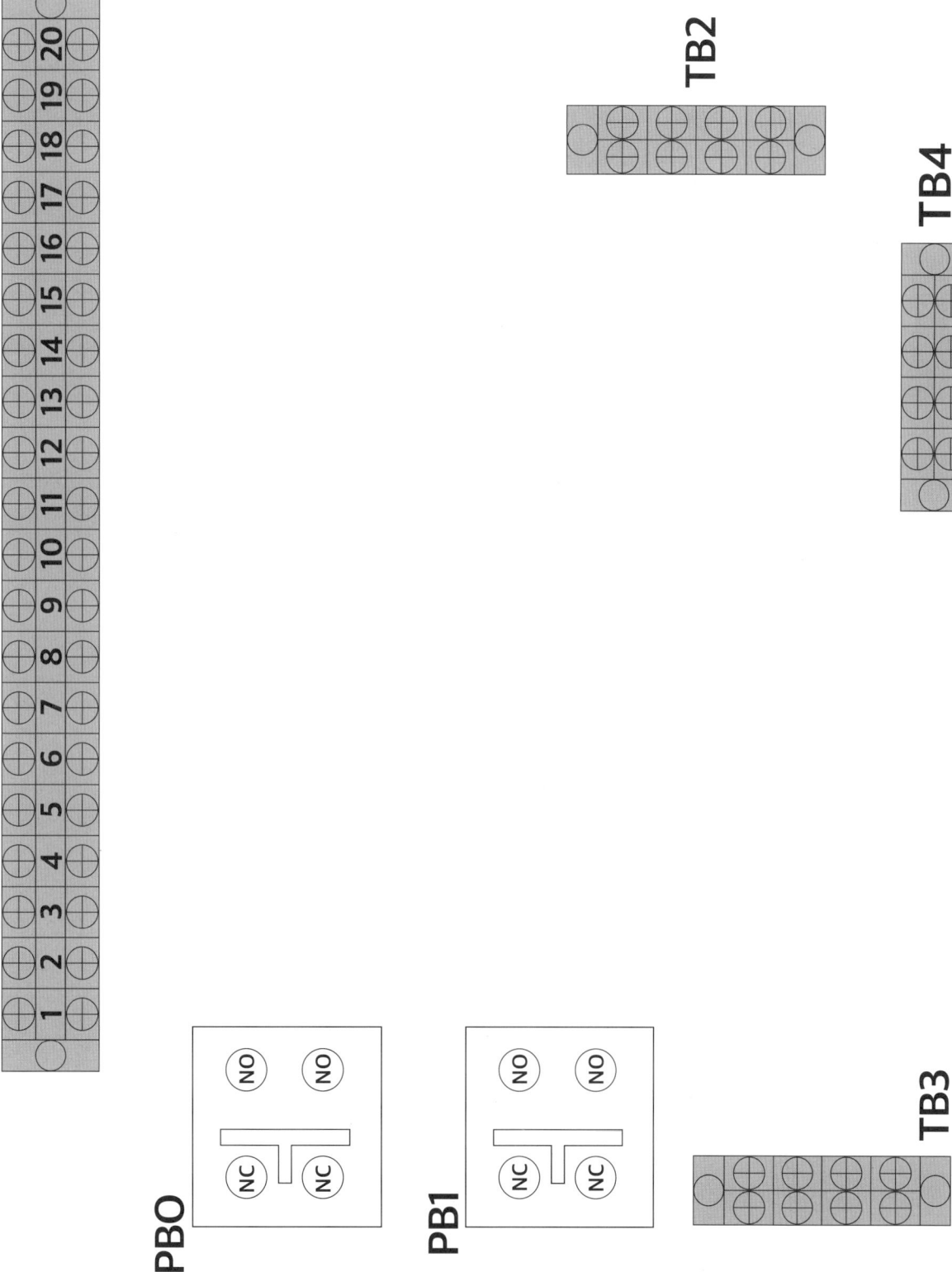

TYPE 1 급배수 제어회로

03 공개문제 도면집

제어핀의 핀 번호와 단자대 작성

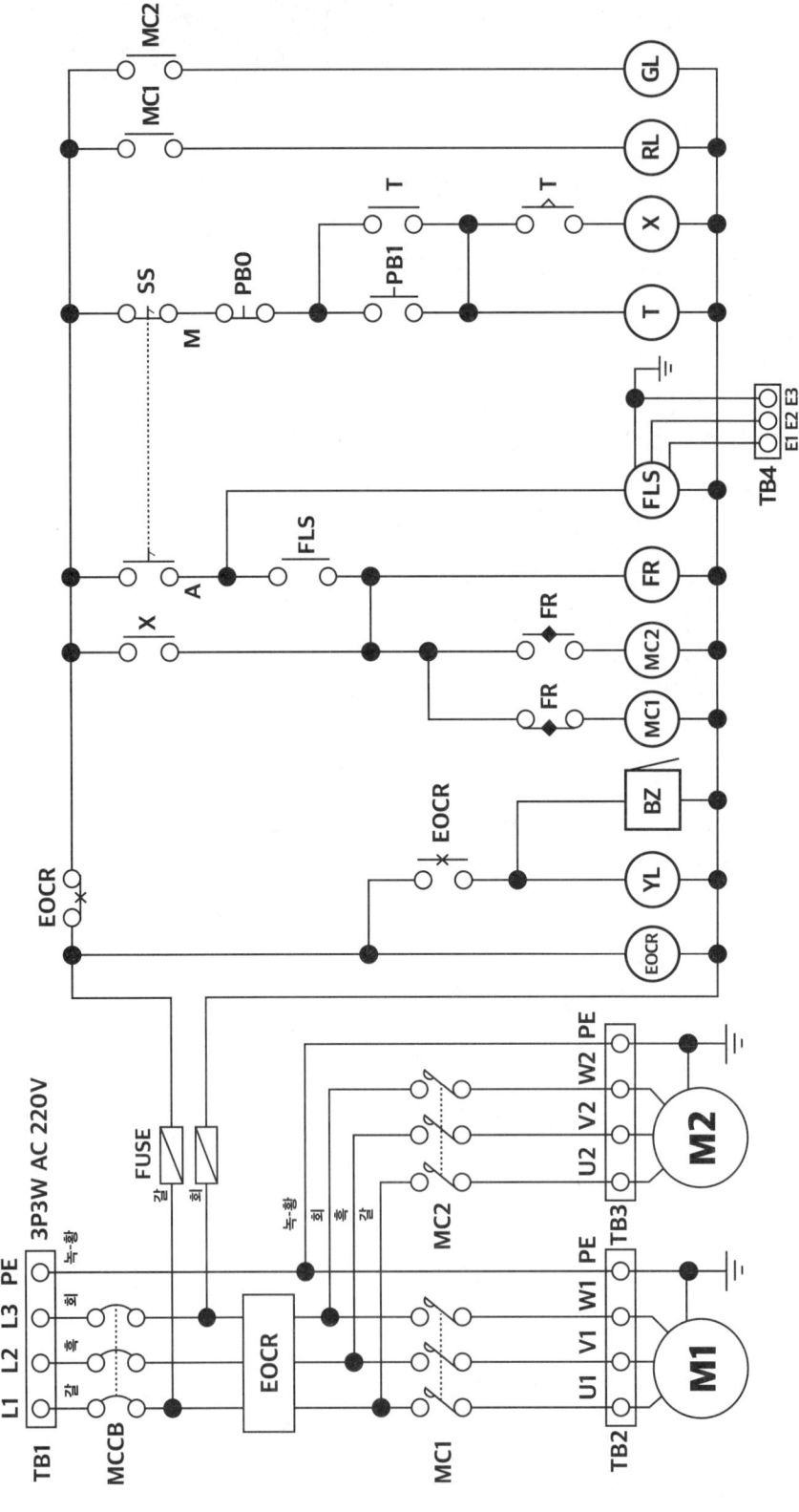

제어_주회로 결선 작성

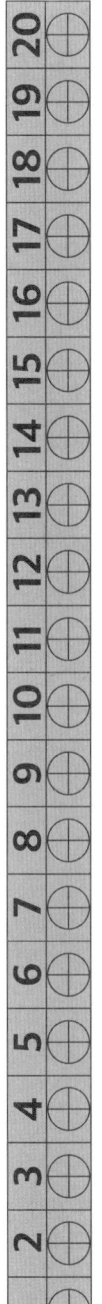
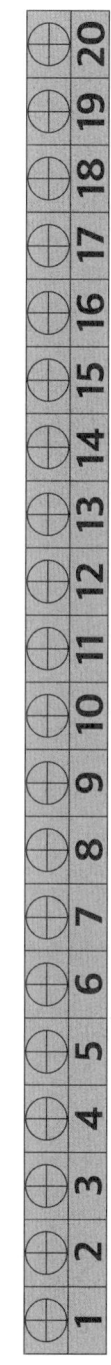
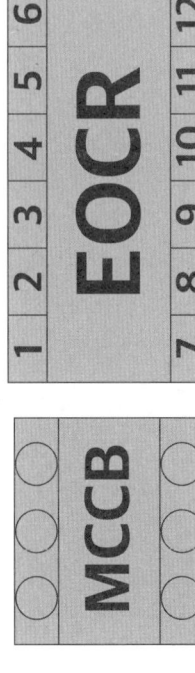
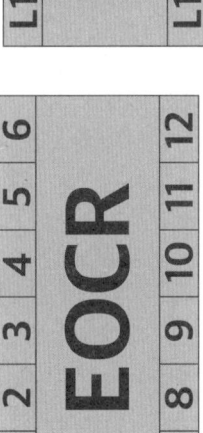
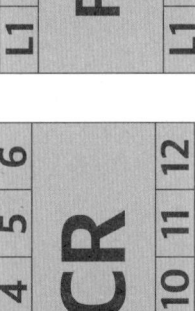
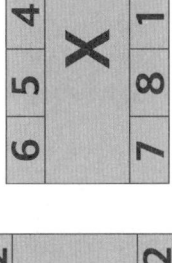
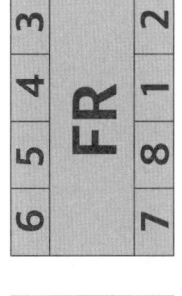
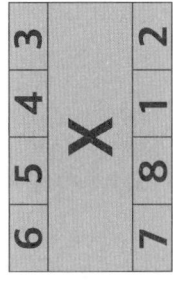
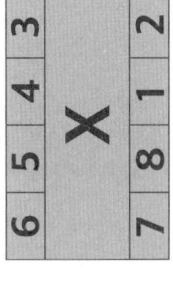

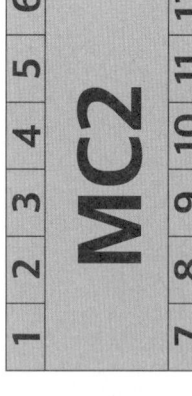

제어_보조회로 결선 작성

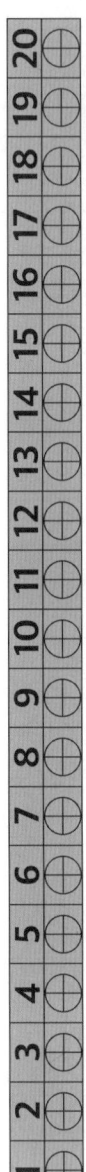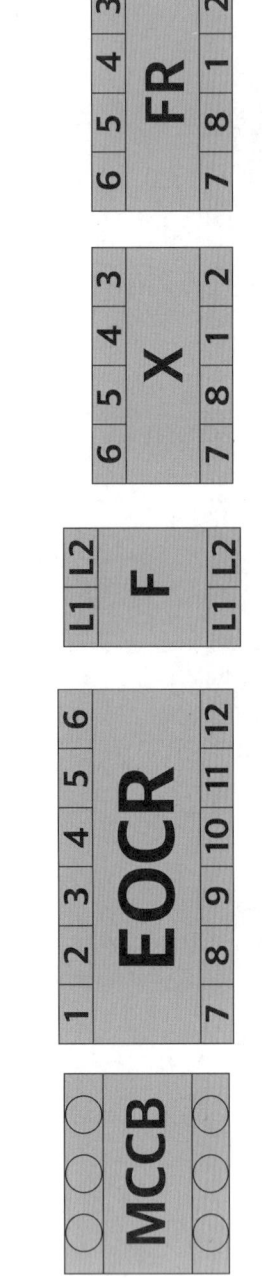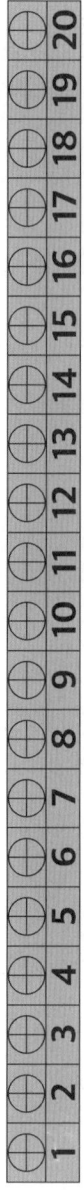

TYPE 1 급배수 제어회로

단자대_위쪽

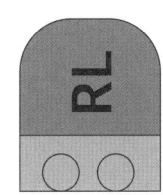

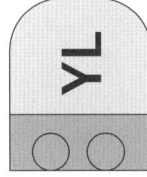

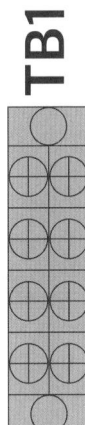
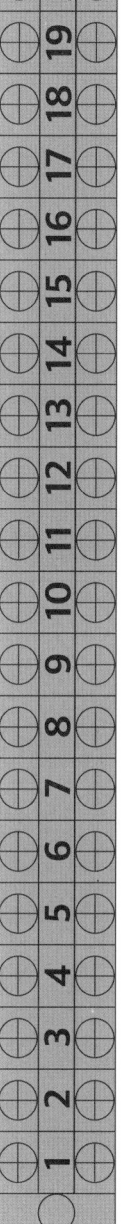
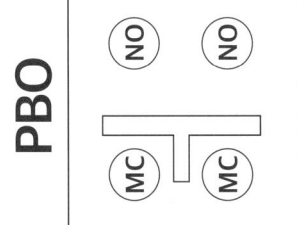
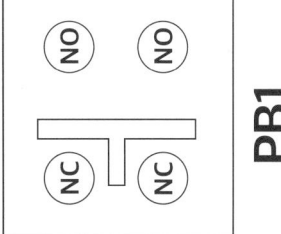

단자대_아래쪽

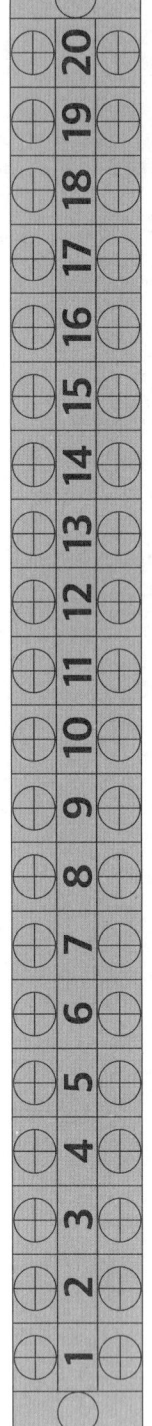
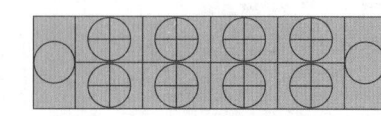
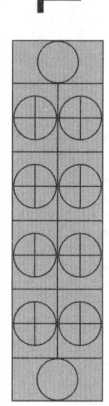
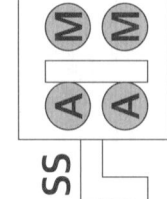
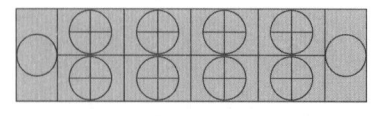

TYPE 1 급배수 제어회로

04 공개문제 도면집

제어핀의 핀 번호와 단자대 작성

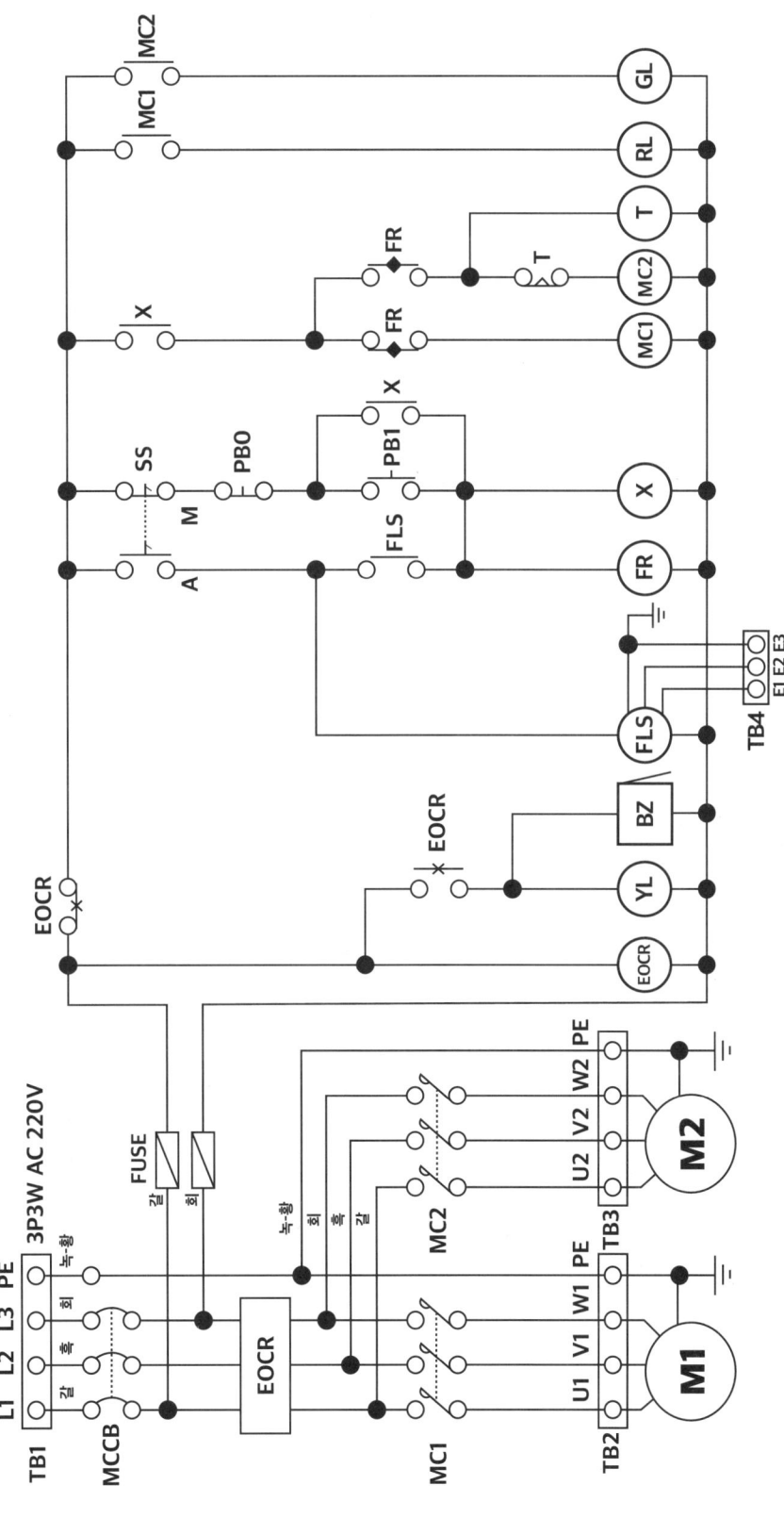

제어_주회로 결선 작성

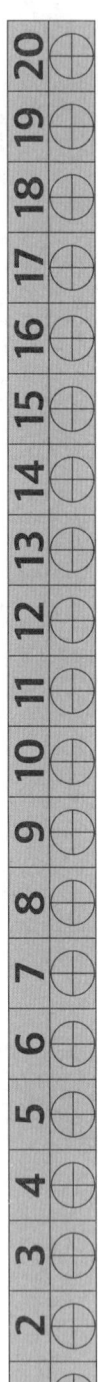
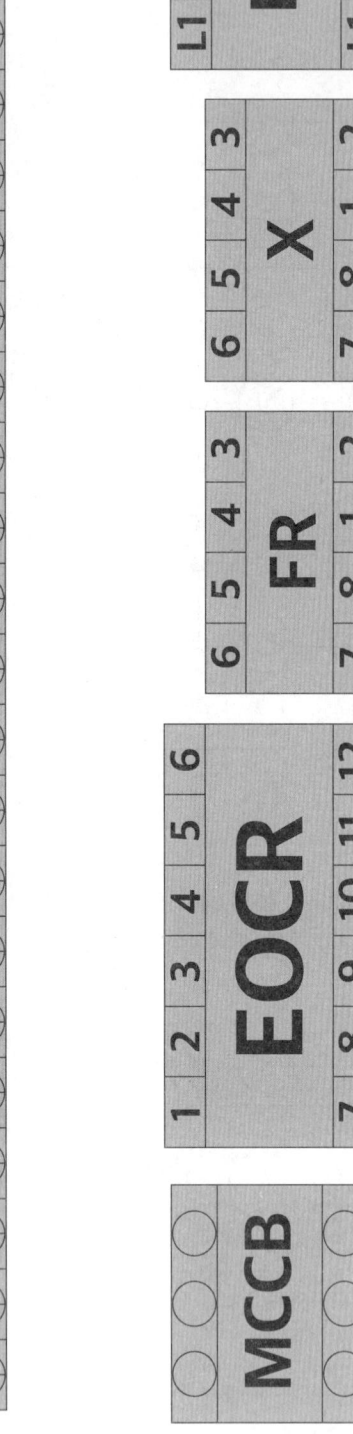
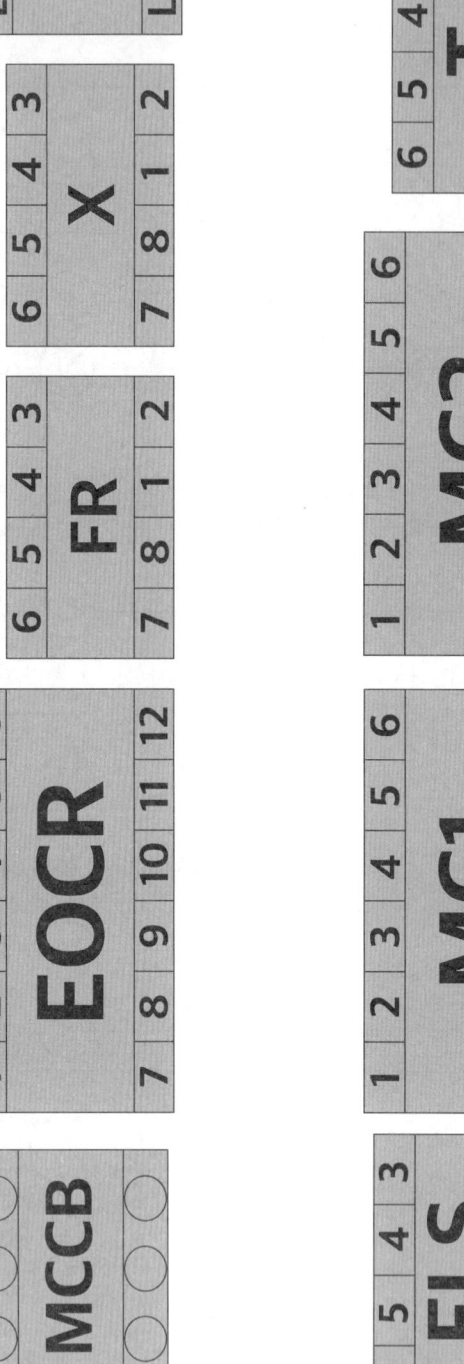
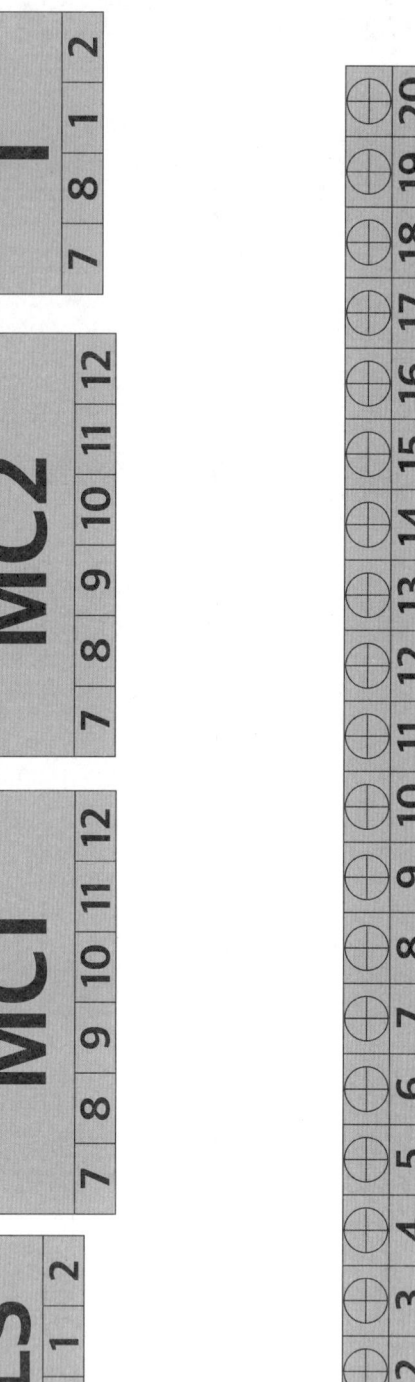

TYPE 1 급배수 제어회로

제어_보조회로 결선 작성

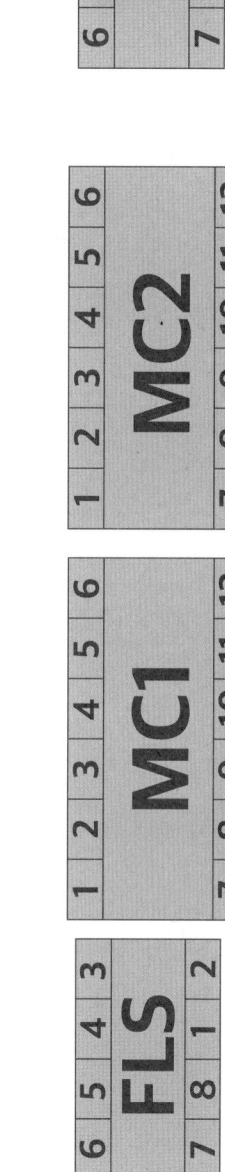
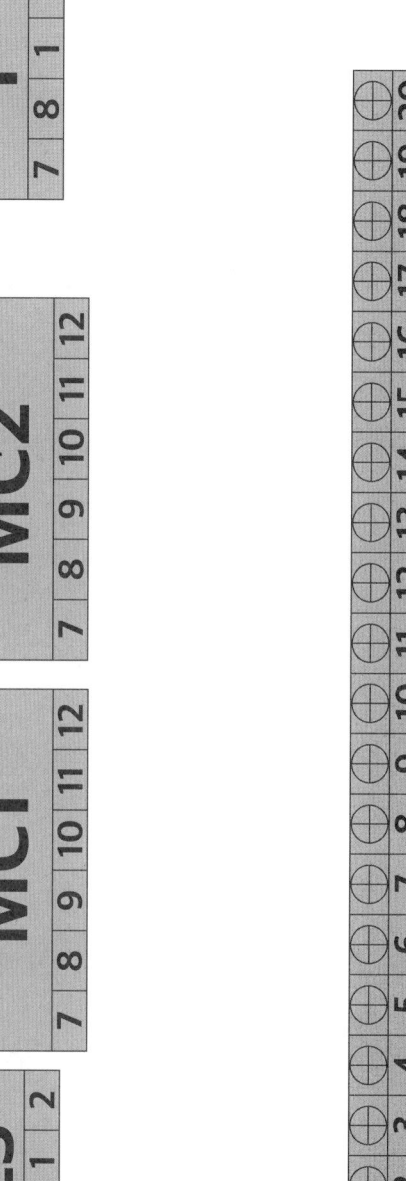

단자대_위쪽

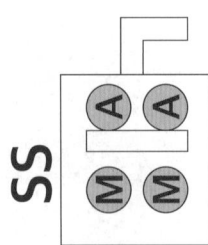

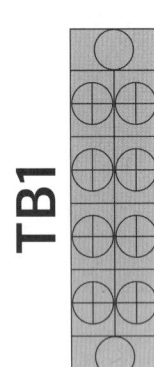

단자대_아래쪽

PB0
PB1
TB4
TB3
TB2
NC
NC
NO
NO
1
2
3
4
5
6
7
8
9
10
11
12
13
14
15
16
17
18
19
20

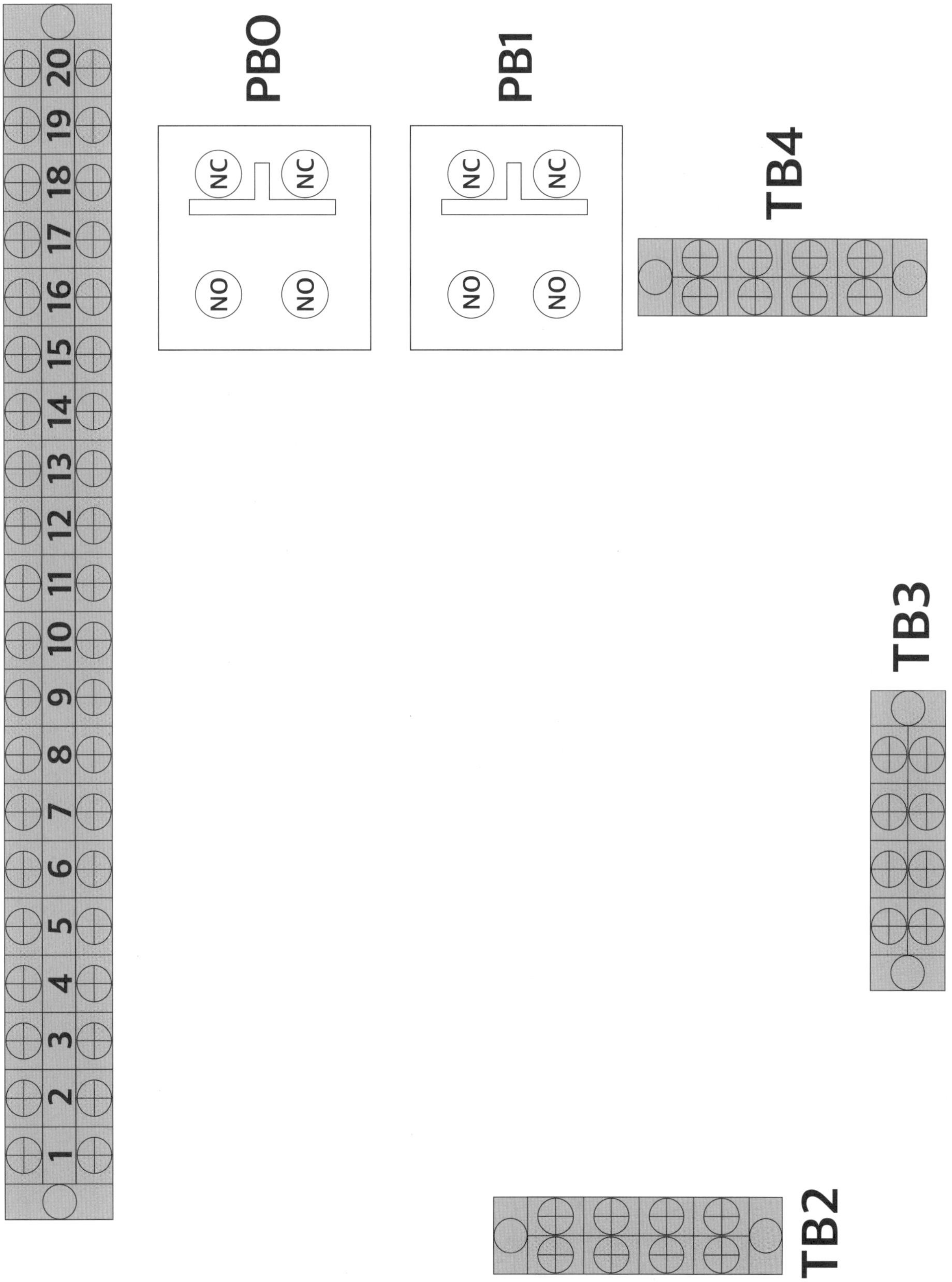

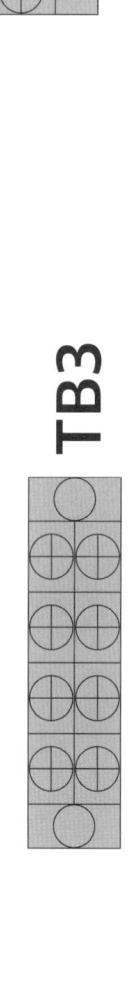

TYPE 1 급배수 제어회로

05 공개문제 도면집

제어핀의 핀 번호와 단자대 작성

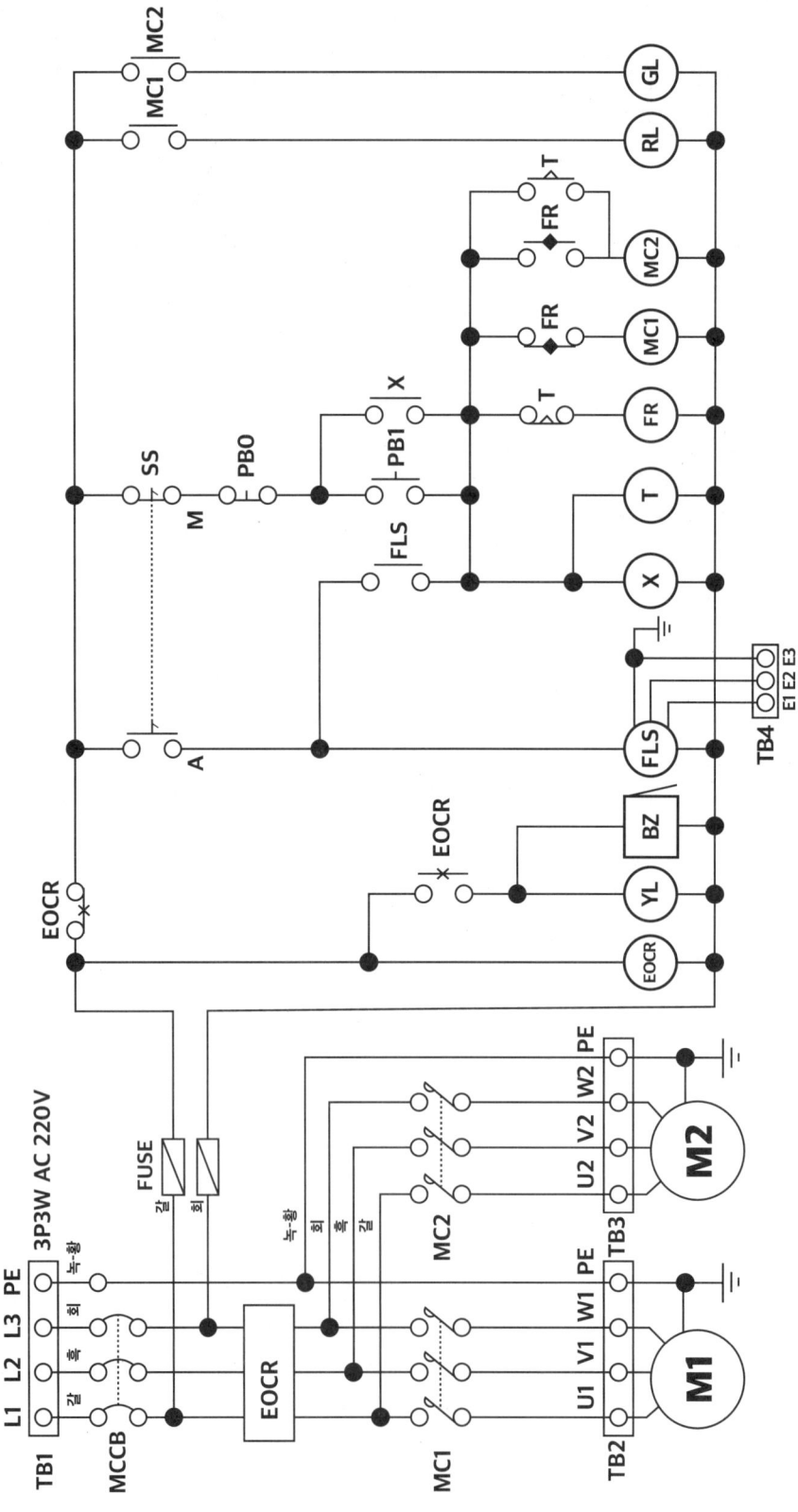

TYPE 1 급배수 제어회로

제어_주회로 결선 작성

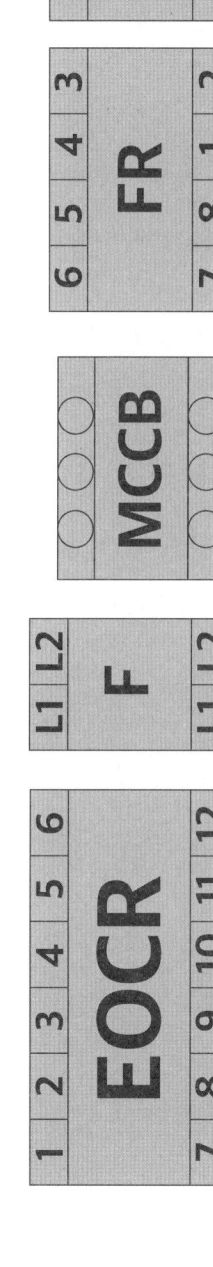
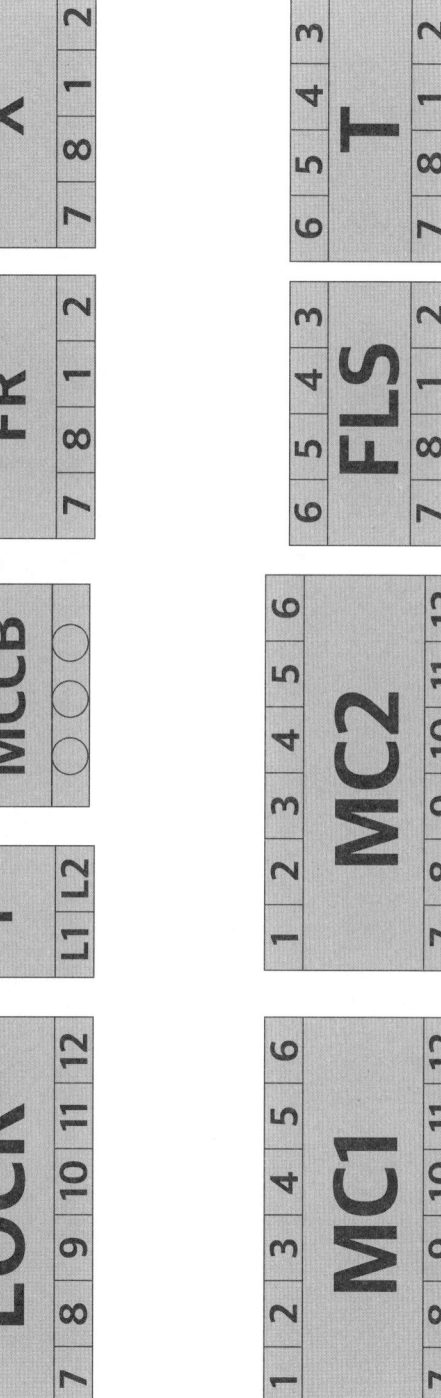

제어_보조회로 결선 작성

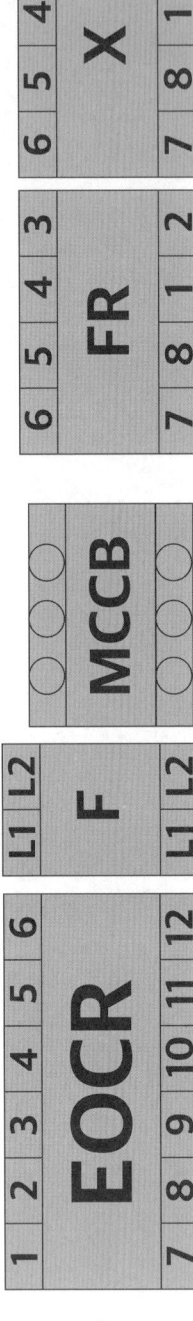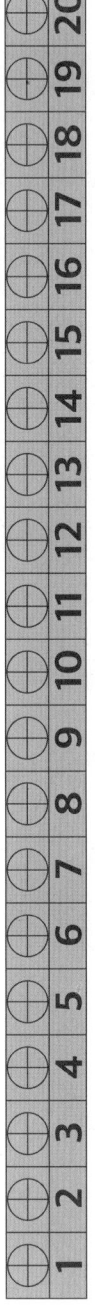

TYPE 1 급배수 제어회로

단자대_위쪽

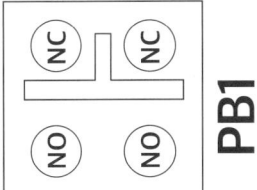
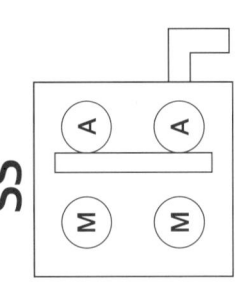
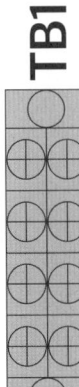
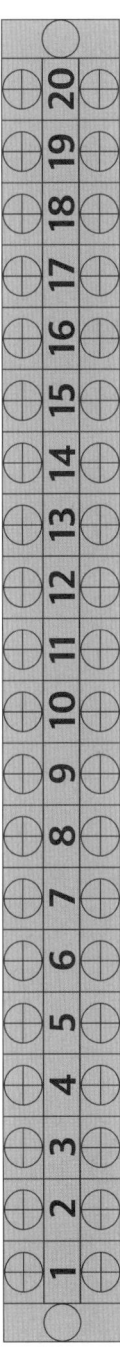
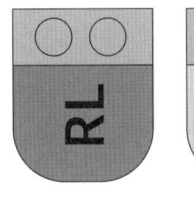
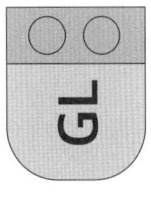

단자대_아래쪽

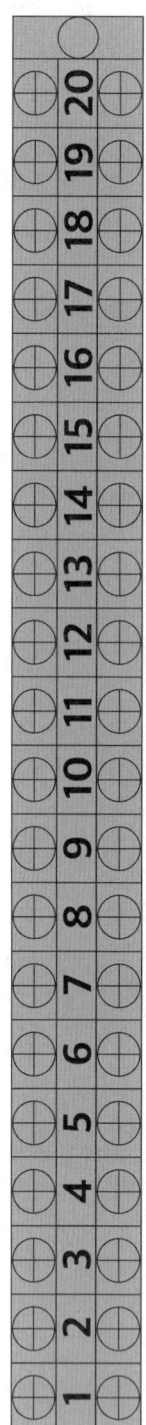
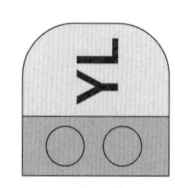
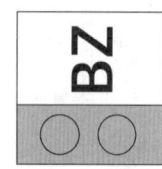
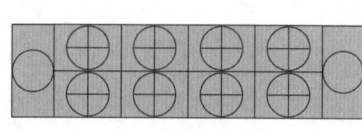
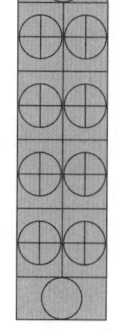

TYPE 1 급배수 제어회로

06 공개문제 도면집

제어핀의 핀 번호와 단자대 작성

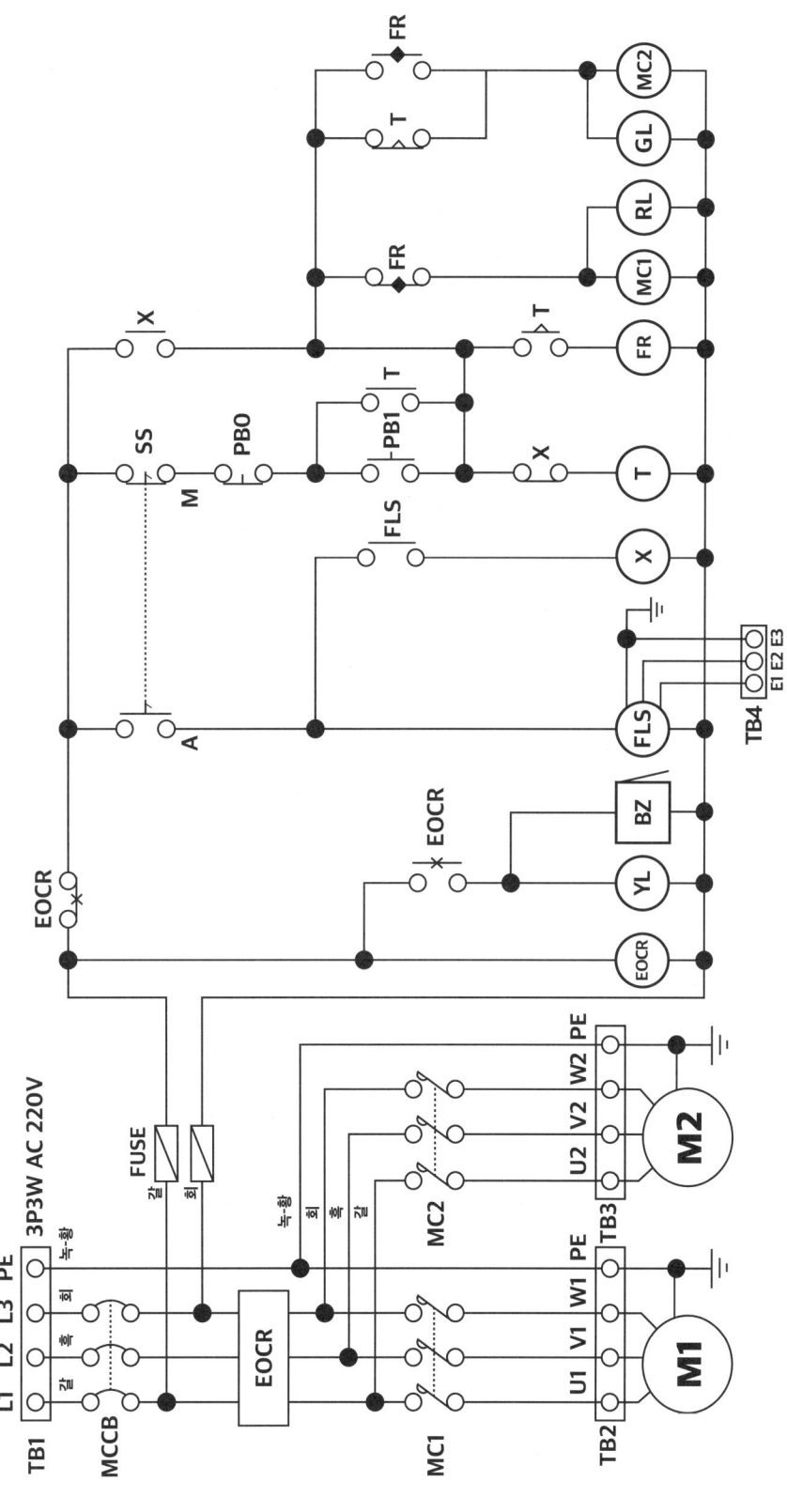

제어_주회로 결선 작성

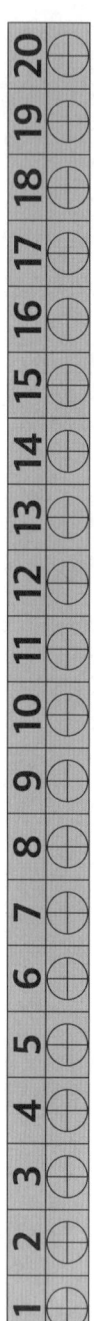
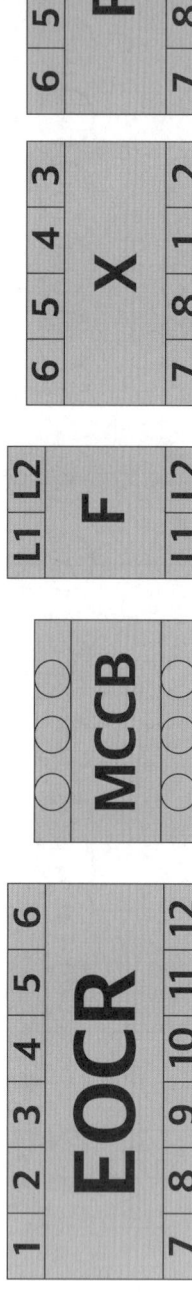
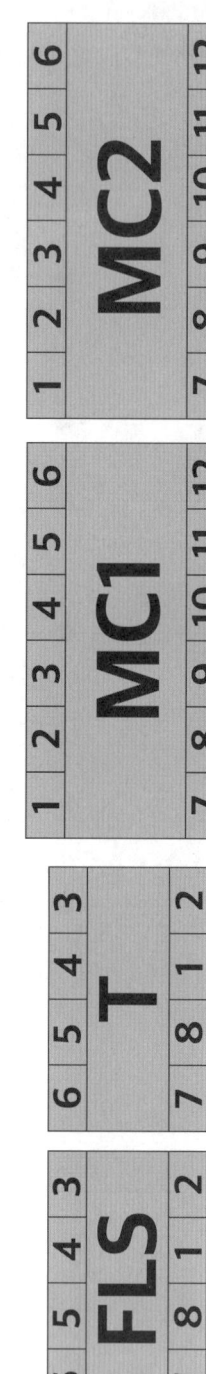
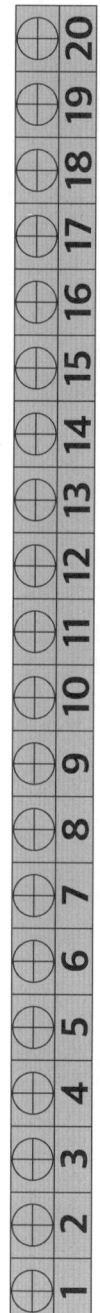

제어_보조회로 결선 작성

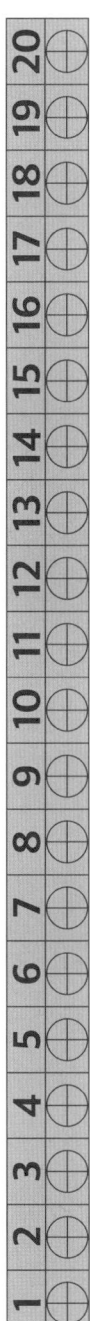
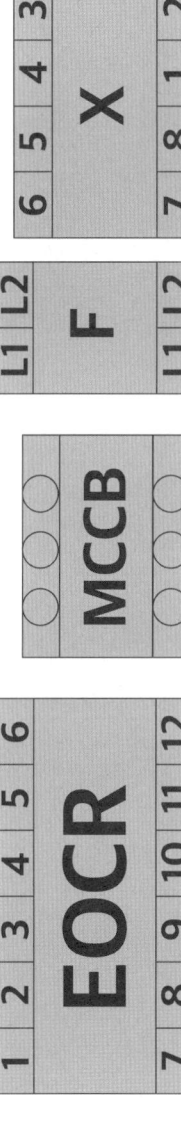
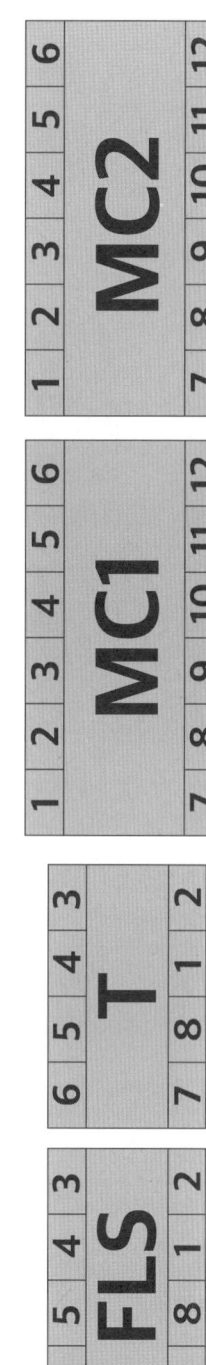
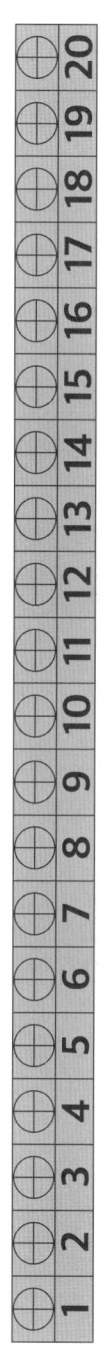

단자대_위쪽

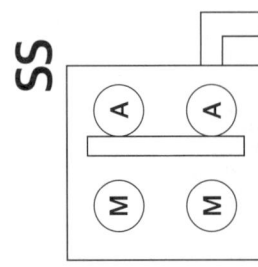
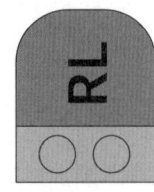
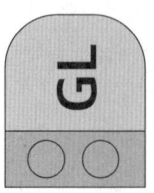
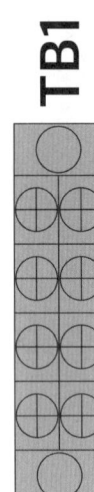

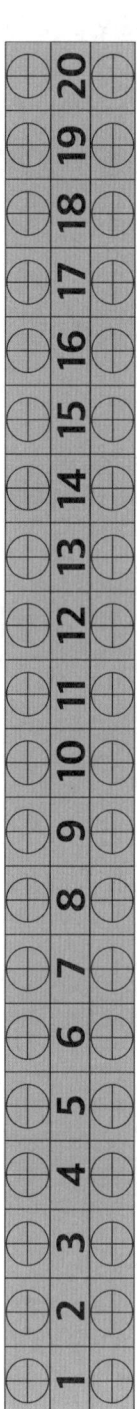

TYPE 1 급배수 제어회로

단자대_아래쪽

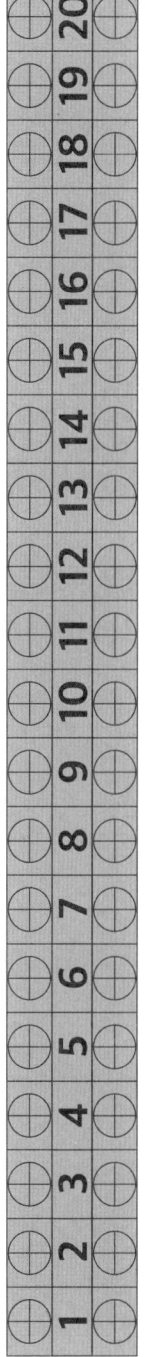
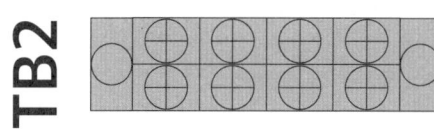

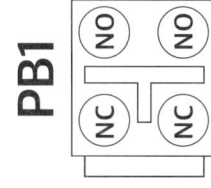
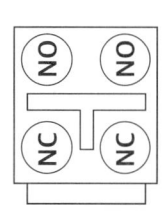
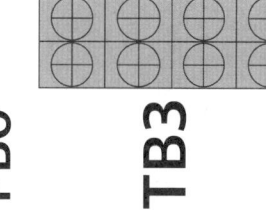

06 공개문제 도면집 · 31

TYPE 1 급배수 제어회로

07 공개문제 도면집

제어판의 핀 번호와 단자대 작성

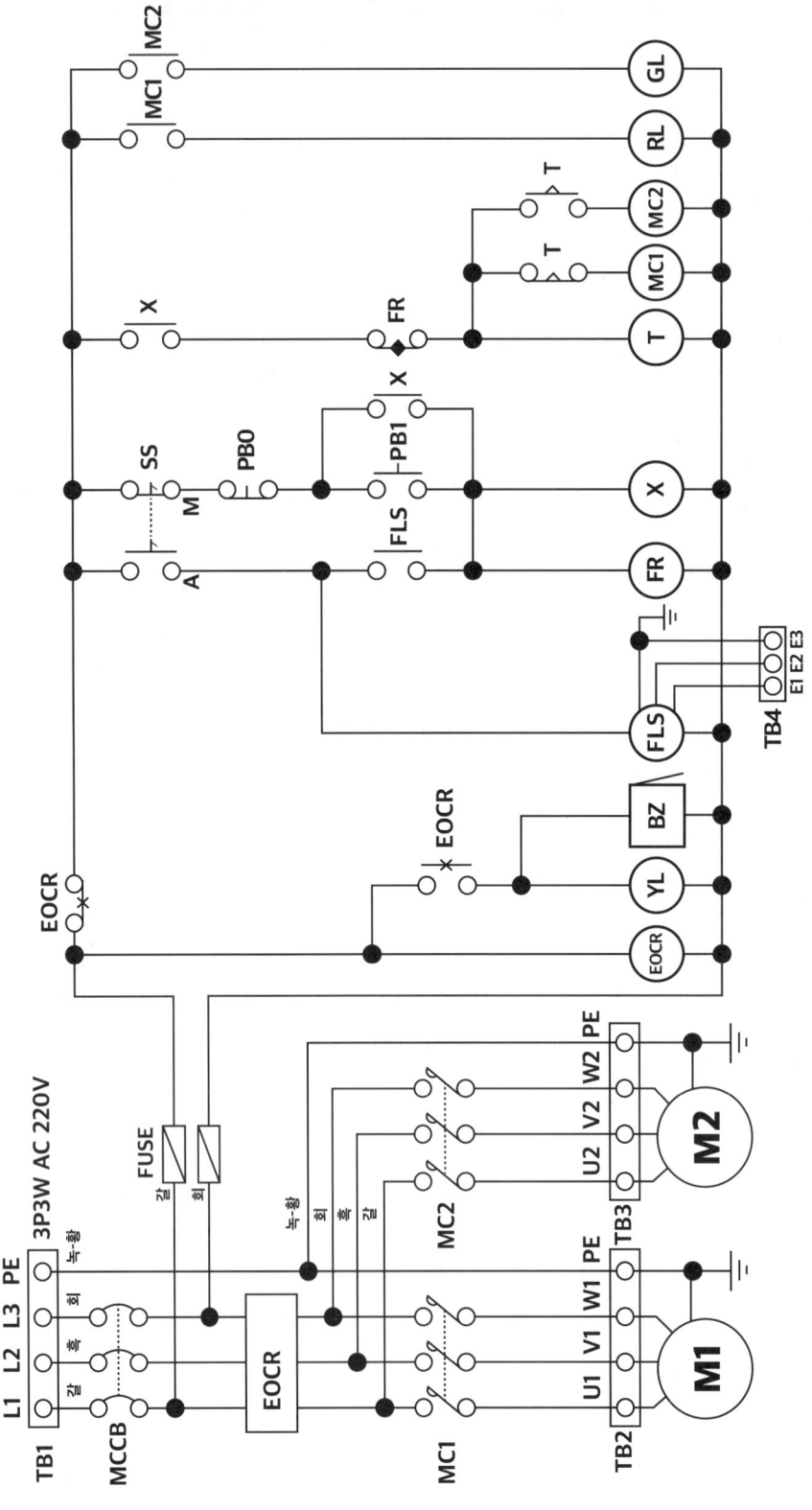

제어_주회로 결선 작성

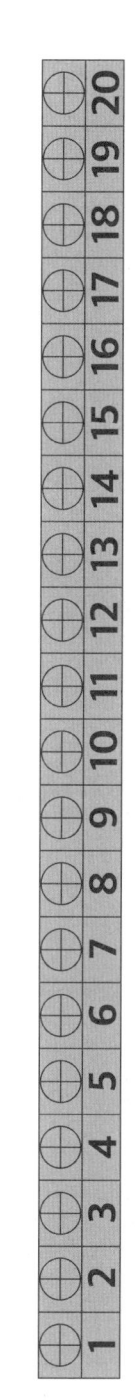

제어_보조회로 결선 작성

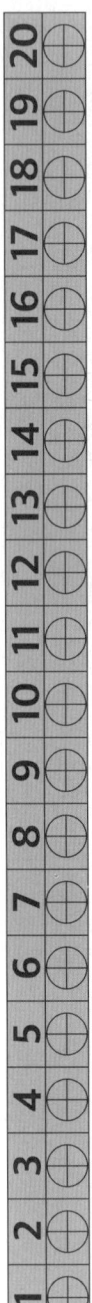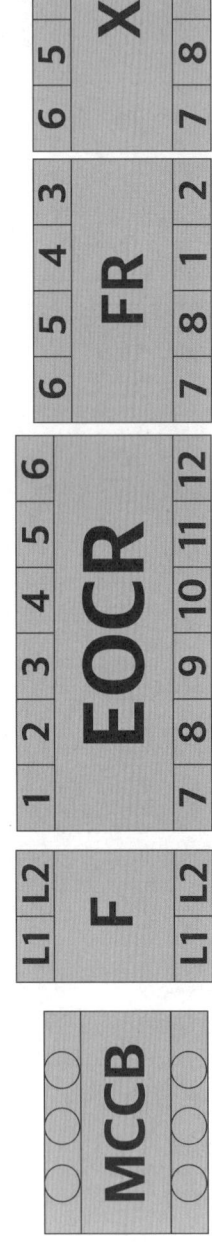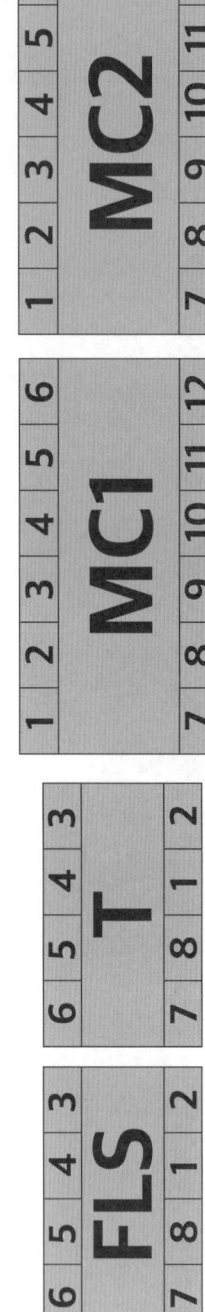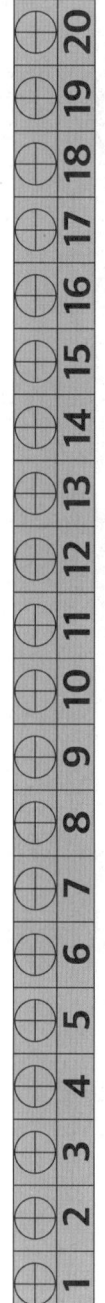

TYPE 1 급배수 제어회로

단자대_위쪽

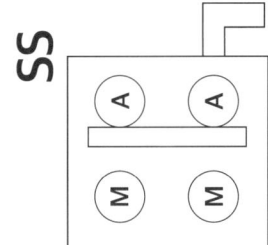
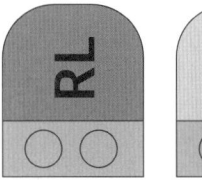

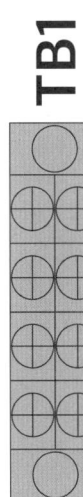
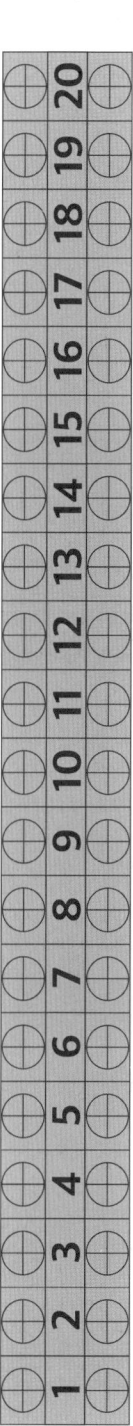

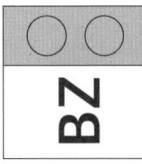

단자대_아래쪽

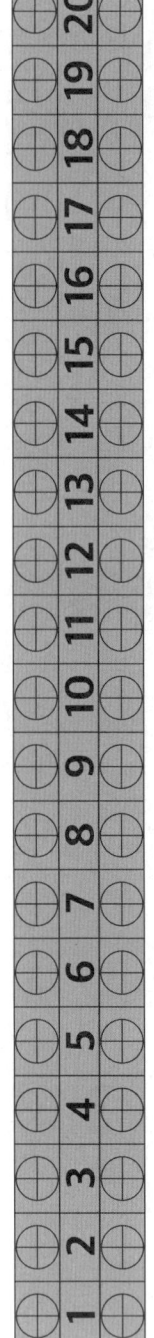
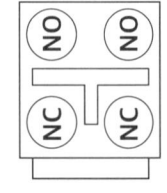
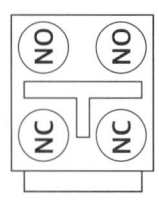

TYPE 1 급배수 제어회로

08 공개문제 도면집

제어핀의 핀 번호와 단자대 작성

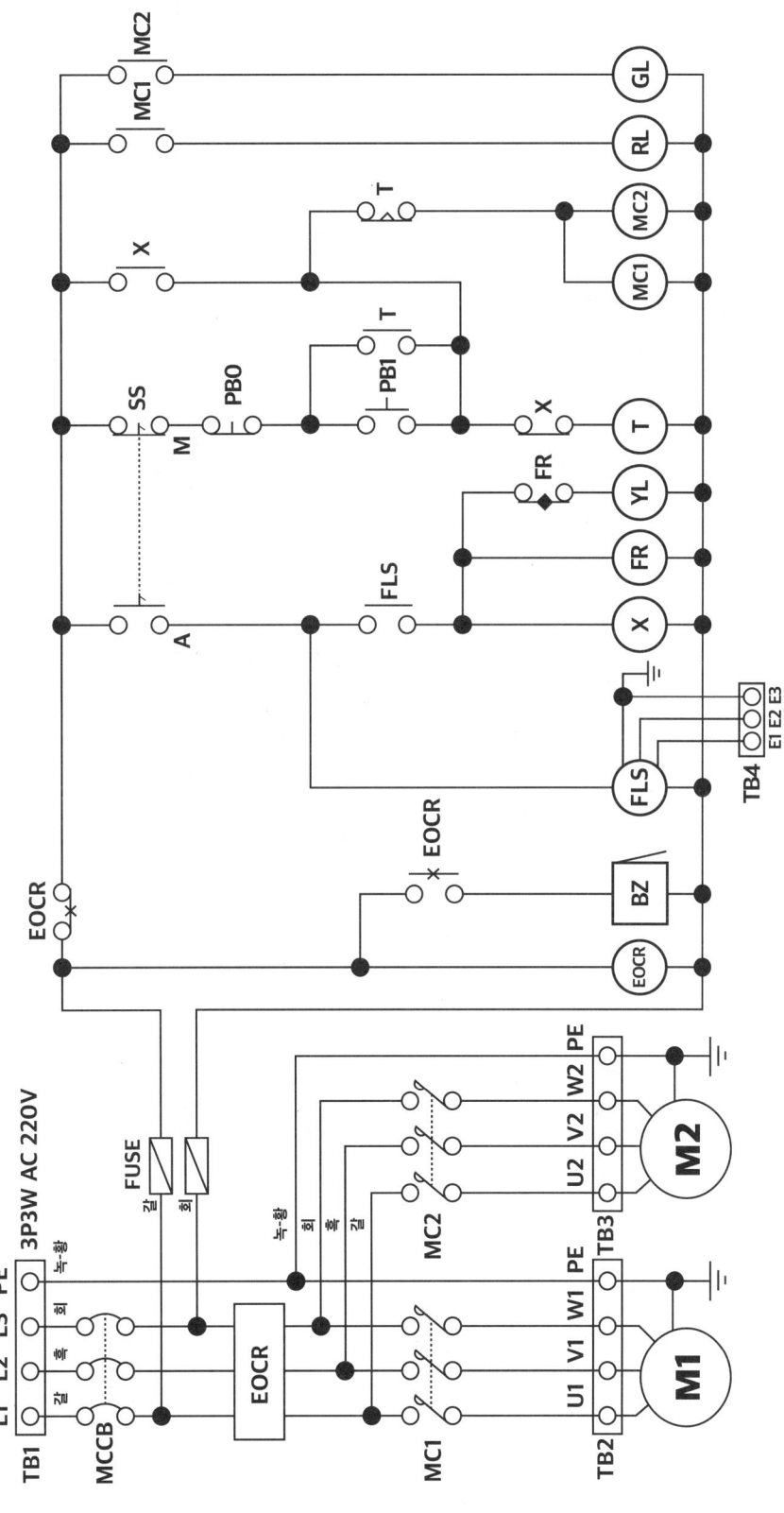

제어_주회로 결선 작성

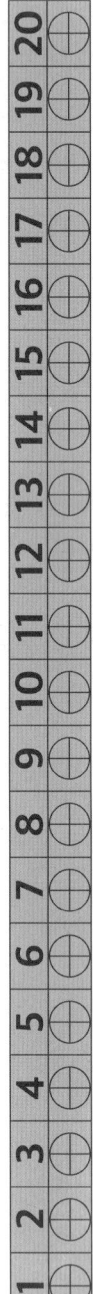
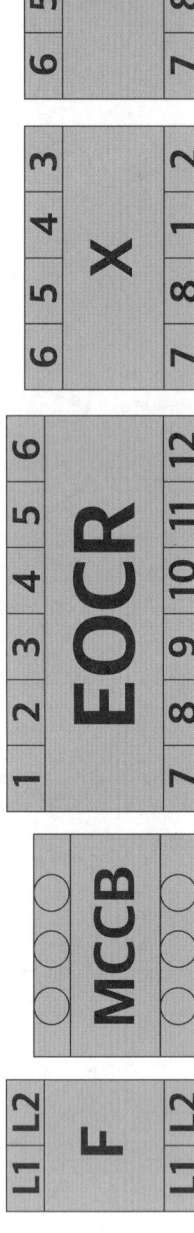
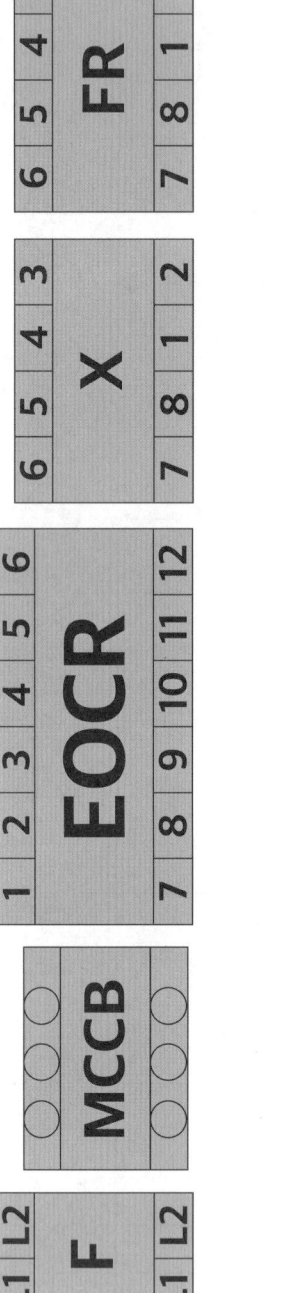

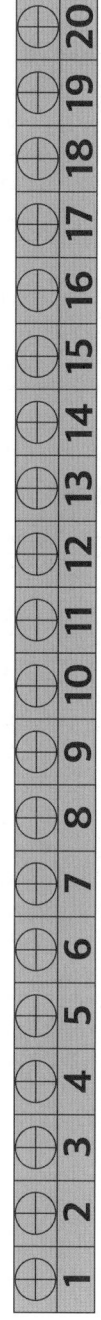

TYPE 1 급배수 제어회로

제어_보조회로 결선 작성

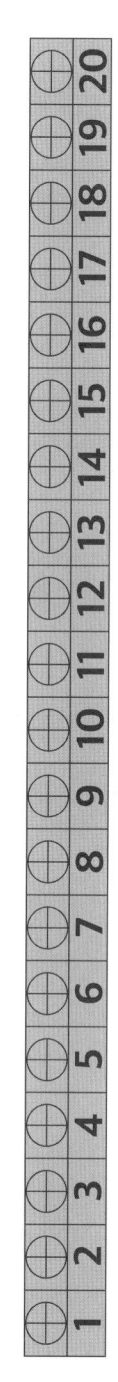
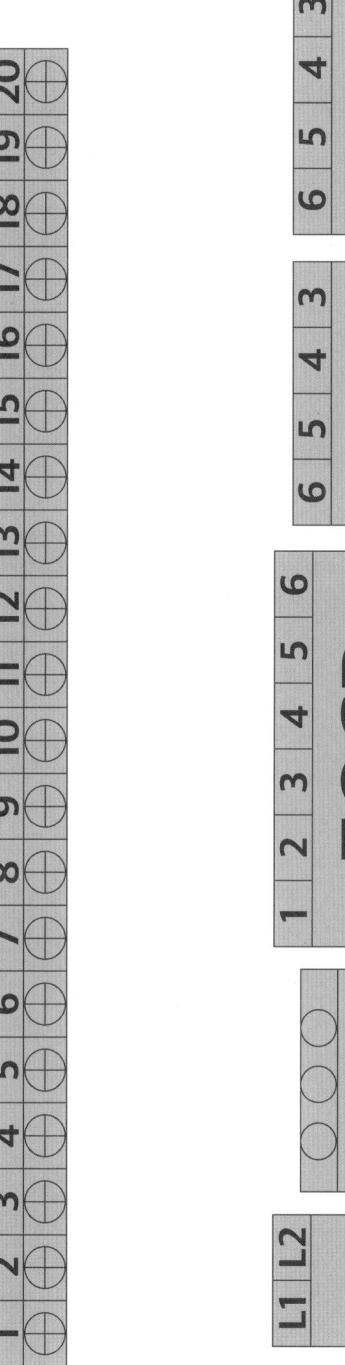

단자대_위쪽

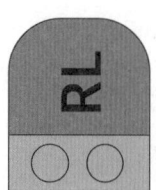

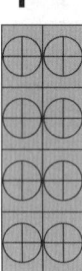
TB1

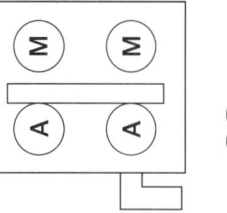
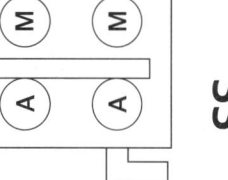
SS

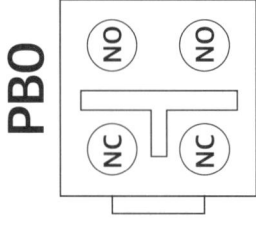
PB0

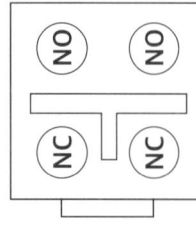
PB1

TYPE 1 급배수 제어회로

단자대_아래쪽

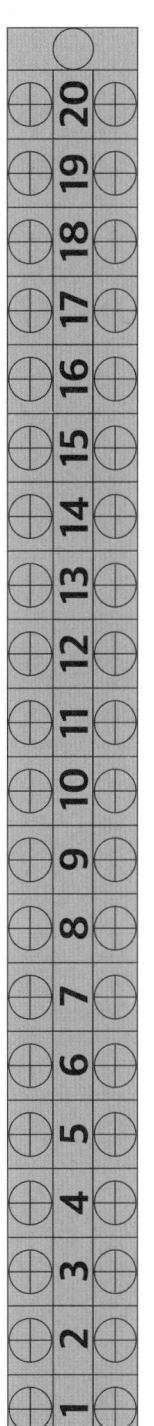
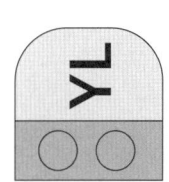
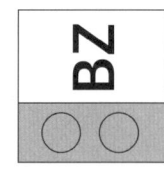
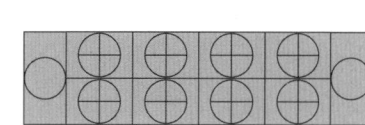
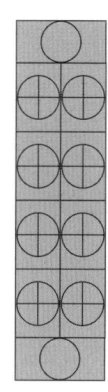
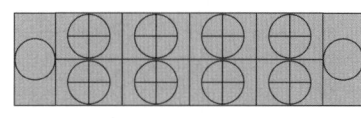

TYPE 1 급배수 제어회로

09 공개문제 도면집

제어판의 핀 번호와 단자대 작성

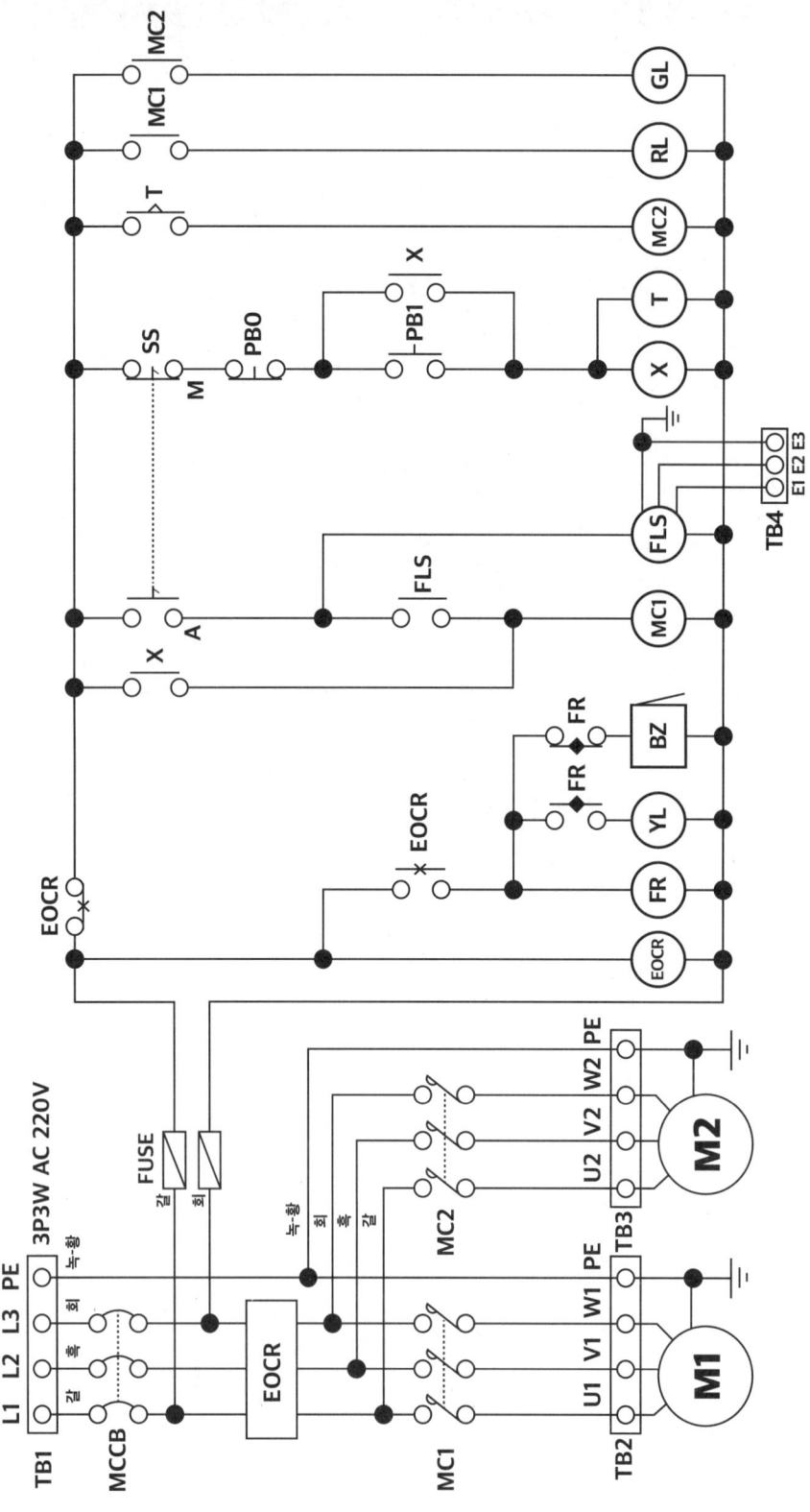

TYPE 1 급배수 제어회로

제어_주회로 결선 작성

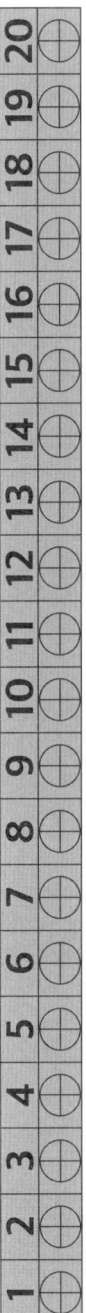

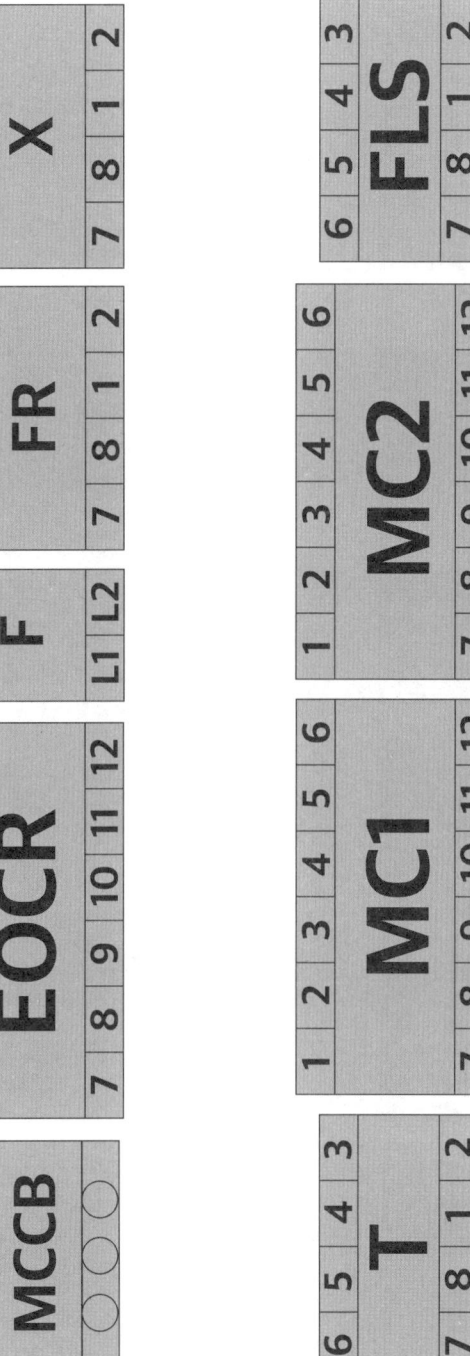
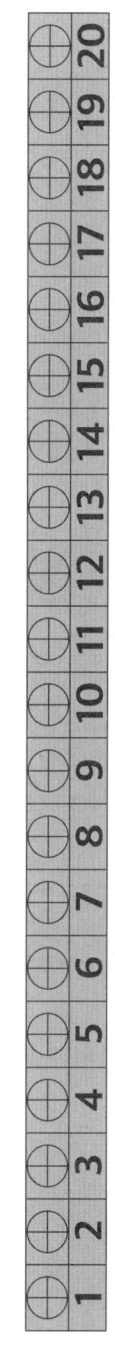

제어_보조회로 결선 작성

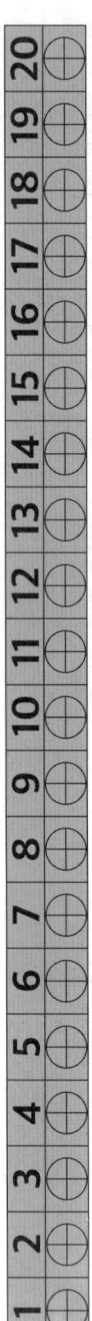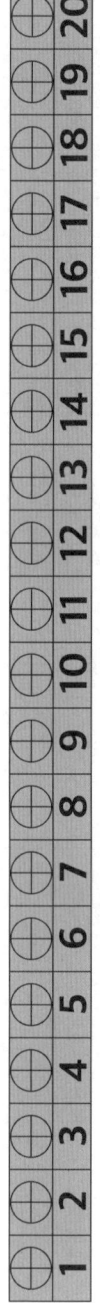

TYPE 1 급배수 제어회로

단자대_위쪽

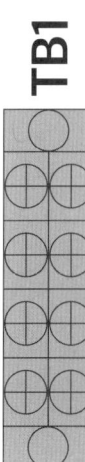
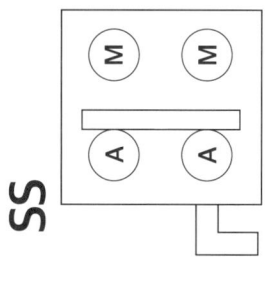

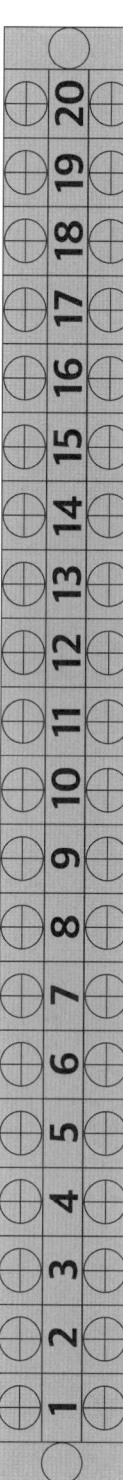

단자대_아래쪽

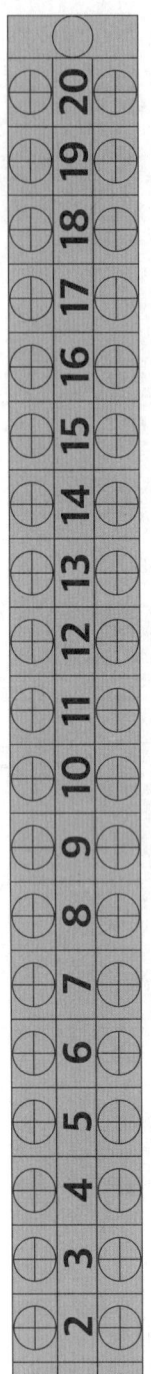
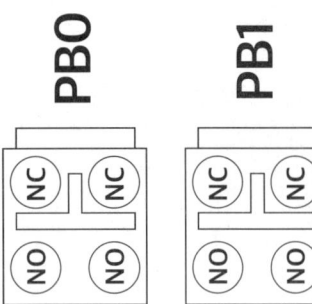
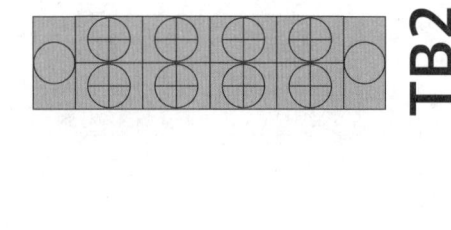
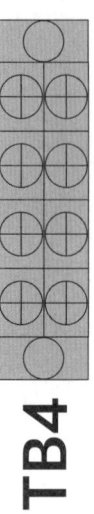
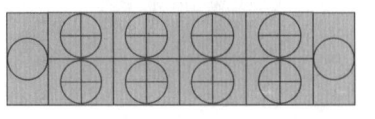

여러분의 작은 소리
에듀윌은 크게 듣겠습니다.

본 교재에 대한 여러분의 목소리를 들려주세요.
공부하시면서 어려웠던 점, 궁금한 점,
칭찬하고 싶은 점, 개선할 점, 어떤 것이라도 좋습니다.

에듀윌은 여러분께서 나누어 주신 의견을
통해 끊임없이 발전하고 있습니다.

에듀윌 도서몰 book.eduwill.net
- 부가학습자료 및 정오표: 에듀윌 도서몰 → 도서자료실
- 교재 문의: 에듀윌 도서몰 → 문의하기 → 교재(내용, 출간) / 주문 및 배송

2026 에듀윌 전기기능사 실기

도면집
TYPE 1 급배수 제어회로

고객의 꿈, 직원의 꿈, 지역사회의 꿈을 실현한다

에듀윌 도서몰	• 부가학습자료 및 정오표: 에듀윌 도서몰 > 도서자료실
book.eduwill.net	• 교재 문의: 에듀윌 도서몰 > 문의하기 > 교재(내용, 출간) / 주문 및 배송

18개의 공개문제를 한 권에

QR코드로
교재 미리보기

2026 에듀윌 전기기능사 실기

도면집

TYPE 2 전동기 제어회로

도면집 활용법

STEP 1 공개문제 및 해설과 비교하며 단자대의 위치와 선의 연결 경로를 파악합니다.

STEP 2 공개문제만 보며 직접 도면집에 선을 그려보며 3회 반복합니다.

STEP 3 학원에서 실제 전선과 도구를 통해 직접 연결하며 몸으로 익히는 학습을 합니다.

TYPE 2 전동기 제어회로

10 공개문제 도면집

제어핀의 핀 번호와 단자대 작성

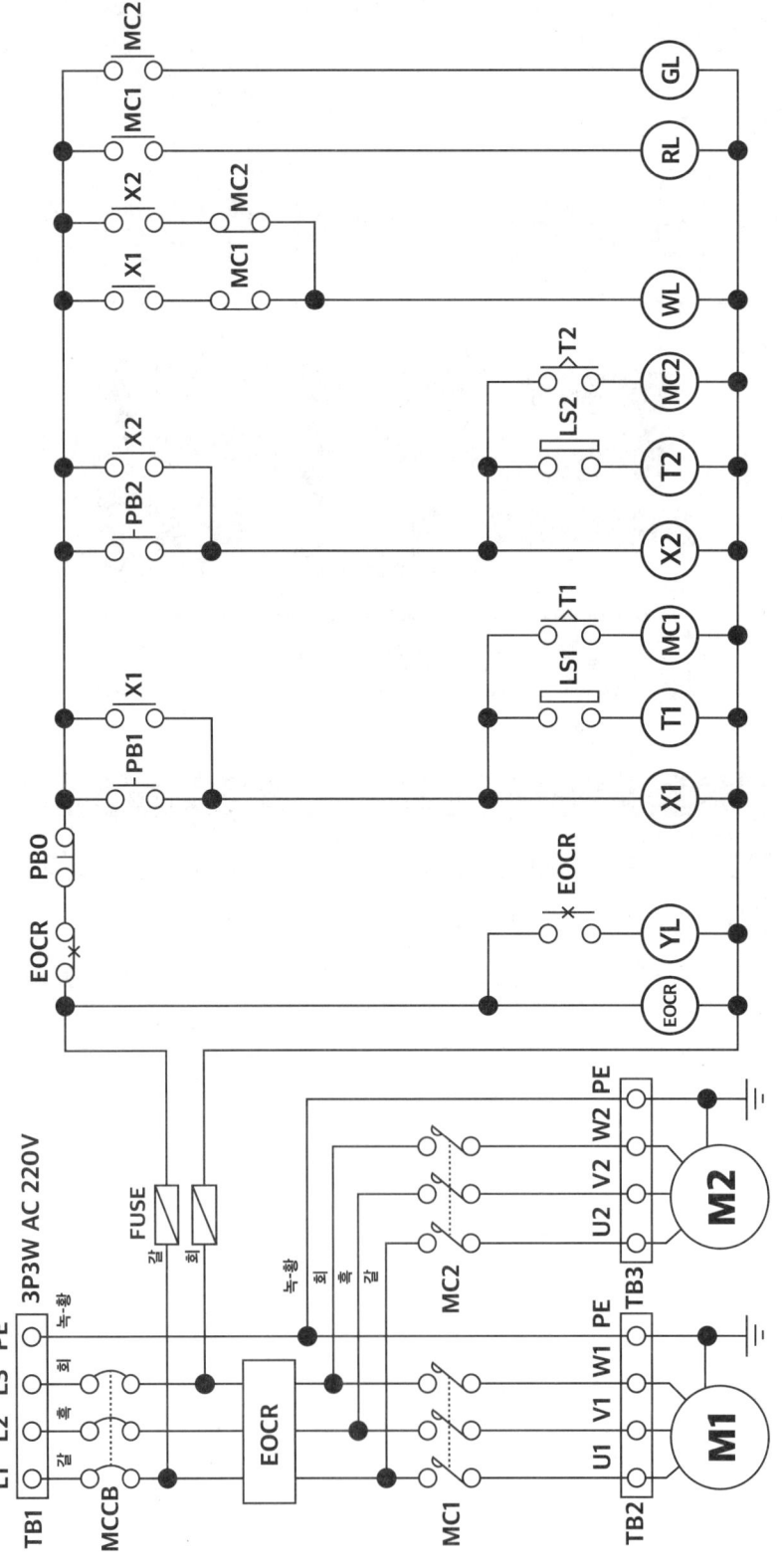

TYPE 2 전동기 제어회로

제어_주회로 결선 작성

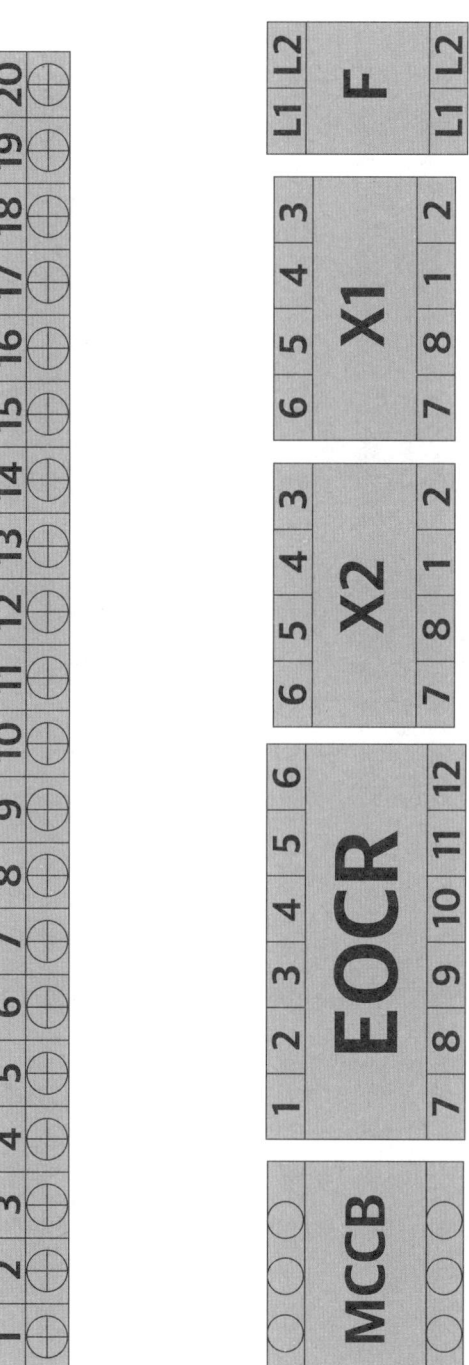
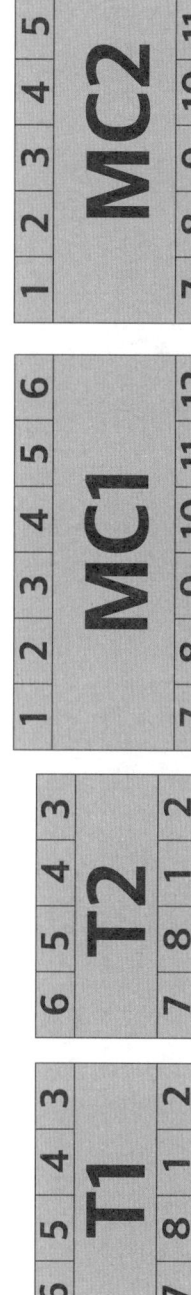
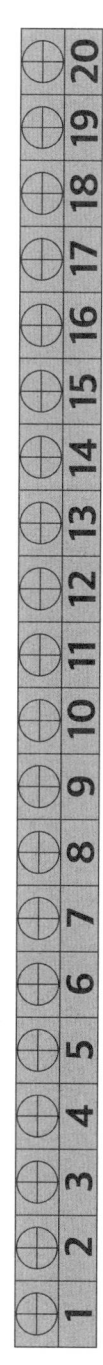

제어_보조회로 결선 작성

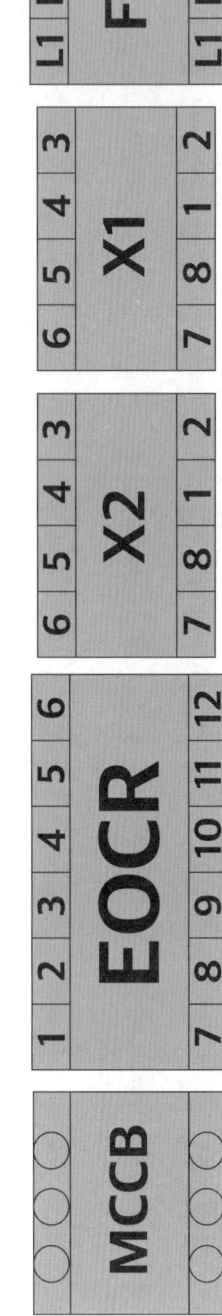

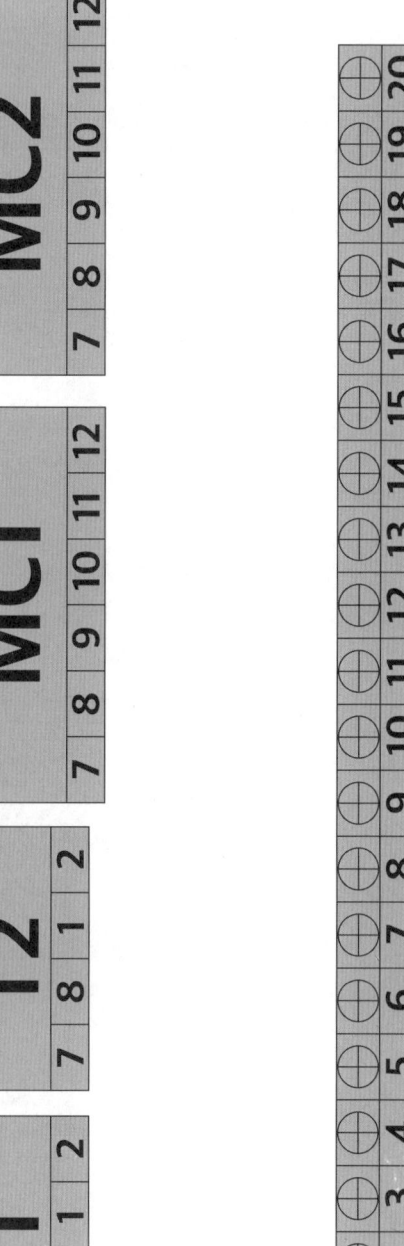

TYPE 2 전동기 제어회로

단자대_위쪽

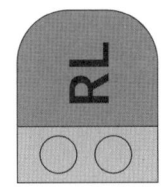
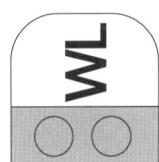
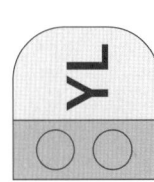
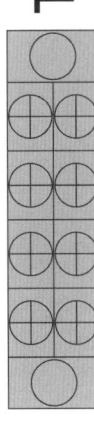
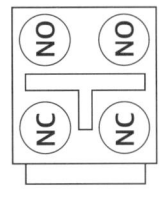
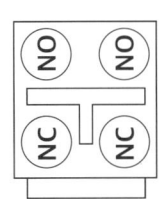

단자대_아래쪽

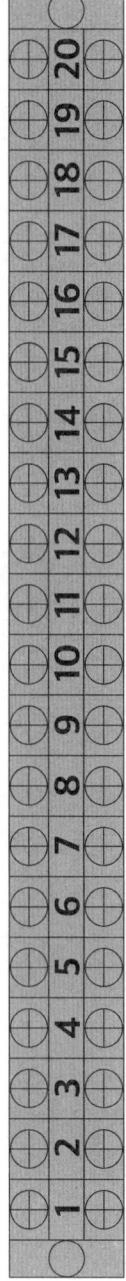

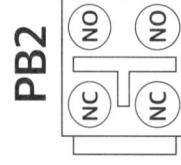
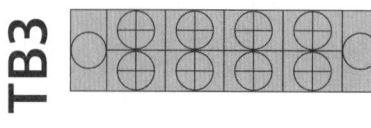

TYPE 2 전동기 제어회로

11 공개문제 도면집

제어핀의 핀 번호와 단자대 작성

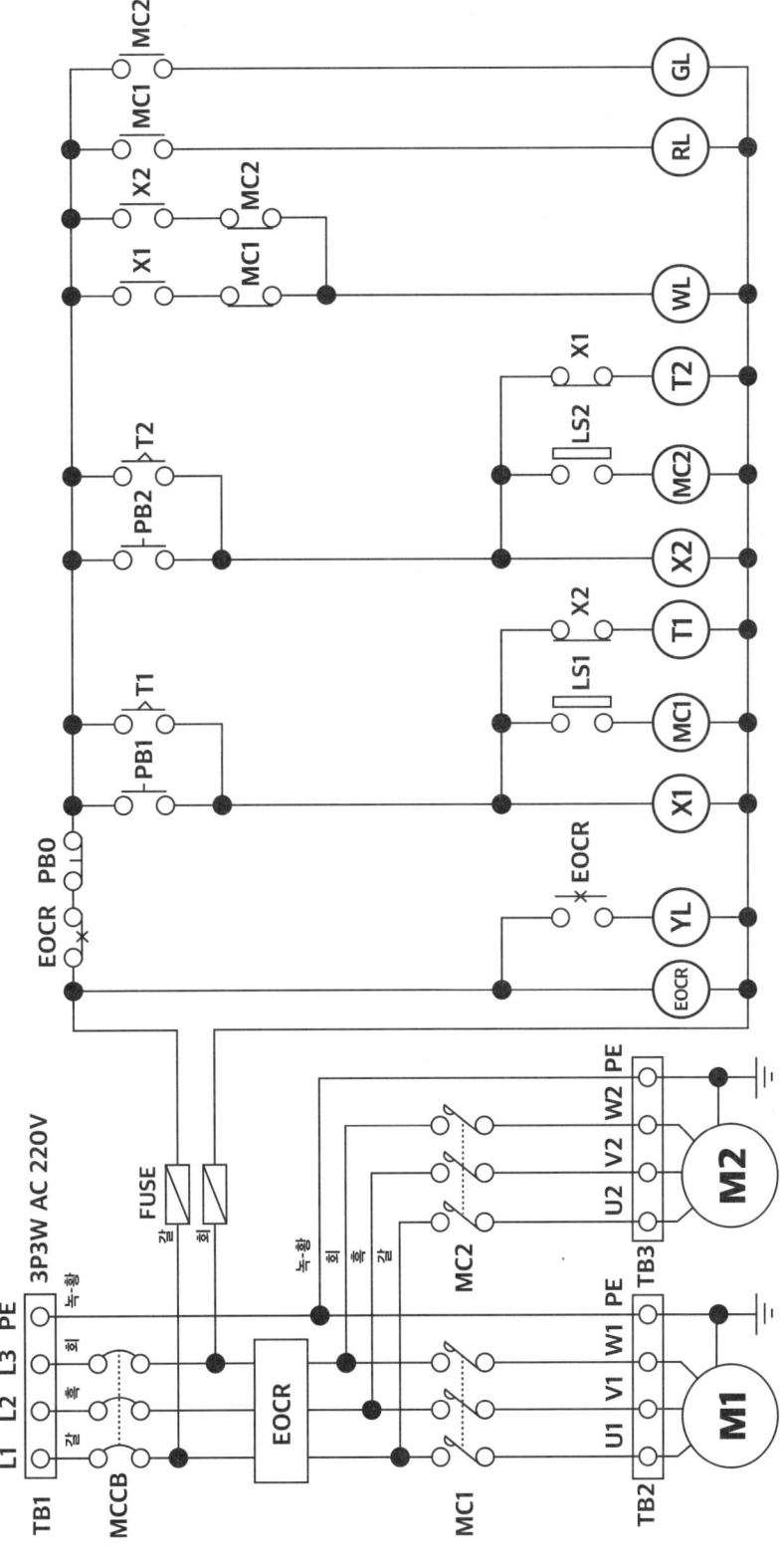

제어_주회로 결선 작성

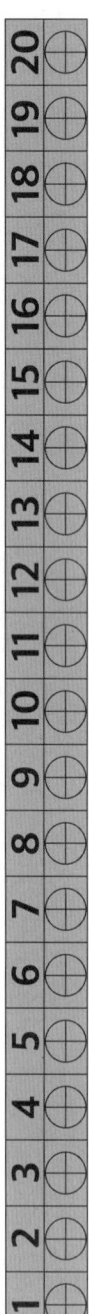

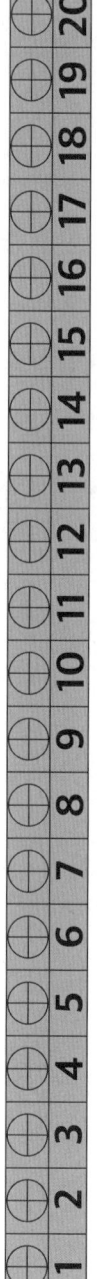

TYPE 2 전동기 제어회로

제어_보조회로 결선 작성

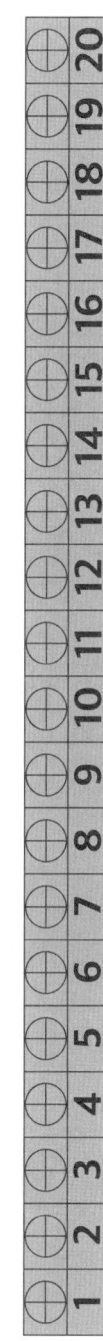

단자대_위쪽

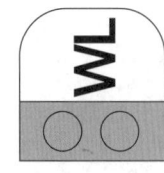

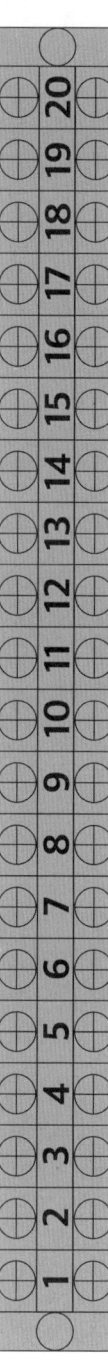
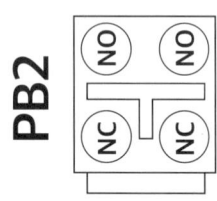

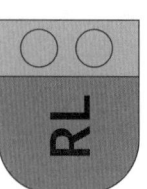

TYPE 2 전동기 제어회로

단자대_아래쪽

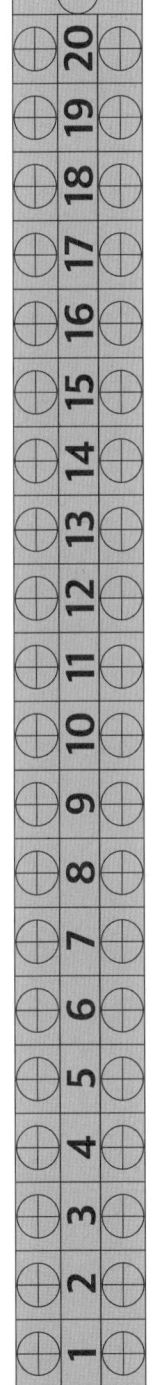

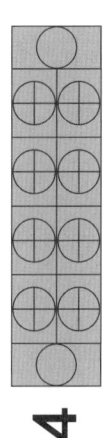
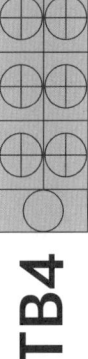
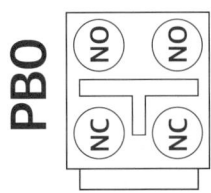
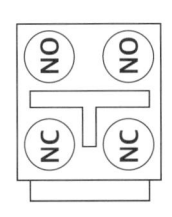
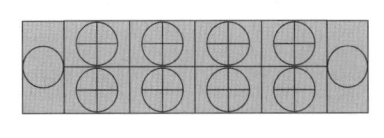

TYPE 2 전동기 제어회로

12 공개문제 도면집

제어핀의 핀 번호와 단자대 작성

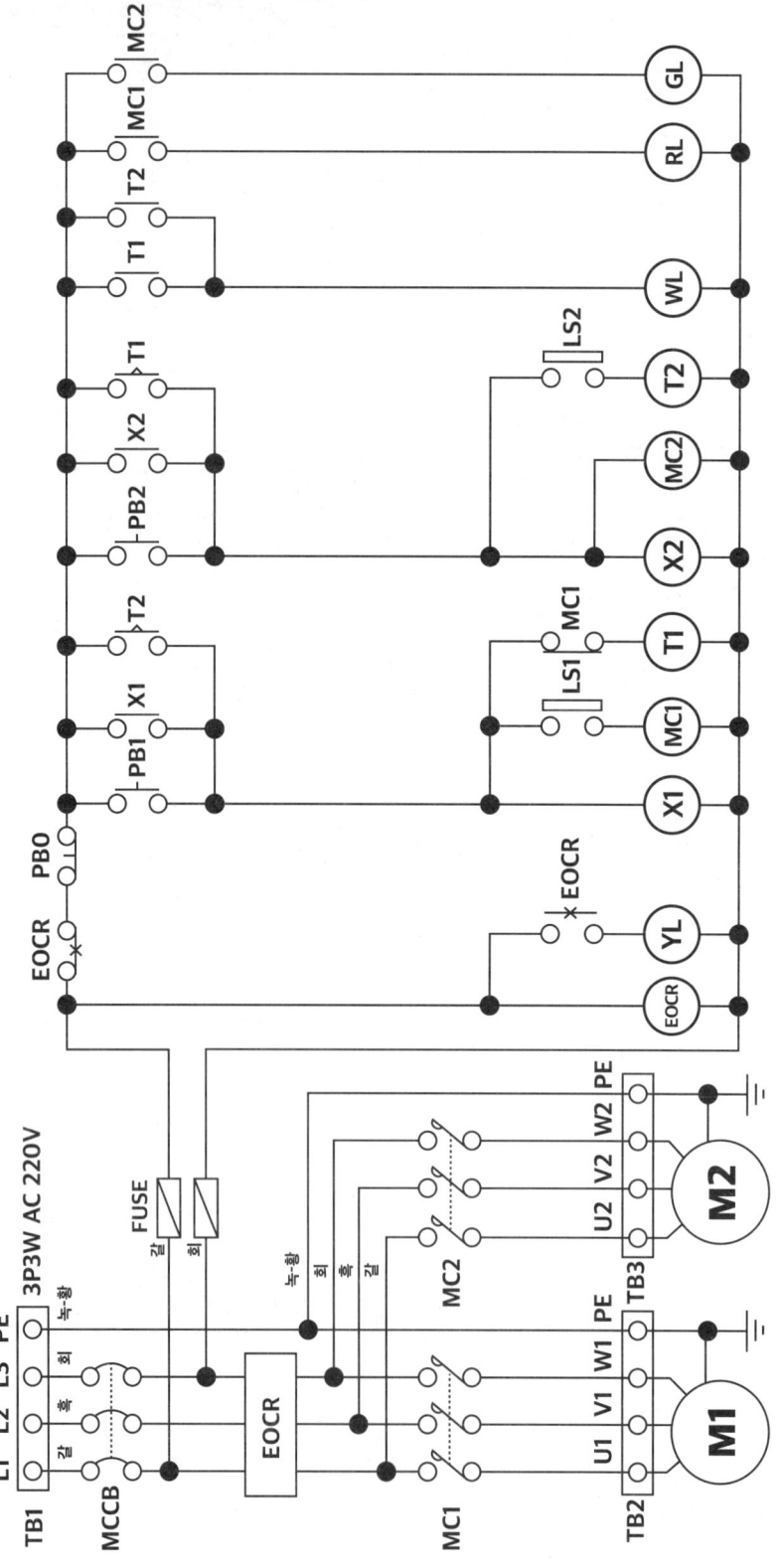

제어_주회로 결선 작성

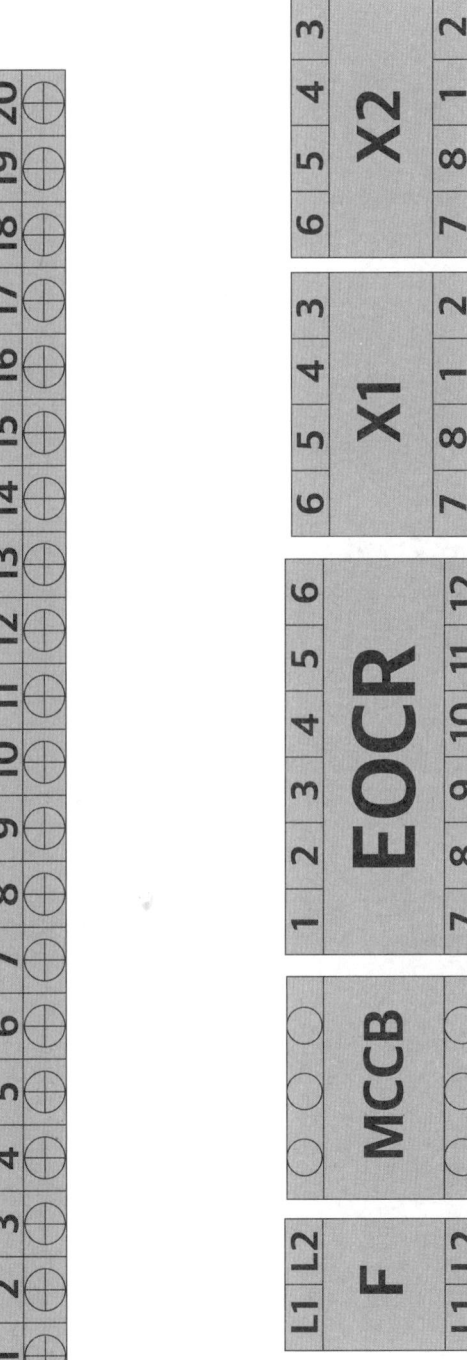
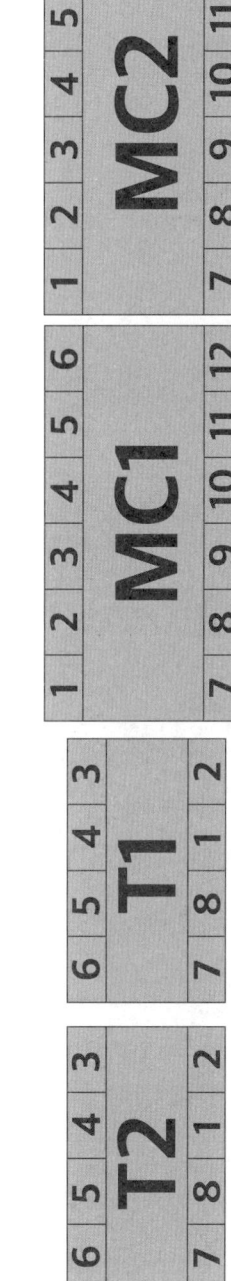
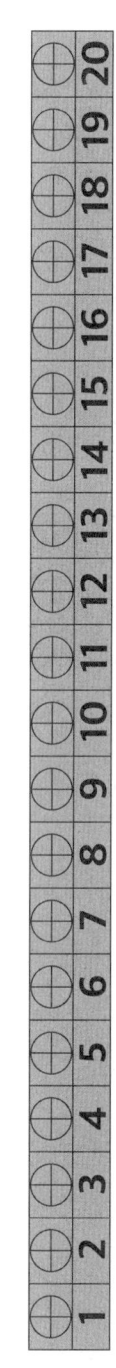

제어_보조회로 결선 작성

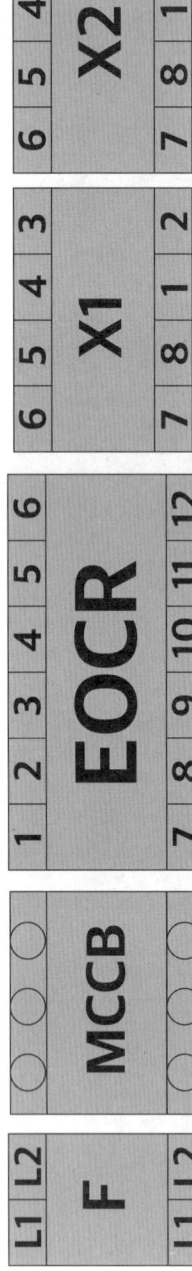
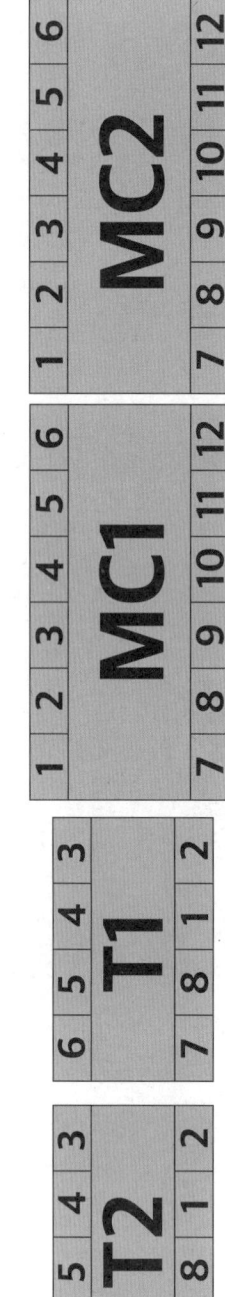

단자대_위쪽

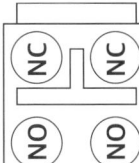
PB0

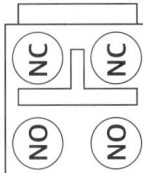
PB1

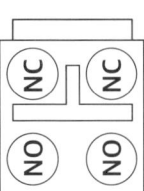
PB2

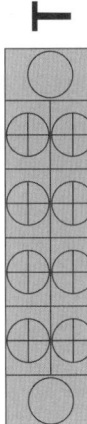
TB1

GL RL

단자대_아래쪽

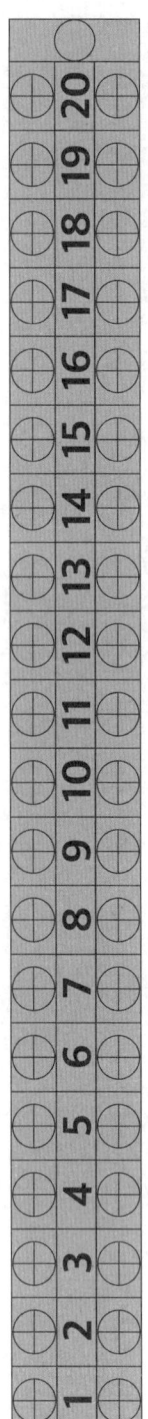
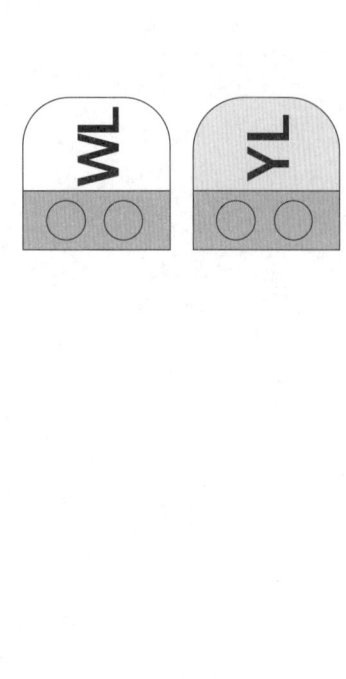
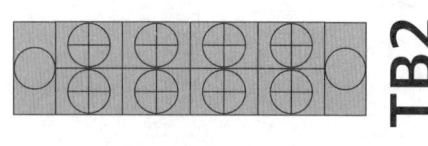
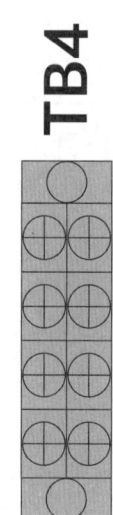
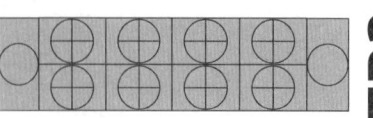

TYPE 2 전동기 제어회로

13 공개문제 도면집

제어핀의 핀 번호와 단자대 작성

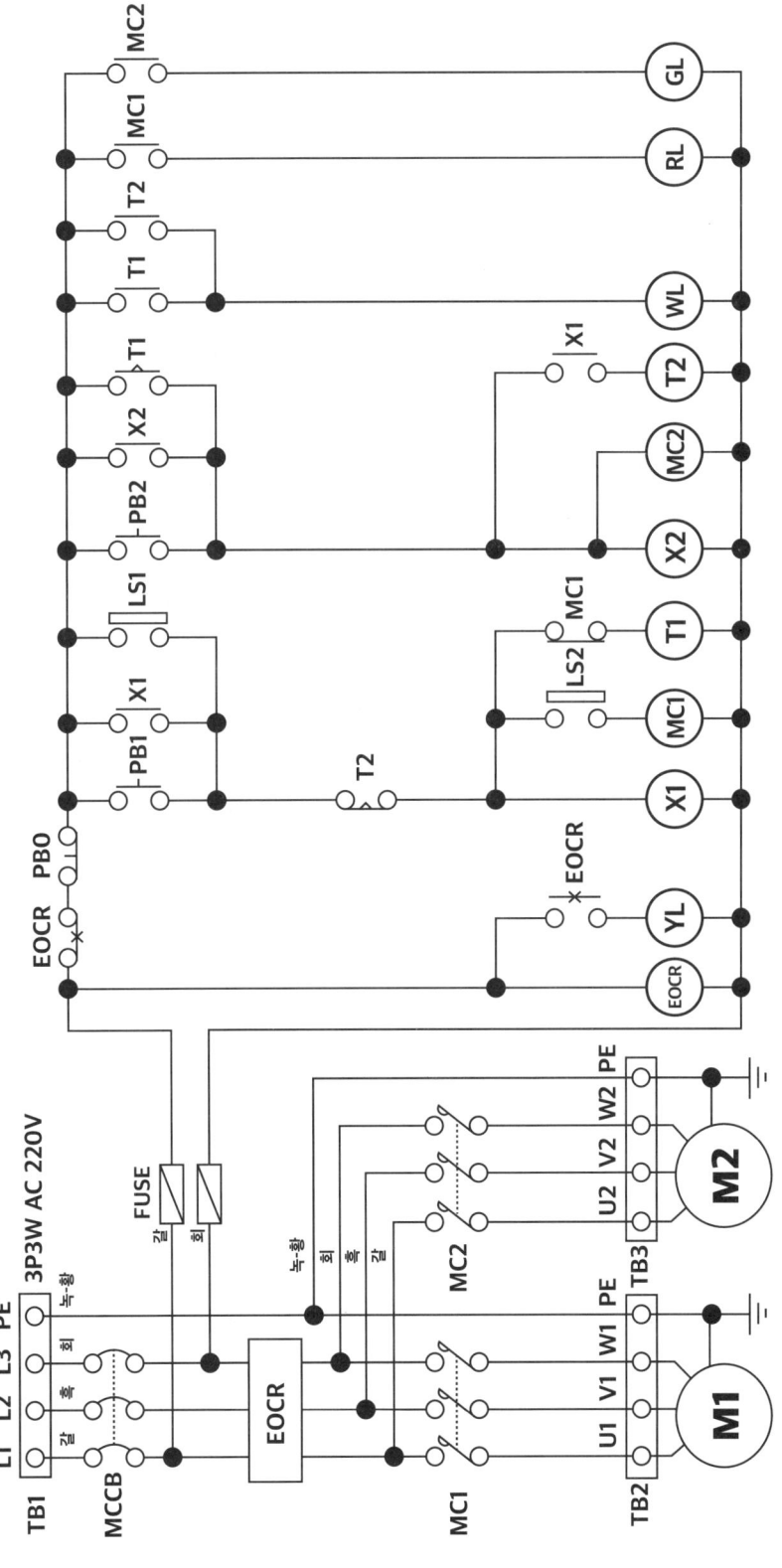

제어_주회로 결선 작성

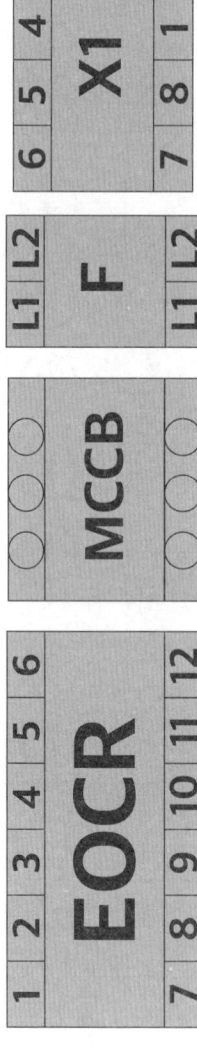
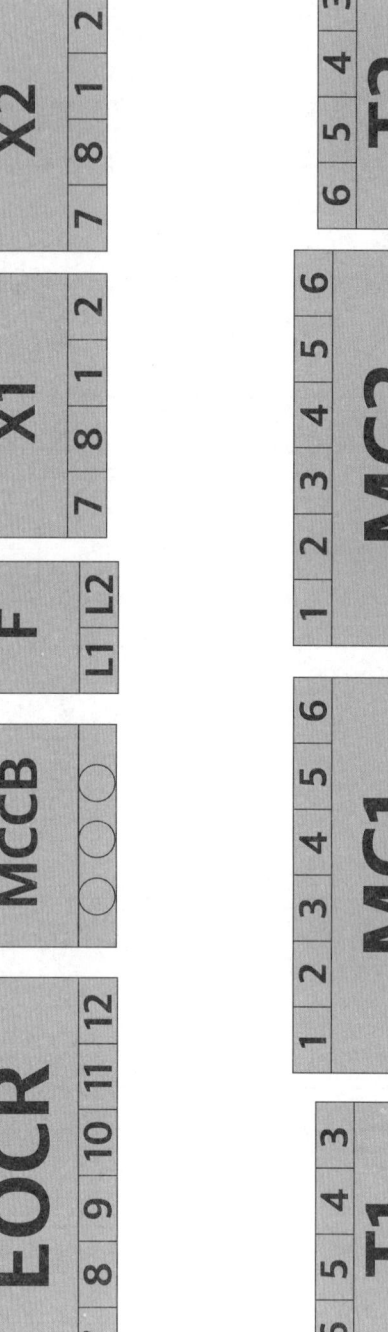
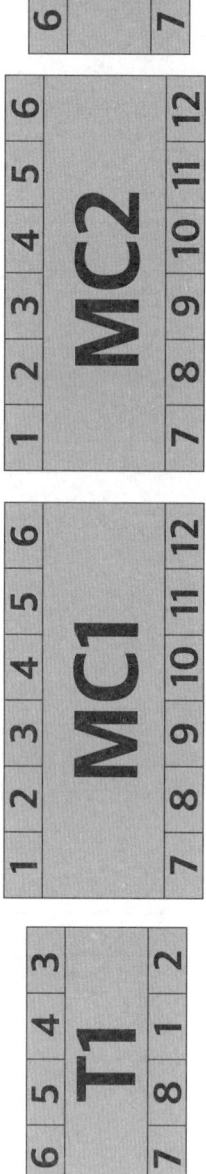
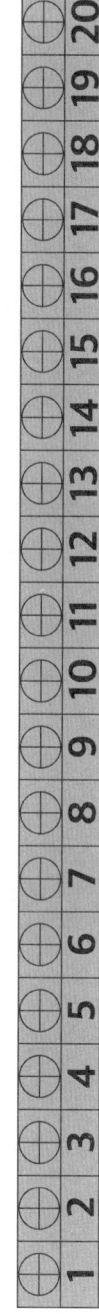

TYPE 2 전동기 제어회로

제어_보조회로 결선 작성

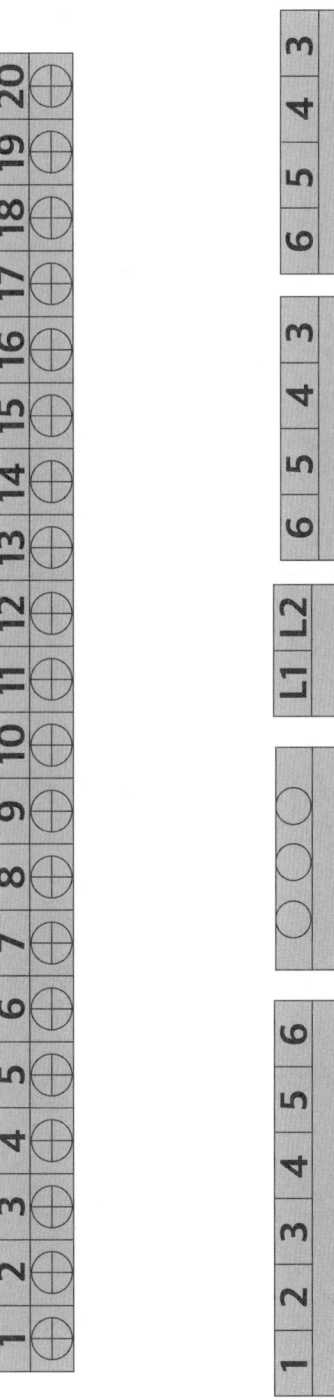
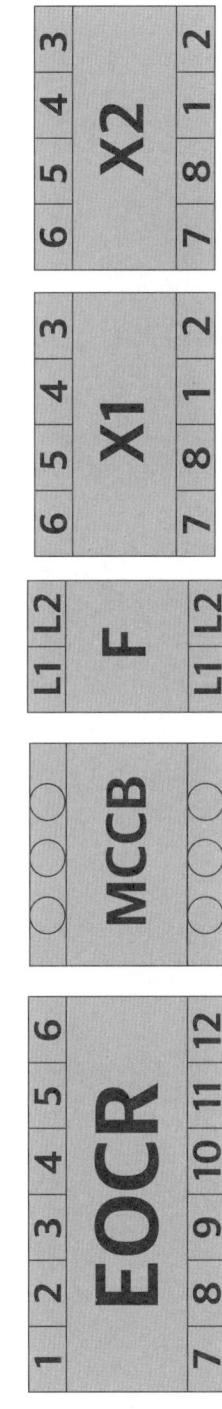
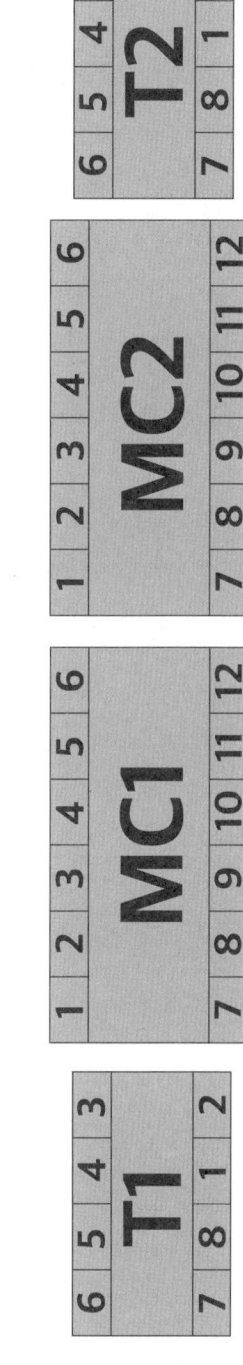
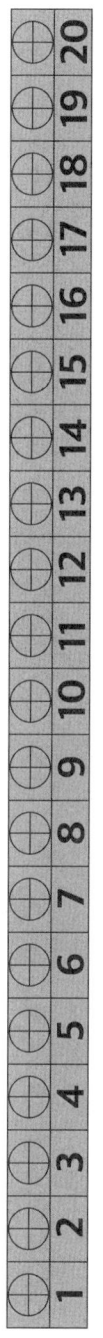

단자대_위쪽

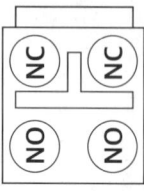
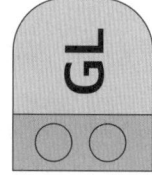

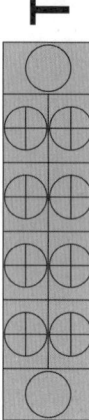

TYPE 2 전동기 제어회로

단자대_아래쪽

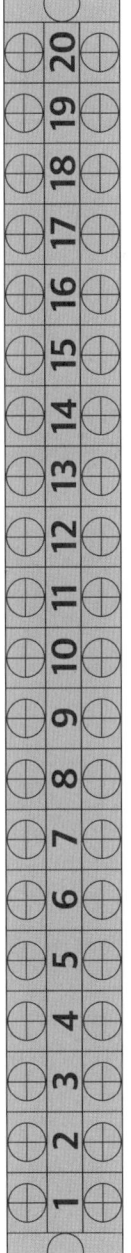
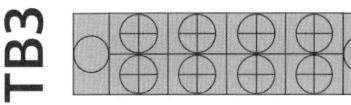
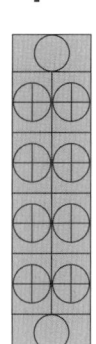
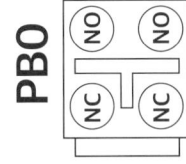
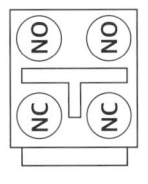
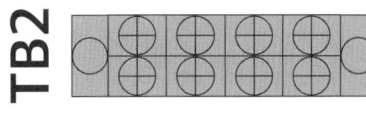

TYPE 2 전동기 제어회로

14 공개문제 도면집

제어핀의 핀 번호와 단자대 작성

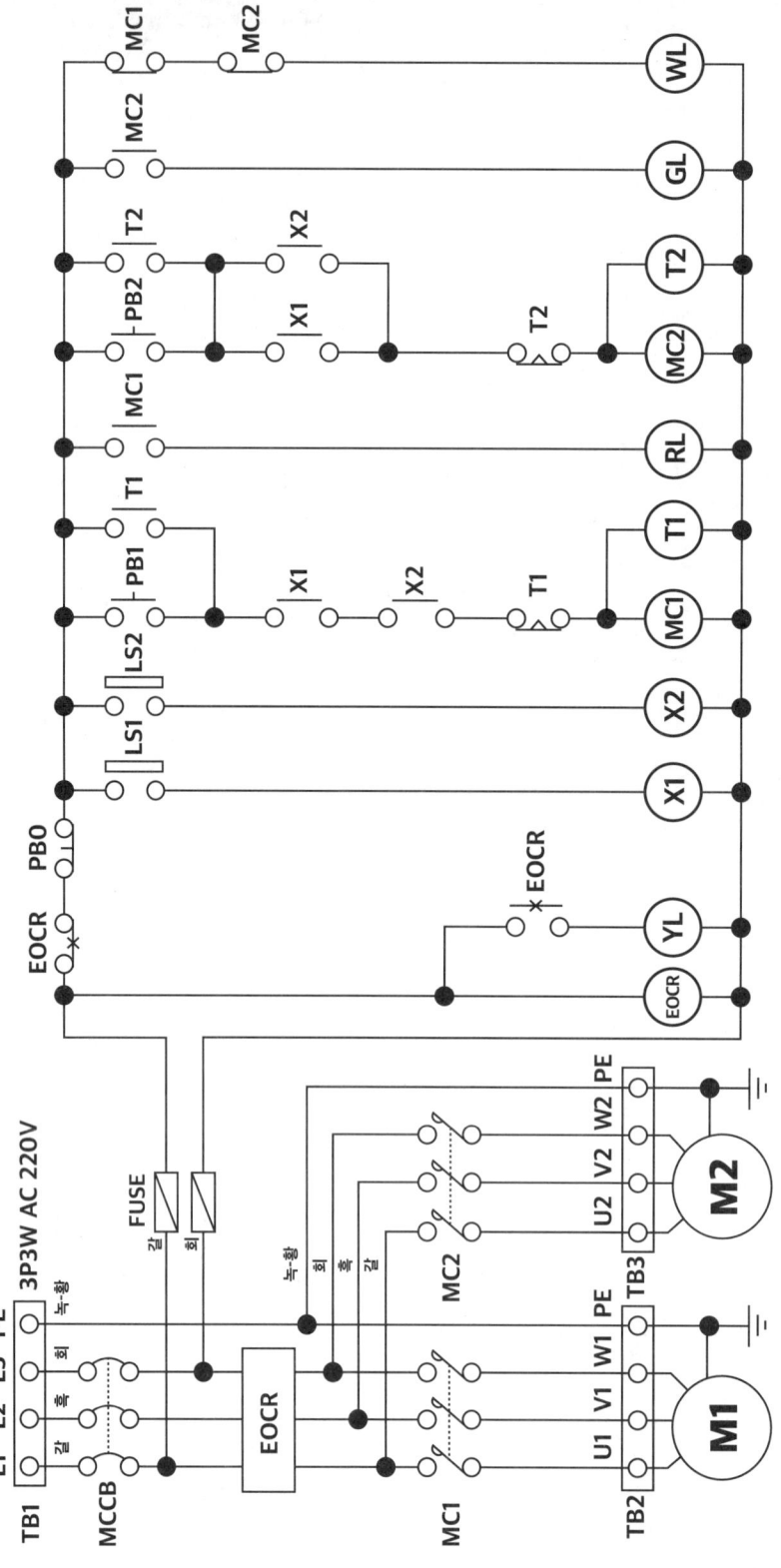

제어_주회로 결선 작성

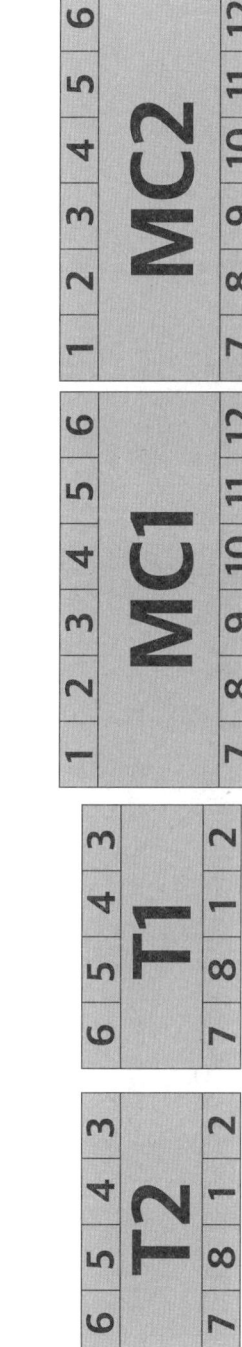
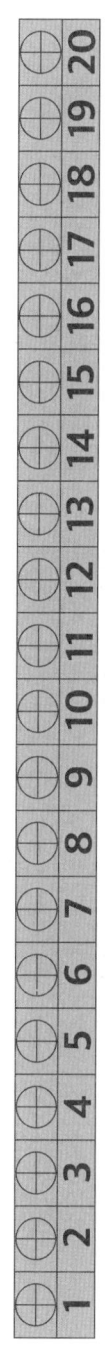

제어_보조회로 결선 작성

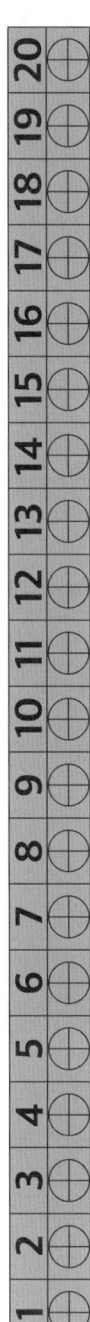
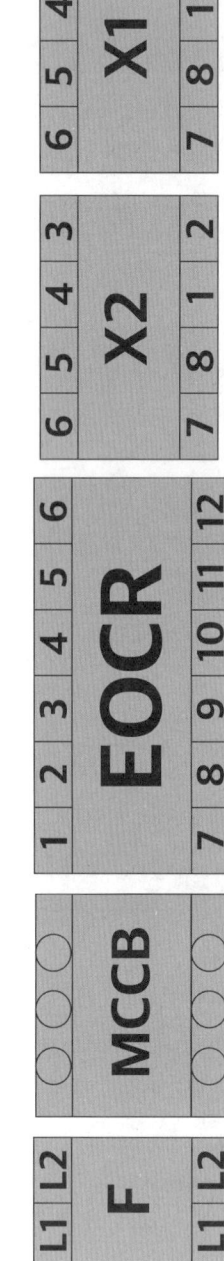
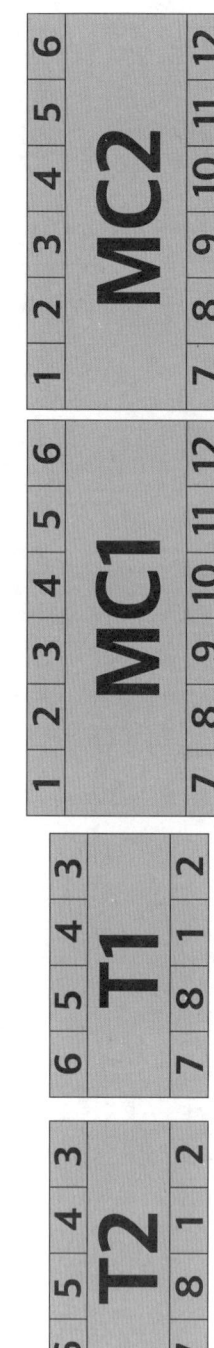
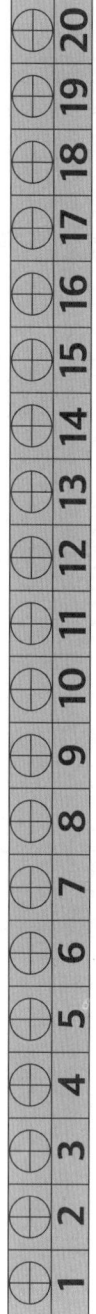

단자대_위쪽

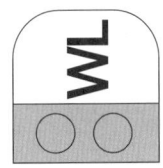
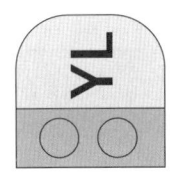

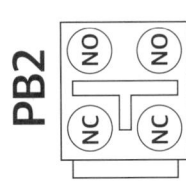

단자대_아래쪽

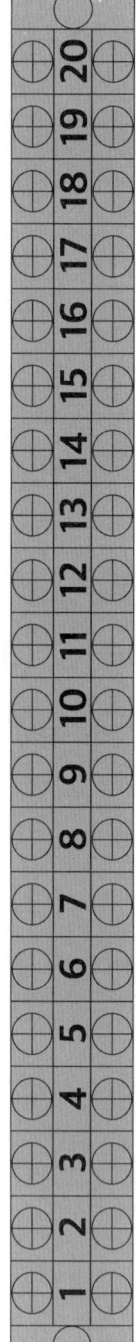
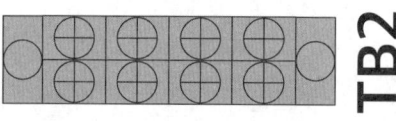

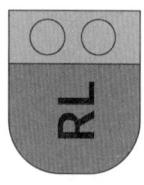
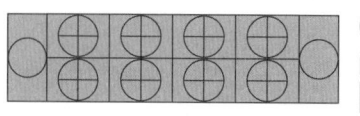

TYPE 2 전동기 제어회로

15 공개문제 도면집

제어핀의 핀 번호와 단자대 작성

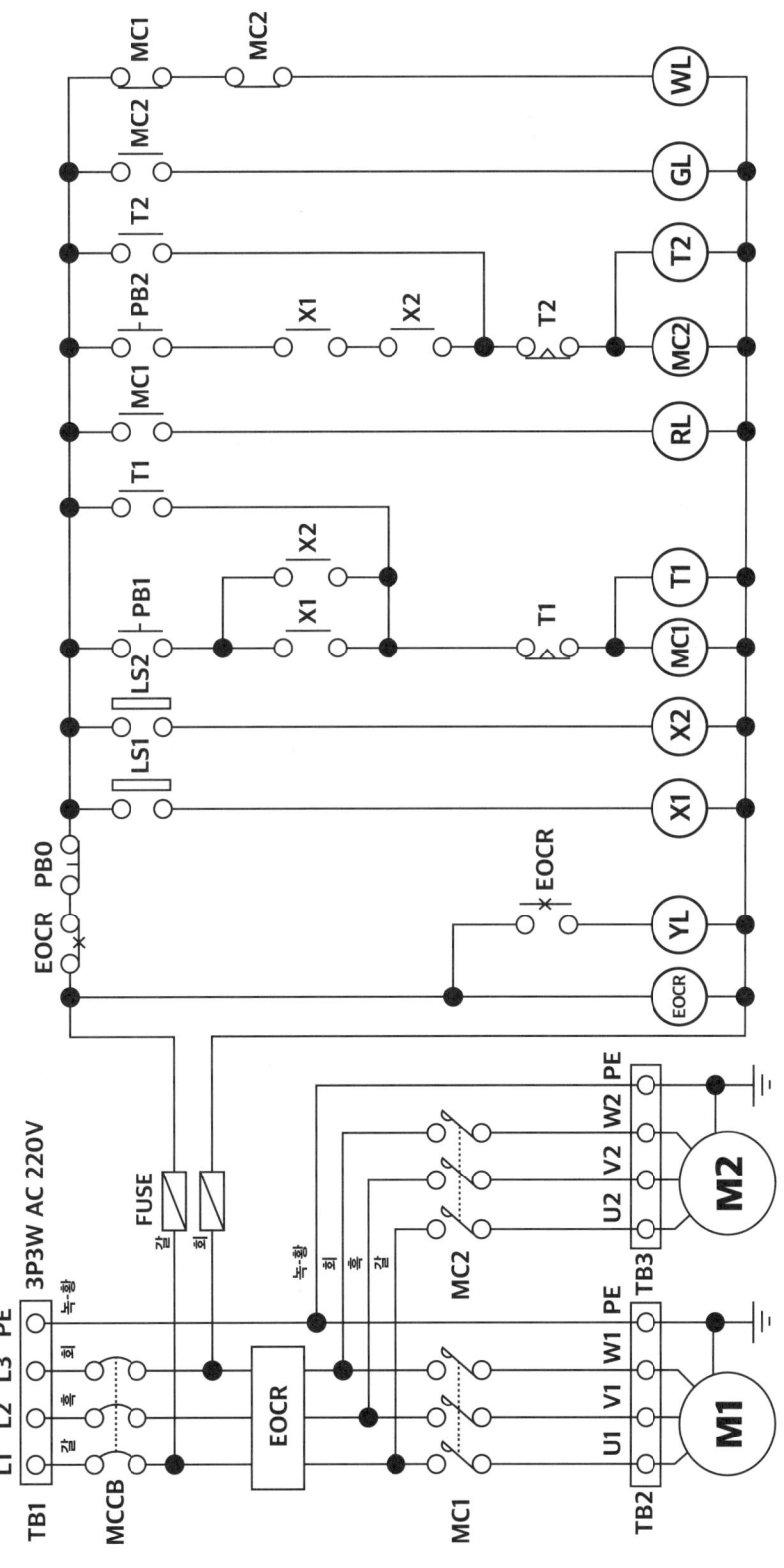

제어_주회로 결선 작성

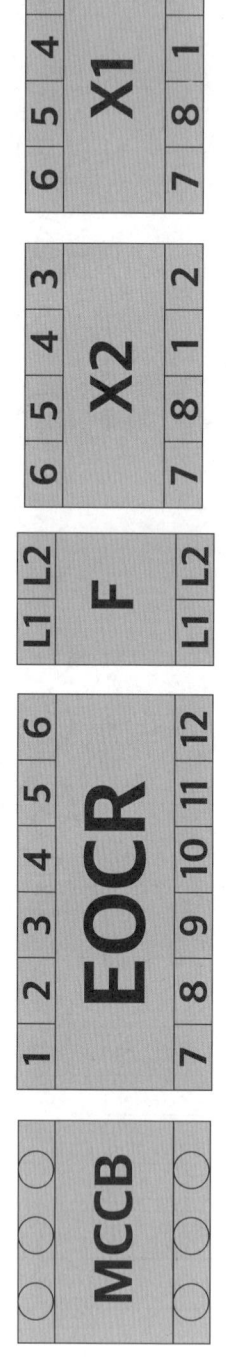

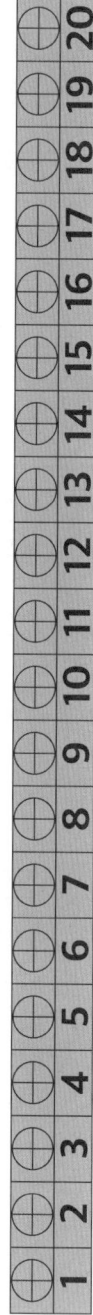

제어_보조회로 결선 작성

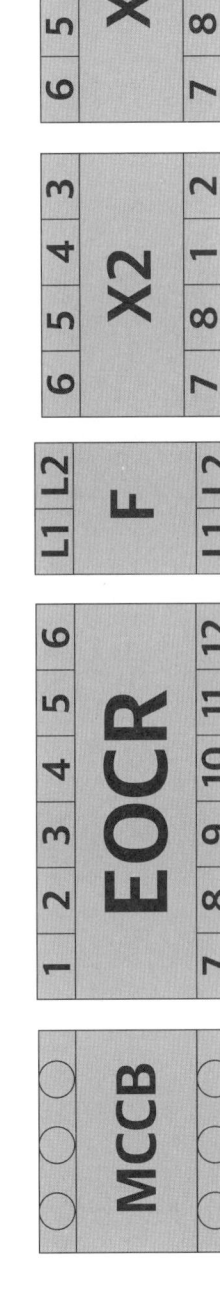
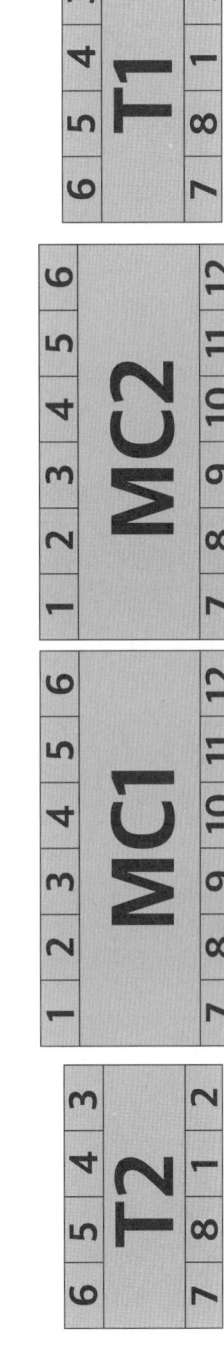
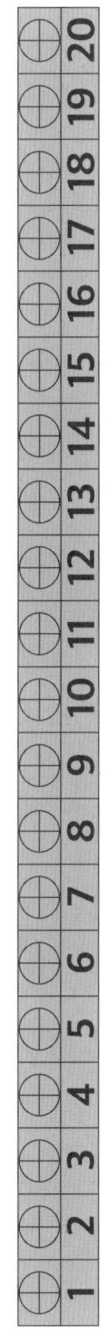

단자대_위쪽

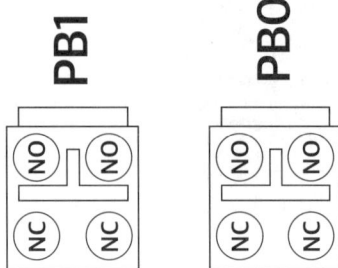

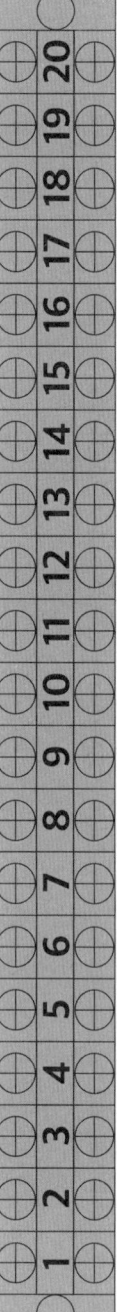

TYPE 2 전동기 제어회로

단자대_아래쪽

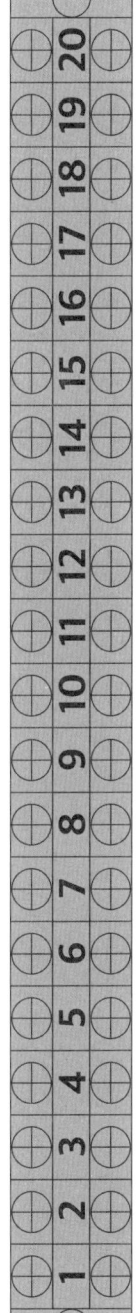
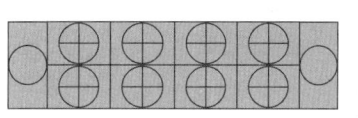
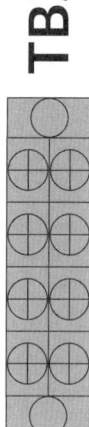
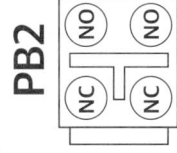
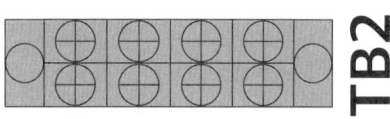

TYPE 2 전동기 제어회로

16 공개문제 도면집

제어판의 핀 번호와 단자대 작성

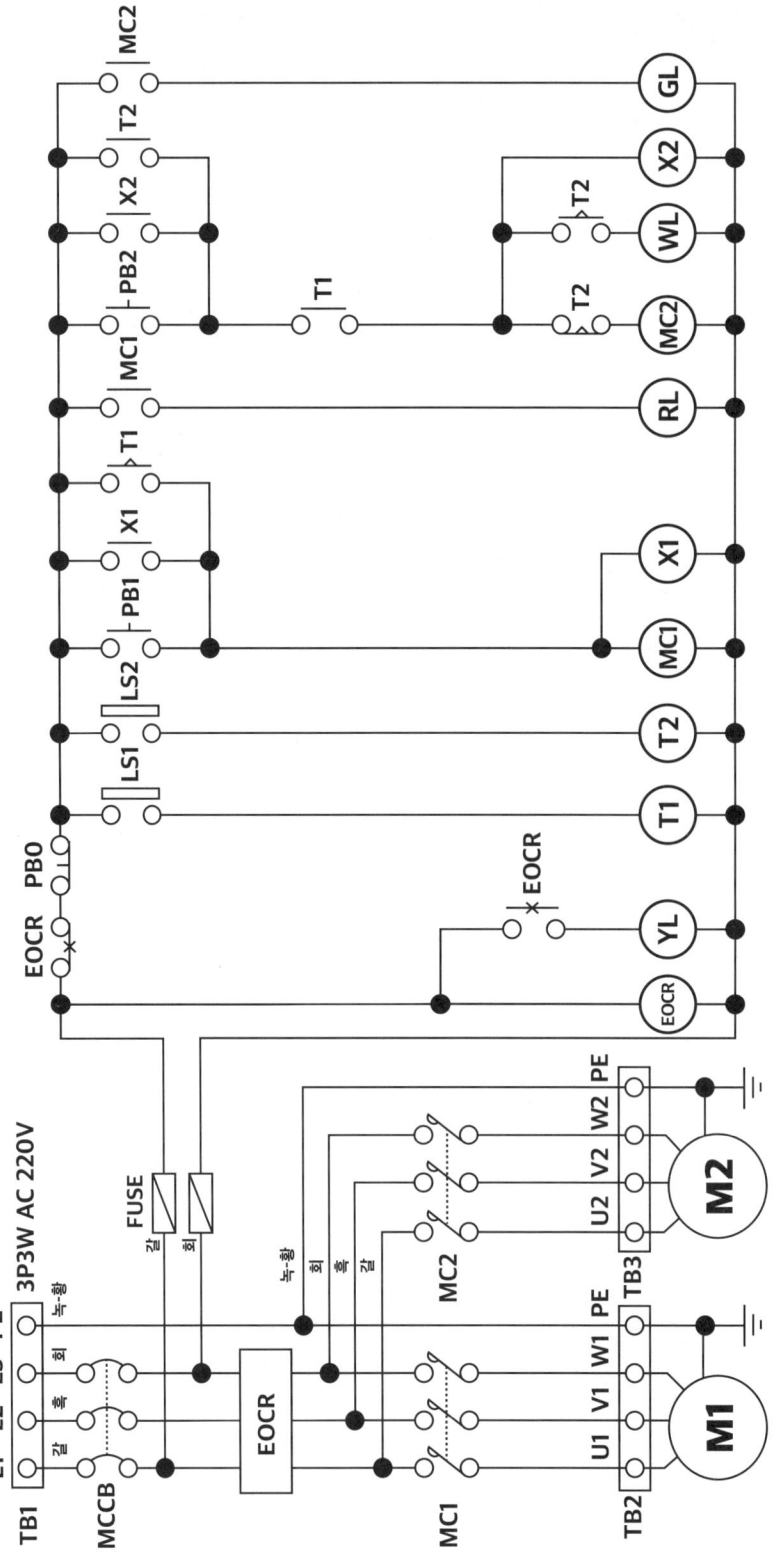

제어_주회로 결선 작성

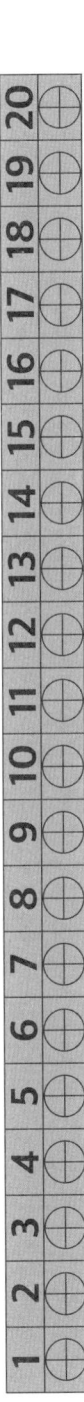
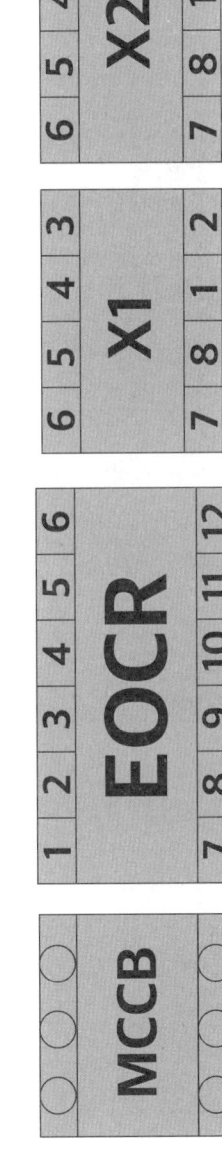
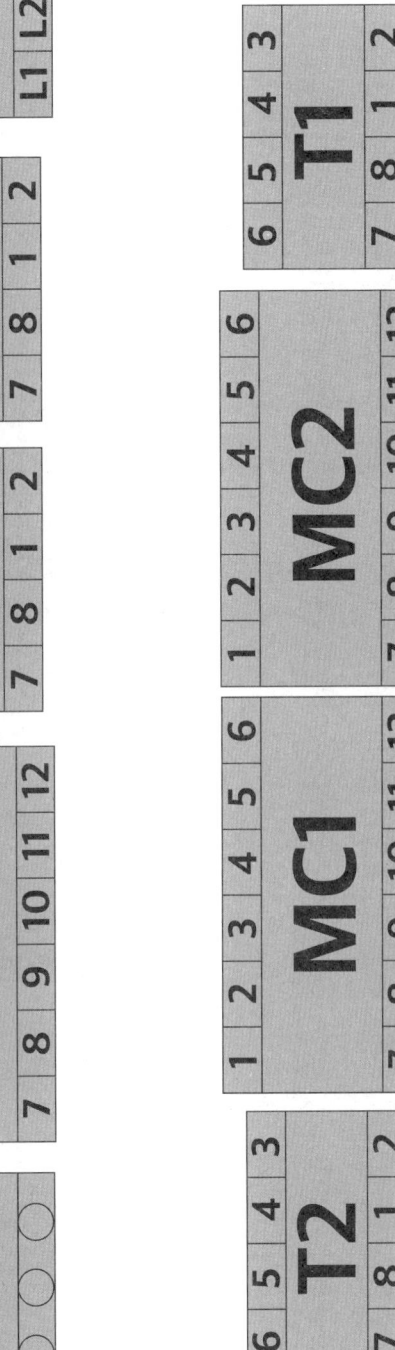
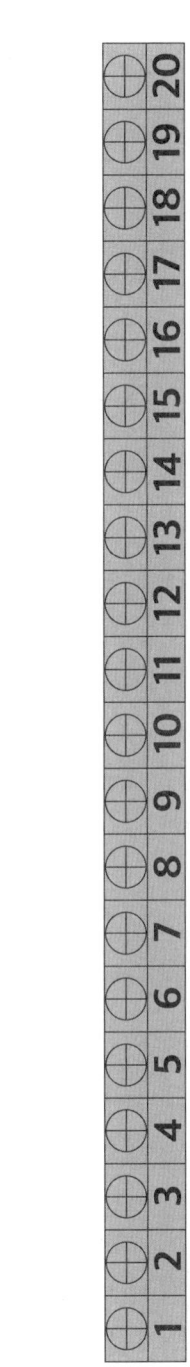

제어_보조회로 결선 작성

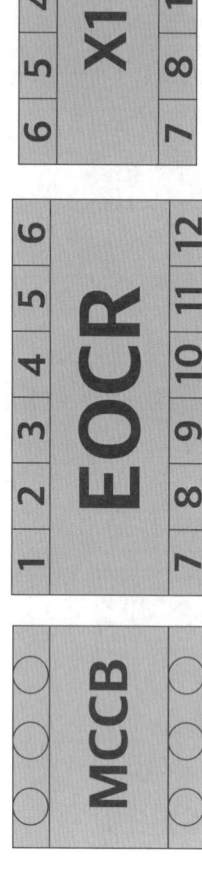
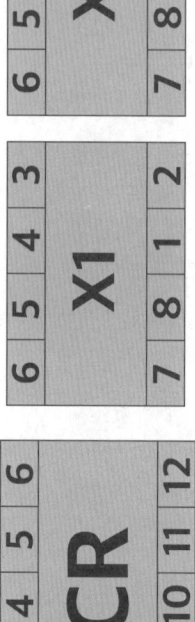
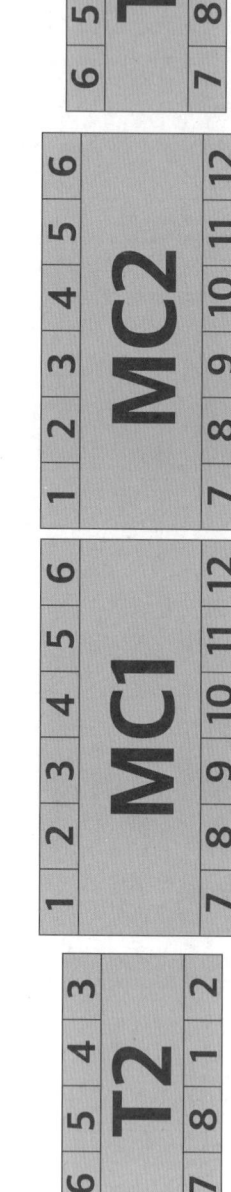

단자대_위쪽

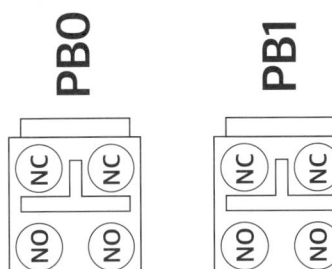
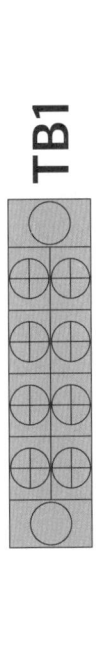
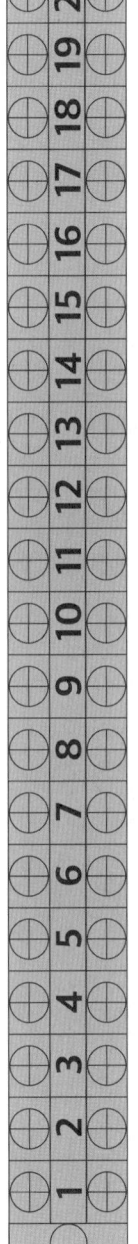
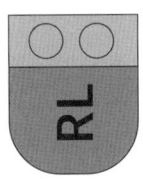

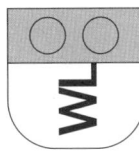

단자대_아래쪽

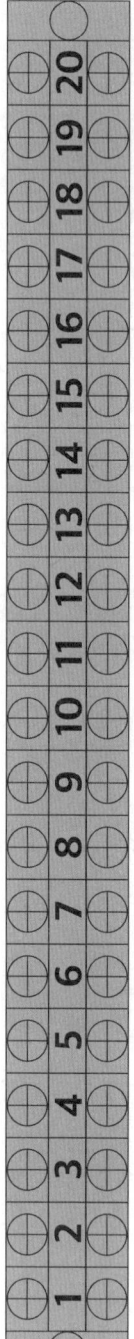

PB2
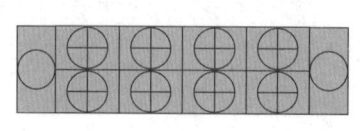
TB3
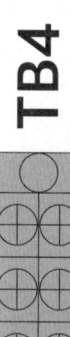
TB4
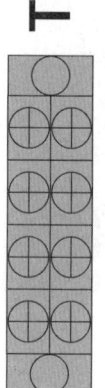
TB2

TYPE 2 전동기 제어회로

17 공개문제 도면집

제어판의 핀 번호와 단자대 작성

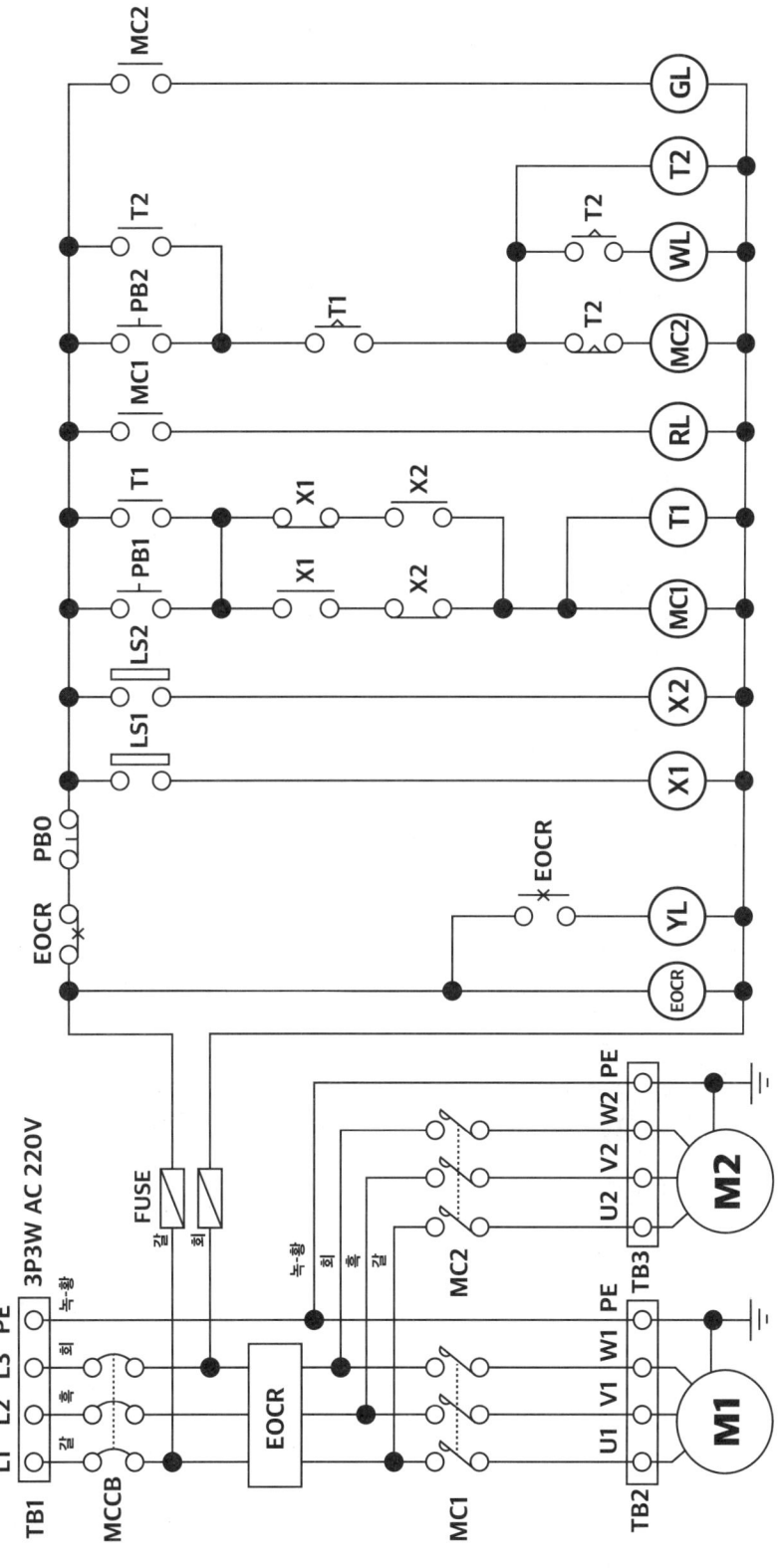

제어_주회로 결선 작성

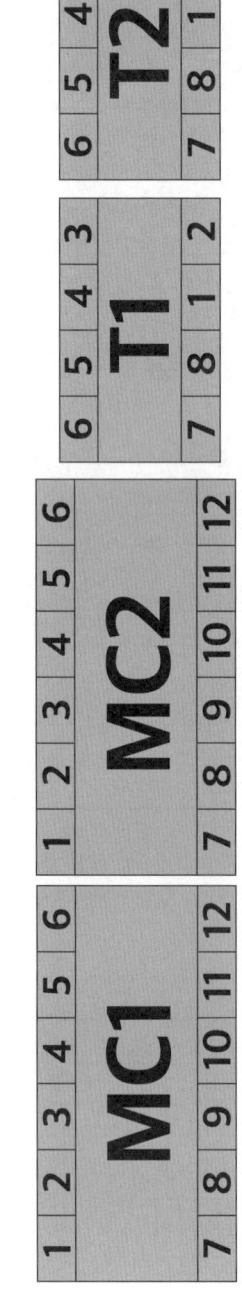

제어_보조회로 결선 작성

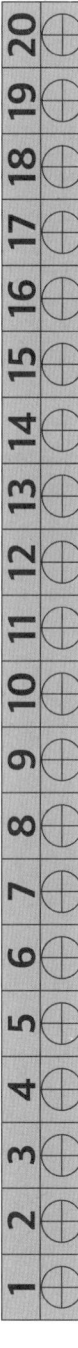
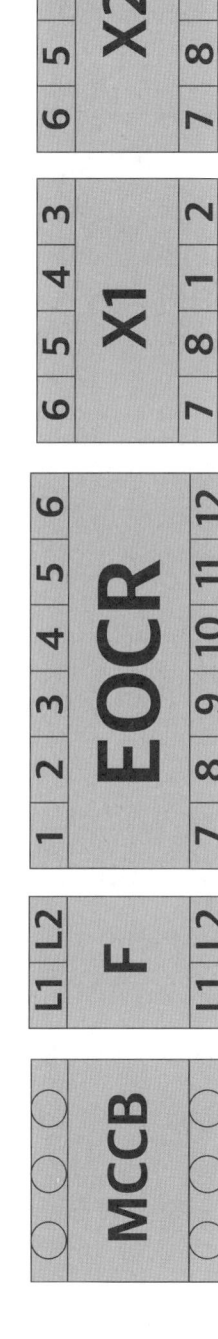
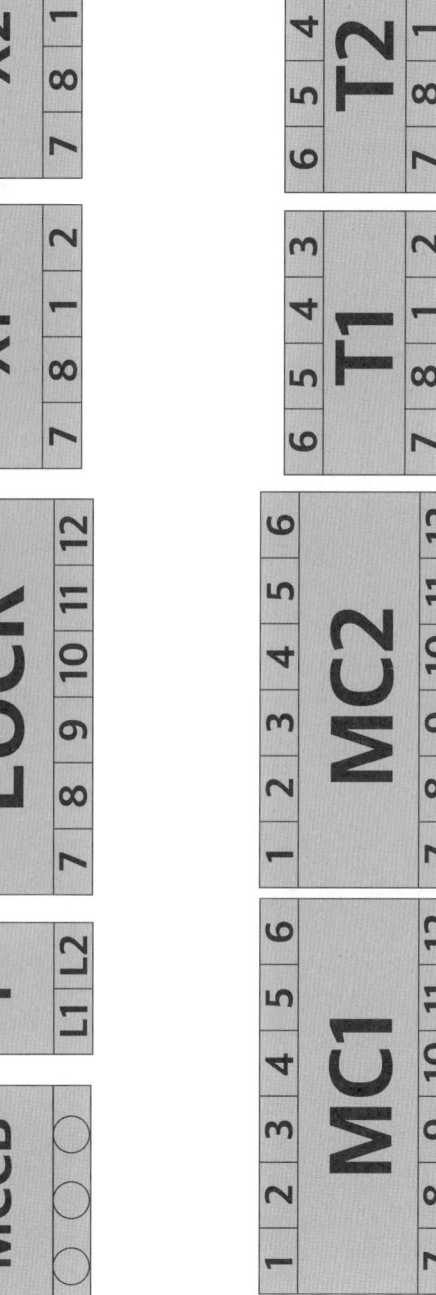
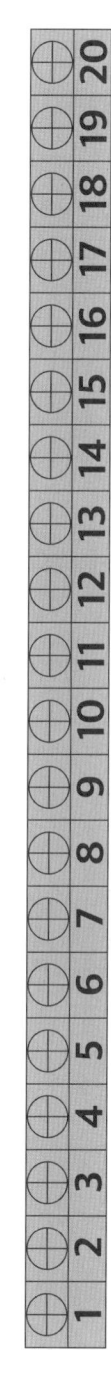

단자대_위쪽

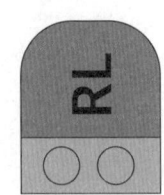

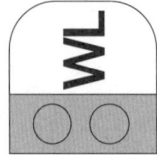
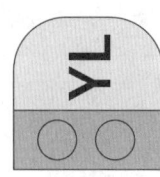
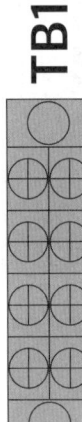
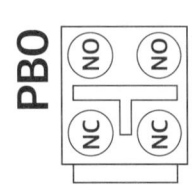
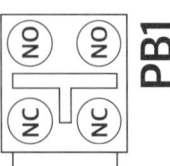

TYPE 2 전동기 제어회로

단자대_아래쪽

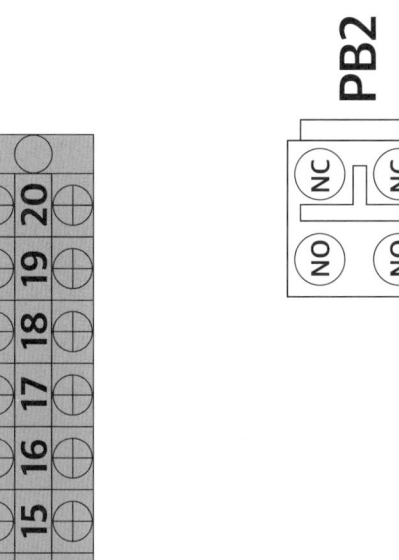
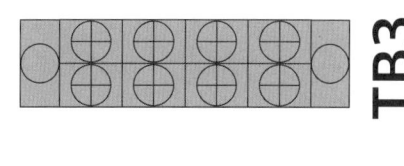
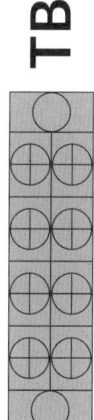

TYPE 2 전동기 제어회로

18 공개문제 도면집

제어핀의 핀 번호와 단자대 작성

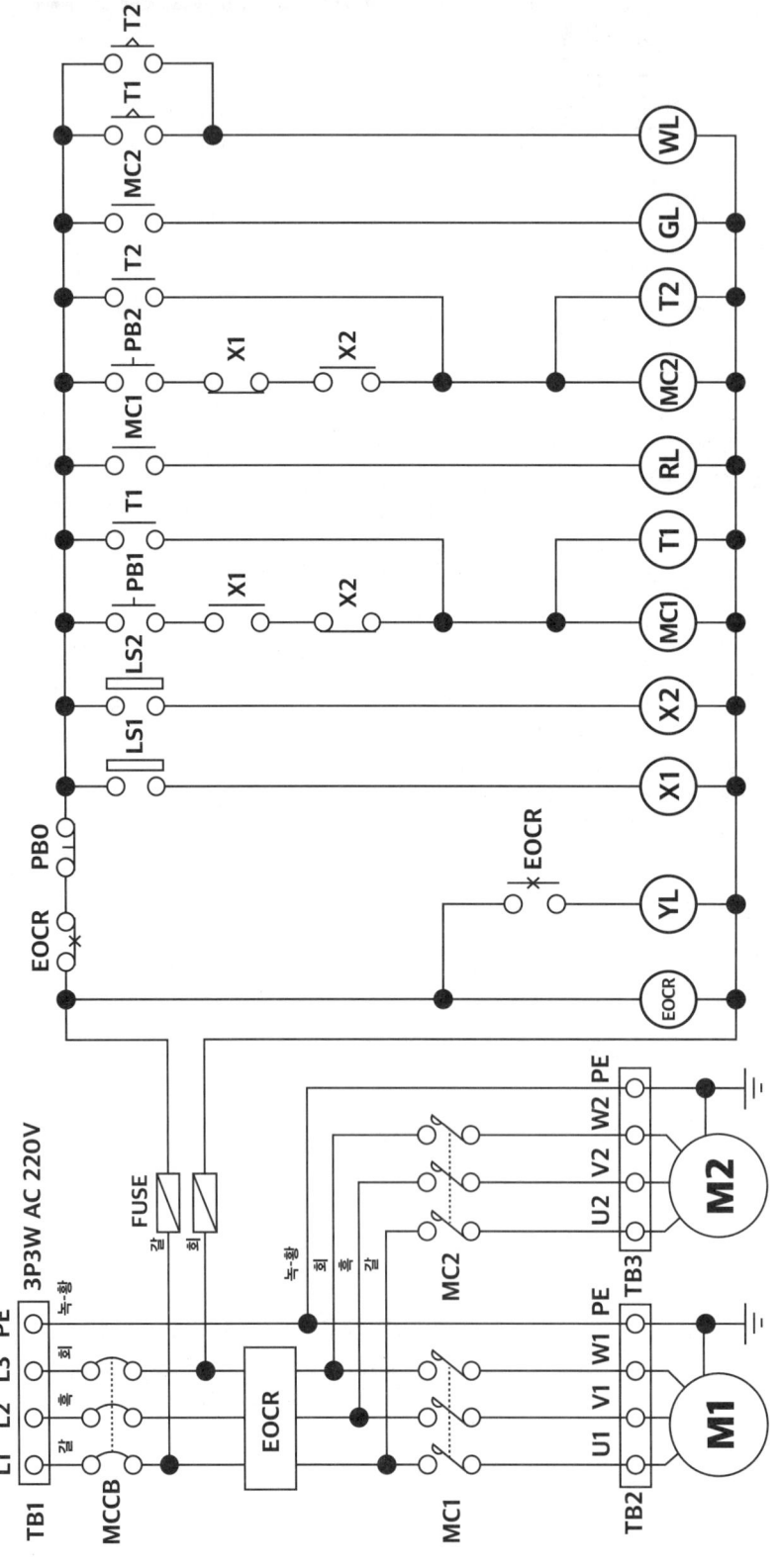

제어_주회로 결선 작성

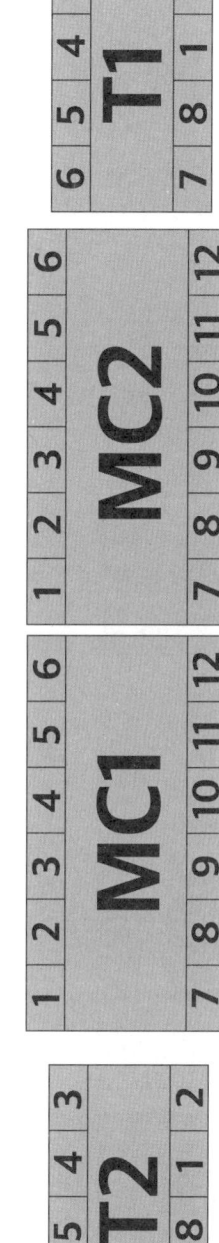
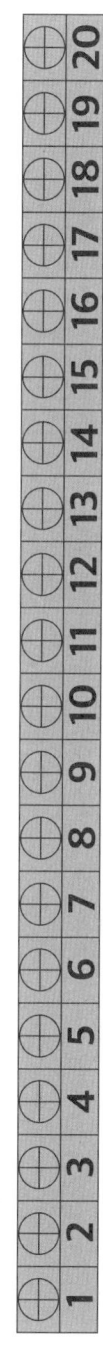

제어_보조회로 결선 작성

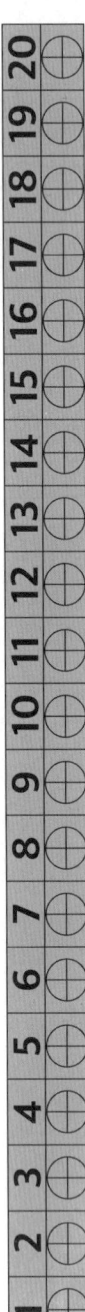
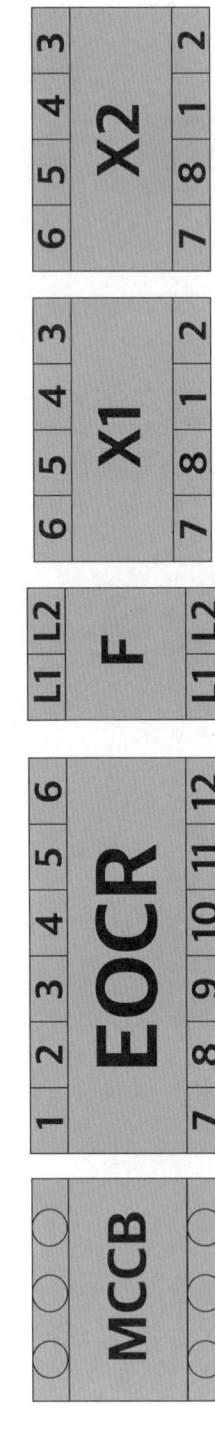

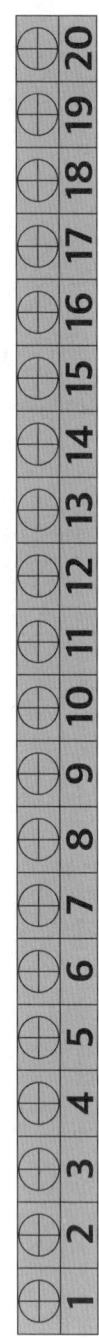

단자대_위쪽

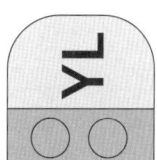
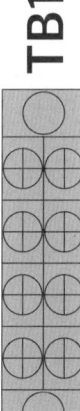
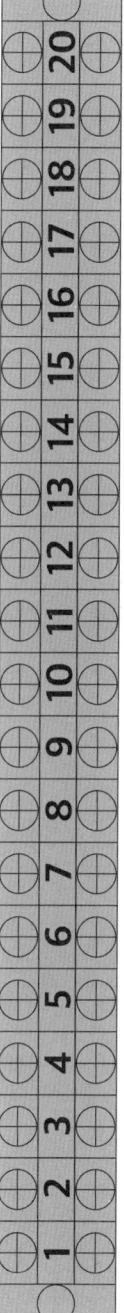
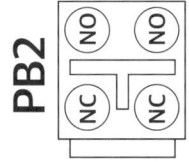
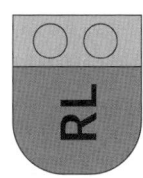

단자대_아래쪽

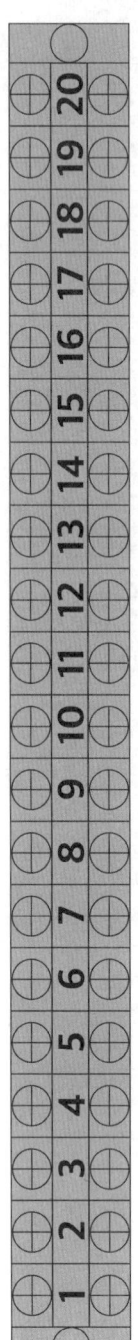
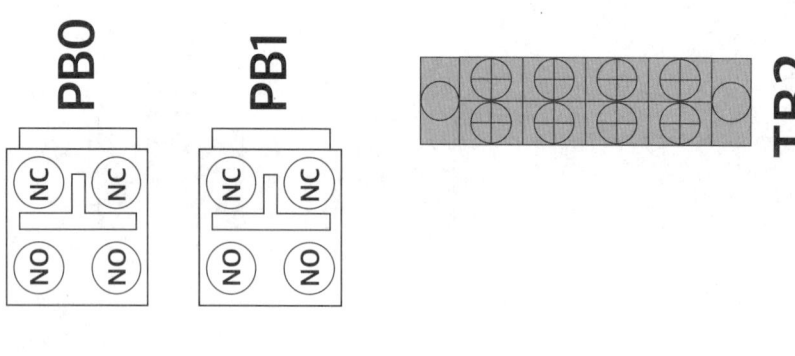
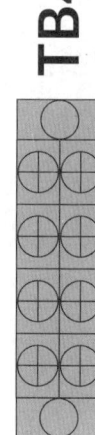
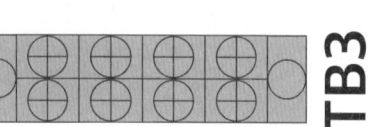

여러분의 작은 소리
에듀윌은 크게 듣겠습니다.

본 교재에 대한 여러분의 목소리를 들려주세요.
공부하시면서 어려웠던 점, 궁금한 점,
칭찬하고 싶은 점, 개선할 점, 어떤 것이라도 좋습니다.

에듀윌은 여러분께서 나누어 주신 의견을
통해 끊임없이 발전하고 있습니다.

에듀윌 도서몰 book.eduwill.net
- 부가학습자료 및 정오표: 에듀윌 도서몰 → 도서자료실
- 교재 문의: 에듀윌 도서몰 → 문의하기 → 교재(내용, 출간) / 주문 및 배송

2026 에듀윌 전기기능사 실기

도면집

TYPE 2 전동기 제어회로

고객의 꿈, 직원의 꿈, 지역사회의 꿈을 실현한다

| 에듀윌 도서몰
book.eduwill.net | • 부가학습자료 및 정오표: 에듀윌 도서몰 > 도서자료실
• 교재 문의: 에듀윌 도서몰 > 문의하기 > 교재(내용, 출간) / 주문 및 배송 |